普通高等教育"十五"国家级规划教材

全国优秀教材二等奖

叶朗 著

美学原理
Foundations of Aesthetics

北京大学出版社
PEKING UNIVERSITY PRESS

图书在版编目（CIP）数据

美学原理 / 叶朗著. —北京：北京大学出版社，2009.4
（博雅大学堂·哲学）
ISBN 978-7-301-04743-9

Ⅰ. 美… Ⅱ. 叶… Ⅲ. 美学理论 Ⅳ. B83-0

中国版本图书馆 CIP 数据核字（2009）第 051020 号

书　　　名	美学原理 MEIXUE YUANLI
著作责任者	叶　朗　著
责任编辑	王立刚　田　炜
标准书号	ISBN 978-7-301-04743-9
出版发行	北京大学出版社
地　　　址	北京市海淀区成府路 205 号　100871
网　　　址	http://www.pup.cn　新浪微博 @北京大学出版社
电子邮箱	编辑部 wsz@pup.cn　总编室 zpup@pup.cn
电　　　话	邮购部 010-62752015　发行部 010-62750672 编辑部 010-62750577
印　刷　者	大厂回族自治县彩虹印刷有限公司
经　销　者	新华书店
	690 毫米 ×980 毫米　16 开本　29.25 印张　450 千字 2009 年 4 月第 1 版　2024 年 3 月第 25 次印刷
定　　　价	58.00 元

未经许可，不得以任何方式复制或抄袭本书之部分或全部内容。
版权所有，侵权必究
举报电话：010-62752024　电子信箱：fd@pup.cn
图书如有印装质量问题，请与出版部联系，电话：010-62756370

前 言

一、这是一本系统讲述美学基本原理和基础知识的读本。这个读本主要面向大学生，同时也面向各行各业对美学有兴趣的广大读者。

二、美学这门学科有一个特点，就是它的许多基本理论问题同时也是本学科的前沿研究课题。在这个意义上，这本美学原理的读本，同时又是一本研究美学理论核心区的前沿课题的学术著作。我力图在综合学术界已有研究成果的基础上，把美学理论核心区的前沿课题的研究往前推进一步。

三、20年前，我曾组织了一批年轻学者开展美学基本理论的研究，并把研究的初步成果写成《现代美学体系》一书（北京大学出版社，1988）。那本书在突破我国50年代到80年代美学原理狭窄的学科体系和教学体系，以及吸收中国传统美学成果和西方现当代美学成果等方面，做了一些努力。我现在写的这本书在一些理论观点上和那本书有承接之处，但是书的总体构架，以及在基本概念和基本命题的论述等方面，这本书和《现代美学体系》已有很大的不同，因为20年来我对于美学基本理论问题的研究和思考在某些重要方面有所进展。另外，写作风格也有所不同。那本书是集体创作，虽然全书由我做了大幅度修改并最后定稿，但终究和个人的著作风格不会一样。

四、这本书出版两个版本。一个是彩色插图本，书名为《美在意象》。一个是黑白插图本，书名为《美学原理》，列入普通高校"十五"国家级规划教材。两个版本的文字完全一样。黑白本定价比彩色本要低一些。读者可根据自己的情况选购。

目　录

绪论　什么是美学 ······································· 1
　　一、美学的历史从什么时候开始 ······················· 1
　　二、中国近百年美学发展的轮廓 ······················· 5
　　三、美学研究的对象 ································· 12
　　四、美学的学科性质 ································· 16
　　五、为什么要学习美学 ······························· 21
　　六、怎样学习美学 ··································· 23
　　绪论提要 ··· 28

第一编　审美活动

第一章　美是什么 ······································· 30
　　一、柏拉图开始对"美"的讨论 ······················· 30
　　二、20世纪50年代我国美学界关于美的本质的讨论 ······ 34
　　三、不存在一种实体化的、外在于人的"美" ··········· 43
　　四、不存在一种实体化的、纯粹主观的"美" ··········· 52
　　五、美在意象 ······································· 54
　　六、意象的分析 ····································· 58
　　七、审美意象只能存在于审美活动中 ··················· 70
　　八、意象世界照亮一个真实的世界 ····················· 73
　　本章提要 ··· 82

第二章　美感的分析 ····································· 84
　　一、美感是体验 ····································· 84
　　二、审美态度 ······································· 98
　　三、美感与移情 ···································· 106
　　四、美感与快感 ···································· 112
　　五、美感与高峰体验 ································ 120
　　六、美感与大脑两半球的功能 ························ 123
　　七、意识与无意识 ·································· 127
　　八、美感与宗教感 ·································· 132

九、美感的综合描述 …………………………………… 136
　　本章提要 ………………………………………………… 146

第三章　美和美感的社会性 …………………………… 149
　　一、自然地理环境对审美活动的影响 ………………… 149
　　二、社会文化环境对审美活动的影响 ………………… 155
　　三、审美趣味和审美格调 ……………………………… 159
　　四、审美风尚和时代风貌 ……………………………… 164
　　本章提要 ………………………………………………… 175

第二编　审美领域

第四章　自然美 …………………………………………… 178
　　一、自然美的性质 ……………………………………… 178
　　二、和自然美的性质有关的几个问题 ………………… 184
　　三、自然美的发现 ……………………………………… 190
　　四、自然美的意蕴 ……………………………………… 193
　　五、中国传统文化中的生态意识 ……………………… 196
　　本章提要 ………………………………………………… 201

第五章　社会美 …………………………………………… 203
　　一、社会生活如何成为美 ……………………………… 203
　　二、人物美 ……………………………………………… 204
　　三、日常生活的美 ……………………………………… 213
　　四、民俗风情的美 ……………………………………… 220
　　五、节庆狂欢 …………………………………………… 226
　　六、休闲文化中的审美意味 …………………………… 228
　　本章提要 ………………………………………………… 230

第六章　艺术美 …………………………………………… 232
　　一、对"什么是艺术"的几种回答 …………………… 232
　　二、艺术品呈现一个意象世界 ………………………… 235
　　三、艺术与非艺术的区分 ……………………………… 243
　　四、艺术创造始终是一个意象生成的问题 …………… 248
　　五、艺术作品的层次结构 ……………………………… 252
　　六、什么是意境 ………………………………………… 267
　　七、关于"艺术的终结"的问题 ……………………… 275
　　本章提要 ………………………………………………… 280

第七章　科学美 ································· 283
一、大师的论述：科学美的存在及其性质 ·········· 283
二、科学美的几个理论问题 ······················ 289
三、追求科学美成为科学研究的一种动力 ·········· 293
四、达·芬奇的启示 ···························· 297
本章提要 ···································· 302

第八章　技术美 ································· 304
一、对技术美的追求是一个历史的过程 ············ 304
二、功能美 ···································· 308
三、功能美的美感与快感 ························ 312
四、"日常生活审美化"是对大审美经济时代的
一种描述 ·································· 313
本章提要 ···································· 318

第三编　审美范畴

第九章　优美与崇高 ····························· 320
一、审美形态与审美范畴 ························ 320
二、优美的文化内涵和审美特征 ·················· 321
三、崇高的文化内涵 ···························· 325
四、崇高的审美特征 ···························· 328
五、高尚、圣洁的灵魂美 ························ 331
六、阳刚之美与阴柔之美 ························ 334
本章提要 ···································· 338

第十章　悲剧与喜剧 ····························· 340
一、对悲剧的解释：亚里士多德、黑格尔、尼采 ····· 341
二、悲剧的本质 ································ 344
三、悲剧的美感 ································ 347
四、中国的悲剧 ································ 349
五、喜剧和喜剧的美感 ·························· 352
本章提要 ···································· 356

第十一章　丑与荒诞 ····························· 358
一、丑在近代受到关注 ·························· 358
二、中国美学中的丑 ···························· 363
三、荒诞的文化内涵 ···························· 367

四、荒诞的审美特点 …………………………………… 369
　　五、荒诞感 …………………………………………… 371
　　本章提要 ……………………………………………… 373

第十二章　沉郁与飘逸 …………………………………… 374
　　一、沉郁的文化内涵 …………………………………… 374
　　二、沉郁的审美特征 …………………………………… 376
　　三、飘逸的文化内涵 …………………………………… 381
　　四、飘逸的审美特点 …………………………………… 383
　　本章提要 ……………………………………………… 387

第十三章　空灵 …………………………………………… 388
　　一、空灵的文化内涵 …………………………………… 388
　　二、空灵的静趣 ……………………………………… 393
　　三、空灵的美感是一种形而上的愉悦 ………………… 397
　　本章提要 ……………………………………………… 399

第四编　审美人生

第十四章　美育 …………………………………………… 402
　　一、美育的人文内涵 …………………………………… 402
　　二、美育的功能 ……………………………………… 408
　　三、美育在教育体系中的地位和作用 ………………… 412
　　四、美育应渗透在社会生活的各个方面，
　　　　并且伴随人的一生 ……………………………… 417
　　五、美育在当今世界的紧迫性 ………………………… 426
　　本章提要 ……………………………………………… 428

第十五章　人生境界 ……………………………………… 429
　　一、什么是人生境界 …………………………………… 429
　　二、人生境界的品位 …………………………………… 435
　　三、人生境界体现于人生的各个层面 ………………… 440
　　四、追求审美的人生 …………………………………… 444
　　本章提要 ……………………………………………… 451

主要参考书目 ……………………………………………… 453

重要人名索引 ……………………………………………… 455

美不自美，因人而彰。

　　　　　　　　——柳宗元

心不自心，因色故有。

　　　　　　　　——马祖道一

　　两间之固有者，自然之华，因流动生变而成其绮丽。心目之所及，文情赴之，貌其本荣，如所存而显之，即以华奕照耀，动人无际矣。

　　　　　　　　——王夫之

美感的世界纯粹是意象世界。

　　　　　　　　——朱光潜

象如日，创化万物，明朗万物！

　　　　　　　　——宗白华

绪论　什么是美学

在绪论中，我们主要讨论美学研究的对象、美学学科的性质，以及学习美学的意义和方法。在讨论这些问题之前，我们对中国近百年美学的发展，做一个简单的回顾。

一、美学的历史从什么时候开始

美学学科的名称 Aesthetica，是德国哲学家鲍姆加通在 1750 年[1]首次提出来的[2]，至今不过只有 250 多年的历史。但是我们不能说，西方美学的历史是从鲍姆加通开始的，在鲍姆加通之前没有美学。事实上，无论在东方和西方，美学思想都已有两千多年的历史。学科名称的历史和学科本身的历史是两个问题，应该加以区分。[3]

我们也不赞同一些人在鲍姆加通的头上加上一顶"美学之父"的桂冠。因为第一，如刚才所说，美学学科的历史并不是从鲍姆加通开始的。第二，同西方美学史上那些大师相比，鲍姆加通对于美学学科的理论贡献是很有限的。从美学史的角度看，鲍姆加通还称不上是一位大师。[4]

---

[1] 鲍姆加通在 1735 年发表的博士论文《关于诗的若干前提的哲学默想录》中已提出"美学"的学科概念，1742 年在法兰克福大学开设了一门"美学"课，1750 年出版《美学》第一卷，在美学史上一般把这一年作为鲍姆加通正式提出美学学科概念的时间。

[2] 严格地说，鲍姆加通所谓的"Aesthetica"还不是我们今天意义上的"美学"。按照鲍姆加通的意见，"Aesthetica"的对象和范围是比"审美"广泛得多的"感性认识"，他的定义是："Aesthetica（自由艺术的理论、低级认识的学说、用美的方式去思维的艺术、类理性的艺术）是感性认识的科学。"（Aesthetica 第一节，奥得河畔法兰克福，1750）只是由于鲍姆加通把"感性认识的完善"和"美"联系了起来，并且用相当篇幅讨论了审美问题，才使后人把 Aesthetica 和"美学"等同起来。在 18 世纪的欧洲，流行三种意义相当而称呼不同的名称：(1) 美的科学，(2) 艺术哲学，(3) Aesthetica。在很长一段时间里，"Aesthetica"并未得到正式承认。我们在黑格尔的《Ästhetik》前言中可以看出，黑格尔认为这个名称"不恰当"，"说的更精确一点，很肤浅"。康德、谢林的美学著作都在鲍姆加通提出这个术语之后，但他们都没有用这个术语作为书名。直到黑格尔美学的后继者费舍尔于 1846 年至 1857 年发表了他的六卷巨著《Ästhetik 或美的科学》，才把"Aesthetica"最后敲定下来。

[3] 塔塔科维奇：《古代美学》，第 6 页。中国社会科学出版社，1990。

[4] 克罗齐认为，"在鲍姆加通的美学里，除了标题和最初的定义之外，其余的都是陈旧的和一般的东西"。他认为，鲍姆加通虽然提出了"美学"这个新名称，"但是，这个新名称并没有真正的新内容"，"美学仍是一门正在形成的科学"，"美学还有待建立，而并非已经建立起来了"。克罗齐还认为，洞察诗和艺术的真正本性，并在这个意义上说发现了美学学科的是 18 世纪的意大利人维柯。（克罗齐：《作为表现的科学和一般语言学的美学的历史》，第 62—64 页，中国社会科学出版社，1984。）

很多学者，如杜夫海纳、塔塔科维奇都认为，西方美学的历史是从柏拉图开始的。尽管在柏拉图之前，毕达哥拉斯等人已经开始讨论美学问题，但柏拉图是第一个从哲学思辨的高度讨论美学问题的哲学家。当代波兰研究美学史的著名学者塔塔科维奇说："从没有一个哲学家比柏拉图的涉猎范围更广：他是一个美学家、形而上学家、逻辑学家和伦理学大师。""他在美学领域中的兴趣、论述和独到的思想，范围非常之广。"在柏拉图那里，"美和艺术的观念第一次被引入一个伟大的哲学体系"。塔塔科维奇强调指出，决不能把美学史限制在美学这一名称出现之后的范围内，因为美学问题在很早以前就以其他名称被讨论了。他说："'美学'这一名称本身并不重要，甚至在它产生以后也不是所有的人都使用这一术语。虽然康德的美学巨著完稿在鲍姆加通使用这一术语之后，但他并没有称之为'美学'，而是称之为'判断力的批判'。"[1]

学者们把西方美学的发展划分为若干阶段。比较常见的划分是：希腊罗马美学、中世纪和文艺复兴美学、17–18世纪美学、德国古典美学、19世纪和20世纪初期美学（近代美学）、20世纪直至当今的美学（现当代美学）。西方美学在2500多年的历史发展过程中，影响最大的美学家以及从美学学科建设的角度看最值得重视的美学家有：柏拉图、亚里士多德、普洛丁、奥古斯丁、托马斯·阿奎那、维柯、康德、谢林、席勒、黑格尔、叔本华、尼采、克罗齐、胡塞尔、海德格尔、茵加登、杜夫海纳、福柯、伽达默尔等。当然，在两千多年的历史进程中，还有很多与美学相邻的学科如心理学、语言学、人类学、文化史、艺术史等等学科的思想家，他们也对美学的发展作出了贡献。[2]

---

[1] 塔塔科维奇：《古代美学》，第6页，第149页。
[2] 西方学者所写的西方美学史的著作，比较流行的有三种，都有中译本：鲍桑葵《美学史》（商务印书馆，1985）、吉尔伯特·库恩《美学史》上下册（上海译文出版社，1989）、比厄斯利《西方美学简史》（北京大学出版社，2006。这本书的原名是《美学：从古希腊到现代》）。中国学者所写的西方美学史著作很多，比较简明的有两种：朱光潜《西方美学史》上下册（人民文学出版社，1963、1964）、凌继尧《西方美学史》（北京大学出版社，2004）。

"美学"学科的名称是近代才由西方传入中国的。[1] 但是，我们不能说，在近代之前中国没有美学。也不能说，中国古代有"美"无"学"。在中国的历史上，审美意识早就有了。如中国新石器时代的陶器，很明显体现了当时人类的审美意识。美学是审美意识的理论形态，这在中国，也是老早就有了，至少从老子就开始有了。

先秦是中国古典美学发展的第一个黄金时代。老子、孔子、《易传》、庄子的美学奠定了中国古典美学的发展方向。

中国美学的真正起点是老子。老子提出和阐发的一系列概念，如"道"、"气"、"象"、"有"、"无"、"虚"、"实"、"味"、"妙"、"虚静"、"玄鉴"、"自然"等等，对于中国古典美学形成自己的体系和特点，产生了极为重大的影响。老子开创了道家美学的传统。中国古典美学的元气论，中国古典美学的意象说，中国古典美学的意境说，中国古典美学关于审美心胸的理论，等等，都发源于老子的哲学和美学。

新石器时代的黑陶

---

[1] "Aesthetica"一词用汉语译为"美学"，据学者考证，最早始于西方传教士和日本学者。德国来华传教士花之安（Ernst Faber）1873年以中文著《大德国学校略论》一书，书中介绍西方美学课的内容：一论山海之美、二论各国宫室之美、三论雕琢之美、四论绘事之美、五论乐奏之美、六论辞赋之美、七论曲文之美。1875年，他又著《教化议》一书，书中正式用了"美学"一词，并说明它包括丹青、音乐等学科。英国来华传教士罗存德1866年所编《英华词典》（第一册）将Aesthetics译为"佳美之理"和"审美之理"。日本学者中江肇民1883年和1884年翻译出版法国人维隆（Véron）的《维氏美学》上下册，用了汉语"美学"这个词。在此之前，从1882年开始，森欧外、高山樗牛等人在东京大学也曾以"审美学"的名称来讲授美学，据说同时也用过"美学"这个词。更早，日本启蒙思想家西周曾先后用"善美学"、"佳趣论"、"美妙学"（1867年，1870年，1872年）等词来翻译Aesthetics。学者们认为，中国学者使用"美学"一词，可能更多地是受日本学者的影响。1897年康有为编辑出版的《日本书目志》中，出现了"美学"一词，其中"美术"类所列第一部著作即中江肇民的《维氏美学》。之后一些介绍日本学校教育的书籍中都出现"美学"或"审美学"这个词。1902年，王国维在翻译日本牧濑五一郎所著《教育学教科书》和桑木严翼所著《哲学概论》两书时，不仅使用了"美学"一词，而且使用了"美感"、"审美"、"美育"、"优美"、"壮美"等词。同年，他在一篇为《哲学小辞典》的译文中，明确把Aesthetics译为"美学"、"审美学"，并介绍了"美学"的一个定义："美学者，论事物之美之原理也。"参看黄兴涛《"美学"一词及西方美学在中国的最早传播》（载《文史知识》2000年第1期）、刘悦笛《美学的传入与本土创建的历史》（载《文艺研究》2006年第2期）。

孔子开创了儒家美学的传统。儒家美学的出发点和中心，是探讨审美和艺术在社会生活中的作用。孔子是中国历史上第一个重视和提倡美育的思想家。孔子突出了"兴"这个范畴，提出了"诗可以兴"的命题，"知者乐水，仁者乐山"的命题，对后世产生了深远的影响。孔子还认为，最高的人生境界乃是一种审美的境界。[1]

《易传》是产生于战国时期的儒家经典。这部著作提出了"生生之谓易"的命题，提出了"易者象也"的命题，提出了儒家的生命哲学和生命美学，对中国古典美学的发展产生了深远的影响。这部著作突出了"象"这个范畴，成为中国美学的意象说产生的重要环节。

庄子继承和发展了老子的道家美学的传统。庄子提出了一种超功利、超逻辑的"游"的境界，一种高度自由的精神境界。这是对美感特点的深刻认识。

魏晋南北朝时期是中国古典美学发展的第二个黄金时代。在魏晋玄学的影响下，魏晋南北朝美学家提出了一大批美学范畴和美学命题，如"气"、"妙"、"神"、"意象"、"风骨"、"隐秀"、"神思"、"得意忘象"、"声无哀乐"、"传神写照"、"澄怀味象"、"气韵生动"等等。所有这些范畴和命题，对后代都有深远的影响。

在唐、五代和宋元时期，中国古典美学继续得到发展。在儒家美学和道家美学这两条路线之外，禅宗对中国古典美学也产生越来越大的影响。

北宗禅主张存在一个实体化的心的本体，以慧能为代表的南宗禅则否定这个实体化的心的本体。慧能认为，"心"的作用就是念念不住，它没有实体，所以是"无心"、"无念"。这个"心"只有通过在此心上显现的世界万物而显现自己。反过来，世界万物在这个自由活泼的心灵上刹那间显现的样子也就是事物本来的样子。这样，慧能就将现象世界从空寂状态中解救出来，恢复了现象世界的生动活泼、万紫千红的本来面目。这就是禅宗强调的"心物不二"。禅宗这种刹那真实的理论启示人们去体验审美的世界。审美世界就是在人的瞬间直觉中生成的意象世界，这个意象世界是显现世界万物的本来面目的真实世界。

唐代思想家柳宗元曾提出一个"美不自美，因人而彰"的重要命题。

---

[1] 参看本书第十五章。

这个命题，也可以从禅宗这种"心物不二"的模式去理解，即世上的美并不是离开人的一种实体化的存在，而是在人心上显现（彰显）的世界。

唐代美学还有一个重要贡献是形成了意境的理论。

清代前期是中国美学史上第三个黄金时代。这是中国古典美学的总结时期。王夫之以"意象"为中心的美学体系就是中国古典美学的总结性的形态，是中国古典美学的高峰。王夫之提出了一系列极为深刻的美学命题，至今对我们理解美和美感仍有极大的启发。

在这个时期还出现了一批从各个艺术领域探讨美学问题的杰出美学家，如叶燮（诗歌）、金圣叹（小说）、李渔（戏剧）、石涛（绘画）等。其中叶燮的著作（《原诗》）和石涛的著作（《画语录》）都有很强的理论性，并形成了自己的体系。在某种程度上，它们也可以看作是中国古典美学（艺术美学）的总结性的形态。

从老子、孔子、《易传》、庄子，一直到王夫之、叶燮、石涛，中国古代思想家提出了一系列重要的美学范畴和命题，贡献了极其丰富的、极具原创性的美学思想。中国美学的理论遗产是21世纪我们构建真正具有国际性的现代美学体系的宝贵的思想资料。

二、中国近百年美学发展的轮廓

（一）近代：梁启超、王国维、蔡元培

从1840年鸦片战争开始，中国进入近代。中国近代美学家，影响最大的是梁启超、王国维、蔡元培，他们的共同特点是都热心学习和介绍西方美学（主要是德国美学），并尝试把西方美学和中国美学结合起来。其中在学术上成就最大的是王国维。王国维的美学思想深受康德、叔本华的影响。王国维的"境界说"，以及他的《人间词话》、《红楼梦评论》、《宋元戏曲考》等著作，对中国近现代美学以及对中国近现代整个学术界都有很大影响。蔡元培的贡献主要是他在担任教育总长（1912年）和北京大学校长（1916年）期间大力提倡美育和艺术教育。他不仅在北大亲自讲授美学课，而且组织"画法研究会"、"音乐研究会"、"音乐传习所"，实际推行美育。蔡元培的理论和实践对北京大学的影响十分深远。正是由于这种影响，北京大学逐渐形成了重视美学研究和重视美育的优良传统。1917年蔡元培在

北京神州学会发表题为《以美育代宗教说》的讲演，影响也很大。蔡元培在提倡美育方面产生的影响一直持续到现当代。

（二）现代：朱光潜和宗白华

1919年的"五四"运动，标志着中国的历史进入了现代。在中国现代美学史上，贡献最大、影响最大的是朱光潜和宗白华这两位美学家。他们的美学思想有两个特点最值得我们重视：第一，他们的美学思想都在不同程度上反映了西方美学从"主客二分"的思维模式走向"天人合一"的思维模式的趋势；[1] 第二，他们的美学思想都反映了中国近代以来寻求中西美学融合的趋势。在梁启超、王国维、蔡元培所开辟的中西美学融合的道路上，他们又向前迈进了一大步。

朱光潜的美学，从总体上说，还是传统的认识论的模式，也就是主客二分的模式。这大概同他受克罗齐的影响有关。但是在对审美活动进行具体分析的时候，他常常突破这种"主客二分"的模式，而趋向于"天人合一"的模式。他在分析审美活动时最常用的话是"物我两忘"、"物我同一"以及"情景契合"、"情景相生"。情景相生而且契合无间，"象"也就成了"意象"。这就产生了朱光潜的美在"意象"的思想。朱光潜强调，意象（他有时又称为"物的形象"）包含有人的创造，意象的"意蕴"是审美活动所赋予的。（关于朱光潜在这方面的论述，我们在第一章中将做比较详细的介绍。）

朱光潜对西方美学和中国美学都有精深的研究。他在30年代出版的两部影响最大的著作《谈美》（1932）和《文艺心理学》（1936），主要是介绍西方近代美学思想，特别是克罗齐的"直觉说"、立普斯的"移情说"和布洛的"距离说"。他的另两部著作《悲剧心理学》（1933）和《变态心理学》（1933）详细介绍了叔本华、尼采等人的悲剧理论以及弗洛伊德、荣格的精神分析心理学的理论。60年代他又写了两卷本《西方美学史》（1963）。书中对某些西方美学家的研究，不仅处于当时国内学术界的最高水平，而且对国际学术界的研究成果也有突破。朱光潜还翻译了一大批西方美学经典著

---

[1]"天人合一"是中国哲学中的一个命题，它在不同的思想家那里有不同的涵义。我们在本书中使用这个命题，其涵义是人与世界万物一体相通。这里的"天"是指自然或世界万物，不具有道德的意义（如在孟子那里）。

作，如柏拉图《文艺对话集》、黑格尔《美学》（三大卷，共四册）、维柯《新科学》、克罗齐《美学原理》等。这是朱光潜对我国美学学科建设的不可磨灭的贡献。由于朱光潜精通好几国西方语言，中文的修养又极高，同时他对西方文化（哲学、美学、心理学、文学、艺术等等）有极广博的知识，所以他的这些译著都称得上是翻译史上的经典。周恩来总理曾说，翻译黑格尔《美学》这样的经典著作，只有朱光潜先生才能"胜任愉快"。

朱光潜在介绍西方美学的同时，又努力寻求中西美学的融合。最突出

朱光潜

的表现就是他的《诗论》这本书。在这本书中，朱光潜企图用西方的美学来研究中国的古典诗歌，找出其中的规律。这就是一种融合中西美学的努力。这种努力集中表现为对于诗歌意象的研究。《诗论》这本书就是以意象为中心来展开的。一本《诗论》可以说就是一本关于诗歌意象的理论著作。

当然，朱光潜并没有最终实现从"主客二分"的模式到"天人合一"的模式的转折。前面说过，朱光潜的美学在总体上还没有完全摆脱传统的认识论的模式，即"主客二分"的模式。在朱光潜那里，"主客二分"是人和世界的最本原的关系。他没有从西方近代哲学的视野彻底转移到以人生存于世界之中并与世界相融合这样一种现代哲学的"天人合一"的视野。一直到后期，我们从他对"美"下的定义"美是客观方面某些事物、性质和形状适合主观方面意识形态，可以交融在一起而成为一个完整形象的那种特质"，[1] 仍然可以看到他的这种"主客二分"的哲学视野。

与此相联系，朱光潜研究美学，主要采取的是心理学的方法和心理学的角度，他影响最大的一本美学著作题为《文艺心理学》，也说明了这一

---

[1] 朱光潜：《论美是客观与主观的统一》，见《朱光潜美学文集》第三卷，第71—72页，上海文艺出版社，1983。

点。心理学的方法和心理学的角度对分析审美心理活动是十分重要的，但是心理学的方法和角度也有局限，最大的局限是往往不容易上升到哲学的本体论和价值论的层面。

朱光潜自己也觉察到这种局限，特别是后期，他试图突破这一局限。他提出要重新审定"美学是一种认识论"这种传统观念：

> 我们应该提出一个对美学是根本性的问题：应不应该把美学看成只是一种认识论？从 1750 年德国学者鲍姆加通把美学（Aesthetica）作为一种专门学问起，经过康德、黑格尔、克罗齐诸人一直到现在，都把美学看成是一种认识论。一般只从反映观点看文艺的美学家们也还是只把美学当作一种认识论。这不能说不是唯心美学所遗留下来的一个须要重新审定的概念。[1]

其实，朱光潜美学中包含的美在意象的思想，如果按照理论的彻底性的原则加以充分的展开，就有可能从本体论的层面突破这个主客二分的认识论的模式。但是由于 50 年代那场讨论的理论环境的影响，朱光潜没有从这个方向努力，而是把解决这个理论困境的方向转到实际上并不相干的方面，因而最后没有完成这个突破。

宗白华美学思想的立足点是中国哲学。他认为，中西的形上学分属两大体系：西洋是唯理的体系，中国是生命的体系。唯理的体系是要了解世界的基本结构、秩序理数，所以是宇宙论、范畴论；生命的体系则是要了解、体验世界的意趣（意味）、价值，所以是本体论、价值论。[2] 从中国古代这一天人合一的生命哲学出发，他也提出了美在"意象"的观点。他说，艺术家"所表现的是主观的生命情调与客观的自然景象交融互渗，成就一个鸢飞鱼跃，活泼玲珑，渊然而深的灵境"[3]。这个"灵境"，就是意象世界，意象世界乃是"情"与"景"的结晶，"景中全是情，情具象而为景，因而涌现了一个独特的宇宙，崭新的意象，为人类增加了丰富的想象，替世界开辟了新境，正如恽南田所说'皆灵想之所独辟，总非人间所

---

[1] 朱光潜：《论美是客观与主观的统一》，见《朱光潜美学文集》第三卷，第 62 页。
[2] 宗白华：《形上学（中西哲学之比较）》，见《宗白华全集》第一卷，第 631 页、629 页，安徽教育出版社，1994。
[3] 宗白华：《中国艺术意境之诞生》，见《艺境》，第 151 页，北京大学出版社，1987。

有'"[1]。他又说:"象如日,创化万物,明朗万物!"[2] 这个意象世界,照亮一个充满情趣的真实的世界。在这个意象世界中,人们乃能了解、体验人生的意味与价值。

宗白华同样也对中西美学都有很深的理解和研究。他翻译了康德的《判断力批判》上卷,翻译了德国瓦尔特·赫斯编的《西方现代派画论选》,写了研究歌德的论文,对歌德的人格和艺术做了独到的阐释。同时,他写了《论中西画法的渊源与基础》、《中西画法所表现的空间意识》、《论〈世说新语〉和晋人的美》、《中国艺术意境之诞生》、《中国诗画中所表现的空间意识》等论文,对中国美学和中国艺术做了极其深刻的阐释。宗白华也一直倡导和追求中西美学的融合。早在五四时期,他就说:"将来世界新文化一定是融合两种文化的优点而加之以新创造的。这融合东西文化的事业以中国人最相宜,因为中国人吸取西方新文化以融合东方,比欧洲人采撷东方旧文化,以融合西方,较为容易,以中国文字语言艰难的缘故。中国人天资本极聪颖,中国学者心胸思想本极宏大,若再养成积极创造的精神,不流入消极悲观,一定有伟大的将来,于世界文化上一定有绝大的贡献。"[3] 这段话不仅提出了东西方文化融合而成为世界新文化的伟大理想,而且指出中国学者在实现这一理想中可以做出自己独特的、别人不能替代的贡献。宗白华的这段话,至今对我们仍然极有教益和启发,因为他指明了一个重要的道理:**中国学者在学术文化领域(包括美学领域)应该有自己的立足点。**

在中国现代,除了朱光潜、宗白华,还有一位在美育领域做出很大贡献的人物应该提到,那就是丰子恺。丰子恺是大画家,同时又是音乐教育

宗白华

---
[1] 宗白华:《中国艺术意境之诞生》,见《艺境》,第151页,北京大学出版社,1987。
[2] 宗白华:《形上学(中西哲学之比较)》,见《宗白华全集》第一卷,第628页,安徽教育出版社,1994。
[3] 宗白华:《中国青年的奋斗生活与创造生活》,见《宗白华全集》第一卷,第102页,安徽教育出版社,1994。

家、文学家。他在美育、美术教育、音乐教育等方面写了大量的普及性的文章和著作,哺育了一代又一代的青少年。**丰子恺的一生是审美的一生,艺术的一生。他影响青少年最深的是他洒落如光风霁月的胸襟,以及他至性深情的赤子之心。**

(三)当代:两次美学热潮

1949年中华人民共和国成立,标志着中国历史进入当代。

中国当代的美学的发展,最突出的景象是出现了两次美学热潮。

第一次,就是50年代到60年代出现的一场美学大讨论。那场讨论是从批判朱光潜的美学观点开始的。主要讨论一个问题,即美的本质问题(美是主观的,还是客观的),出现了美学的所谓几大派,即蔡仪主张美是客观的一派,吕荧、高尔太主张美是主观的一派,朱光潜主张美是主客观的统一的一派,李泽厚主张美是客观性与社会性的统一的一派。[1] 那场讨论,从1956年开始,一直延续到60年代初,然后就中断了。当时出了六本《美学问题讨论集》,汇集了那次讨论的成果。

那场讨论对于活跃学术空气,普及美学知识,都起了积极的作用,它使很多人(主要是当时一些文科大学生)对美学发生了兴趣。但是,从学术的角度看,那场讨论(连同对朱光潜的批判)也有很大的缺陷。第一,对朱光潜的批判,带有很大的片面性。如前所述,朱光潜在50年代之前,在介绍西方美学方面,在探索中西美学的融合方面,在美学基本理论的建设方面,都做了许多有益的工作,有积极的贡献。但是这些积极的方面在批判中基本上都被否定了。更重要的是,在批判朱光潜美学观点的同时,对西方近现代美学也采取了全盘否定的态度,这就使中国美学和世界美学的潮流脱节,对中国美学的理论建设产生了消极的影响。第二,在那场讨论中,不论哪一派的美学家,有一点是共同的,就是都把美学纳入认识论的框框,都把审美活动等同于认识活动,都从主体和客体之间的认识论关系这个角度来考察审美活动。整个这场讨论,都是在"主客二分"这样一种思维模式的范围内展开的。而这样一种思维模式,既没有反映西方美学从近代到现代发展的大趋势,同时也在很大程度上脱离了中国传统美学的

---

[1] 关于这次美的本质的讨论,我们在本书第一章将做比较详细的介绍。

基本精神。这种思维模式，在以后很长时间内一直在中国美学界起支配作用。这对于中国美学的理论建设也产生了消极的影响。

从70年代后期、80年代初期开始，我国进入改革开放的新的历史时期，就在这时出现了第二次美学热潮。这一场美学热潮是同我们整个民族对自己的历史、前途和命运的反思紧紧联系在一起的。经过文化大革命十年的动乱，很多人特别是很多青年人、大学生都开始反思：为什么我们这样一个古老的东方文明大国，会发生这样一场毁灭文化、毁灭真、善、美的运动？为什么在那场运动中，成千上万的人那样迷信，那样狂热？大家要从古今中外的哲学、伦理学、美学、历史学、政治学等等学科的经典著作中去寻找答案。所以当时出现了一种"文化热"，美学热只是整个文化热的一部分。西方的学术文化著作如潮水般地涌进国内。海德格尔的《存在与时间》一出版就印了两万册。一本极为艰深的学术著作一次达到这么大的印数，这在世界上也是罕见的。这次美学热不同于第一次美学热的一个特点是它不仅仅集中讨论美的本质这一个问题。因为开放了，眼界打开了，讨论的问题就比较分散了，研究的队伍也开始分散了。有一些学者转过去系统地整理、研究中国传统美学，有一些学者转过去翻译、介绍、研究西方现当代美学，有一些学者转过去研究审美心理学、审美社会学等各个美学分支学科，还有的学者则转过去研究各个艺术部门的美学问题（诗歌美学、小说美学、电影美学、音乐美学等等）。从80年代一直到21世纪初，学术界出版了一大批反映美学研究新成果的著作，其中有一些是带有原创性、开拓性的著作。

随着整个社会关注的重点集中到经济建设，计算机、经济、法律、工商管理等等学科越来越热，整个"文化热"就渐渐消退了，"美学热"也渐渐消退了。尽管"美学热"消退了，但是在大学生中，在社会上广大的读者群中，美学依然是一个十分引人关注和引人兴趣的学科。

实际上，**美学理论建设的真正进展，正是在"美学热"消退之后，即从80年代末一直到21世纪初**。有相当多的美学研究者认识到，为了真正推进美学理论建设，必须跳出"主客二分"的认识论的框框，必须突破50年代美学大讨论中形成的、在70年代末80年代初又进一步论证的把审美活动归结为生产实践活动的理论模式。在这个认识的基础上，很多人在美学基本原理的建构方面进行了各种新的探索和尝试。其中最引人注目的是张世英。张世英长期从事西方哲学的研究,特别是德国古典哲学的研究。改革开放以后,他转过来研究西方现当代哲学,并把西方现当代哲学和中国哲学加以沟通,在哲学和美学的基本理论方面提出一系列新的看法,先后出版了《天人之际》(1995)、《进入澄明之境》(1999)、《哲学导论》(2002)、《境界与文化》(2007)等著作。张世英的这些著作对于中西美学的沟通和融合,对于美学理论的建设,都有很大的推动作用。

在50年代到90年代的这一段时间,有两本美学和美育方面的著作在中国文化界有很大的影响,应该在这里提到。一本是车尔尼雪夫斯基的《生活与美学》。这本书原名《艺术与现实的美学关系》,是车尔尼雪夫斯基的学位论文。1942年由周扬译出,在延安出版,1947年和1949年在香港和上海重印,1957年又由译者修订后在人民文学出版社重新出版。车尔尼雪夫斯基在这本书中提出"美是生活"的论点,在40年代和50年代的中国文化界产生了广泛的影响。

还有一本是《傅雷家书》。这是著名翻译家、艺术教育家傅雷和他的夫人给傅聪、傅敏等人的家书的摘编。这本书1981年出第一版,1990年出第三版,到1992年第8次印刷,已印了80多万册,在文化界和广大青少年中发生了极大的影响。这虽是一本家书,但是傅雷在其中发表了有关美学、美育和艺术的许多深刻的见解,**更重要的是全书充溢着傅雷的人格精神。读这本书,可以使我们懂得什么是爱,懂得什么是艺术,懂得一个真正有文化、有教养的人是一种什么样的胸襟,一种什么样的气象,一种什么样的精神境界。**这本书,和前面提到的丰子恺的著作,都属于20世纪中国出版的最好的美育读物,因为这些书可以使人的灵魂得到净化,可以使人的境界得到升华。

三、美学研究的对象

(一)美学研究的对象是审美活动

美学研究的对象,在西方美学史上有不同的看法,在我国美学界也有不同的看法。归纳起来,主要有以下几种看法:(1)美学研究的对象是美(美的本质,美的规律);(2)美学研究的对象是艺术;(3)美学研究的对象是美和艺术；（4）美学研究的对象是审美关系；（5）美学研究的对象是审美经验；（6）美学研究的对象是审美活动。

在这几种看法中，前面五种看法都有一些缺陷。

把美学研究的对象设定为美，它的前提，是存在一种外在于人的、实体化的"美"。但是按照我们现在的看法，并不存在一种外在于人的、实体化的"美"，"美"是"呈于吾心而见诸外物"的审美意象，"美"只能存在于审美活动之中。所以把美学研究的对象设定为"美"在理论上并不妥当。

把美学研究的对象设定为艺术（含文学），一方面失之过窄，一方面又失之过宽。艺术（创作和欣赏）活动是审美活动，但审美活动不限于艺术活动。审美活动的领域除了艺术美，还有自然美、社会美、科学美和技术美。过去一般认为艺术美的领域最大，现在看来自然美和社会美的领域也很大。如果说艺术美无所不在，那么自然美和社会美也无所不在。所以把美学研究的对象设定为艺术失之过窄。另一方面，艺术包含许多层面，除了审美的层面（本体的层面），还有知识的层面、物质载体的层面、经济的层面、技术的层面等等。美学只限于研究它的审美的层面。所以把美学研究的对象设定为艺术，又失之过宽。

国内美学界多数人都赞同把美学研究的对象设定为审美活动。我们也赞同这一设定。这个设定反映了这样一种认识：审美活动是人类的一项不可缺少的精神—文化活动，是人类的一种基本的生存活动，是人性的一项基本的价值需求。前面提到的"审美关系"和"审美经验"两种设定都可以纳入"审美活动"这个设定。因为"审美关系"是在"审美活动"中生成的。脱离审美活动，"审美关系"就成了一个抽象的、没有任何内容的概念。"审美经验"是侧重从主体心理的角度表述审美活动（即我们平常说的"美感"）。脱离审美活动，"审美经验"的研究可能局限于主体的审美心理和审美趣味，美学研究就可能变成纯粹的心理学的研究，美学就不再是美学。

既然我们把美学研究的对象设定为审美活动，那么我们这本书的全部内容就是讨论审美活动，主要是讨论两个问题：一、什么是审美活动？二、人为什么需要审美活动？美学领域的多方面的、丰富的内容，都将围绕这两个问题来展开。

（二）审美活动是人类的一种精神活动

刚才说,"什么是审美活动"是我们整本书所要回答的问题,也就是说,读者要读完我们整本书之后才能对这个问题获得一个比较完整的答案。但是,为了使读者对审美活动有一个初步的概念,我们先在这里对"什么是审美活动"的问题做一个简单的说明。

1. 审美活动是人类的一种精神活动,它是人性的需求。没有审美活动,人就不是真正意义上的人。

我国国内学术界曾有人把审美活动等同于物质生产的实践活动。这种看法是不正确的。审美活动是人的精神活动。这种精神活动当然要在人类的物质生产实践活动的基础上才能产生和存在,这是毫无疑问的(人类的一切精神活动都要以物质生产实践活动为基础),但是不能把审美活动等同于物质生产实践活动。审美活动是一种精神活动,是对于物质生产活动、实用功利活动的超越,也是对个体生命有限存在的超越。

审美活动并不是满足人的物质需求(吃饭、穿衣等等),而是满足人的精神需求。审美活动使人回到人和世界的最原初的、最直接的、最亲近的生存关系。这种回归,是人的精神需求,是人性的需求。杜夫海纳说:"**审美经验揭示了人类与世界的最深刻和最亲密的关系,他需要美,是因为他需要感到他自己存在于世界。**"[1] 人存在于世界,人和世界是融合在一起的(借用中国古代的一个哲学概念就是"天人合一")。这是一个充满意味和情趣的世界。这就是海德格尔说的"人诗意地栖居着"。这就是王夫之说的"两间之固有"的"乐"的境界。这也就是陶渊明说的"自然"。但是世俗的、实用功利的世界(陶渊明所谓"尘网"、"樊笼")遮蔽了这个原初的、充满诗意的、乐的境界。这就使人产生了审美的需求,"因为他需要感到他自己存在于世界",用陶渊明的话说就是"羁鸟恋旧林,池鱼思故渊"。通过审美活动,返回"自然",从而确证自己存在于这个世界。所以说,**如果没有审美活动,人就不能确证自己的存在,人就不是真正意义上的人。**

2. 审美活动是人的一种以意象世界为对象的人生体验活动。这个意象世界照亮一个本然的生活世界。在这个以意象世界为对象的体验活动中,人获得心灵的自由。在这个以意象世界为对象的体验活动中,"真"、"善"、

---

[1] 杜夫海纳:《美学与哲学》,第3页,中国社会科学出版社,1985。

"美"得到了统一。

在50年代的美学大讨论中,参加讨论的人有一个共同的前提,就是把审美活动看作是认识活动,因而都从"主客二分"的思维模式出发来讨论美学问题。这种看法和思维违背了审美活动的本性。审美活动是一种人生体验活动。这种体验活动的对象是意象世界。这个意象世界就是"美"(广义的"美")。这个意象世界是在审美活动中创造出来的,而且它只能在审美活动中存在。这就是"美"与"美感"的同一。这个意象世界照亮一个本然的生活世界,这是人与万物融为一体的世界,是充满意味和情趣的世界。这就是"美"与"真"的统一。在这个意义上,我们说审美活动是一种人生的体验活动。在这个体验活动中,人的心灵超越了个体生命的有限存在和有限意义,得到一种自由和解放,从而回到人的精神家园。这就是庄子说的"游"的境界。这也就是海德格尔说的"诗意地栖居"的境界。在这个意象世界的体验活动中,"真"、"善"、"美"得到了统一:"美"是意象世界,"真"是存在的本来面目(本然的生活世界),"善"是人生境界的提升。

3. 审美活动是人类的一种文化活动,它在人类历史上发生、发展,它受人类的文化环境的影响和制约。因而审美活动具有社会性、历史性。

任何人都是社会的、历史的存在,因而他的审美意识必然受到时代、民族、阶级、社会经济政治制度、文化教养、文化传统、风俗习惯等因素的影响。同时,任何审美活动都是在一定的社会历史环境中进行的,因而必然受到物质生产力的水平、社会经济政治状况、社会文化氛围等因素的影响。正因为这样,所以审美活动一方面是个体的精神活动,另方面又是人类的一种文化活动,它要受到社会文化环境的影响和制约。这种影响和制约,在每个个人身上,体现为不同的审美趣味和审美格调,在整个社会,则体现为不同的审美风尚和时代风貌。这就是审美活动(美和美感)的社会性、历史性。

总括起来,我们可以说,审美活动是人的一种精神—文化活动,它的核心是以审美意象为对象的人生体验。在这种体验中,人的精神超越了"自我"的有限性,得到一种自由和解放,回到人的精神家园。从而确证了自己的存在。

以上我们对审美活动做了三点简要的说明。这是一个比较概括的说明。我们在后面的各章中，特别在一、二、三这三章中，将会对审美活动做比较详细的论述。读者读完全书，再返过来看这三点说明，就可以从比较抽象的认识上升到一个比较具体的认识。

四、美学的学科性质

（一）美学是一门人文学科

美学属于人文学科。人文学科的研究对象是人的"生活世界"。[1] 这里的"人"，不是纯粹的、思想的主体，不是西方传统哲学中那个"我思"的"我"，而是活生生的人。这里的"世界"，也不是与"自我"相对的纯物质的"自然"，而是人的"生活世界"。这个"生活世界"，是一个具体的、历史的现实世界，是活的世界，而不是死寂的世界。这个"生活世界"，是一个有"意义"和"价值"的世界，这个"意义"和"价值"，并不是纯精神性的，而是具体的、实际的，是"生活世界"本身具有的，是"生活世界"本身向人显现出来的。[2]

因此，人文学科研究的对象是人的意义世界和价值世界。李凯尔特指出，精神科学的对象是"价值"而非"事实"，是一种"意义性"。他说："价值绝不是现实，既不是物理的现实，也不是心理的现实。价值的实质在于它的有意义性，而不在于它的实际的事实性。"[3]

美学属于人文学科，从大的范围来说，它的研究对象是人的生活世界，是人的意义世界和价值世界。从这里引出了美学的两个特点：第一，美学与人生有着十分紧密的联系。美学的各个部分的研究，都不能离开人生，不能离开人生的意义和价值。美学研究的全部内容，最后归结起来，就是引导人们去追求一种更有意义、更有价值和更有情趣的人生，也就是引导人们去努力提升自己的人生境界。第二，美学和每个民族的文化传统有着十分紧密的联系。美学研究人的生活世界，而人的生活世界和各个民族的文化传统有紧密的联系，所以，研究美学要注意各个民族的文化传统的差

---

[1] 关于"生活世界"的概念，我们在第一章还有比较详细的讨论。
[2] 以上关于人文学科的论述，参看叶秀山《美的哲学》，第7—11页，人民出版社，1991。
[3] 李凯尔特：《文化科学和自然科学》，第78页，商务印书馆，1986。

异。中国学者研究美学,一方面要注意中国文化、东方文化与西方文化的共同性,另一方面也要注意中国文化、东方文化与西方文化的差异性。我们要吸收西方文化中的一切好的东西,但我们的立足点应该是中国文化。

在 20 世纪的西方,由于分析哲学的影响,在相当一部分哲学家和美学家中出现了一种忽视和离开人生(人的生活世界)的倾向。他们把全部哲学和美学问题都归结为语义分析。这是一种片面性。美学问题归根到底是人的意义世界和价值世界的问题,是人的存在问题。人的语言世界是与生活世界密切相关的。**离开人的生活世界而专注于语义分析,会从根本上取消美学。**

(二)美学是一门理论学科

从历史上看,"美学理论是哲学的一个分支"。[1] 各个时代的大哲学家,他们所建立的哲学体系,都有一部分是美学。美与真、善是属于哲学的永恒课题。康德有三大批判,其中《判断力批判》的一部分内容就是美学。黑格尔有《逻辑学》,也有《美学》。所以美学属于哲学学科、理论学科。这一点往往被很多人误解。在很多人的心目中,美学是研究艺术的,艺术是形象思维[2],所以美学也属于形象思维。还有的人把美学与美术混为一谈。这些都是误解。美学当然与艺术有密切的关系,但是美学不是艺术,美学不是美术。美学是哲学。美学不属于形象思维,美学属于理论思维、哲学思维。

还有一种误解是把审美意识与美学混为一谈。他们认为,每个人都有自己的审美观,都有自己的审美理想、审美趣味,因而每个人都是美学家,至少每个艺术家都是美学家。这是一种误解。**美学不是一般的审美意识,而是表现为理论形态的审美意识。**尽管每个人都有审美意识(审美趣味、审美理想),但不一定表现为理论形态,所以不能说每个人都是美学家,也不能说每个艺术家都是美学家。这就正如哲学是世界观,每个人都有自己的世界观,但不等于每个人都是哲学家。因为哲学不是一般的世界观,而是表现为理论形态的世界观。

美学是一门哲学学科的传统观念,自 19 世纪中叶以来受到一些学者

---

[1] 鲍桑葵:《美学史》,第 1 页,商务印书馆,1985。
[2] "形象思维"这个概念是不准确的。参看本书第 139 页的注。

的挑战。这种挑战主要来自心理学。19世纪中叶，德国美学家费希纳提出"自下而上"的美学，由此引发了一股把美学看作是一门心理科学的思潮。这种思潮一直延续到20世纪，也影响到中国。中国也有学者认为审美哲学让位于审美经验的心理学是一种必然趋势。[1] 这种用心理学美学来取代哲学美学的思潮对美学学科的发展是不利的。审美心理学的研究成果对美学基本理论的推进是有益的，但是对这种作用不能过于夸大。因为对审美经验的心理学描述无论怎样细微，也不可能揭示审美活动作为人生体验的本性。**心理学的描述或心理实验不能回答人生体验的本性的问题，不能回答人的意义世界和价值世界的问题。回答人生体验的本性问题，回答人的意义世界和价值世界的问题，只有靠哲学。**如冯友兰所说："哲学所讲者，是对于宇宙人生底了解。"[2] 用心理学美学取代哲学美学，就是从根本上取消了美学。所以维特根斯坦说："人们常说美学是心理学的分支。这种思想认为，一旦我们更加进步，一切——艺术的所有神秘——都可以通过心理实验而被理解。这种思想大概就是这样，简直是愚蠢透顶。""美学问题和心理实验毫不相干，它完全是按照另一种方式回答问题的。"[3]

（三）美学是一门交叉学科

刚才说，美学是一门哲学学科。但从另一个角度看，美学和许多学科都有密切的关系，在一定意义上说，美学是一门交叉学科。

美学和艺术有密切的关系。前面说过，我们不赞同把美学的研究对象定义为艺术。但美学和艺术、艺术史等学科确有紧密的联系。艺术是人类审美活动的一个重要的领域。美学基本理论的研究离不开艺术。无论在西方或在中国，有许多重要的美学理论都是通过对艺术的研究而提出的。在西方，从亚里士多德到巴赫金，在中国，从谢赫到叶燮、石涛，都是如此。

美学和心理学有密切的关系。前面说过，我们不赞同用心理学美学来代替美学的倾向。但美学和心理学确有密切的联系。对美感的分析，需要借助心理学的研究成果。在美学史上，有不少心理学家对美学理论做出了

---

[1] "美学作为美的哲学日益让位于作为审美经验的心理学，美的哲学的本体论让位于审美经验的现象论；从哲学体系来推演美、规定美，做价值的公理规范让位于从实际经验来描述美感、分析美感，做实证的经验考察。"（《李泽厚哲学美学文选》，第201页，湖南人民出版社，1985。）

[2] 冯友兰：《新原人》，《三松堂全集》第四卷，第471页，河南人民出版社，2002。

[3] 维特根斯坦：《美学讲演录》，转引自刘小枫主编《人类困境中的审美精神》，第542页，东方出版社。

贡献，如立普斯（主张"移情说"）、布洛（主张"距离说"）、马斯洛（提出"高峰体验"的概念）等人都是例子。当然，对心理学的成果应该有所分析，不能过于夸大它们对美学学科的作用。如实验美学的成果的局限性就很大，朱光潜曾作过详细的分析。[1] 又如，弗洛伊德的精神分析心理学在美学领域的局限性和片面性也很大。[2]

美学和语言学有密切的关系。这一点随着20世纪西方美学的发展看得越来越清楚。比较早的克罗齐就提出一种看法，即普通语言学就是美学，因为它们都是研究表现的科学。接着是卡西尔的符号学理论，海德格尔的"语言是存在的家园"的理论，维特根斯坦的"全部哲学就是'语言批判'"[3]的理论，巴赫金的"对话理论"，从索绪尔发端而以罗兰·巴特为代表的结构主义和以福柯、德里达为代表的后结构主义，伽达默尔的解释学，所有这些理论对美学都产生了巨大的影响。这就是现代西方哲学和美学的所谓"语言学转向"。从这里可以见出美学和语言学的密切关系。当然，前面说过，西方有一些分析哲学家和美学家忽视人的意义世界和价值世界的问题，而把全部哲学问题和美学问题都归结为语义分析，显然是片面的。美学研究应该摆脱这种片面性。

美学和人类学有密切的关系。人类的审美活动是在历史上发生、发展的，人类学的研究成果对研究审美活动的发生、发展就可能有重要的价值。像格罗塞的《艺术的起源》、列维-布留尔的《原始思维》、弗雷泽的《金枝》等著作，都成为美学家的重要参考书。普列汉诺夫在他的《没有地址的信》、《艺术与社会生活》等美学、艺术学著作中，就曾引用格罗塞《艺术的起源》中的研究成果。

美学和神话学有密切的关系。当代神话学学者约瑟夫·坎伯认为神话就是"体验生命"，体验"存在本身的喜悦"[4]，这使得神话学与美学有一种内在的联系，因为美学的研究对象是审美活动，而审美活动的本性也就是一种人生体验，一种生命体验，一种存在本身的喜悦的体验。

---

[1] 参看朱光潜《文艺心理学》附录《近代实验美学》，《朱光潜美学文集》第一卷，上海文艺出版社，1982。
[2] 参看本书第二章第七节。
[3] 维特根斯坦：《逻辑哲学论》，第38页，商务印书馆，1985。
[4] 约瑟夫·坎伯：《神话》，第8页，台湾立绪文化事业有限公司，1995。

美学和社会学、民俗学、文化史、风俗史有密切的关系。审美活动是人的一种社会文化活动，它必然要受到社会、历史、文化环境的制约。所以，社会学、民俗学、文化史、风俗史的研究成果对美学研究也可能有重要的参考价值。美学中关于审美趣味、审美风尚、民俗风情等问题的研究，就离不开社会学、民俗学、文化史、风俗史的研究成果。

由于美学与众多相邻学科有密切的联系，所以在美学研究中，一方面要坚持哲学的思考，另一方面要有多学科、跨学科的视野，要善于吸收、整合众多相邻学科的理论方法和研究成果。

（四）美学是一门正在发展中的学科

我们在绪论开头说过，无论在西方或是在中国，美学思想都已有两千多年的发展历史，出现了许多在理论上有贡献的美学思想家。20 世纪以来，西方美学的新流派层出不穷。但是，在当代西方美学的众多流派中，我们至今还找不到一个成熟的、现代形态的美学体系。

所谓现代形态的美学体系，一个最重要的标志，就是要体现 21 世纪的时代精神，这种时代精神就是文化的大综合。所谓文化的大综合，主要是两个方面，一个方面是东方文化和西方文化的大综合，一个方面是 19 世纪文化学术精神和 20 世纪文化学术精神的大综合。

但是，现在还没有一个美学流派、美学体系能够体现 21 世纪这一时代精神，没有一个美学流派、美学体系能够体现这种文化的大综合。

当代西方的各种美学流派、美学体系，基本上属于西方文化的范围，并不包括中国文化（以及整个东方文化）。这样的美学是片面的，称不上是真正的国际性的学科。要使美学成为真正的国际性的学科，必须具有多种文化的视野。中国美学和西方美学分属两个不同的文化系统。这两个文化系统当然也有共同性，也有相通之处，但是与此同时，这两个文化系统各自又有极大的特殊性。中国古典美学有自己的独特的范畴和体系。西方美学不能包括中国美学。我们已经进入 21 世纪。我们应该尊重中国美学的特殊性，对中国美学进行独立的系统的研究，并力求把中国美学（以及整个东方美学）的积极成果和西方美学的积极成果融合起来。只有这样，才能把美学建设成为一门真正国际性的学科，真正体现 21 世纪的时代精神。

另一方面，当代西方美学的各种美学流派、美学体系，基本上是体现20世纪的文化学术精神，并没有同时体现19世纪的文化学术精神。20世纪的西方美学所出现的种种"转向"（如心理学的转向，非理性主义的转向，批判理性的转向，语言学的转向等等），是对19世纪西方文化学术精神的否定。到20世纪后期，在某些方面已开始出现"转向"的转向，而且这种"转向"的转向，又和前面所说的东方文化与西方文化的融合的进展有一种复杂的联结和渗透。进入21世纪，我们期望在美学的理论建设中出现一种在更高的层面上实现19世纪文化和20世纪文化大综合的前景。

由于至今我们还找不到一个体现21世纪时代精神的、体现文化大综合的、真正称得上是现代形态的美学体系，所以我们说，美学还是一门正在发展中的学科。体现21世纪时代精神的、真正称得上是现代形态的美学体系，还有待于我们去建设、去创造。当然，这需要一个长期的过程，需要国际学术界的共同努力。

五、为什么要学习美学

我们说明了美学的研究对象和学科性质，也就可以说明美学对于当代青年的价值和意义，扩大一点说，就是美学对于所有当代人的价值和意义。

这可以从以下两个方面来看：

第一，从人生修养方面来看。

大家知道，人除了物质生活的需求之外，还有精神生活的需求。这种精神生活的需求就是精神超越的需求。人和动物有一个很大的不同，就在于人能够从实用中提升出来，从个人物质生活的实践中提升出来，一方面进行审美的体验（感兴），另一方面进行纯理论的思考。这就是精神超越的需求。如果丧失了这种精神生活，丧失了精神超越的兴趣，人就不再是真正意义上的人。

我们在前面已经说过，并且在后面各章将会进一步说明，审美活动是人的一种以意象世界为对象的人生体验活动。这个意象世界照亮一个诗意的人生，使人超越"自我"的有限天地，回到人和世界的最原初的、最直接的、最亲近的生存关系，从而获得一种存在的喜悦和一种精神境界的提升。这种回归，这种喜悦，这种提升，是人的精神需求，是人性的需求。

所以审美活动对于人性、对于人的精神生活是绝对必要的。而美学可以使人对于审美活动获得一种理论的自觉，因而它对于一个人的人性的完善，对于一个人的人生修养，也是不可缺少的。

第二，从理论修养方面来看。

历史上很多哲人都把人的知识分成两类：一类是关于世界上具体事物的知识，如天空为什么会闪电，植物生长和阳光、水分、肥料的关系等等，这类知识多半产生于人类物质生活的需要；还有一类是关于宇宙人生的根本问题的探讨，如宇宙万物的本原是什么，人生的意义是什么，真、善、美是什么等等，这类知识就是前面提到过的那种纯理论的思考的产物。进行这种纯理论的思考，并不是出于物质生活的需要，而是出于人类的精神生活的需要。人当然要从事物质生产实践活动，否则人类社会生活就不能维持。但人又往往要从物质生产活动中跳出来，对于人生、历史、宇宙进行纯理论的、形而上的思考。这种思考并不是出于现实的兴趣（不以实用为目的），而是出于一种纯理论的兴趣，因为这种思考并不能使小麦增产，也不能使公司增加利润，但是人们仍然不能没有这样的思考。亚里士多德在《形而上学》一开头就说："**人类求知是出自本性。**"就是强调，人的理论的兴趣是出自人的自由本性，而不仅仅是为了现世生活的需要。当代解释学大师伽达默尔也说："**人类最高的幸福就在于'纯理论'。**"又说："**出于最深刻的理由，可以说，人是一种'理论的生物'。**"[1] 我们前面说，美学从根本性质来说，就是这样的理论性的学科。一个当代大学生，就他的思维方式和知识结构来说，不能只有具体学科的知识，如物理学的知识，经济学的知识，法律学的知识，等等，而且还应该有纯理论的兴趣和知识，其中包括哲学的兴趣和知识，也包括美学的兴趣和知识。一个当代大学生如果缺乏这种纯理论的兴趣和纯理论的知识，那么他的思维方式和知识结构应该说是不完整的，是有重大缺陷的，**因为他只具有实际生活的知识，而缺乏人生的智慧。**

以上两个方面，就是美学对于当代青年的价值和意义，也就是当代青年学习美学所应该追求的目的。当代青年学习美学，主要就是这样两个目的：一个目的就是完善自身的人格修养，提升自己的人生境界，具体来说，

---

[1] 伽达默尔：《赞美理论》，第26页，上海三联书店，1988。

就是通过学习美学增强审美的自觉性，更自觉地通过审美活动去追求一种更有意义、更有价值和更有情趣的人生；再一个目的就是完善自身的理论修养，完善自身的思维方式和知识结构，具体来说，就是通过学习美学培养自己做纯理论思考的兴趣和能力，也就是对于人生，对于生命，对于存在，对于真、善、美，对于这样一些根本问题进行理论思考的兴趣和能力，从而使自己在获得各种具体学科的知识之外，更能获得一种人生的智慧。

当然，除了上述两个主要目的，大学生学习美学也还可以有其他一些目的，如：提高自己的艺术创造和艺术欣赏的能力，提高自己的审美设计的能力，扩大知识面，等等。但这些并不是学习美学的主要目的。

以上都是针对当代青年来说的。其实，不仅仅是当代青年，所有的当代人，如果条件允许，都应该学一点美学。这种必要性，一方面是由美学学科的性质决定的，另一方面则是由人的本性决定的。**因为从根本上说，人不仅是社会的动物，不仅是政治的动物，不仅是会制造工具的动物，而且还是有灵魂的动物，是有精神生活和精神需求的动物，是一种追求心灵自由即追求超越个体生命有限存在和有限意义的动物，同时，用伽达默尔的话来说，人还是一种理论的动物。**

六、怎样学习美学

人文学科的研究对象是人的"生活世界"。人的"生活世界"是人与世界的"共在世界"，是活的世界，这决定了人文学科不能采取经验科学的主体与客体分立的研究方法（有人称为"对象性的方法"），而要采取一种"体验"的方法（"我"在"世界"之中体验），采取一种"讨论"的方法（开放的研究，对话的方法）。

体验的方法，讨论的方法，这可以说是人文学科共同的方法。除了这些共同的方法以外，每门人文学科还有自己的特殊的方法，这是为每门学科的特殊的性质所决定的。

我们前面论述了美学的学科性质。从这些性质，就可以引出美学学科的特殊的方法，也就是说，明白了美学学科的性质，就可以明白学习美学应该注意哪些问题。

第一，要注重美学与人生的联系。

前面说，美学属于人文学科。这就引出了美学的一个重要的特点：美学与人生有着十分紧密的联系。美学的各个部分的研究，都不能离开人生，不能离开人生的意义和价值。美学研究的全部内容，最后归结起来，就是引导人们去努力提升自己的人生境界，使自己具有一种"光风霁月"般的胸襟和气象，去追求一种更有意义、更有价值和更有情趣的人生。

第二，要立足于中国文化。

美学属于人文学科，这还引出美学又一个重要的特点：美学和一个民族的社会、心理、文化、传统有着十分紧密的联系。中国学者研究美学，要有自己的立足点，这个立足点就是我们自己民族的文化和精神。立足于中国文化，并不意味着排斥外来文化。中华文明从来就具有一种开放性和伟大的包容性。唐代就是突出的例子。唐代是一个艺术上百花齐放的时代。唐代的十部乐，不仅包含汉族乐舞和新疆地区少数民族乐舞，而且包含印度、缅甸、柬埔寨等许多外国的乐舞。中华文明的这种开放性和伟大的包容性，就是主动吸收、融合异质的文化，充实、丰富和发展我们自己民族的文化。反过来，我们以最大的热情吸收国外一切好的东西，也不意味着我们可以抛弃自己的立足点。以美学学科来说，我们要致力于中西美学（东西方美学）的融合，把美学建设成为一门体现21世纪时代精神的真正国际性的学科，我们的立足点仍然是中国的文化和中国的美学。我们应该下大力气系统地研究、总结和发展中国传统美学，并且努力把它推向世界，使它和西方美学的优秀成果融合起来，实现新的理论创造。这是我们中国学者对于人类文化的一个应有的贡献。

在这个问题上，我们在绪论第一节所引的宗白华在1919年的一段话仍然对我们很有启发。[1]

宗白华还有一段话对我们也很有启发。他在1921年从德国给国内的朋友写了一封信，信中说，他到了西方，在西方文化的照射下，更加认识到中国文化的独特的价值和光彩，更加认识到中国文化中"实在有伟大优美的，万不可消灭"。他说，他"极尊崇西洋的学术文化"，但是他特别强调，不能用模仿代替自己的创造。他说：**"我以为中国将来的文化决不是把欧美文化搬了来就成功。"** 又说：**"中国以后的文化发展，还是极力发挥中国民**

---

[1] 参看本书第8页。

族文化的'个性',不专门模仿,模仿的东西是没有创造的结果的。"[1]

宗白华80多年前这些充满智慧的话启示我们,在学术文化领域,我们要注意吸收异质的文化,吸引西方文化中好的东西,那是为了充实自己,更新自己,发展自己,是为了创造中西文化融合的世界新文化。**我们不能抛弃我们自己的文化,不能藐视自己,不能脱离自己,不能把照搬照抄西方文化作为中国文化建设的目标。在学术、文化领域,特别在人文学科领域,中国学者必须有自己的立足点,这个立足点就是自己民族的文化。**

第三,要注重锻炼和提高自己的理论思维的能力。

前面说,美学是一门理论学科、哲学学科。所以对研究美学的人来说,最重要的是要具有较高的理论思维的能力。

这种理论思维能力,表现为一种"理论感"。这种"理论感"也就是爱因斯坦所说的"方向感",即"向着某种具体的东西一往直前的感觉"。当你读别人著作的时候,这种理论感会使你一下子抓住其中最有意思的东西。当你自己在研究、写作的时候,这种理论感会帮助你把握自己思想中出现的最有价值的东西(有的是朦胧的、转瞬即逝的萌芽),**它会指引你朝着某个方向深入,做出新的理论发现和理论概括。**

一个从事像美学这样的理论学科的研究的人,如果缺乏这种理论感,他的研究就很难有大的成就。

我们经常看到,有的人读了许许多多的书,但是他从这些书中抓住的都是一些最一般的东西,别人思想中真正新鲜的、深刻的东西,那些大师的著作中的活的灵魂,他却把握不住。这就是缺乏理论感。

我们还经常看到,有的人搞了一辈子学问,写了许许多多文章,但是他写出的东西老是那么平平淡淡,老是不见精彩。这是什么缘故?当然可能有很多原因,但其中有一个重要的原因就是缺乏理论感。

一个人如何锻炼和提高自己的理论思维能力?恩格斯说,锻炼自己的理论思维能力,至今只有一个办法,那就是学习过去的哲学。也就是说,要学习历史上那些哲学大师的经典著作。这些著作是各个时代人类最高智慧的结晶。学习这些著作,也就是努力吸收各个时代人类的最高智慧,力求把它们变成自己的智慧,从而在理论思维的层面上提升自己。

---

[1] 宗白华:《自德见寄书》,见《宗白华全集》第一卷,第321页,安徽教育出版社,1994。

学习历史上哲学大师的这些经典著作，必须精读。精读，用古人的话说就是"熟读玩味"，也就是放慢速度，反复咀嚼，读懂，读通，读透。

朱熹和学生谈读书的方法，常常使用"味"、"滋味"、"意味"这些词。他告诉学生，读书要"着意玩味"，"字字咀嚼教有味"。精读、玩味大师的经典性著作，可以提升你的理论思维的能力，可以使你获得人生的智慧和美感，可以使你的精神境界得到升华。

第四，要有丰富的艺术欣赏的直接经验，同时要有系统的艺术史的知识。

前面说过，美学与艺术、艺术史有密切的关系。艺术是人类审美活动的一个重要的领域。中外美学史上有许多重要的美学理论都是通过对艺术的研究而提出来的。所以，研究美学的人，要热爱艺术，要有丰富的艺术欣赏的直接经验。美学研究需要理论思维，**但一个人的艺术欣赏的直接经验，即直接的审美体验，对他的理论思维可以有一种内在的引导、推动和校正的作用**。王夫之曾说，他"十六而学韵语，阅古今人所作诗不下十万"。[1] 这种直接的审美经验为王夫之的美学理论提供了一种感性的基础。宗白华生前常常从海淀挤公共汽车进城看美术展览，看各种地方戏曲的演出。他经常说："学习美学首先得爱好美，要对艺术有广泛的兴趣，要有多方面的爱好。""美学研究不能脱离艺术，不能脱离艺术的创造和欣赏，不能脱离'看'和'听'。"[2] 他说他喜欢中国的戏曲，他的老朋友吴梅就是专门研究中国戏曲的。他说他对书法很有兴趣，他的老朋友胡小石是书法家，他们在一起探讨书法艺术，兴趣很浓。他说他对绘画、雕刻、建筑都有兴趣，他自己也收藏了一些绘画和雕刻，他的案头放着一尊唐代的佛像，带着慈祥的笑容。他又说他对出土文物也很注意，他认为出土文物对研究美学很有启发。宗白华这些话，使我们看到艺术欣赏的直接经验对美学研究是何等重要。

当然，一个人的直接经验终究是有限的，所以研究美学的人还应该有比较丰富的艺术史（含文学史）的知识。艺术的门类很多，研究美学的人可以按照自己的兴趣，选择一、二门艺术作为自己研究的重点，对这一、

---

[1] 王夫之：《姜斋诗话》卷二《夕堂永日绪论序》。
[2] 宗白华：《〈美学向导〉寄语》，见《艺境》第一卷，第357页，北京大学出版社，1987。

二门艺术的历史进行比较系统的研究,如:中国美术史,中国书法史,中国诗歌史,中国小说史,西方音乐史,西方电影史,西方戏剧史,等等。一个人如果拥有一门或几门艺术史的系统的知识,那么他在研究美学的时候,特别在涉及艺术的时候,就不会落空。我们读黑格尔的《美学》,常常看到他对历史上一些艺术作品有十分深刻的分析,这一方面说明他有极高的理论思维的能力,另一方面也说明他有极丰富的艺术史的知识。对于研究美学的人来说,理论思维能力与丰富的艺术欣赏的直接经验以及丰富的艺术史的知识这两个方面都是不可缺少的。

第五,要扩大自己的知识面。

前面说过,美学和许多学科都有密切的关系。在一定意义上,美学是一门交叉学科。因此,研究美学的人,需要有比较宽的知识面。除了哲学的修养、艺术欣赏的直接经验和艺术史的知识之外,还应该懂得一些心理学、语言学、人类学、神话学、社会学、民俗学、文化史、风俗史方面的知识。要读一些这方面的书。特别是这些学科中的经典著作,最好能读一读。当然我们不能要求每个研究美学的人都是大学问家,但是从历史上看,真正在美学领域做出重大原创性成果的人确实都是大学问家。所以学美学的人知识面宽一点是有好处的。

第六,要有开放的心态,要注意吸收国内外学术界的新的研究成果。

前面说过,美学是一门正在发展中的学科,从世界范围来说,还找不到一个成熟的、体现21世纪时代精神、真正称得上现代形态的美学体系。因此,我们在研究美学的时候,不要使自己的思想被某一个学派或某一位美学家的观点框住,不要使自己的思想僵化。我们应该保持一种开放的心态,打开自己的眼界,随时注意国内外学术界(美学学科以及相邻学科)的新的进展,并及时吸收国内外学术界的新的研究成果。对于自己的学术观点,也不要凝固不变,而应该有一种与时俱进的精神,日日新,又日新,敢于突破自己,努力使自己在理论上提升到一个新的境界。

扫一扫,进入绪论习题

单选题

简答题

思考题

填空题

绪 论 提 要

西方美学的历史是从柏拉图开始的,不是从鲍姆加通开始的。

中国美学的历史至少从老子、孔子的时代就开始了。不能说中国古代没有美学。

在中国近代美学史上,影响最大的美学家是梁启超、王国维、蔡元培。在中国现代美学史上,影响最大的美学家是朱光潜和宗白华。

20世纪50年代到60年代,中国出现一场美学大讨论。这场大讨论把美学纳入认识论的框框,在"主客二分"思维模式的范围内讨论美学问题,这在很长一段时间内,对中国美学学科的建设产生了消极的影响。

美学研究的对象是审美活动。审美活动是人的一种精神—文化活动,它的核心是以审美意象为对象的人生体验。在这种体验中,人的精神超越了"自我"的有限性,得到一种自由和解放,回复到人的精神家园,从而确证了自己的存在。

美学的学科性质可以归纳为四点:第一,美学是一门人文学科。人文学科的研究对象是人的生活世界,是人的意义世界和价值世界;第二,美学是一门理论学科、哲学学科,那种用心理学美学来取代哲学美学的思潮对美学学科的发展是不利的;第三,美学是一门交叉学科,美学与艺术、心理学、语言学、人类学、神话学、社会学、民俗学、文化史、风俗史等诸多学科都有密切的关系;第四,美学是一门正在发展中的学科,从国际范围看,至今还找不到一个成熟的、现代形态的美学体系。

学习美学的意义在于:第一,完善自身的人格修养,提升自己的人生境界,自觉地去追求一种更有意义、更有价值和更有情趣的人生;第二,完善自身的理论修养,培养自己对于人生进行理论思考的兴趣和能力,从而使自己获得一种人生的智慧。

美学学科的性质决定了学习美学的方法:第一,要注重美学与人生的联系,学习和思考任何美学问题都不能离开人生;第二,要立足于中国文化;第三,要注重锻炼和提高自己的理论思维的能力;第四,要有丰富的艺术欣赏的直接经验,同时要有系统的艺术史的知识;第五,要扩大自己的知识面;第六,要有开放的心态,要注意吸收国内外学术界的新的研究成果。

第一编　审美活动

第一章　美是什么

本章主要内容是讨论"美是什么"这个美学的中心问题。这是一个老问题，又是一个直到今天人们依然还在争论的问题。

在讨论"美是什么"问题之前，我们首先要对"美"的概念作两个区分。

一个是我们在日常生活中常用的"美"的概念与美学学科领域的"美"的概念的区分。我们日常生活中使用"美"的概念比较随便，例如炎热的夏天吃一根冰棍，你会说："多美啊！"肚子饿了，你会说："我现在就希望美美地吃一顿。"这些都不是美学学科领域的"美"的概念，要加以区分。

再一个是广义的"美"的概念与狭义的"美"的概念的区分。狭义的"美"的概念是指我们将在审美范畴中讨论的"优美"，即一种单纯、完整、和谐的美，也就是古希腊式的美。我们在平常使用"美"的概念往往是指这种狭义的美，如说："西施是一位美女。""西湖的景色很美。"但是美学学科领域讨论的"美"不限于这种狭义的美（优美），而是广义的美，它包括一切审美对象，不仅包括优美，也包括崇高、悲剧、喜剧、荒诞、丑、沉郁、飘逸、空灵等各种审美形态。

一、柏拉图开始对"美"的讨论

在西方美学史上，比较早像毕达哥拉斯就对"美"的问题有所论述，但真正在理论上讨论"美"的问题是从柏拉图开始的。

柏拉图的《大希庇阿斯篇》是一篇专门讨论"美"的对话录。

在这篇对话里，柏拉图区分了"什么东西是美的"与"美是什么"这两个问题，柏拉图认为这是两个完全不同的问题。这篇对话的主人公是苏格拉底和希庇阿斯。苏格拉底问希庇阿斯"美是什么"，希庇阿斯先后做了许多回答："美是一个漂亮的小姐"、"美是一个美的汤罐"、"美是黄金"、"美是一个美的竖琴"，等等。柏拉图认为希庇阿斯这些答案都是回答"什么东西是美的"，而并未回答"美是什么"这个问题。柏拉图说（在对话录中是苏格拉底说):"我问的是美本身,这美本身,加到任何一件事物上面,就使事物成其为美,不管它是一块石头,一块木头,一个人,一个神,一个动物,还是一门学问。"[1]

在这里柏拉图借苏格拉底的口提出了"美本身"的问题。希庇阿斯的那些答案只是回答"什么东西是美的",而没有回答"美本身"的问题。"美本身"的问题也就是使一件东西成为美的东西的原因。找到了这个"美本身",才算回答了"美是什么"的问题。

苏格拉底提出这个"美本身"的问题后,希庇阿斯又提供了许多答案,如"恰当就是美","有用就是美","有益就是美","美就是由视觉和听觉产生的快感",等等。但苏格拉底对这些答案都一一做了反驳,他认为这些回答都是站不住的。

柏拉图认为,这个"美本身"是一种绝对的美:"这种美是永恒的,无始无终,不生不灭,不增不减的。它不是在此点美,在另一点丑;在此时美,在另一时不美;在此方面美,在另一方面丑;它也不是随人而异,对某些人美,对另一些人就丑。还不仅此,这种美并不是表现于某一个面孔,某一双手,或是身体的某一其他部分;它也不是存在于某一篇文章,某一种学问,或是任何某一个别物体,例如动物、大地或天空之类;它只是永恒地自存自在,以形式的整一永与它自身同一;一切美的事物都以它为泉源,有了它那一切美的事物才成其为美,但是那些美的事物时而生,时而灭,而它却毫不因之有所增,有所减。"[2] 这个神圣的、永恒的、绝对的、奇妙无比的"美本身",柏拉图认为就是美的"理念"(idea,朱光潜译为"理式")。这种美的"理念"是客观的,而且先于现实世界中的美的东西而存在。现实世界中的各种各样的美的东西(如美的小姐,美的风景)都是因为分有"美"的理念而成为美的,它们是不完满的,同时它们也不是永恒的。柏拉图说,对这种如其本然、纯然一体的美本身的观照乃是一个人最值得过的生活境界。

柏拉图把现实世界中美的事物、美的现象和"美本身"分开,他认为在美的事物、美的现象的后面还有一个美的本质。哲学家的任务就是要找

---

〔1〕柏拉图:《大希庇阿斯篇》,见《文艺对话集》,第188页,人民文学出版社,1963。
〔2〕柏拉图:《会饮篇》,见《文艺对话集》,第272—273页,人民文学出版社,1963。

到这个美的本质。

就这样，从柏拉图以来，在几千年中，西方学术界就一直延续着对美的本质的探讨和争论。

几千年来对美的本质发表看法的人实在太多。有些学者把他们的看法梳理一下，分成两大类：一类是从物的客观属性和特征方面来说明美的本质，一类是从精神本体和主观心理方面来说明美的本质。

从物的客观属性和特征方面来说明美的本质，最早的是古希腊的毕达哥拉斯学派。毕达哥拉斯学派早于柏拉图。他们提出"美是和谐"的著名命题。他们说的和谐是以数的比例关系为基础的，所以说："整个的天是一个和谐，一个数目。"[1]"身体美确实存在于各部分之间的比例对称。"[2]他们又说："一切立体图形中最美的是球形，一切平面图形中最美的是圆形。"[3] 这是从物体的几何形状来规定美。接下去是亚里士多德。亚里士多德认为美的主要形式是"秩序、匀称与明确"[4]，也是从形式的关系结构中去规定美。

毕达哥拉斯学派和亚里士多德的这种看法在西方美学史上是一个重要的传统。直到17、18世纪，依然有许多人从物的客观属性方面来说明美的本质。比较有名的是英国美学家博克。他说："美大半是物体的一种性质，通过感官的中介，在人心上机械地起作用。所以我们应该仔细研究在我们经验中发现为美的那些可用感官察觉的性质，或是引起爱以及相应情感的那些事物究竟是如何安排的。"[5] 按照他自己的研究，他认为美是物体的以下一些特征引起的：小、光滑、各部分见出变化、不露棱角、娇弱以及颜色鲜明而不强烈等等。有这些特征的物体必然引起人们的喜爱，它是不会因主观任性而改变的。

从精神本体和主观心理方面来说明美的本质又可以分为两种情况。一种是从客观的精神本体来说明美的本质。最有代表性的就是前面谈过的柏拉图的"美是理念"的理论。后来黑格尔对美下的定义："美就是理念的感

---

[1] 塞德利：《古希腊罗马哲学》，第37页，三联书店，1957。
[2] 《西方美学家论美和美感》，第14页，商务印书馆，1980。
[3] 塞德利：《古希腊罗马哲学》，第37页，三联书店，1957。
[4] 亚里士多德：《形而上学》，第271页，商务印书馆，1997。
[5] 《西方美学家论美和美感》，第121页，商务印书馆，1980。

性显现。"[1] 就是继承柏拉图的路线。另一种是从观赏者主观心理方面来说明美的本质。最有代表性的是英国的休谟。休谟说："美并不是事物本身里的一种性质。它只存在于观赏者的心里，每一个人心见出一种不同的美。这个人觉得丑，另一个人可能觉得美。每个人应该默认他自己的感觉，也应该不要求支配旁人的感觉。要想寻求实在的美或实在的丑，就像想要确定实在的甜与实在的苦一样，是一种徒劳无益的探讨。"[2] "各种味和色以及其他一切凭感官接受的性质都不在事物本身，而是只在感觉里，美和丑的情形也是如此。"[3] 他又说："美并不是圆的一种性质。""如果你要在这圆上去找美，无论用感官还是用数学推理在这圆的一切属性上去找美，你都是白费气力。"[4] 休谟后面这句话很像是针对毕达哥拉斯学派说的。

以上对美的本质的两类的看法，其实有一个共同点，就是都是以主客二分的思维模式为前提的。这种思维模式把"我"与世界分割开，把主体和客体分成两个互相外在的东西，然后以客观的态度对对象（这对象也可能是主体）作外在的描述性观测和研究。这种思维模式，就把对"美"的研究引到一条斜路上去了。因为我们在下面一章将会谈到，审美活动不是认识活动而是体验活动，因此研究"美"的问题不应该依照主客二分的模式而应该依照天人合一的模式。

在西方美学史上，这种思维模式的转变（从主客二分式到天人合一式）在20世纪出现了。

在这里，海德格尔是一个划时代的人物。

海德格尔批评传统的"主客二分"的思维模式（"主体—客体"的结构关系），提出一种"天人合一"的思维模式（"人—世界"的结构关系）。海德格尔认为，西方哲学传统中的"主客二分"的模式就是把人与世界的关系看成是两个现成的东西的彼此外在的关系，实际上人与世界的关系不是外在的关系，而是人融身于世界万物之中，沉浸于世界万物之中，世界由于人的"在此"而展示自己。人（海德格尔称为"此在"）是"澄明"，世界万物在"此"被照亮。[5] 萨特在《为什么写作？》中有一段话，可以帮

---

[1] 黑格尔：《美学》第一卷，138页，人民文学出版社，1958。
[2] 《西方美学家论美和美感》，第108页，商务印书馆，1980。
[3] 同上书，第108页。
[4] 同上。
[5] 对海德格尔的这个思想我们在下一章还有详细的论述。

助我们理解这种思维模式的转变对于美的研究有多么重大的影响：

> 我们的每一种感觉都伴随着意识活动，即意识到人的存在是"起揭示作用的"，就是说由于人的存在，才"有"[万物的]存在，或者说人是万物借以显示自己的手段；由于我们存在于世界之上，于是便产生了繁复的关系，是我们使这一棵树与这一角天空发生关联；多亏我们，这颗灭寂了几千年的星，这一弯新月和这条阴沉的河流得以在一个统一的风景中显示出来；是我们的汽车和我们的飞机的速度把地球的庞大体积组织起来；我们每有所举动，世界便被披示出一种新的面貌。……这个风景，如果我们弃之不顾，它就失去见证者，停滞在永恒的默默无闻状态之中。至少它将停滞在那里；没有那么疯狂的人相信它将要消失。将要消失的是我们自己，而大地将停留在麻痹状态中直到有另一个意识来唤醒它。[1]

从萨特这段话我们可以看到，海德格尔（以及萨特等人）的哲学是对传统的"主客二分"的思维模式的超越。这一超越，对美学研究意义重大。从此，美的本质的研究，逐渐转变为审美活动的研究。人们逐渐认识到，美是在审美活动中生成的，美感不是"主客二分"关系中的认识，而是"天人合一"关系中的体验。

二、20世纪50年代我国美学界关于美的本质的讨论

在 20 世纪 50 年代和 60 年代，我国学术界曾有一场美学大讨论，讨论的中心问题就是"美是什么"的问题，换个说法，就是"美是主观的，还是客观的"问题，再换个说法，就是"美在物还是在心"的问题。这个问题是从哲学领域的物质和精神谁是第一性的问题引到美学领域中来的。物质第一性还是精神第一性？是物质决定精神，还是精神决定物质？到了美学领域，这个问题就成了"美是主观的还是客观的"问题。"美是主观的还是客观的"问题，实质上就是美和美感谁是第一性的问题：是美决定美感，还是美感决定美？在当时参加讨论的学者心目中，这个问题牵涉到唯物主义和唯心主义的斗争。参加这场讨论的李泽厚当时有一段话可以作为这场

---

[1] 引自柳鸣九编《萨特研究》，第 2—3 页，中国社会科学出版社，1981。

讨论的一个很好的概括：

> 美学科学的哲学基本问题是认识论问题。[1]
>
> 我们和朱光潜的美学观的争论，过去是现在也仍然是集中在这个问题上：美在心还是在物？美是主观的还是客观的？是美感决定美呢还是美决定美感？[2]

在当时那场讨论中，参加讨论的学者主要有四种不同的观点，或者说，主要分成四派。

（一）蔡仪：美是客观的

一派是蔡仪的观点。他主张美是客观的，也就是认为自然物本身就有美。例如，一株梅花的美，美就在梅花本身，和人没有关系。他说："美在于客观的现实事物，现实事物的美是美感的根源，也是艺术美的根源。"[3] "物的形象是不依赖于鉴赏者的人而存在的，物的形象的美也是不依赖于鉴赏的人而存在的。"[4] 这是明确肯定美在物，美是客观的。那么，物的什么特性使物成为美呢？蔡仪认为是物的典型性。他说："美的本质就是事物的典型性，就是个别之中显现着种类的一般。"[5] 后来他又对典型性作了进一步的说明："就是以非常突出的现象充分的表现事物的本质，或者说，以非常鲜明生动的形象有力的表现事物的普遍性。"[6] 他说："美的规律从根本上说就是典型的规律。"[7] 所以，蔡仪的美的理论可以概括为"美是典型"的理论。

（二）吕荧、高尔太：美是主观的

一派是吕荧、高尔太等人的观点。他们主张美是主观的，美在心不在物。就美与美感的关系说，是美感决定美。梅花的美在于观赏者，而不在

---

[1] 李泽厚：《论美感、美和艺术——兼论朱光潜的唯心主义美学思想》，见《美学论集》，第2页，上海文艺出版社，1980。
[2] 李泽厚：《美的客观性和社会性》，见《美学论集》，第52页，上海文艺出版社，1980。
[3] 蔡仪：《新美学》，第17页，群益出版社，1949。
[4] 蔡仪：《唯心主义美学批判集》，第56页，人民文学出版社，1958。
[5] 蔡仪：《新美学》，第68页，群益出版社，1949。
[6] 蔡仪：《马克思究竟怎么论美》，见《中国当代美学论文选》（第三集）第79页，四川社会科学院文学研究所编，重庆出版社，1984。
[7] 蔡仪：《新美学》（改写本），中国社会科学出版社，1998。

梅花本身。吕荧说:"美是物在人主观中的反映,是一种观念。"[1] 高尔太说:"有没有客观的美呢?我的回答是否定的,客观的美并不存在。""美,只要人感受到它,它就存在,不被人感到,它就不存在。"[2] 他有几段话,当时受到不少读者的喜欢:

> 我们凝望着星星,星星是无言的,冷漠的,按照大自然的律令运动着,然而我们觉得星星美丽,因为它纯洁,冷静,深远。一只山鹰在天空盘旋,无非是想寻找一些吃食罢了,但是我们觉得它高傲、自由,"背负苍天而莫之夭阏,搏扶摇而上者九万里"……
>
> 实际上,纯洁,冷静,深远,高傲,自由……等等,与星星,与老鹰无关,因为这是人的概念。星星和老鹰自身原始地存在着,无所谓冷静,纯洁,深远,高傲,自由。它们是无情的,因为它们没有意识,它们是自然。[3]

还有一段:

> 在明月之夜,静听着低沉的、仿佛被露水打湿了的秋虫的合唱,我们同样会回忆起逝去的童年,觉得这鸣声真个"如怨,如慕,如泣,如诉"的。其实秋虫夜鸣,无非是因为夜底凉爽给它们带来了活动的方便罢了。当它们在草叶的庇荫下兴奋地磨擦着自己的翅膀的时候,是万万想不到自己的声音,会被涂上一层悲愁的色彩的。[4]

高尔太也承认美感的产生要有一定的对象(物象)。但这个对象之所以成为美感的条件,是因为它被"人化"了。"对于那些远离家园的人们,杜鹃的啼血往往带有特别的魅力。'一叫一回肠一断','一闻一叹一沾衣'。因为这种悲哀的声音,带着浓厚的人的色调。其所以带着浓厚的人的色调,是因为它通过主体的心理感受(例如移情,或者自由联想……)被人化了。如果不被人化,它不会感动听者。"[5] 这个"人化",根源在于主体的心理感受,在于主体的情趣。所以高尔太又说:"美底本质,就是自然之人化。"

---

[1] 吕荧:《美学问题》,《文艺报》1953年第16、17期。
[2] 高尔太:《论美》,见《论美》,第1、4页,甘肃人民出版社,1982。
[3] 同上书,第8页。
[4] 同上书,第9页。
[5] 同上书,第8页。

"在感觉过程中人化的对象是美的对象。"[1]

高尔太在论述他的观点时强调美与美感的同一性。他说:"美与美感虽然体现在人物双方,但是不可能把它们割裂开来。"[2]"美和美感,实际上是一个东西。"[3]"超美感的美是不存在的。"[4]"美产生于美感,产生以后,就立刻溶解在美感之中,扩大和丰富了美感。"[5] 在当时的讨论中,由于高尔太的观点被简单地归结为主张"美是主观的",也由于当时人们的理论眼光的局限,所以他的这些论述没有引起人们的注意。其实这些论述中包含了某种合理的思想,是值得注意的。

(三) 李泽厚:美是客观性和社会性的统一

还有一派是李泽厚的观点。他主张美是客观性和社会性的统一。他认为蔡仪看到了美的客观性而忽视了美的社会性,朱光潜看到了美的社会性而忽略了美的客观性(朱光潜的观点后面介绍),所以二人的观点都是片面的,而他自己则把美的客观性和社会性统一了起来。例如一株梅花,它的美就在于梅花本身,这是美的客观性。但是梅花的美并不在梅花的自然性,而在于梅花的社会性。他认为梅花具有一种社会性。蔡仪批评说,没有人的时候就有了月亮,月亮有什么社会性?李泽厚回答说,月亮确实是在人出现之前就有了,但自从出现了人,月亮就纳入了人类社会生活之中,所以月亮就客观地具有了一种社会性。那么,这种社会性究竟是什么呢?李泽厚说:"所谓社会性,不仅是指美不能脱离人类社会而存在,而且还指美包含着日益开展着的丰富具体的无限存在,这存在就是社会发展的本质、规律和理想。"[6]

(四) 朱光潜:美是主客观的统一

还有一派是朱光潜的观点。他主张美是主客观的统一。他认为美既不全在物,也不全在心,而在于心物的关系上。如一株梅花,它本身只是美

---

[1] 高尔泰:《论美》,见《论美》,第8页。
[2] 同上书,第4页。
[3] 同上书,第3页。
[4] 同上书,第4页。
[5] 同上书,第3页。
[6] 李泽厚:《论美感、美的艺术——兼论朱光潜的唯心主义美学思想》,见《美学论集》,第30页,上海文艺出版社,1980。

的条件，还必须加上观赏者的情趣，成为梅花的形象，才成为美。在论证他的主张时，朱光潜提出"物"（"物甲"）和"物的形象"（"物乙"）的区分。他认为，美感的对象是"物的形象"而不是"物"本身。"物的形象"是"物"在人们既定的主观条件（如意识形态、情趣等）的影响下反映于人的意识的结果。这"物的形象"就其为对象来说，它也可以叫做"物"，不过这个"物"（姑且简称为"物乙"）不同于原来产生形象的那个"物"（姑且简称为"物甲"）。他说：

> 物甲是自然物，物乙是自然物的客观条件加上人的主观条件的影响而产生的，所以已经不纯是自然物，而是夹杂着人的主观成份的物，换句话说，已经是社会的物了。美感的对象不是自然物而是作为物的形象的社会的物。美学所研究的也只是这个社会的物如何产生，具有什么性质和价值，发生什么作用；至于自然物（社会现象在未成为艺术形象时，也可以看作自然物）则是科学的对象。[1]

朱光潜在这里明确指出，"美"（审美对象）不是"物"而是"物的形象"。这个"物的形象"，这个"物乙"，不同于物的"感觉印象"和"表象"。[2] 借用郑板桥的概念，"物的形象"不是"眼中之竹"，而是"胸中之竹"，也就是朱光潜过去讲的"意象"。朱光潜说："'表象'是物的模样的直接反映，而物的形象（艺术意义的）则是根据'表象'来加工的结果。""物本身的模样是自然形态的东西。物的形象是'美'这一属性的本体，是艺术形态的东西。"[3]

其实这是朱光潜自从写《文艺心理学》、《论美》以来的一贯的观点。参加那场讨论的学者和朱光潜自己都把这一观点概括为"美是主客观的统一"的观点。在我们看来，**如果更准确一点，这个观点应该概括成为"美在意象"的观点。**

由于朱光潜坚持了这一观点，所以在50年代的美学大讨论中，朱光潜解决了别人没有解决的两个理论问题。

---

[1] 朱光潜：《美学怎样才能既是唯物的又是辩证的》，见《朱光潜美学文集》第三卷，第34—35页，上海文艺出版社，1983。
[2] 同上书，第71页。
[3] 同上。

第一，说明了艺术美和自然美的统一性。

在 50 年代的美学讨论中，很多人所谈的美的本质，都只限于所谓"现实美"（自然美），而不包括艺术美。例如，客观派关于美的本质的主张，就不能包括艺术美。当时朱光潜就说，现实美和艺术美既然都是美，它们就应该有共同的本质才对，怎么能成为两个东西呢？他说："有些美学家把美分成'自然美'、'社会美'和'艺术美'三种，这很容易使人误会本质上美有三种，彼此可以分割开来。实际上这三种对象既都叫做美，就应有一个共同的特质。美之所以为美，就在这共同的特质上面。"[1] 但是，朱光潜的质疑没有引起人们的重视。其实朱光潜这么发问是有原因的。因为在朱光潜那里，自然美和艺术美在本质上是统一的：都是情景的契合，都离不开人的创造。所以他认为，自然美可以看作是艺术美的雏形。他说："我认为任何自然形态的东西，包括未经认识与体会的艺术品在内，都还没有美学意义的美。"[2] 这就是说，郑板桥的"眼中之竹"还不是自然美，郑板桥的"胸中之竹"才是自然美，而郑板桥的"手中之竹"则是艺术美。从"胸中之竹"到"手中之竹"当然仍是一个创造的过程，但它们都是审美意象，在本质上具有同一性。所以朱光潜说："我对于艺术美和自然美的统一的看法，是从主客观统一，美必是意识形态这个大前提推演出来的。"[3]

第二，对美的社会性做了合理的解释。

前面说过，在当时的美学讨论中，蔡仪主张美就在自然物本身，而李泽厚则主张美是客观性和社会性的统一，他认为美在于物的社会性，但这种社会性是物客观地具有的，与审美主体无关。在讨论中，很多人认为，否认美的社会性，在理论上固然会碰到不可克服的困难，把美的社会性归之于自然物本身，同样也会在理论上碰到不可克服的困难。朱光潜反对蔡仪和李泽厚的这两种观点。他坚持认为美具有社会性，一再指出："时代、民族、社会形态、阶级以及文化修养的差别不大能影响一个人对于'花是红的'的认识，却很能影响一个人对于'花是美的'的认识。"[4] 与此同时，他又指出，美的社会性不在自然物本身，而在于审美主体。他批评主

---

[1] 朱光潜：《论美是客观与主观的统一》，见《朱光潜美学文集》第三卷，第 74 页。
[2] 同上。
[3] 朱光潜：《"见物不见人"的美学》，同上书，第 114 页。
[4] 朱光潜：《美学怎样才能既是唯物的又是辩证的》，见《朱光潜美学文集》第三卷，第 35 页。

张美的社会性在自然物本身的学者说:"他剥夺了美的主观性,也就剥夺了美的社会性。"[1]

朱光潜在美的社会性问题上的观点,应该说是比较合理的。美(审美意象)当然具有社会性,换句话说,美(审美意象)受历史的、社会文化环境的制约。中国人欣赏梅花、兰花,从中感受到丰富的意蕴。而西方人对梅花、兰花可能不像中国人这么欣赏,至少不能像中国人感受到这么丰富的意蕴。梅花、兰花的意蕴从何而来?如果说梅花、兰花本身具有这种意蕴(社会性),为什么西方人感受不到这种意蕴?梅花、兰花的意蕴是在审美活动中产生的,是和作为审美主体的中国人的审美意识分不开的。

在50年代的讨论中,有一种很普遍的心理,就是认为只要承认美和审美主体有关,就会陷入唯心论。朱光潜把这种心理称之为"对于'主观'的恐惧"。这种心理有一部分是出于误解。我们说美(审美意象)是在审美活动中产生的,不能离开审美主体的审美意识,这并不是说"美"纯粹是主观的,或者说"美"的意蕴纯粹是主观的。因为审美主体的审美意识是由社会存在决定的,是受历史传统、社会环境、文化教养、人生经历等等因素的影响而形成的。所以这并没有违反历史唯物主义。撇开审美主体,单从自然物本身来讲美的社会性,只能是堕入五里雾中,越讲越糊涂。

20世纪50年代这场讨论很热闹,当时《人民日报》、《光明日报》这样的大报都以整版整版的篇幅发表美学讨论文章。因为这场讨论是从批判朱光潜的美学观点开始的,所以当时赞同朱光潜观点的人并不多。吕荧、高尔太的观点被看作是唯心论,赞同的人也不多。蔡仪主张美是客观的,大家承认他是唯物论,但是又觉得他的理论很难解释实际生活中的审美现象,所以赞同他的观点的人也不多。比较起来,大家觉得李泽厚的观点最全面,既承认客观性,又承认社会性,所以赞同他的观点的人最多。到了60年代,周恩来总理请周扬负责组织编写一批大学文科教材,周扬请王朝闻担任《美学概论》教材的主编,王朝闻把参加美学讨论的一批比较年轻的学者都调到了教材编写组。这本教材在美的本质的问题上就采用了李泽厚的观点。因为发生文化大革命,这本教材当时未能出版。一直到文化大革命结束,80年代初才出版。这本教材出版后,李泽厚的观点在学术界的影响

---

[1] 朱光潜:《美学怎样才能既是唯物的又是辩证的》,见《朱光潜美学文集》第三卷,第35页。

就更大了。

20世纪80年代，中国进入改革开放的新的历史时期，整个社会掀起一场"文化热"。这场"文化热"，也包含有"美学热"，相对于20世纪50年代的美学大讨论那次"美学热"，可以称为第二次"美学热"。一些人开始继续关注美的本质问题。20世纪50年代讨论中的一些有名人物这时也纷纷发表文章，进一步阐述、完善、发展自己的观点。其中影响最大的还是李泽厚。

在20世纪50年代的讨论中，李泽厚是明确主张美的客观性的。他认为，朱光潜主张的美是主客观统一的观点，是"彻头彻尾的主观唯心主义"[1]，是"近代主观唯心主义的标准格式——马赫的'感觉复合'、'原则同格'之类的老把戏，而这套把戏的本质和归宿就仍然只能是主观唯心主义"[2]。他斩钉截铁地说："不在心，就在物，不在物，就在心，美是主观的便不是客观的，是客观的就不是主观的，这里没有中间的路，这里不能有任何的妥协、动摇，或'折中调和'，任何中间的路或动摇调和必然导致唯心主义。"[3]

对于李泽厚的这种批评，朱光潜当时就说，是"对主观存在着迷信式的畏惧，把客观绝对化起来，作一些老鼠钻牛角式的烦琐的推论"，从而把美学研究引进了"死胡同"。[4]

20世纪80年代以后，李泽厚也感到了当时这些绝对化的说法有些不妥。但他并没有放弃而是继续坚持他当时的观点，不过做了更精致的论证，同时，在表达上作了一些修正。最大的修正是他承认审美对象离不开审美主体，承认作为审美对象的美"是主观意识、情感和客观对象的统一"[5]。这不是回到朱光潜的"美是主客观的统一"的立场了吗？不。李泽厚说，"美"这个词有三层意义，第一层意义是审美对象，第二层意义是审美性质（素质），第三层意义是美的本质、美的根源。李泽厚认为，"争论美是主

---

[1] 李泽厚：《论美感、美和艺术——兼论朱光潜的唯心主义美学思想》，见《美学问题讨论集》第二集，第226页，作家出版社，1957。
[2] 李泽厚：《论美感、美和艺术——兼论朱光潜的唯心主义美学思想》，同上书，第227页。
[3] 同上。
[4] 朱光潜：《论美是客观与主观的统一》，《朱光潜美学文集》第三卷，第66页，上海文艺出版社。1983。
[5] 李泽厚：《美学四讲》，第62页，三联书店，1989。

观的还是客观的,就是在也只能在第三个层次上进行,而并不是在第一层次和第二层次的意义上。因为所谓美是主观的还是客观的,并不是指一个具体的审美对象,也不是指一般的审美性质,而是指一种哲学探讨,即研究'美'从根本上到底是如何来的?是心灵创造的?上帝给予的?生理发生的?还是别有来由?所以它研究的是美的根源、本质,而不是研究美的现象,不是研究某个审美对象为什么会使你感到美或审美性质到底有哪些,等等。只有从美的根源,而不是从审美对象或审美性质来规定或探究美的本质,才是'美是什么'作为哲学问题的真正提出"。[1]

对于这所谓的第三个层次的美的本质或美的根源,李泽厚自己的回答是"自然的人化"。人通过制造工具和使用工具的物质实践,改造了自然,获得了自由。这种自由是真与善的统一,合规律性与合目的性的统一。自由的形式就是美。在李泽厚看来,这也就是他50年代提出的"美是客观性与社会性的统一"的观点,所以他的观点是前后一致的。

李泽厚的三层次说,在理论上和逻辑上都存在着许多问题。

首先,美(或审美活动)的"最后根源"或"前提条件"和美(或审美活动)的本质虽有联系,但并不是一个概念。人使用工具从事生产实践活动,创造了社会生活的物质基础。这是人类一切精神活动得以产生和存在的根本前提,当然也是审美活动得以产生和存在的根本前提。这是没有疑问的。但是不能因此就把人类的一切精神活动归结为物质生产活动。仅仅抓住物质生产实践活动,仅仅抓住所谓"自然的人化",不但说不清楚审美活动的本质,而且也说不清楚审美活动的历史发生。[2] 李泽厚后来把自己的观点称之为"人类学本体论美学"。其实,他说的"自然的人化"最多只能说是"人类学",离开美学领域还有很远的距离。

其次,脱离活生生的现实的审美活动,脱离所谓"美的现象层",去寻求所谓"美的普遍必然性本质",寻求所谓"美本身",其结果找到的只能是柏拉图式的美的理念。这一点其实朱光潜在50年代的讨论中就早已指出了。

到了20世纪80年代后期和90年代,学术界开始重新审视50年代的这场美学大讨论。大家发现,那场讨论存在着许多问题。最大的问题是那

---

[1] 李泽厚:《美学四讲》,第61页,三联书店,1989。
[2] 可参看叶朗主编《现代美学体系》第八章《审美发生》,北京大学出版社,1988。

场讨论有一个前提，就是把美学问题纳入认识论的框框，用主客二分的思维模式来分析审美活动，同时把哲学领域的唯物论唯心论的斗争搬到美学领域，结果造成了理论上的混乱。

通过反思，很多学者试图跳出那个主客二分的认识论的框框。他们试图对"美是什么"的问题提供一种新的回答。当然，在 90 年代也仍然有一些人继续在主客二分的模式中来讨论美的问题，并提出了他们自己的看法。

在反思过程中，学术界很多人把注意力转向中国传统美学和西方现当代美学的研究。大家发现，中国传统美学在美学的基本理论问题上有很深刻的思想，这些思想与西方现当代美学中的一些思想（如现象学）有着相通的地方。**把中国传统美学中这些思想加以展示并加以重新阐释，将会启示我们在美学理论上开辟出一个新天地，进入一个新的境界。**

三、不存在一种实体化的、外在于人的"美"

中国传统美学在"美"的问题上的一个重要的观点就是：不存在一种实体化的、外在于人的"美"，"美"离不开人的审美活动。

唐代思想家柳宗元有一个十分重要的命题：

> 夫美不自美，因人而彰。兰亭也，不遭右军，则清湍修竹，芜没于空山矣。[1]

柳宗元这段话提出了一个思想，这就是，自然景物（"清湍修竹"）要成为审美对象，要成为"美"，必须要有人的审美活动，必须要有人的意识去"发现"它，去"唤醒"它，去"照亮"它，使它从实在物变成"意象"（一个完整的、有意蕴的感性世界）。"彰"，就是发现，就是唤醒，就是照亮。外物是不依赖于欣赏者而存在的。但美并不在外物（自在之物）。或者说，外物并不能单靠了它们自己就成为美的（"美不自美"）。美离不开人的审美体验。一个客体的价值正在于它以它感性存在的特有形式呼唤并在某种程度上引导了主体的审美体验。这种体验，是一种创造，也是一种沟通，就是后来王阳明说的"我的心灵"与"天地万物"的欣合和畅、一气流通，也就是后来王夫之说的"吾心"与"大化"的"相值而相取"。

---

[1] 柳宗元：《邕州柳中丞作马退山茅亭记》。

我们在前面引过萨特的一段话，萨特那段话的意思和柳宗元的命题极为相似。萨特说，世界万物只是因为有人的存在，有人的见证，有人的唤醒，才显示为一个统一的风景，因为有了人，"这颗灭寂了几千年的星，这一弯新月和这条阴沉的河流得以在一个统一的风景中显示出来"，这就是柳宗元说的"美不自美，因人而彰"。萨特又说，"这个风景，如果我们弃之不顾，它就失去了见证者，停滞在永恒的默默无闻状态之中"，这也就是柳宗元说的，"兰亭也，不遭右军，则清湍修竹，芜没于空山矣"。

对于柳宗元的这个命题，我们可以从以下几个层面来理解：

1. 美不是天生自在的，美离不开观赏者，而任何观赏都带有创造性。

一般人之所以容易接受美是客观的观点，其中一个原因是他们看到物是客观的，因此他们觉得物的美当然也是客观的。这座山是客观的，那么这座山的美当然也是客观的。这棵树是客观的，那么这棵树的美当然也是客观的。这里的错误是在于把"象"与"物"混淆起来了。中国古代思想家把"象"与"物"加以区别。在审美活动中，我们所面对的不是"物"，而是"象"。"象"，西方艺术家喜欢称之为"形式"，中国古代艺术家则常常称之为"物色"或"景色"。在审美活动中，"物"的有用性以及它的自然科学属性是不被注意的。审美观赏者注意的是"象"。在审美观赏者面前，"象"浮现出来了。"象"不等于"物"。一座山，它作为"物"（物质实在），相对来说是不变的，但是在不同的时候和不同的人面前，它的"象"却在变化。"象"不能离开观赏者。"物"是实在的世界，"象"是知觉的世界。竹子是"物"，眼中之竹则是"象"。"象"是"物"向人的知觉的显现，也是人对"物"的形式和意蕴的揭示。当人把自己的生命存在灌注到实在中去时，实在就有可能升华为非实在的形式——象。这种非实在的形式是不能离开人的意识的。所以席勒说：

> 事物的实在是事物的作品，事物的显现是人的作品。一个以显现为快乐的人，不再以他感受的事物为快乐，而是以他所产生的事物为快乐。[1]

---

[1] 席勒：《审美教育书简》，第二十六封信。这里采用徐恒醇在《美育书简》（中国文联出版社，1984）中的译文。文中"显现"一词或译为"外观"。

席勒的话就是说,"物"(事物的物理实在)是客观的,而"象"(事物的显现)是不能离开观赏者的,**它包含有人的创造("他所产生的")**。这正是朱光潜一贯强调的观点。朱光潜谈美,总是一再强调指出,把美看作天生自在的物,乃是一种常识的错误。他指出,"象"不能离开"见"的活动,有"见"的活动,"象"才呈现出来,所以美的观赏都带有几分创造性。他说:

"见"为"见者"的主动,不纯粹是被动的接收。所见对象本为生糙零乱的材料,经"见"才具有它的特殊形象,所以"见"都含有创造性。比如天上的北斗星本为七个错乱的光点,和它们邻近星都是一样,但是现于见者心中的则为象斗的一个完整的形象。这形象是"见"的活动所赐予那七颗乱点的。仔细分析,凡所见物的形象都有几分是"见"所创造的。[1]

美不能离开观赏者,美是发现,是照亮,是创造,是生成。**"彰"就是生成**。这是"美不自美,因人而彰"的第一层意思。

2. 美并不是对任何人都是一样的。同一外物在不同人面前显示为不同的景象,具有不同的意蕴。

一般人之所以容易接受美是客观的观点,还有一个原因,就是按照他们的常识,美(例如风景)对任何人都是一样的,是不会变化的。其实这种常识也是片面的。泰山的日出,它作为"物"(物理实在),对每个观赏者都是相同的,但是,不同的观赏者,老人与小孩,诗人与音乐家,油画家与中国画画家,他们所看到的泰山日出的景象,往往很不相同。所以赫拉克利特说:"太阳每天都是新的。"费尔巴哈说:"每个行星都有自己的太阳。"卡西尔说:"如果我们说,两个画家在画'相同的'景色,那就是在非常不适当地描述我们的审美经验。从艺术的观点来看,这样一种假定的相同性完全是由错觉产生的。"[2]

例如,像山、水、花、鸟这些人们在审美活动中常常遇到的审美对象,从表面看对任何人都是一样的,是一成不变的,其实并不是如此。梁启超举过例子:

---

[1] 朱光潜:《诗论》,见《朱光潜美学文集》第二卷,第53页,上海文艺出版社,1982。
[2] 卡西尔:《人论》,第184页,上海译文出版社,1985。

"月上柳梢头，人约黄昏后"，与"杜宇声声不忍闻，欲黄昏，雨打梨花深闭门"，同一黄昏也，而一为欢憨，一为愁惨，其境绝异。"桃花流水杳然去，别有天地非人间"，与"人面不知何处去，桃花依旧笑春风"，同一桃花也，而一为清净，一为爱恋，其境绝异。"舳舻千里，旌旗蔽空，酾酒临江，横槊赋诗"与"浔阳江头夜送客，枫叶荻花秋瑟瑟，主人下马客在船，举酒欲饮无管弦"，同一江也，同一舟也，同一酒也，而一为雄壮，一为冷落，其境绝异。[1]

朱光潜也以远山为例，说明风景是各人的性格和情趣的反照。他说：

> 以"景"为天生自在，俯拾即得，对于人人都是一成不变的，这是常识的错误。阿米尔（Amiel）说得好："一片自然风景就是一种心情。"景是各人性格和情趣的反照。情趣不同则景象虽似同而实不同。比如陶潜在"悠然见南山"时，杜甫在见到"造化钟神秀，阴阳割昏晓"时，李白在觉得"相看两不厌，惟有敬亭山"时，辛弃疾在想到"我见青山多妩媚，料青山见我应如是"时，姜夔在见到"数峰清苦，商略黄昏雨"时，都见到山的美。在表面上意象（景）虽似都是山，在实际上却因所贯注的情趣不同，各是一种境界。我们可以说，每人所见到的世界都是他自己所创造的。物的意蕴深浅与人的性分情趣深浅成正比例，深人所见于物者亦深，浅人所见于物者亦浅。诗人与常人的分别就在此。同是一个世界，对于诗人常呈现新鲜有趣的境界，对于常人则永远是那么一个平凡乏味的混乱体。[2]

朱光潜所说的"性格情趣"，其实包含了时代、民族、阶级、文化教养、胸襟、趣味、格调、心境等多种因素。在审美活动中，这种种因素都会影响观赏者（审美主体）所看到（听到）的美的景象。金圣叹在评论杜甫的《望岳》（"造化钟神秀，阴阳割昏晓"）时说："从来大境界非大胸襟未易领略。"李大钊也曾经说，中华民族的崎岖险阻的历史道路，有一种奇绝壮绝的景致，使经过这段道路的人，感到一种壮美的趣味，但是，"这种

---

[1] 梁启超：《饮冰室文集》第二册《自由书·惟心》。
[2] 朱光潜：《诗论》，见《朱光潜美学文集》第二卷，第55页，上海文艺出版社，1982。

壮美的趣味,是非有雄健的精神的,不能够感觉到的"。

> **李大钊论壮美的趣味**
>
> 人类在历史上的生活,正如旅行一样。旅途上的征人所经过的地方,有时是坦荡平原,有时是崎岖险路。老于旅途的人,走到平坦的地方,固是高高兴兴地向前走,走到崎岖的境界,愈是奇趣横生,觉得至此奇绝壮绝的境界,愈能得一种冒险的乐趣。
>
> 中华民族现在所逢的史路,是一段崎岖险阻的道路。至这一段道路上实在亦有一种奇绝壮绝的景致,使我们经过此段道路的人,感到一种壮美的趣味。但这种壮美的趣味,是非有雄健的精神,不能够感觉到的。
>
> 我们的扬子江黄河,可以代表我们的民族精神,扬子江黄河遇见沙漠遇见山峡都是浩浩荡荡地往前流过去,以成其浊流滚滚、一泻万里的魄势。目前的艰难境界,哪能阻抑我们民族生命的前进?我们应该拿出雄健的精神,高唱着进行的曲调,在这悲壮歌声中,走过这崎岖险阻的道路。要知道在艰难的国运中建造国家,亦是人生最有乐趣的事。[1]

人们欣赏艺术作品,这种情况也很明显。同样是读陶渊明的诗,同样是读《红楼梦》,同样是看凡·高的画,同样是听贝多芬的交响乐,不同文化教养的人,不同格调和趣味的人,以及在欣赏作品时心境不同的人,他们从作品中体验到的美是不一样的。

不同的人,在同样的事物面前,他们会看到不同的景象,感受到不同的意蕴,这是"美不自美,因人而彰"的第二层含义。

3. 美带有历史性。在不同的历史时代,在不同的民族,在不同的阶级,美一方面有共同性,另一方面又有差异性。

刚才我们提到不同文化教养的人,不同格调和趣味的人,不同心境的人,在同样的事物面前会产生不同的美感,如果再扩大一点,不同时代的

---

[1] 李大钊:《艰难的国运与雄健的国民》,见《李大钊诗文选集》,第132页,人民文学出版社,1959。

人，不同民族的人，不同阶级的人，美感的差异更大。很多人往往只看到美感的普遍性、共同性，并从美感的普遍性、共同性推出美的客观性。其实，只要把我们观察的范围扩大一点，我们就可以看到，美感不仅有普遍性、共同性，而且有特殊性、差异性。这方面的例子成千上万。我们可以举出几个来看。

在我们今天，人人都认为花卉是美的，所以在公共场所要建设花坛，到人家家里做客都要带一束鲜花。但是花卉并不是从来就是美的。原始狩猎社会的人，他们生活在花卉很茂盛的地区，却宁愿用动物的骨头、牙齿作为自己身上的装饰，而从不用花卉作为装饰。格罗塞在《艺术的起源》一书中举了大量的例子，并且说："从动物装潢变迁到植物装潢，实在是文化史上一种重要进步的象征——就是从狩猎变迁到农耕的象征。"[1] 这说明，我们今天的人与原始狩猎社会的人存在着美感的差异。

在我们今天，一般人都认为一个人长得太胖是不美的，所以很多人都在想办法"减肥"，市场上也出现了形形色色的"减肥药"。但是大家知道，在历史上，无论中国或外国，都有某个时期，在那个时期的人们的观念中，肥胖是美的。在欧洲的文艺复兴时代，人们认为丰腴的、富态的女人才是美的。鲁本斯画的美惠三女神就是当时人观念中的美的典范。[2] 在我国唐代，人们也认为丰腴的、富态的女人才是美的。大家都知道"环肥燕瘦"的成语。"燕"是汉代美人赵飞燕（汉成帝的皇后）。相传她可以在宫女托起的一个水晶盘中跳舞，可见她身体轻盈，也可见当时的风尚是以瘦为美。"环"就是有名的杨贵妃（杨玉环），她"肌态丰艳"[3]，得到唐玄宗的宠爱。宋代郭若虚说："唐开元、天宝之间，承平日久，世尚轻肥。"[4] 说明开元、天宝之时以肥为美是一种时代的风尚。从唐代画家张萱、周昉画的仕女画，我们可以看到这种风尚。张萱的《虢国夫人游春图》，画杨贵妃的姐姐虢国夫人、韩国夫人、秦国夫人一行七人游春的情景，画上的人物都表现一种丰颊肥体之美。周昉的《簪花仕女图》、《贵妃出浴图》，画上的宫廷妇女和杨贵妃也都表现一种丰肥之美。北宋绘画理论家董逌说："昔韩公言，曲眉丰颊，

---

[1] 格罗塞：《艺术的起源》，第116页，商务印书馆，1984。
[2] 我们在第三章还会谈到文艺复兴时期的人体美的观念。
[3] 《通鉴记事本末》卷三一。
[4] 郭若虚：《图画见闻志》卷五。

周昉《簪花仕女图》

便知唐人所尚以丰肥为美。昉于此，知时所好而图之矣。"[1] 董逌的话就是说，周昉的画以丰肥为美，是表现了唐人的时尚。以上文艺复兴时代和唐代都是历史上的状况，说明时代不同，人们的美感会有差异。在当代，世界上也还有些地方仍然以肥为美。例如，美国《基督教科学箴言报》报道说，毛里塔尼亚的传统观念就是以肥为美。那里的人认为，身材瘦小的妇女意味着家境贫寒，而体态丰满的妻子和女儿是男人拥有财富的象征。因此那里流传一种"填喂"的传统，即把甜牛奶和粟米粥硬灌入女孩子的胃里，以便使女孩子发胖。结果很多妇女由于肥胖而带来各种疾病。[2] 这个例子说明，地区不同，文化不同，人们的美感会有差异。

我们还看到，一些处于比较原始的发展阶段的民族，有的以脖子长为美，所以拼命把脖子拉长，有的以嘴唇宽大为美，所以在嘴巴中塞进一个大盘子。但是对我们来说，这些都不美。原始民族喜欢文身。新石器时代的农夫在脸上画着蓝色三齿鱼叉的图案。古代埃及的女歌手、舞蹈演员和妓女都要文身。1769年库克船长在日记中报告说，塔希提岛上的男男女女身上都有文身。新西兰的毛利人有复杂的文身风格。[3] 文身很痛苦，但是他们愿意忍受，因为他们觉得文身很美。这种文身的习惯一直延续下来，但往往只局限在某些社会阶层。例如我们在《水浒传》中看到，宋代社会的一些练武的青年很喜欢文身，以此为美。如"九纹龙"史进，"从小不务农业，只爱刺枪使棒"，把母亲气死，他父亲只得随他性子，花钱请师傅教

---

[1] 董逌：《广川画跋》卷六，《书伯时藏周昉画》。
[2] 美国《基督教科学箴言报》，2006年7月11日报道。译文载《参考消息》，2006年7月13日。
[3] 戴安娜·阿克曼：《感觉的自然史》，第106页，花城出版社，2007。

歌川国芳画的操刀鬼曹正（此图原载吉尔伯特《文身的历史》，百花文艺出版社）

他武艺，又请高手匠人，与他刺了一身花绣，肩臂胸膛共有九条龙，所以被人称做九纹龙。又如"浪子"燕青，小说写他"一身雪练也似白肉"，卢俊义叫一个高手匠人给他刺了一身遍体花绣，有如"玉亭柱上铺着软翠"。后来燕青到京城去见名妓李师师，李师师提出要看他的文绣，燕青几次推脱，李师师坚持要看，燕青只得脱了衣服让她看，李师师看了大喜，忍不住用手去抚摩燕青的文绣。这说明在当时社会上，某些社会阶层的人认为文身是很美的。据说18世纪中期《水浒传》的日文译本出版，对日本某些社会阶层中文身的流行起了刺激作用。有一位名叫歌川国芳的画家为《水浒》一百零八将每人画了一幅画像，对小说描绘的文身作了新的阐释，受到他的同时代人的极大欢迎。[1] 不过我们看到他画的这些《水浒》人物，都已是日本武士的形象了。据美国两位学者调查和研究，在美国，20世纪40年代文身者主要是军人，第二次世界大战后，文身成为"边缘群体"（如游艺团和马戏团的工作人员、飞车党、前罪犯）的标记。[2] 到了今天，也还有一些人（包括一些青年人）迷恋文身，当然仍然有很多人不欣赏文身，他们认为，"在某种意义上，那些在脸上、手上和头上刺花的人永远地把自己从正常的社会中遮掩住了"。[3] 这些都说明美感存在着

---

[1] 史蒂夫·吉尔伯特编著：《文身的历史》，第109—111页，百花文艺出版社，2006。史蒂夫·吉尔伯特编的这本书搜集了世界各地文身的资料，极为丰富。
[2] 美国《华盛顿时报》2006年2月7日报道。译文载《参考消息》2007年2月11日。
[3] 戴安娜·阿克曼：《感觉的自然史》，第107页。花城出版社，2007。

布歇
《蓬巴杜夫人》
从中可以看到古代贵族妇女服装的华丽和繁缛

时代的差异和文化的差异。

再以服装来说,时代的差异更加明显。古代人的服装,特别是上层贵族的服装,往往十分繁缛和拘束。越到现代,服装越是趋于简洁、明快、随便。这也说明美的时代性。

不同时代的人,他们的美感有共同性的一面(这种共同性可以从人类社会生活的共同性和社会文化的延续性得到说明),又有差异性的一面[1],这是"美不自美,因人而彰"的第三层含义。

现在我们把前面说的总结一下。柳宗元"美不自美,因人而彰"的命题,我们可以从三个层面来理解:

第一,美不是天生自在的,美离不开观赏者,而任何观赏都带有创造性。

第二,美并不是对任何人都是一样的。同一外物在不同人的面前显示

---

[1] 关于这个问题,可参看本书第三章,那里对这个问题有比较详细的论述。

为不同的景象,生成不同的意蕴。

第三,美带有历史性。在不同的历史时代,在不同的民族,在不同的阶级,美一方面有共同性,另一方面又有差异性。

把这三个层面综合起来,我们可以对"美不自美,因人而彰"这个命题的内涵得到一个认识,那就是:不存在一种实体化的、外在于人的"美","美"离不开人的审美活动。

四、不存在一种实体化的、纯粹主观的"美"

中国传统美学在"美"的问题上的又一个重要的观点是:不存在一种实体化的、纯粹主观的"美"。

"美"的主观性的问题,涉及对"自我"的看法问题。上一节说,在中国传统美学看来,"美"是对物的实体性的超越。这是一方面。另一方面,在中国传统美学看来,"美"又是对实体性的自我的超越。

在西方哲学史上,康德已指出自我并不是实体,他指出,笛卡尔把进行认识的主体——自我——当作和被认识的对象一样是实体性的东西,那是错误的。只有把自我看作非实体性的东西,自我才是自由的。但康德并未完全克服自我的二元性和超验性,他主张自我是超验的,也是不可知的"物自身",它与作为客体的不可知的"物自身"交互作用而产生经验、知识。[1] 在这个问题上,中国禅宗在克服主客二元对立和自我的超验性方面似乎更有启发。

这里的关键是慧能(南宗禅)对实体性的心的本体的消解。

本来在神秀(北宗禅)那里,还存在着一个实体性的心的本体。神秀的偈子:"身是菩提树,心如明镜台,时时勤拂拭,勿使惹尘埃。"很明显有一个心的实体。而慧能的偈子:"菩提本无树,明镜亦无台,佛性常清净,何处有尘埃?"[2] 就是要消解

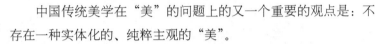

服装的演变:
越来越趋向于
简洁、明快

---

[1] 张世英:《哲学导论》,第90—91页,北京大学出版社,2002。

[2] 《六祖坛经》(敦煌本)。敦煌本《坛经》所记慧能的偈子有两首,另一首为:"身是菩提树,心为明镜台。明镜本清净,何处染尘埃。"(敦煌本原文为"心是菩提树,身为明镜台",陈寅恪认为"身"、"心"二字当易位,见《金明馆丛稿二编》,第166—171页。上海古籍出版社,1980。)从惠昕本《坛经》开始,慧能第一首偈子的文字改变为:"菩提本无树,明镜亦非台,本来无一物,何处惹尘埃?"

神秀这个寂静的实体性的心。神秀这个心，尽管他要求对它时时拂拭，使之保持寂静，但它仍然是一种实体的存在，亦即我们日常生活中的"自我"（主体）。**这种"自我"是与他人、他物对立的，是实体化、对象化的。**

慧能要超越这种主客二分的关系中的"自我"，而达到"真我"的境界。慧能强调"心物不二"。慧能所说的"心"指的是人们当下念念不断的现实的心。这种当下现实之心不是实体，不是对象，因此是"无心"、"无念"。这种无心之心、无念之念本身是无从把握的，只有通过在此心此念上显现的宇宙万物而呈现。正因为如此，慧能又消除了北宗禅对现象世界的单纯的否定。唐代青原惟信禅师有一段话："老僧三十年前未参禅时，见山是山，见水是水。及至后来，亲见知识，有个入处，见山不是山，见水不是水。而今得个休歇处，依前见山只是山，见水只是水。"[1] 第一阶段，"见山是山，见水是水"，这是主客二分关系中"自我"对外物的单纯的肯定。主客二分关系中的"自我"，不仅实体化了自己，而且实体化了客体，因而总是把世界上的事物与事物之间的关系看成是彼此外在、相互对立的，所以山就是山，水就是水。第二阶段，"见山不是山，见水不是水"，这是把实体性的"自我"进一步绝对化，只有"自我"是真实的，"自我"之外一切都不存在，所以山不是山，水不是水。这是主客二分关系中"自我"对外物的单纯否定。到了第三阶段，"依前见山只是山，见水只是水"，这是超越了主客二分的关系，超越了"自我"。在这个境界中，人们才能真正见到事物（世界）的本来面目，见到万物皆如其本然，**这种事物的本来面目就是在非实体的"心"（"空"、"无"）上面刹那间显现的样子。这是刹那的真实。这是"心物不二"。**所以马祖道一说："凡所见色，皆是见心，心不自心，因色故有。"[2]

张世英评论禅宗的这种超越"自我"的思想说："只有这种非实体性、非二元性、非超验的'真我'，才不至于像主客二分中的日常'自我'那样执着于我，执着于此而非彼，才不至于把我与他人、他物对立起来，把此一事物与彼一事物对立起来，从而见到'万物皆如其本然'。"[3]

---

[1] 普济：《五灯会元》下册（卷十七），第1135页，中华书局，1984。
[2] 普济：《五灯会元》上册（卷三），第128页，中华书局，1984。
[3] 张世英：《哲学导论》，第95页，北京大学出版社，2002。

"万物皆如其本然",万物的本来面目就在这个非实体性的"心"上显现、敞亮。反过来说,"心"的存在,就在于它显现了万物的本来面目。这就是马祖道一说的:"凡所见色,皆是见心,心不自心,因色故有。"

唐代画家张璪有八个字:"外师造化,中得心源。"这八个字成为中国绘画美学的纲领性的命题。"造化"即生生不息的万物一体的世界,亦即中国美学说的"自然"。"心源"是说"心"为照亮万法之源。这个"心",就是禅宗的非实体性的、生动活泼的"心"。这个"心",不是"自我",而是"真我",是"空"、"无"。万法(世界万物)就在这个"心"上映照、显现、敞亮。所以清代戴醇士说:"画以造化为师,何谓造化,吾心即造化耳。"[1] 所以宗白华说:**"一切美的光是来自心灵的源泉:没有心灵的映射,是无所谓美的。"**[2] 又说:**"中国宋元山水画是最写实的作品,而同时是最空灵的精神表现,心灵与自然完全合一。"**[3] 又说:宋元山水画**"是世界最心灵化的艺术,而同时是自然的本身"**。[4] 这些话都说明,在深受禅宗影响的中国美学中,"心"是照亮美的光之"源",这个"心"不是实体性的,而是最空灵的,正是在这个空灵的"心"上,宇宙万化如其本然地得到显现和照亮。所以"外师造化,中得心源",不是"造化"与"心源"在主客二分基础上的统一(认识论意义上的统一),而是"造化"与"心源"在存在论意义上的合一。也就是说,"外师造化,中得心源",不是认识,而是体验(我们在下一章将要讨论美感作为体验的性质)。

我们在上一节引柳宗元的话:**"美不自美,因人而彰。"**柳宗元的话消解了实体化的、外在于人的"美"。现在我们看到马祖道一的话:**"心不自心,因色故有。"**马祖道一的话消解了实体化的、纯粹主观的"美"。**梅花的显现,是因为本心,本心的显现,是因为梅花。这是禅宗的智慧,也是禅宗对中国美学的贡献。**

五、美在意象

中国传统美学一方面否定了实体化的、外在于人的"美",另方面又否

---

[1] 戴醇士:《习苦斋画絮》卷四。
[2] 宗白华:《中国艺术意境之诞生》,见《艺境》,第151页,北京大学出版社,1987。
[3] 宗白华:《介绍两本关于中国画家的书并论中国的绘画》,同上书,第83页。
[4] 同上书,第84页。

定了实体化、纯粹主观的"美",那么,"美"在哪里呢?中国传统美学的回答是:"美"在意象。中国传统美学认为,审美活动就是要在物理世界之外构建一个情景交融的意象世界,即所谓"山苍树秀,水活石润,于天地之外,别构一种灵奇",[1]所谓"一草一树,一丘一壑,皆灵想之独辟,总非人间所有"。[2] 这个意象世界,就是审美对象,也就是我们平常所说的广义的美(包括各种审美形态)。

"意象"是中国传统美学的一个核心概念。"意象"这个词最早的源头可以追溯到《易传》,而第一次铸成这个词的是南北朝时期的刘勰。[3] 刘勰之后,很多思想家、艺术家对意象进行研究,逐渐形成了中国传统美学的意象说。在中国传统美学看来,意象是美的本体,意象也是艺术的本体。中国传统美学给予"意象"的最一般的规定,是"情景交融"。中国传统美学认为,"情""景"的统一乃是审美意象的基本结构。但是这里说的"情"与"景"不能理解为互相外在的两个实体化的东西,而是"情"与"景"的欣合和畅、一气流通。王夫之说:"情景名为二,而实不可离。"[4] 如果"情""景"二分,互相外在,互相隔离,那就不可能产生审美意象。离开主体的"情","景"就不能显现,就成了"虚景";离开客体的"景","情"就不能产生,也就成了"虚情"。只有"情""景"的统一,所谓"情不虚情,情皆可景,景非虚景,景总含情"[5],才能构成审美意象。

朱光潜、宗白华吸取了中国传统美学关于"意象"的思想。在朱光潜、宗白华的美学思想中,审美对象("美")是"意象",是审美活动中"情""景"相生的产物,是一个创造。尽管他们使用的概念还不是十分严格和一贯,但他们的"美在意象"的思想还是可以看得很清楚的。

朱光潜在《论美》这本书的"开场白"就明白指出:

美感的世界纯粹是意象世界。

他在《论文学》这本书的第一节也指出:

凡是文艺都是**根据现实世界而铸成另一超现实的意象世界**,所以

---

[1] 方士庶:《天慵庵随笔》上。
[2] 恽南田:《题洁庵画》,见《南田画跋》。
[3] 参看叶朗《中国美学史大纲》第70—72页,第226—230页,上海人民出版社,1985。
[4] 王夫之:《姜斋诗话》。
[5] 王夫之:《古诗评选》卷五,谢灵运《登上戍石鼓山》评语。

它一方面是现实人生的返照，一方面也是现实人生的超脱。

在《诗论》一书中，朱光潜用王国维的"境界"一词来称呼"美"的本体。他说：

> 比如欣赏自然风景，就一方面说，心情随风景千变万化，睹鱼跃鸢飞而欣然自得，闻胡笳暮角则黯然神伤；就另一方面说，风景也随心情而变化生长，心情千变万化，风景也随之千变万化，惜别时蜡烛似乎垂泪，兴到时青山亦觉点头。这两种貌似相反实相同的现象就是从前人说的"即景生情，因情生景"。情景相生而且契合无间，情恰能称景，景也恰能传情，这便是诗的境界。每个诗的境界都必有"情趣"（feeling）和"意象"（image）两个要素。"情趣"简称"情"，"意象"即是"景"。

朱光潜在这里用的"意象"的概念相当于我们一般说的"表象"，即郑板桥说的"眼中之竹"，而他说的"诗的境界"则相当于我们所说的"意象"，也即郑板桥说的"胸中之竹"和"手中之竹"。

朱光潜在《诗论》中强调，"诗的境界"（意象）是直觉的产物。他说："凝神观照之际，心中只有一个完整的孤立的意象，无比较，无分析，无旁涉，结果常致物我由两忘而同一，我的情趣与物的意态遂往复交流，不知不觉之中人情与物理互相渗透。"这就是"直觉"。

朱光潜在《诗论》中还强调，"诗的境界"（意象）是每个人的独特的创造：

> 诗的境界是情景的契合。宇宙中事事物物常在变动生展中，无绝对相同的情趣，亦无绝对相同的景象。情景相生，所以诗的境界是由创造来的，生生不息的。

我们前面提到，在20世纪50年代的美学讨论中，朱光潜继续坚持这一观点。当时他把"意象"称之为"物的形象"或"物乙"。他一再说，"美"（审美对象）不是"物"而是"物的形象"（"物乙"）。**这个"物的形象"不同于物的"感觉形象"和"表象"。**他说："'表象'是物的模样的直接反映，而'物的形象'（艺术意义的）则是根据'表象'来加工的结果。""物本身的模样是自然形态的东西，**物的形象是'美'这一属性的本体**，是艺术形态的东西。"[1] 这"物的形象"或"物乙"，就是"意象"。朱光潜在这里明确说，意象就是美的本体。

宗白华在他的著作中也一再强调审美活动是人的心灵与世界的沟通，美乃是一种情景交融的"艺术境界"。他说：**"美与美术的源泉是人类最深心灵与他的环境世界接触相感时的波动。"**[2] 又说："以宇宙人生的具体为对象，赏玩它的色相、秩序、节奏、和谐，借以窥见自我的最深心灵的反映；化实景而为虚境，创形象以为象征，使人类最高的心灵具体化、肉身化，这就是'艺术境界'。**艺术境界主于美。**所以一切美的光是来自心灵的源泉：**没有心灵的映射，是无所谓美的。**"[3]

他在阐释清代大画家石涛《画语录》的"一画章"时说："从这一画之笔迹，流出万象之美，也就是人心内之美。没有人，就感不到这美，没有人，也画不出、表不出这美。所以钟嵘说：'流美者人也。'所以罗丹说：'通贯大宇宙的一条线，万物在它里面感到自由自在，就不会产生出丑来。'画家、书家、雕塑家创造了这条线（一画），**使万象得以在自由自在的感觉里表现自己，这就是'美'**！美是从'人'流出来的，又是万物形象里节奏旋律的体现。所以，石涛又说：'夫画者，从于心者也。……'所以中国人这支笔，开始于一画，界破了虚空，留下了笔迹，既流出人心之美，也流出万象之美。"[4]

他也引瑞士思想家阿米尔的话："一片自然风景是一个心灵的境界。"（译文与朱光潜的略有不同）又引石涛的话："山川使予代山川而言也……**山川与予神遇而迹化也。**"接着说："艺术家以心灵映射万象，代山川而立言，**他所表现的是主观的生命情调与客观的自然景象交融互渗，成就一个鸢飞鱼跃，活泼玲珑，渊然而深的灵境。**"[5] 这个"灵境"，就是"意象"

---

[1] 朱光潜：《论美是客观与主观的统一》，见《朱光潜美学文集》第三卷，第71页，上海文艺出版社，1983。
[2] 宗白华：《介绍两本关于中国画学的书并论中国的绘画》，见《艺境》，第81页，北京大学出版社，1987。
[3] 宗白华：《中国艺术意境之诞生》，同上书，第15页。
[4] 宗白华：《中国书法里的美学思想》，同上书，第285—286页。
[5] 宗白华：《中国艺术意境之诞生》，见《艺境》，第151页。

(宗白华有时又称之为"意境"[1])。

宗白华指出,意象乃是"情"与"景"的结晶品。"在一个艺术表现里情和景交融互渗,因而发掘出最深的情,一层比一层更深的情,同时也透入了最深的景,一层比一层更晶莹的景;景中全是情,情具象而为景,**因而涌现了一个独特的宇宙,崭新的意象**,为人类增加了丰富的想象,替世界开辟了新境,正如恽南田所说'皆灵想之所独辟,总非人间所有'!"[2] 这是一个虚灵世界,"一种永恒的灵的空间"。在这个虚灵世界中,人们乃能了解和体验人生的意味、情趣与价值。

他以中国绘画为例来说明审美活动的这种本质。他说:"中国宋元山水画是最写实的作品,而同时是最空灵的精神表现,心灵与自然完全合一。花鸟画所表现的亦复如是。勃莱克的诗句:'一沙一世界,一花一天国',真可以用来咏赞一幅精妙的宋人花鸟。一天的春色寄托在数点桃花,二三水鸟启示着自然的无限生机。中国人不是像浮士德'追求'着'无限',乃是在一丘一壑、一花一鸟中发现了无限,表现了无限,所以他的态度是悠然意远而又怡然自足。他是超脱的,但又不是出世的。他的画是讲求空灵的,但又是极写实的。他以气韵生动为理想,但又要充满着静气。一言蔽之,他是最超越自然而又最切近自然,是世界最心灵化的艺术,而同时是自然的本身。"[3]

宗白华的这些论述极为深刻。他指出,"美"(艺术境界)乃是人的心灵与世界的沟通,是万象在人的自由自在的感觉里表现自己,是情景交融而创造的一个独特的宇宙,一个显示人生的意味、情趣和价值的虚灵的世界,是心灵与自然完全合一的鸢飞鱼跃、活泼玲珑、渊然而深的灵境。这些论述,都给我们极深的启示。

六、意象的分析

(一) 灿烂的感性

上一节我们说,在中国美学看来,美在意象。现在我们对审美意象的

---

[1]"意象"与"意境"这两个概念应加以区分。参看本书第六章第六节。
[2] 宗白华:《中国艺术意境之诞生》,见《艺境》,第153页。
[3] 宗白华:《介绍两本关于中国画学的书并论中国的绘画》,同上书,第83—84页。

性质做一些分析。

审美意象的最主要的性质有以下四点：

第一，审美意象不是一种物理的实在，也不是一个抽象的理念世界，而是一个完整的、充满意蕴、充满情趣的感性世界，也就是中国美学所说的情景相融的世界。

第二，审美意象不是一个既成的、实体化的存在（无论是外在于人的实体化的存在，还是纯粹主观的在"心"中的实体化的存在），而是在审美活动的过程中生成的。柳宗元说："美不自美，因人而彰。""彰"就是生成。审美意象只能存在于审美活动之中。

第三，意象世界显现一个真实的世界，即人与万物一体的生活世界。这就是王夫之说的"如所存而显之"、"显现真实"（显现存在的本来面貌）。

第四，审美意象给人一种审美的愉悦，即王夫之所谓"动人无际"，也就是我们平常说的使人产生美感（狭义的美感）。

上述四点中，第二、第三、第四这三点，我们将分别在下面两节以及后面一章加以论述。在这一节中我们集中论述上述第一点。

审美意象不是一种物理的实在，也不是一个抽象的理念世界，而是一个完整的、充满意蕴、充满情趣的感性世界。我们可以用中国诗人最喜欢歌咏的月亮的例子来说明这一点。

"月是故乡明"，这是杜甫有名的诗句。月亮作为一个物理的实在，在到处都是一样的（相对来说），故乡的月亮不会特别明亮，怎么说"月是故乡明"呢？原因就在这里的月亮不是一个物理的实在，而是一个意象世界，月亮的美就在于这个意象世界。季羡林曾写过一篇《月是故乡明》的散文。他在文章中说，他故乡的小村庄在山东西北部的大平原上，那里有几个大苇坑。每到夜晚，他走到苇坑边，"抬头看到晴空一轮明月，清光四溢，与水里的那个月亮相映成趣"。有时候在坑边玩很久，才回家睡觉，"在梦中见到两个月亮叠在一起，清光更加晶莹澄澈"。他说，"我只在故乡呆了六年，以后就离乡背井，漂泊天涯"，到现在已经四十多年了。"在这期间，我曾到过世界上将近三十个国家，我看过许许多多的月亮。在风光旖旎的瑞士莱芒湖上，在平沙无垠的非洲大沙漠中，在碧波万顷的大海中，在巍峨雄奇的高山上，我都看到过月亮，这些月亮应该说都是美妙绝伦的，我都异常喜欢。但是，看到它们，我立刻就想到我故乡中那个苇坑上面和水中的那个小月亮。对比之下，无论如何我也感到，这些广阔世界的大月亮，万万比不上我那心爱的小月亮。不管我离开我的故乡多少万里，我的心立刻就飞来了。我的小月亮，我永远忘不掉你！"[1] 季羡林说那些广阔世界的大月亮，比不上他故乡的小月亮，这并不是作为物理实在的月亮不同，而是意象世界不同。**他那个心爱的小月亮，不是一个物理的实在，而是一个情景相融的意象世界，是一个充满了意蕴的感性世界，其中融入了他对故乡的无穷的思念和无限的爱，"有追忆，有惆怅，有留恋，有惋惜"，"在微苦中有甜美在"[2]。这个情景相融的意象世界，就是美。**

古往今来多少诗人写过月亮的诗，但是每首诗中呈现的是不同的意象世界。例如："月上柳梢头，人约黄昏后。"[3] 这是一个皎洁、美丽、欢快的意象世界。例如："江上柳如烟，雁飞残月天。"[4] 这是另一种意象世界，开阔，清冷。例如："明月出天山，苍茫云海间。长风几万里，吹度玉门关。"[5] 这又是另一种意象世界，沉郁，苍凉，与"月上柳梢头"、"雁飞残月天"的意趣都不相同。再如："寒塘渡鹤影，冷月葬花魂。"[6] 这是一个寂寞、孤独、凄冷的意象世界，和前面几首诗中月亮的意趣又完全不同。同是月亮，但是意象世界不同，它所包含的意蕴也不同，给人的美感也不同。

这些月亮的诗句说明，审美意象不是一种物理的实在，也不是一个抽象的理念世界，而是一个完整的、充满意蕴、充满情趣的感性世界。我们还可以用海德格尔举的一个有名的例子来说明这一点。

这个例子就是凡·高画的农妇的鞋。凡·高心目中的鞋的意象，并不是作为物理实在的一双鞋，也不是作为使用器具的一双鞋，而是一个完整的、充满意蕴的感性世界：

> 从鞋具磨损的内部那黑洞洞的敞口中，凝聚着劳动步履的艰辛。这硬梆梆、沉甸甸的破旧农鞋里，聚积着那寒风陡峭中迈动在一望无

---

[1]《季羡林文集》第二卷，第166—167页，江西教育出版社，1996。
[2] 同上。
[3] 欧阳修：《生查子》。
[4] 温庭筠：《菩萨蛮》。
[5] 李白：《关山月》。
[6] 这是《红楼梦》第七十六回中史湘云、林黛玉的联句。

际的永远单调的田垄上的步履的坚韧和滞缓。鞋皮上粘着湿润而肥沃的泥土。暮色降临,这双鞋底在田野小径上踽踽而行。在这鞋具里,回响着大地无声的召唤,显示着大地对成熟的谷物的宁静的馈赠,表征着大地在冬闲的荒

凡·高《一双鞋》

芜田野里朦胧的冬冥。这器具浸透着对面包的稳靠性的无怨无艾的焦虑,以及那战胜了贫困的无言的喜悦,隐含着分娩阵痛时的哆嗦,死亡逼近时的战栗。"[1]

这个感性的世界,显现了这位农妇的生存和命运,显现了天地万物与这位农妇结为一体的生活世界,因而有无穷的意蕴。**这个感性的世界,在这双农鞋被扔在农舍中时并不存在,在农妇漫不经心地穿上它、脱下它时也并不存在,而只有在凡·高对它进行审美观照时,也就是当它进入凡·高的审美活动(审美体验)时,它才对艺术家敞开。艺术家于是看到了属于这双破旧的鞋的那个充满意蕴的世界。**一切细节——磨损的鞋口,鞋皮上的泥土——便都同它们的物理存在以及"有用性"脱离,而只是成为昭示,即农妇的那个世界的昭示。这样,凡·高提笔作画时,并不是在画鞋(如鞋的设计图或鞋的广告画),而是在画自己心目中的那个农妇的世界。他要借绘画的形式把这个世界向每一个观看这幅画的人敞开来——这不是一双作为物理存在的鞋或有使用价值的鞋,而是一个完整的、充满意蕴的感性世界。

这个完整的、充满意蕴的感性世界,就是审美意象,也就是美。

---

[1] 海德格尔:《艺术作品的本源》,见《海德格尔选集》上册,第254页,上海三联书店,1996。有的学者对海德格尔的这种解读表示疑问,认为凡·高画的鞋未必是农妇的鞋。这属于美术史研究中考证的范畴,我们在这里可以暂不讨论。不过,撇开考证,这种争论正好说明,在观赏者心中复活的意象("胸中之竹"),必然带有某种不确定性和差异性。参看本书第六章第五节。

审美意象首先是一个感性世界，它诉诸人的感性直观（主要是视、听这两个感觉器官，有时也包括触觉、嗅觉等感觉器官）。杜夫海纳说："美的对象首先刺激起感性，使它陶醉。"[1] 又说："美是感性的完善。"[2] "它主要地是作为知觉的对象。它在完满的感性中，获得自己完满的存在、自己的价值的本原。"[3]

但是这个感性世界，不同于外界物理存在的感性世界，因为它是带有情感性质的感性世界，是有意蕴的世界。杜夫海纳说："审美对象所显示的，在显示中所具有的价值，就是所揭示的世界的情感性质。"[4] 又说："审美对象以一种不可表达的情感性质概括和表达了世界的综合整体：它把世界包含在自身之中时，使我理解了世界。同时，正是通过它的媒介，我在认识世界之前就认出了世界，在我存在于世界之前，我又回到了世界。"[5] **这种以情感性质的形式所揭示的世界的意义，就是审美意象的意蕴。**所以审美意象必然是一个情景交融的世界。凡·高心目中的农鞋是情景交融的世界，凡·高心目中的星空也是情景交融的世界。同样，李白心目中的月夜（"床前明月光"）是情景交融的世界，杜甫心目中的月夜（"今夜鄜州月"）也是情景交融的世界。所以中国传统美学用情景交融来说明意象的性质。王夫之一再强调在审美意象中情景不能分离："景中生情，情中含景，故曰景者情之景，情者景之情。"[6] "情不虚情，情皆可景，景非虚景，景总含情。"[7] "景以情合，情以景生，初不相离，唯意所适。截分两橛，则情不足兴，而景非其景。"[8] "情景虽有在心在物之分，而景生情，情生景，哀乐之触，荣悴之迎，互藏其宅。"[9] 王夫之这些话都是说，审美意象所呈现的感性世界，必然含有人的情感，必然是情景的融合。即便看来是单纯写景的诗，如"高台多悲风"、"胡蝶飞南园"、"池塘生春草"、"亭皋木叶下"、"芙蓉露下落"等等，都有情寓其中。为什么情景不能分离？**最根本的原因，就在于意象世界**

---

[1] 杜夫海纳：《美学与哲学》，第20页，中国社会科学出版社，1985。
[2] 同上书，第20页。
[3] 同上书，第24页。
[4] 同上书，第28页。
[5] 同上书，第26页。
[6] 岑参：《首春渭西郊行呈蓝田张二主簿》评语，《唐诗评选》卷四。
[7] 王夫之：谢灵运《登上戍石鼓山诗》评语，《古诗评选》卷五。
[8] 王夫之：《姜斋诗话》。
[9] 同上。

显现的是人与万物一体的生活世界，在这个生活世界中，世界万物与人的生存和命运是不可分离的。这是最本原的世界，是原初的经验世界。因此当意象世界在人的审美观照中涌现出来时，必然含有人的情感（情趣）。也就是说，**意象世界必然是带有情感性质的世界**。杜夫海纳说："审美对象所暗示的世界，是某种情感性质的辐射，是迫切而短暂的经验，是人们完全进入这一感受时，**一瞬间发现自己命运的意义的经验**。"[1] 又说："审美价值表现的是世界，把世界可能有的种种面貌都归结为情感性质；但只有在世界与它所理解的和理解它的主观性相结合时，世界才成为世界。"[2] 这些话就是说，正是包含着人的生存与命运的最原初的经验世界（即生活世界），决定了意象世界必然是一个情景交融的世界。

所以，意象世界一方面显现一个真实的世界（生活世界），另方面又是一个特定的人的世界，或一个特定的艺术家的世界，如莫扎特的世界，凡·高的世界，李白的世界，梅兰芳的世界。

总之，审美意象以一种情感性质的形式揭示世界的某种意义，这种意义"全部投入了感性之中"。"感性在表现意义时非但不逐渐减弱和消失，相反，它变得更加强烈、更加光芒四射。"[3]

正是从感性和意义的内在统一这个角度，杜夫海纳把审美对象称为"灿烂的感性"。他说："审美对象不是别的，只是灿烂的感性。规定审美对象的那种形式就表现了感性的圆满性与必然性，同时感性自身带有赋予它以活力的意义，并立即献交出来。"[4]

所以，"**灿烂的感性**"就是一个完整的充满意蕴的感性世界，这就是审美意象，也就是广义的"美"。

（二）相关概念的辨析

下面我们对一些和"意象"相类似或相接近的概念作简要的辨析。最后讨论一下和"美"相对立的概念。

1. 意象与西方语言中的"image"。

---

[1] 杜夫海纳：《美学与哲学》，第 28 页，中国社会科学出版社，1985。
[2] 同上书，第 32 页。
[3] 同上书，第 31 页。
[4] 同上书，第 54 页。

西方语言中的"image"这个概念的汉语翻译并不统一，多数人译为"意象"或"影像"，也有人译为"心象"、"表象"、"形象"。

西方学者一般在认识论和心理学的领域中使用"image"这个概念，他们认为"image"是感官得到的关于物体的印象、图象，它和观念（idea）是同一个东西。这样一种内涵的"image"，和我们说的"意象"相去甚远，我们不加讨论。和我们说的"意象"比较接近的是西方现代诗歌流派中的"意象派"所说的"意象"，以及法国哲学家萨特所说的"意象"。

"意象派"诗人所说的"意象"，是一种刹那间的直接"呈现"。它比较接近于中国诗歌中的"兴象"。"兴象"只是"意象"的一种。而且"意象派"诗人的"意象"一般都缺乏深度，而"兴象"却并不一定缺乏深度。所以"意象派"所说的"意象"和我们说的"意象"在内涵上是不能等同的。[1]

萨特有两本讨论"意象"的著作：*L'Imagination*(1936，中译本书名为《影像论》）和 *Psychologie Phénoménnologique de L'imagination* (1940，中译本书名为《想象心理学》)[2]。在萨特的著作中，"意象"主要有如下性质：第一，意象与构造意象的意识活动是不能分离的；第二，意象"是作为一整体东西展示给直觉的，它也是瞬间就展示出它是什么的"[3]；第三，意象和知觉是两种不同的意识方式，知觉的对象（如一把椅子）是现实存在的，而意象的对象（如一把椅子）则是当下不在现场的，是一种非存在的虚无，也就是说，"想象性意识的意象对象，其特征便在于这种对象不是现存的而是如此这般假定的，或者说便在于它并不是现存在的而是被假定为不存在的"[4]。从以上三点来看，第一点和第二点体现了现象学的方法，和我们说的"意象"是相通的，而第三点说的当下不在现场的性质，则不符合我们说的审美"意象"的性质。所以，萨特说的"意象"，与我们说的"意象"，在内涵上是不相同的。

2. 意象与形式（form）。

"形式"（form）是西方哲学史和西方美学史上一个重要的概念。在西

---

[1] 关于"意象派"诗人的"意象"，可参看叶朗主编《现代美学体系》第四章第四节。
[2] 萨特：《影像论》，魏金声译，中国人民大学出版社，1986。萨特：《想象心理学》，褚朔维译，光明日报出版社，1988。
[3] 萨特：《想象心理学》，第29页，光明日报出版社，1988。
[4] 同上书，第35页。

方美学史上,"美在形式"是从古希腊开始的一种影响很大的观念,所以我们有必要简单辨析一下意象与形式的区别。

照波兰美学家塔塔科维奇的归纳,"形式"一词在西方美学史上至少有五种不同的涵义[1]:

a. 形式是各个部分的一个安排。与之相对的是元素、成分或构成整体的部分。如,柱廊的形式就是列柱的安排。

b. 形式是直接呈现在感官之前的事物。与之相对的是内容。如,诗文的音韵是诗的形式,诗文的意义是诗的内容。

c. 形式是某一对象的界限或轮廓。与之相对的是质料。

d. 形式是某一对象的概念性的本质。与之相对的是对象的偶然的特征。这是亚里士多德提出的。

e. 形式是人的心灵加在知觉到的对象之上的,所以是先验的、普遍的、必然的。与之相对的便是杂多的感觉经验。这是康德提出的。

上述五种涵义的"形式"中,和美学关系比较密切的是前三种涵义的"形式"。至于后两种涵义的"形式",尽管在历史的某个阶段也有人把它引进美学的领域,但总体上影响不大,我们在此就不加讨论了。

我们先看第一种涵义的"形式"。

在公元前5世纪,毕达哥拉斯学派就主张美包含在简单、明确的各部分的安排之中。他们相信"条理和比例是美的"。接下去,柏拉图说:"保持着度量和比例总是美的。"亚里士多德说:"美之主要的变化是:正当的安排、比例与定型。"[2] 普洛丁则作了一点修正,他认为复杂的事物的美在于比例,简单的事物(如太阳、金子)的美则在于光辉。到中世纪和中世纪之后,多数人赞同美在形式,如奥古斯丁就主张美在于"度量、形态与比例",也有人赞同"比例与光辉"的双重标准,如托马斯·阿奎那就说:"美包含在光辉与比例之中。"[3]

再看第二种涵义的"形式"。这种涵义的"形式"就是事物的外表,它是与内容、内涵、意义相对而言的。

早在古希腊就有学者把这种涵义的"形式"挑出来加以强调,如克拉

---

[1] 塔塔科维奇:《西方六大美学观念史》,第七章,上海译文出版社,2006。
[2] 以上转引自塔塔科维奇《西方六大美学观念史》,第229页,上海译文出版社,2006。
[3] 同上书,第230—231页。

底斯就主张，令人感到愉快的音响，是好诗与坏诗的唯一差别。这种形式与内容的区分与对立，在中世纪和文艺复兴时期都一直存在。到了19世纪和20世纪，重形式还是重内容的争论变得更为激烈。有一些极端的形式主义者认为，内容（主题、陈述、逼真、观念、再现、表现）一概都不重要，只有形式才是最重要的。

第三种涵义的"形式"是事物的轮廓。这种涵义的"形式"在文艺复兴时期最受重视。当时的艺术家重视素描，不重视色彩。一直到18世纪初，罗杰德·皮尔斯和鲁本斯出现，色彩才重新获得与素描相抗衡的地位。

我们把这三种涵义的"形式"和我们说的"意象"加以比较，就可以发现它们之间的区别：第一，"形式"是对客体（与主体分离的客体）的描述，而"意象"则是情景交融的感性世界，是人与世界的沟通和融合；第二，"形式"（无论三种涵义的哪一种）是现成的、实体化的，而"意象"则是在审美活动中生成的，是非现成、非实体化的；第三，"形式"这一概念的前提是"主客二分"的思维模式，而"意象"这一概念的前提则是"天人合一"的思维模式。这三点区别都是根本性质的区别，所以"意象"与"形式"是根本性质不同的两个概念。

3．意象与形象。

"形象"是我国当代文学艺术领域中通用的一个基本概念，人们把"形象性"或"形象思维"作为文学艺术的基本特征。

在我国当代文艺学的著作或教科书中，一般把"形象"解释为文学艺术反映现实的特殊手段，是通过艺术概括所创造出来的具有一定思想内容和艺术感染力的生动具体的图画，是感性与理性的统一，内容与形式的统一，思想与情感的统一，一般与个别的统一，等等。

我们比较一下我们前面对"意象"的论述，就可以看出"形象"与"意象"这两个概念的区别：第一，"形象"是生动的图画，尽管它有思想情感的内容，但它是现实的反映，因而它带有现成性，这一点和前面说的"形式"是相像的，而"意象"则是在审美活动中生成的，带有非现成的性质；第二，"形象"这一概念的前提是"主客二分"的认识论（反映论）的模式，而"意象"这一概念的前提则是"天人合一"的思维模式。因此"形象"与"意象"是两个不同的概念。

"形象"与"意象"这两个概念的区别，有点类似于中国古代的"形"与"象"这两个概念的区别。王夫之说："物生而形形焉，形者质也。形生而象象焉，象者文也。形则必成象矣，象者象其形矣。在天成象而或未有形，在地成形而无有象。视之则形也，察之则象也。"[1] 从王夫之这段话看，"形"与"象"的关系，就是"质"与"文"的关系。因此，"形"带有某种确定性、现成性，而"文"则带有某种不确定性、非现成性。更重要的，"形"（"质"）是器物的实体的存在，而"象"（"文"）则要在主体（观赏者）面前才呈现出来。所以《易传》说："见乃谓之象，形乃谓之器。"例如，一根竹子，"形"是竹子作为器物的实在的存在，它是现成的，而"象"则是郑板桥说的"眼中之竹"，它是对观赏者的一种呈现，它是生成的。对于不同的观赏者，竹子的"象"（"眼中之竹"）是不同的。所以"象"与"形"是不同的。"意象"与"形象"这两个概念的不同，就非现成性与现成性的区别这一点来说，有些类似于"象"与"形"这两个概念的不同。

4. 意象与现象。

"现象"这个概念有两种不同的含义。一种是传统西方哲学理解的"现象"，也就是我们平常说的与"本质"、实体相对的"现象"。"无论是经验论者（洛克、贝克莱、休谟）还是唯理论者（柏拉图、笛卡尔、莱布尼茨等），都将现象看作由人的感官所受到的刺激而产生的感觉观念、印象、感觉材料，以及由它们直接混合而成的还未受反思概念规范的复合观念。简言之，就是在感觉经验中显现出来的东西。"[2] 这种现象是现成的、个别的、私有的和纯主观的。这种现象被看作是认识的一个起点。"现象"的另一种含义是胡塞尔的现象学所理解的现象。对于胡塞尔来说，"现象"指显现活动本身，又指在这显现之中显现着的东西，这显现活动与其中显现出来的东西内在相关。[3] 我们现在讨论的就是胡塞尔现象学所说的这个现象。

张祥龙认为，现象学说的这种现象本身就是美的。他说："在现象学的新视野之中，那让事物呈现出来，成为我所感知、回忆、高兴、忧伤……的内容，即成为一般现象的条件，就是令我们具有美感体验的条

---

[1] 王夫之：《尚书引义》卷六《毕命》，《船山全书》第二册。
[2] 张祥龙：《现象本身的美》，见《从现象学到孔夫子》，第378页，商务印书馆，2001。
[3] 胡塞尔：《现象学的观念》，第18页，上海译文出版社，1986。

件。"[1] 从张祥龙的论证来看，他比较关注的是两点，即现象的"非现成的微妙发生性"和"'悬中'性"[2]，他认为这两点也正是美感的特性。所谓"非现成的微妙发生性"，就是指任何现象都不是现成地被给予的，而是被构成（被构造）着的，即必含有一个生发和维持住被显现者的意向活动的机制。[3] 所谓"'悬中'性"，是说现象在根底处并没有一个实体化的对象，所以对它的体验，不可能偏执某一边或某一实在形态，正因为这样，现象知觉就可以具有康德说的"无利害关系的和自由的愉快"。

张祥龙对于现象本身就是美的论述，强调美的非对象化、非现成化，强调美是不断涌动着的发生境域，强调美是一个令人完全投入其中的意蕴世界，强调美感是超越主客二分的活生生的体验，等等，都是很有启发的。但他把现象学的现象和美等同起来，我们并不赞同。因为按照我们的看法，美是"意象"，而现象学的"现象"并不等于我们说的"意象"。我们说的"意象"是在审美活动中生成的，是非现成化的，是不能脱离审美活动的，"意象"是对于实体化的物理世界的超越，这些特点与现象学的"现象"是相通的。但是如前面说过的，我们说的"意象"还是一个情景交融的世界。因为"意象"显现的不是一个孤立的物的实体，而是显现一个生活世界，在这个生活世界中，世界万物与人的生活和命运是不可分离的，所以意象世界必然是带有情感性质的世界，是一个价值世界。这一层含义，有的现象学美学家如杜夫海纳有很好的论述，我们在前面曾引过他的话，但是就现象学的"现象"这个概念本身来说，它并不包含这层含义，甚至还可以说，它是排斥这层含义的。

总之，照我们的看法，美（意象）和胡塞尔现象学所说的"现象"，不宜直接等同，而应加以区分。它们有相通之处，但不是相同的概念。

5. 和美相对立的概念。

人们在习惯上一般把丑作为与美对立的概念，即真与假相对立，善与恶相对立，美与丑相对立。但这种与"丑"相对立的"美"的概念是狭义的"美"。广义的"美"是在审美活动中形成的审美对象，是情景交融的审美意象，它包括多种审美形态。"丑"作为一种审美形态，也包括在广义的

---

[1] 张祥龙：《现象本身的美》，见《从现象学到孔夫子》，第372页，商务印书馆，2001。
[2] 同上书，第379页。
[3] 关于意向性构成的生发机制，我们在下一节将会谈到。

"美"之内。[1]

那么什么是广义的"美"的对立面呢？**一个东西，一种活动，如果它遏止或消解审美意象的产生，同时遏止或消解美感（感兴）的产生，这个东西或这种活动，就是"美"的对立面。**

李斯托威尔说："审美的对立面和反面，也就是广义的美的对立面和反面，不是丑，而是审美上的冷淡，那种太单调、太平常、太陈腐或者太令人厌恶的东西，它们不能在我们的身上唤醒沉睡着的艺术同情和形式欣赏的能力。"[2] 按李斯托威尔的说法，那种太单调、太平常、太陈腐和太令人厌恶的东西，引起审美上的冷淡（麻木），因而审美主体不可能进入审美活动。王国维的说法和李斯托威尔有所不同。他认为美的对立面是"眩惑"。所谓"眩惑"，就是陷入实用利害关系的欲念之中。由于美感是超功利的，所以"眩惑"与美相反对。"夫优美与壮美，皆使吾人离生活之欲，而入于纯粹知识者。若美术中而有眩惑之原质乎，则又使吾人自纯粹知识出，而复归于生活之欲。""故眩惑之于美，如甘之于辛，火之于水，不相并立者也。"[3]

李斯托威尔和王国维的角度有些不同，但他们都指出，美的反面，就是它遏止和消解审美活动。我们认为他们接触到了问题的实质。如果说得更清楚一点，**美的反面，就是遏止或消解审美意象的生成，遏止或消解美感（审美体验）的产生。**美感是情景契合、物我交融，是人与世界的沟通，这就是美（意象世界）的生成。但是情景契合、物我交融、人与世界的沟通需要条件。人和对象不是在任何情况下都能契合和沟通的。这里有多种多样的情况，其中包括李斯托威尔和王国维说的情况，但不限于他们说的情况。不管哪种情况，最后都离不开自然地理环境、社会文化环境和具体生活情境的制约。例如，我们前面提到，对于处于原始狩猎社会的人来说，花卉是不美的。花卉不能进入他们的审美视野。这就是李斯托威尔说的"审美上的冷淡"，这是由社会文化环境决定的。同样，对于被押送刑场处决的死刑犯人，路旁盛开的鲜花也不能进入他们的审美视野，这也是"审美上的冷淡"，这是由具体的生活情境决定的。社会生活中的一些坏人，

---

[1] 参阅本书第十一章。
[2] 李斯托威尔：《近代美学史评述》，第232页，上海译文出版社，1982。
[3] 王国维：《〈红楼梦〉评论》，见《王国维文集》第一卷，第4页，中国文史出版社，1997。

作家可以把他们写进小说，例如巴尔扎克《人间喜剧》中的许多坏人，果戈里《死魂灵》中的许多坏人，《水浒传》中的富安、陆谦、董超、薛霸，他们是"丑"，但这种"丑"是审美形态之一种，因为他们可以生成意象世界（广义的美）。但是社会生活中也有的人是属于"太陈腐和太令人厌恶的东西"，他们遏止或消解审美意象的生成，所以作家不会去写他们。鲁迅讨论过这个问题，他说："世间实在还有写不进小说里去的人。""譬如画家，他画蛇，画鳄鱼，画龟，画果子壳，画字纸篓，画垃圾堆，但没有谁画毛毛虫，画癞头疮，画鼻涕，画大便，就是一样的道理。"[1] 鲁迅这里说的毛毛虫、癞头疮、鼻涕、大便都是属于"太令人厌恶的东西"，它们遏止审美意象的生成，遏止美感的生成，它们是美（广义的美）的对立面。在当代，有的提倡"行为艺术"的人，把一条牛的肚子剖开，自己裸体钻进牛肚，然后又血淋淋地钻出来。还有的提倡"行为艺术"的人，设法搞到一个六个月的死婴，把死婴煮熟，然后当晚餐吃进肚子，并把整个过程加以摄录。这更加是属于"太令人厌恶的东西"。它们当然不能生成审美意象。它们是美的对立面。总之，美（广义的美）是审美意象，美（广义的美）的对立面就是一切遏止或消解审美意象的生成（情景契合、物我交融）的东西。

我们在后面还会谈到，艺术的本体就是美（意象世界），所以凡是遏止或消解审美意象生成的东西就不是美，当然也不是艺术。前面说的把牛肚子剖开钻进去以及把死婴吃进肚子的行为，当然不是美，也不是艺术，尽管他们自称是艺术。**美和不美（美的反面）的界限，艺术和非艺术的界限，就在于能不能生成审美意象，也就在于王夫之所说的，能不能"兴"（产生美感）。**

七、审美意象只能存在于审美活动中

前面说，意象世界是"天地之外，别构一种灵奇"，"总非人间所有"，就是说，意象世界不是物理世界。一树梅花的意象不是梅花的物理的实在，一座远山的意象也不是远山的物理的实在。王国维在《人间词话》中曾说过一段很重要的话：

---

[1] 鲁迅：《半夏小集》，见《鲁迅全集》第六卷，第598页，人民文学出版社，1989。

山谷云:"天下清景,不择贤愚而与之,然吾特疑端为我辈设。"诚哉是言!抑岂特清景而已,一切境界,无不为诗人设。世无诗人,即无此种境界。夫境界之呈于吾心而见于外物者,皆须臾之物。惟诗人能以此须臾之物,镌诸不朽之文字,使读者自得之。[1]

王国维说的"境界",就是审美意象,也就是美(广义的美)。"天下清景",当它成为审美对象时,它已从实在物升华成为非实在的审美意象。审美意象是"情"与"景"的欣合和畅、一气流通,它是人的创造。所以说"世无诗人,即无此种境界"。辛弃疾词云:"自有渊明方有菊,若无和靖便无梅。"[2] 陶潜心目中的菊,林逋心目中的梅,都不是实在物,而是意象世界。陶潜的菊是陶潜的世界,林逋的梅是林逋的世界。这就像莫奈画的睡莲是莫奈的世界,凡·高画的向日葵是凡·高的世界一样。没有陶潜、林逋、莫奈、凡·高,当然也就没有这些意象世界。正因为它们不是实在物,而是非实在的意象世界,所以说"境界之生于吾心而见于外物者,皆须臾之物"。审美意象离不开审美活动,它只能存在于审美活动之中。王国维的这段话,是对美与美感(意象与感兴)的同一性的很好的说明。

按照现象学的意向性理论[3],审美活动是一种意向性活动。意象之所以不是一个实在物,不能等同于感知原材料(如自然事物和艺术品的物理存在),就因为意象是一个意向性产物。意象的统一性以及作为这种统一性的内在基础的意蕴,都依赖于意向性行为的生发机制——它不仅使"象"显现,而且"意蕴"也产生于意向行为的过程中。"意蕴"离不开意向行为。"意蕴"存在于审美体验活动中,而并不超然地存在于客观的对象上。

---

[1]《王国维文集》第一卷,第173页,中国文史出版社,1997。
[2] 辛弃疾:《浣溪沙》。
[3] 张祥龙对现象学的意向性理论有一个简要的介绍:"在胡塞尔的现象学看来,人的意识活动从根本上是一种总是依缘而起的意向性行为,依据实项内容而构造出'观念的'意义和意向对象;就像一架天生的放映机,总在依据胶片上的实项内容(可比拟为胶片上的一张张相片)和意识行为(放映机的转动和投射出的光亮)而将活生生的意义和意向对象投射到意识的屏幕上。所谓'意识的实项内容',是指构成现象的各种要素,比如感觉材料或质素,以及意识行为;它们以被动或主动的方式融入一个原发过程,一气呵成地构成那更高阶的意义和意向对象,即那些人们所感觉到的、所思想到的、所想象出的、被意志所把握着的、被感情所体味着的……。""这也就是说,任何现象都不是现成地被给予的,而是被构成着的;即必含有一个生发和维持住被显现者的意向活动的机制。这个机制的基本动态结构是:意识不断激活实项的内容,从而投射出或构成着(在某种意义上是'创造出')那超出实项内容的内在的被给予者,也就是意向对象或被显现的东西。"(张祥龙:《当代西方哲学笔记》,第191页,北京大学出版社,2005。)

审美活动的这种意向性的特点，说明审美活动乃是"我"与世界的沟通。在审美活动中，不存在那种没有"我"的世界：世界一旦显现，就已经有了我。"只是对我说来才有世界，然而我又并不是世界。"[1] 审美对象就是这么一个世界，它一旦显现时，就已经有了体验它的"我"在了。只有对"我"说来才有审美对象，然而我又不是审美对象。由于我的投射或投入，审美对象朗然显现，是我产生了它；但是另一方面，从我产生的东西也产生了我，在我成为审美对象的见证人的同时，它又携带着我进入它的光芒之中。

这就是审美体验的意向性：审美对象（意象世界）的产生离不开人的意识活动的意向性行为，离不开意向性构成的生发机制：人的意识不断激活各种感觉材料和情感要素，从而构成（显现）一个充满意蕴的审美意象。

我国明代哲学家王阳明有一段很有名的对话：

> 先生游南镇，一友指岩中花树问曰："天下无心外之物，如此花树，在深山中自开自落，于我心亦何相关？"
> 先生曰："你未看此花时，此花与汝心同归于寂；你来看此花时，则此花颜色一时明白起来：便知此花不在你的心外。"[2]

王阳明在这里讨论的问题，可以说就是一个意象世界的问题。意象世界总是被构成的，它不能离开审美活动，不能离开意向性构成的生发机制。王阳明的意思是说，离开人的意识的生发机制，天地万物就没有意义，就不能成为美。"例如在人未看深山中的花树时，花虽存在，但它与人'同归于寂'，'寂'就是遮蔽而无意义，谈不上什么颜色美丽。只是在人来看此花时，此花才被人揭示而使得'颜色一时明白起来'。王阳明哲学关心的也是人与物交融的现实的生活世界，而不是物与人相互隔绝的'同归于寂'的抽象之物。"[3] 王阳明这段话和王国维说的"世无诗人，即无此种境界"，柳宗元说的"美不自美，因人而彰"，海德格尔说的"人是世界万物的展示口"，萨特说的"由于人的存在，才'有'（万物的）存在"、"人是万物借

---

[1] 杜夫海纳:《美学与哲学》，第29页，中国社会科学出版社，1985。
[2] 《传习录》下，见《王阳明全集》上卷，第107—108页，上海古籍出版社，1992。
[3] 张世英:《哲学导论》，第73页，北京大学出版社，2002。

以显示自己的手段"，意思都很相似。这些话的意思都是说，**世界万物由于人的意识而被照亮，被唤醒，从而构成一个充满意蕴的意象世界（美的世界）。意象世界是不能脱离审美活动而存在的。美只能存在于美感活动中。这就是美与美感的同一。**

但这并不是说，审美体验是纯粹主观的东西。体验既然是沟通，就不可能是纯粹主观的。任何审美体验，必有外界物色、景色或艺术形象的触发。所以中国古人又把"感兴"称为"触兴"。当然，有触发未必一定能兴，也就是未必能够沟通。这里的关键还要看意向性生发机制的动态过程。王夫之说："天地之际，新故之迹，荣落之观，流止之几，欣厌之色，形于吾身以外者，化也；生于吾身以内者，心也；相值而相取，一俯一仰之际，几与为通，而浡然兴矣。"[1]"相值"就是相触。"相取"就是意向性生发机制的形式指向功能。相值相取，浡然而兴，"物"与"我"悄然神通，"我"的心胸豁然洞开，整个生命迎会那沛然天地之间的大化流行，这就是沟通，就是体验。

八、意象世界照亮一个真实的世界

（一）"如所存而显之"

美（意象世界）是人的创造（"于天地之外，别构一种灵奇"），意象世界不是物理世界，是对"物"的实体性的超越。那么美（意象世界）和真是不是就分裂了呢？

不。中国传统美学认为，意象世界是一个真实的世界。王夫之一再强调，**意象世界是"现量"，"现量"是"显现真实"、"如所存而显之"——在意象世界中，世界如它本来存在的那个样子呈现出来了。**

要把握中国美学的这个思想，关键在于把握中国美学对"真实"、对世界本来存在的样子的理解。

在中国美学看来，我们的世界不仅是物理的世界，而且是有生命的世界，是人生活在其中的世界，是人与自然界融合的世界，是天人合一的世界。

《易经》这部中国最古老的经典，它最关心的是人类的生存和命运，并认为人的生存与命运和自然界的万事万物有着内在的统一性。它从人的

---

[1]《诗广传》卷二《豳风》三，《船山全书》第三册。

生存与命运出发，观察自然界的一切现象，并从中找出生命（人生）的意义和来源。《易经》认为，世界万物都与人的生存和命运有着内在的联系。《易经》的每一卦都和天人关系有关，而天人关系的中心就是人的生存和命运。这就是《易经》的灵魂。《易传》发挥《易经》的思想，提出了"生生之谓易"（《系辞上》）、"天地之大德曰生"（《系辞下》）等命题。"生"，就是生命、创化、生成。按照《易传》的命题，天地万物是生生不息的过程，是不断创化、不断生成的过程。天地万物与人类的生存和命运紧密相联，而从这里就产生了世界的意味和情趣。这就是"乐"的境界。《易经》、《易传》的这种思想，代表了中国哲学、中国美学对于世界本然（"真"）的理解。

所以，在中国美学看来，人和天地万物不是分裂的，而是和谐统一的，所谓"大乐与天地同和"。这种和谐就是"乐"的境界。王夫之说：

> 天不靳以其风日而为人和，物不靳以其情态而为人赏，无能取者不知有尔。"王在灵囿，麀鹿攸伏；王在灵沼，于牣鱼跃。"王适然而游，鹿适然而伏，鱼适然而跃，相取相得，未有违也。是以乐者，两间之固有也，然后人可取而得也。[1]

就是说，乐是人和自然界的本然状态。

所以在中国哲学和中国美学之中，**真就是自然**，这个自然，不是我们一般说的自然界，而是存在的本来面貌。**这个自然，这个存在的本来面貌，它是有生命的，是与人类的生存和命运紧密相联的，因而是充满了情趣的。**

宋代画论家董逌有一段很重要的话：

> 世之评画者曰："妙于生意，能不失真，如此矣，是为能尽其技。"尝问如何是当处生意？曰："殆谓自然。"其问自然，则曰："不能异真者，斯得之矣。"且观天地生物，特一气运化尔，其功用秘移，与物有宜，莫知为之者，故能成于自然。[2]

---

[1]《诗广传》卷四《大雅》一七，《船山全书》第三册。
[2]《广川画跋》卷三《书徐熙画牡丹图》。

朱自清解释这段话说:"'生意'是真,是自然,是'一气运化'。"[1]

把以上这些综合起来,我们可以对中国美学的看法作这样的概括:真就是自然,就是充满生意,就是一气运化,就是万物一体的乐的世界。

所以,中国美学所说的意象世界"显现真实",就是指照亮这个天人合一(人与天地万物一体)的本然状态,就是回到这个自然的乐的境界。

中国美学中关于"真"("自然")的思想和西方现当代哲学中关于"生活世界"的思想有相似和相通之处。

"生活世界"是现象学创始人胡塞尔晚年提出的一个概念。在胡塞尔之后,"生活世界"成为现象学思想家以及西方现当代许多思想家十分关注的一个概念。

胡塞尔提出的"生活世界"的概念是和西方传统哲学的所谓"真正的世界"的概念相对立的。西方传统哲学的所谓"真正的世界",按尼采的概括,有三种表现形态:一是柏拉图的"理念世界"(与现实世界相对立),二是基督教的彼岸世界(与世俗世界相对立),三是康德的"物自体"的世界(与现象世界相对立)。这三种形态的"真正的世界"的共同特点就在于它是永恒不变的。尼采认为这种永恒不变的"真正的世界","一方面否定感官、本能以及宇宙的生成变化,把实在虚无化,另一方面迷信概念、上帝,虚构一个静止不变的'真正的世界',把虚无实在化"[2],是理性的虚构的产物,是为了否定现实世界而编造出来的。胡塞尔提出"生活世界"的概念,就是为了跳出这个虚构的所谓"真正的世界"。

胡塞尔本人在不同时期对"生活世界"的解释并不完全相同。后来的学者对"生活世界"的解释也不完全相同。但从美学的角度看,在胡塞尔及后来学者(主要是海德格尔,也包括中国学者)对"生活世界"的解释中,最值得注意的有以下几点:

第一,生活世界不是抽象的概念世界,而是原初的经验世界,是与我们的生命活动直接相关的"现实具体的周围世界",是我们生活于其中的真正的实在。[3] 这是一个基本的世界,本原的世界,活的世界。

---

[1] 朱自清:《论逼真与如画》,见《朱自清古典文学论文集》上册,第119页,上海古籍出版社,1981。
[2] 周国平:《尼采与形而上学》,第29—30页,湖南教育出版社,1990。
[3] 胡塞尔:手稿《自然与精神》,F1, 32,第6页。转引自伊索·凯恩《论胡塞尔的"生活世界"》,载《文化与中国》第二辑,第332页,三联书店,1987。

第二，生活世界不是脱离人的死寂的物质世界，而是人与世界的"共在世界"，是"万物一体"的世界。这里的"人"是历史生成着的人。所以生活世界是一个历史的具体的世界。

第三，生活世界是人的生存活动本身，包含他们的期望、寄托、辛劳、智慧、痛苦等等。生活世界"从人类生存那里获得了人类命运的形态"。[1] 因而生活世界是一个活的世界，是一个充满了"意义"和"价值"的世界，是一个诗意的世界。[2] 这种"意义"和"价值"是生活世界本身具有的，是生活世界本身向人显现的，是要人去直接体验的。

第四，但是，由于人们习惯于用主客二分的思维模式看待世界，因而这个生活世界，这个本原的世界，往往被掩盖（遮蔽）了。为了揭示这个被遮蔽的真实世界，人们必须创造一个"意象世界"，[3] 这就是"美"，"美是作为无蔽的真理的一种现身方式"。[4]

由胡塞尔提出的、由海德格尔以及其他许多现当代思想家（包括中国的学者）阐发的这个"生活世界"的概念，与我们前面谈到的中国美学的"真"（"自然"）的概念是相通的。王夫之说的"显现真实"、"如所存而显之"，可以理解为，意象世界（美）照亮了这个最本原的"生活世界"。**这个"生活世界"，是有生命的世界，是人生活于其中的世界，是人与万物一体的世界，是充满了意味和情趣的世界。这是存在的本来面貌。**

意象世界是人的创造，同时又是存在（生活世界）本身的敞亮（去蔽）。一方面是人的创造，一方面是存在的敞亮，这两个方面是统一的。

司空图的《二十四诗品》有一句话："**妙造自然。**"荆浩的《笔法记》有一句话："**搜妙创真。**"这两句话都包含了一个思想：**通过人的创造，真实（自然）的本来面貌得到显现**。反过来就是说，要想显示真实（自然）

---

[1] 海德格尔：《艺术作品的本源》，见《海德格尔选集》上册，第262页，上海三联书店，1996。
[2] 胡塞尔提出"生活世界"的概念，一个重要原因，就是他认为笛卡尔、伽利略以来的西方实证科学和自然主义哲学忽视了、排除了人生的意义和价值的问题。他指出，实证科学排除了我们这个时代最紧迫的问题：" 即关于这整个的生存有意义无意义的问题。"（胡塞尔：《欧洲科学的危机与超越论的现象学》，第15—16页，商务印书馆，2001。）
[3] "基本的经验世界本来是一个充满了诗意的世界，一个活的世界，但这个世界却总是被'掩盖'着的，而且随着人类文明的进步，它的覆盖层也越来越厚，人们要作出很大的努力才能把这个基本的、生活的世界体会并揭示出来。""掩盖生活世界的基本方式是一种'自然'与'人'、'客体'与'主体'、'存在'与'思想'分立的方式。""为了展现那个基本的生活世界，人们必须塑造一个'意象的世界'来提醒人们，'揭开'那种'掩盖层'的工作本身成了一种'创造'。"（叶秀山：《美的哲学》，第61—63页，人民出版社，1991。）
[4] 海德格尔：《艺术作品的本源》，见《海德格尔选集》上册，第276页，上海三联书店，1996。

的本来面貌，必须通过人的创造。这是人的创造（意象世界）与"显现真实"的统一。

宗白华说，中国哲学的形上学是生命的体系，它要体验世界的意趣、意味和价值。他又说，中国的体系强调"象"，"象如日，创化万物，明朗万物！"[1]宗白华的这些话，特别是"象如日，创化万物，明朗万物"这句话，极其精辟。他的意思也是说，意象世界是人的创造，而正是这个意象世界照亮了一个充满生命的有情趣的世界，也就是照亮了世界的本来面貌（澄明、去蔽）。这是人的创造（意象世界）与"显现真实"的统一。

我们应该从这个意义上来理解王夫之的这段话：

> 两间之固有者，自然之华，因流动生变而成其绮丽。心目之所及，文情赴之，貌其本荣，如所存而显之，即以华奕照耀，动人无际矣。[2]

王夫之的意思也是说，意象世界是人的直接体验，是情景相融，是人的创造（"心目之所及，文情赴之"），同时，它就是存在的本来面貌的显现（"如所存而显之"），这就是美，这也就是美感（"华奕照耀，动人无际"）。王夫之这里说的"如所存而显之"这句话，很有现象学的味道。"如所存而显之"，这存在的本来面貌，就是中国美学说的"自然"、"真"（"两间之固有者，自然之华，因流动生变而成其绮丽"），也就是西方现代哲学说的最本原的、充满诗意的"生活世界"。

我们也应该从这个意义上来理解海德格尔的有名的论断："**美是作为无蔽的真理的一种现身方式。**"[3]"**美属于真理的自行发生。**"[4]海德格尔说的"真理"，并非是我们平常说的事物的本质、规律，并非是逻辑的"真"，也并非是尼采所反对的所谓"真正的世界"（柏拉图的"理念世界"或康德的"物自体"），而是历史的、具体的"生活世界"，是人与万物一体的最本原的世界，是存在的真，是存在的无遮蔽，即存在的本来面貌的敞亮，也就

---

[1] 宗白华：《形上学（中西哲学之比较）》，见《宗白华全集》第一卷，第631页、第629页、第628页，安徽教育出版社，1994。
[2] 王夫之：谢庄《北宅秘园》评语，《古诗评选》卷五。
[3] 海德格尔：《艺术作品的本源》，见《海德格尔选集》上册，第276页，上海三联书店，1996。
[4] 同上书，第302页。

是王夫之说的"如所存而显之"。海德格尔认为，在艺术作品（即我们说的意象世界）中，存在的本来面貌显现出来了，或者说被照亮了。我们可以说，海德格尔的这种思想和王夫之的"显现真实"的思想是相通的。

（二）超越与复归的统一

我们在前面说，生活世界乃是人的最基本的经验世界，是最本原的世界。在这个世界中，人与万物之间并无间隔，而是融为一体的。这个生活世界就是中国美学说的"真"，"自然"。这是一个生生不息、充满意味和情趣的"乐"的世界。**这就是人的精神家园。**

但是在世俗生活中，我们习惯于用主客二分的眼光看待世界，世界上的一切事物对于我们都是认识的对象或利用的对象。人与人之间，人与万物之间，就有了间隔。**人被局限在"自我"的有限的天地之中，有如关进了一个牢笼。**正如陆象山所说："宇宙不曾限隔人，人自限隔宇宙。"[1] 这样一来，人就如陶渊明所说的落入了"樊笼"、"尘网"，离开了或者说失去了自己的精神家园。日本哲学家阿部正雄说："**作为人就意味着是一个自我，作为自我就意味着与其自身及其世界的分离；而与其自身及其世界分离，则意味着处于不断的焦虑之中。这就是人类的困境。这一从根本上割裂主体与客体的自我，永远摇荡在万丈深渊里，找不到立足之处。**"[2] 张世英说："万物一体本是人生的家园，人本植根于万物一体之中。只是由于人执着于自我而不能超越自我，执着于当前在场的东西而不能超出其界限，人才不能投身于大全（无尽的整体）之中，从而丧失了自己的家园。"[3]

人失去了精神家园，人也就失去了自由。我们这里说的"自由"，不是我们在日常生活中说的"自由自在"、"随心所欲"的自由，不是社会政治生活中与制度法规、统一意志、习惯势力等等相对的自由，也不是哲学上所说的认识必然（规律）而获得的自由（在改造世界的实践中取得成功），而是精神领域的自由。人本来处于与世界万物的一体之中，人在精神上没有任何限隔，所以人是自由的。但是人由于长期处于主客二分的思维框架中，人被局限在"自我"的有限的空间中，人就失去了自由。

---

[1]《象山全集》，卷一。
[2] 阿部正雄：《禅与西方思想》，第11页，上海译文出版社，1989。
[3] 张世英：《哲学导论》，第337页，北京大学出版社，2002。

这样，寻找人的精神家园，追求自由，就成了人类历史上一代又一代哲学家、文学家、艺术家的共同的呼唤。庄子、陶渊明是如此，荷尔德林、海德格尔也是如此。闻一多说，庄子的思想和著作，乃是"眺望故乡"，是"客中思家的哀呼"，是"神圣的客愁"。[1] 陶渊明的诗："羁鸟恋旧林，池鱼思故渊。"[2] 这也是眺望故乡，思念故乡，要从"樊笼"中超脱出来，返归"自然"。西方哲学家、文学家特别近现代的很多思想家也都把寻找精神家园作为自己的主题。德国浪漫派诗人的先驱者荷尔德林在诗中问道："何处是人类／高深莫测的归宿？"[3] 他不断呼喊要"返回故园"。德国另一位浪漫派诗人诺瓦利斯说："哲学就是乡愁———一种回归家园的渴望。"[4]

返回人生家园的道路就是超越自我，超越自我与万物的分离，超越主客二分。美（意象世界）就是这种超越。美（意象世界）是情景合一，是对自我的有限性的超越，是对"物"的实体性的超越，是对主客二分的超越，因而照亮了一个本然的生活世界即回到万物一体的境域，这是对人生家园的复归，是对自由的复归。用海德格尔的说法，美（意象世界）"绽出"（"超出"）存在者以与世界整体合一。"绽出"就是"超越"。海德格尔说："超越存在者，进到世界中去"，"让人与存在者整体关联"，这就叫"自由"，而只有这样的"自由"才能让"存在者或事物按其本来面目"（"如其所是"，按其存在的样子）显示自身。[5] 海德格尔这里说的"自由"就是指从自我和个别存在者（个别事物）的束缚中解放出来而回到本原的生活世界，回到万物一体的境域，回到"存在者整体"（"世界整体"），也就是回到人类的精神家园。

总之，**美（意象世界）一方面是超越，是对"自我"的超越，是对"物"的实体性的超越，是对主客二分的超越，另一方面是复归，是回到存在的本然状态，是回到自然的境域，是回到人生的家园，因而也是回到人生的自由的境界。美是超越与复归的统一。**

---
[1] 闻一多：《古典新义·庄子》。
[2] 陶渊明：《归园田居》。
[3] 荷尔德林：《莱茵颂》。
[4] "Philosophy is actually homesickness——the urge to be everywhere at home." ——*Novalis* (Novalis, *Philosophical Writings*, State University of New York Press, p.135, 1997. [诺瓦利斯：《哲学文集》，第135页，纽约州立大学出版社，1997。]
[5] 转引自张世英《哲学导论》，第74—75页，北京大学出版社，2002。

（三）真、善、美的统一

真、善、美三者的统一问题，在哲学史和美学史上是很多人关注和讨论的问题。

在西方哲学史和美学史上，尽管也有人不赞同真、善、美三者统一的观点，但多数思想家都倾向于真、善、美三者是应该统一也是可以统一的。

在不赞同真、善、美三者可以统一的思想家中，最有代表性的是列夫·托尔斯泰。列夫·托尔斯泰认为，"'善'是我们生活中永久的、最高的目的"，"'美'只不过是使我们感到快适的东西"。"美"引起热情，而"善"克制热情。所以，"我们越是醉心于'美'，我们就和'善'离得越远"。至于"真"，"是事物的表达跟它的实质的符合"。"真"可以是达到"善"的手段，但是对一些不必要的东西的"真"的认识是和"善"不相调和的。"真"揭穿诈伪，这就破坏了"美"的主要条件——幻想。所以"真"的概念与"善"、"美"的概念并不符合。[1] 总之，列夫·托尔斯泰认为真、善、美三位一体的理论是不能成立的。

主张真、善、美三者统一的思想家很多，而且他们的立足点和论证往往很不相同。例如，苏格拉底主张美和善是统一的，它们都以功用为标准。一个适于使用的粪筐既是善的，也是美的，一个不适于使用的金盾既是恶的，也是丑的。[2] 亚里士多德也认为"美是一种善，其所以引起快感正因为它是善"。[3] 罗马的普洛丁是新柏拉图派的创始人，他主张真、善、美是统一的，而神是这一切的来源。[4] 17世纪意大利的缪越陀里也主张真、善、美的统一，他说上帝"把美印到真与善上面，以便大大加强我们心灵的自然的（求真求美的）倾向。"[5] 18世纪初英国的夏夫兹博里认为，美是和谐和比例合度，凡是和谐的和比例合度的，就是美的，同时也是真的和善的。

到了近代，如黑格尔，也主张美和真的统一。这种统一以真为基础。他说的"真"，是逻辑的"真"，即抽象的本质概念。黑格尔对美下的定义：

---

[1] 以上引自《西方美学家论美和美感》第261—262页。商务印书馆，1980。
[2] 同上书，第19页。
[3] 同上书，第41页。
[4] 同上书，第57—58页。
[5] 同上书，第90页。

"美是理念的感性显现。"理念就是"真"。所以宗白华批评他"欲以逻辑精神控制及网罗生命。无音乐性之意境"。[1] 张世英批评他"以真的意识抑制了美的意识,哲学变成了枯燥的概念体系"。[2]

在我们国内,从 20 世纪 50 年代美学讨论以来,很多学者也接触到真、善、美的统一的问题,而且多数人都主张真、善、美可以统一。但他们所说的"真",也都是逻辑的"真",即对客观事物的本质、规律的正确认识。如李泽厚五十年代对美下的定义:"美是包含着现实生活发展的本质、规律和理想而用感官可以直接感知的具体形象。"[3] 在这个定义中,"美"和"真"是统一的,而他说的"真",是指现实生活的本质、规律,也就是逻辑的"真"。到了 80 年代,李泽厚又把"美"定义为"真"(合规律性)和"善"(合目的性)的统一。他所说的真,依然是逻辑的"真"。

按照我们现在对"美"的理解,我们对"真"、"善"、"美"三者的统一就有了一个新的看法。我们所说的"美",是一个情景交融的意象世界。这个意象世界,照亮一个有意味、有情趣的生活世界(人生),这是存在的本来面貌,即中国人说的"自然"。这是"真",但它不是逻辑的"真",而是存在的"真"。这就是王夫之说的"显现真实","貌其本荣,如所存而显之"。这就是宗白华说的"象如日,创化万物,明朗万物"。这就是海德格尔说的存在的真理的现身。这是我们理解的"美"与"真"的统一。这个意象世界没有直接的功利的效用,所以它没有直接功利的"善"。但是,在美感中,当意象世界照亮我们这个有情趣、有意味的人生(存在的本来面貌)时,就会给予我们一种爱的体验,感恩的体验,它会激励我们去追求自身的高尚情操,激励我们去提升自身的人生境界。这是"美"与"善"的统一。当然这个"善"不是狭隘的、直接功利的"善",而是在精神领域提升人生境界的"善"。

这是我们理解的"真"、"善"、"美"的统一。**这个统一只能在审美活动中实现**。

当一个人的人生境界不断升华,达到审美境界(冯友兰称为"天地

---

[1] 宗白华:《形上学(中西哲学之比较)》,见《宗白华全集》第一卷,第586页,安徽教育出版社,1994。
[2] 张世英:《哲学导论》,第228页。
[3] 李泽厚:《关于当前美学问题的争论》,见《美学论集》,第98页,上海文艺出版社,1980。李泽厚在文中对他的"理想"的概念作了说明:理想"是指历史本身发展前进的必然客观动向"。

境界")这一最高层面时,那时他的人生境界,也就显现为"真"、"善"、"美"的统一。我们将在本书最后一章专门讨论人生境界的问题。

本 章 提 要

在古希腊,柏拉图提出"美本身"的问题,即美的本质的问题。从此西方学术界几千年来一直延续着对美的本质的探讨和争论。这种情况到了20世纪开始转变。美的本质的研究逐渐转变为审美活动的研究。从思维模式来说,主客二分的模式逐渐转变为天人合一(人—世界合一)的模式。最主要的代表人物是海德格尔。

在20世纪50年代我国学术界的美学大讨论中,对"美是什么"的问题形成了四派不同的观点。但无论哪一派,都是用主客二分的思维模式来分析审美活动。到80年代后期和90年代,学术界重新审视这场大讨论,很多学者开始试图跳出这个主客二分的认识论的框框。

不存在一种实体化的、外在于人的"美"。柳宗元提出的命题:"美不自美,因人而彰。"美不能离开人的审美活动。美是照亮,美是创造,美是生成。

不存在一种实体化的、纯粹主观的"美"。马祖道一提出的命题:"心不自心,因色故有。"张璪提出的命题:"外师造化,中得心源。""心"是照亮美的光源。这个"心"不是实体性的,而是最空灵的,正是在这个空灵的"心"上,宇宙万化如其本然地得到显现和敞亮。

美在意象。朱光潜说:"美感的世界纯粹是意象世界。"宗白华说:"主观的生命情调与客观的自然景象交融互渗,成就一个鸢飞鱼跃,活泼玲珑,渊然而深的灵境。"这就是美。

美(意象世界)不是一种物理的实在,也不是一个抽象的理念世界,而是一个完整的、充满意蕴、充满情趣的感性世界。这就是中国美学所说的情景相融的世界。这也就是杜夫海纳说的"灿烂的感性"。

美(意象世界)不是一个既成的、实体化的存在,而是在审美活动的过程中生成的。审美意象只能存在于审美活动之中。这就是美与美感的同一。

美(广义的美)的对立面就是一切遏止或消解审美意象的生成(情景契合、物我交融)的东西,王国维称之为"眩惑",李斯托威尔称之为"审美上的冷淡",即"那种太单调、太平常、太陈腐或者太令人厌恶的东西"。

美(意象世界)显现一个真实的世界,即人与万物一体的生活世界。这就是王夫之说的"如所存而显之"、"显现真实"。这就是"美"与"真"的统一。这里说的"真"不是逻辑的"真",不是柏拉图的"理念"或康德的"物自体",而是存在的"真",就是胡塞尔说的"生活世界",也就是中国美学说的"自然"。

由于人们习惯于用主客二分的思维模式看待世界,所以生活世界这个本原的世界被遮蔽了。为了揭示这个真实的世界,人们必须创造一个"意象世界"。意象世界是人的创造,同时又是存在(生活世界)本身的敞亮(去蔽),这两方面是统一的。司空图说:"妙造自然。"荆浩说:"搜妙创真。"宗白华说:"象如日,创化万物,明朗万物!"这些话都是说,意象世界是人的创造,而正是这个意象世界照亮了生活世界的本来面貌(真、自然)。这是人的创造(意象世界)与"显现真实"的统一。

生活世界是人与万物融为一体的世界,是充满意味和情趣的世界。这是人的精神家园。但由于人被局限在"自我"的有限天地中,人就失去了精神家园,同时也就失去了自由。美(意象世界)是对"自我"的有限性的超越,是对"物"的实体性的超越,是对主客二分的超越,从而回到本然的生活世界,回到万物一体的境域,也就是回到人的精神家园,回到人生的自由的境界。所以美是超越与复归的统一。

扫一扫,
进入第一章习题

单选题

简答题

思考题

填空题

第二章　美感的分析

前面一章我们讨论了"美是什么"。照我们的论述，美是审美意象，而审美意象只能存在于审美活动中。审美活动是美与美感的同一。这一章我们讨论美感。审美意象（美）是从审美对象方面来表述审美活动，而美感是从审美主体方面来表述审美活动。

"美感"这个概念的内涵，在美学书中也常常用其他一些概念来表述，如"审美经验"、"审美感受"、"审美意识"、"审美情感"、"审美愉悦"等等。这些概念各有不同的侧重，也各有自己的局限。我们在本书中还是采用大家用得比较习惯的"美感"这个概念。

在中国传统美学中有一个"感兴"的概念，我们认为它比较准确地表达了"美感"的内涵。所以在本书中我们有时也把"感兴"作为"美感"的同义语来使用。[1]

一、美感是体验

（一）美感不是认识

过去在很长一段时间内，我们国内美学界讨论美学理论问题，都把审美活动看作是一种认识活动，因而都用主客二分的思维模式来对它进行研究。50年代的美学大讨论中出现了几派不同的主张，有的主张美是客观的，有的主张美是主观的，有的主张美是主客观的统一，但是无论哪一派主张，都是采取主客二分的思维模式，即便是主张主客观统一的那一派，他们的"统一"也是在主客二分的基础上达到的统一。

主客二分的思维模式是认识论的模式，但美感并不是认识。"主客关系

---

[1] "感兴"或"兴感"的概念，在魏晋南北朝就已出现。"感"的基本含义有两层，一是对外物的感知，所谓"格也，触也"。二是心有所动，所谓"感者，动人心也"。"感"与"撼"通。"感"就是一种不必以理解为中介的由形、色、声、温、力而引发的直接的感动。"兴"的本义是原始人的一种发抒行为，以及这种行为带来的精神悦乐，所谓"兴，起也"，"举也"，"动也"，"悦也"。同时，"兴"又是对这种正在感动的主体的自我体验，即所谓"感发志意"，"感动奋发"，"兴怀"。"感"、"兴"两个字连在一起组成一个概念，是对审美活动的一种很好的描述。（参看叶朗主编《现代美学体系》，第169—170页，北京大学出版社，1988。）

式就是叫人（主体）认识外在的对象（客体）'是什么'。可是大家都知道，审美意识根本不管什么外在于人的对象，根本不是认识，因此，它也根本不问对方'是什么'。实际上，审美意识是人与世界的交融，用中国哲学的术语来说，就是'天人合一'，这里的'天'指的是世界万物。人与世界万物的交融或天人合一不同于主体与客体的统一之处在于，它不是两个独立实体之间的认识论上的关系，而是从存在论上来说，双方一向就是合而为一的关系，就像王阳明说的，无人心则无天地万物，无天地万物则无人心，人心与天地万物'一气流通'，融为一体，不可'间隔'，这个不可间隔的'一体'是唯一真实的。我看山间花，则此花颜色一时明白起来，这'一时明白起来'的'此花颜色'，既有人也有天，二者不可须臾'间隔'，不可须臾分离。"[1]

张世英指出，在西方哲学史上，关于人与世界万物的关系的看法，主要有两种。一种是把世界万物看成是与人处于彼此外在的关系之中，并且以我为主体，以他人他物为客体，主体凭着认识事物（客体）的本质、规律性以征服客体，使客体为我所用，从而达到主体与客体统一。这种关系叫做"主客关系"，又叫"主客二分"，用一个公式来表达，就是"主体—客体"结构。其特征是：1. 外在性。人与世界万物的关系是外在的。2. 对象性。世界万物处于被认识和被征服的对象的地位。3. 认识桥梁型。也就是通过认识而在彼此外在的主体和客体之间搭起一座桥梁，以建立主体客体的对立统一。关于人与世界万物的关系的另一种看法是把二者看作血肉相连的关系，没有世界则没有人，没有人则世界万物是没有意义的。用美国当代哲学家梯利希的话说就是"没有世界的自我是空的，没有自我的世界是死的"。这种关系是人与世界万物融合的关系，用一个公式表示就是"人—世界"的结构（不同于"主体—客体"的结构）。这种关系也就是海德格尔说的"此在"与"世界"的关系。"此在"是"澄明"，是世界万物之"展示口"。这种关系也就是王阳明说的"天地万物与人原本是一体，其发窍之最精处是人心一点灵明"。这种关系可以借用中国哲学中的"天人合一"的命题来表达。这种关系的特征是：1. 内在性。人与世界万物的关系是内在的。人是一个寓于世界万物之中、融于世界万物之中的有"灵明"

---

[1] 张世英：《哲学导论》，第121—122页，北京大学出版社，2002。

的聚焦点，世界因人的"灵明"而成为有意义的世界。2. 非对象性。人与物的关系不是对象性的关系，而是共处和互动的关系。人是万物的灵魂，但不等于认定人是主体，物是被认识、被征服的客体。3. 人与天地万物相通相融。人不仅仅作为有认识（知）的存在物，而且作为有情、有意、有本能、有下意识等等在内的存在物而与世界万物构成一个有机的整体，这个整体是具体的人生活于其中的世界（生活不仅包括认识和生产斗争、阶级斗争的实践，而且包括人的各种有情感、有本能等等的日常生活中的活动，也是一种广义的实践），就是胡塞尔所说的"生活世界"。这个"生活世界"是人与万物相通相融的现实生活的整体，这个整体（哈贝马斯称为**"具体生活的非对象性的整体"**）不同于主客关系中通过认识桥梁以建立起来的统一体或整体，那是把客体作为对象来把握的整体（哈贝马斯称为**"认识或理论的对象化把握的整体"**）。[1]

按照海德格尔的看法，人生在世，首先是同世界万物打交道，对世界万物有所作为，世界万物不是首先作为外在于人的现成的东西而被人认识。人在认识世界万物之先，早已与世界万物融合在一起，早已沉浸在他所生活的世界万物之中。人（"此在"）与"世界"融合为一的关系是第一位的，而人作为认识主体、世界作为被认识的客体的"主体—客体"的关系是第二位的，是在前一种关系的基础上产生的。[2]

现在回到我们所讨论的审美活动。美学界过去把审美活动看作是认识活动，从而把审美活动纳入了"主体—客体"的结构模式。这种做法从根本上违背了审美活动的本性。认识活动，是人（主体）"通过思维，力图把握外物或实体的本质与规律，其所认识的，只能是'是什么'，主体不能通过思维从世界之内体验人与世界的交融状态，不能通过思维从世界之内体验人是'怎样是'（'怎样存在'）和怎样生活的。实际上，思维总是割裂世界的某一片断或某一事物与世界整体的联系，以考察这个片断或这个事物的本质和规律"[3]。这就是求得逻辑的"真"。逻辑的"真"会遮蔽存在的"真"。所以我们平常说真理（逻辑的"真"）总是相对的，思维总是带有不同程度的抽象性和片面性。人如果仅仅依靠思维，便只能达到逻辑的

---

[1] 以上见张世英《哲学导论》，第3—5页，北京大学出版社，2002。
[2] 同上书，第7页。
[3] 同上书，第24页。

"真",因而只能生活在不同程度的抽象性和片面性中。审美活动并不是要把握外物"是什么",并不是要把握外物的本质和规律,并不是要求得逻辑的"真"。审美活动是要通过体验来把握"生活世界"的活生生的整体。这个"生活世界"的整体,最根本的是人与世界的交融。

如果按照认识论的模式,郑板桥的竹子,八大山人的鸟,齐白石的虾,还有中国人喜欢的梅花、兰花、陶器、瓷器、假山、书法、篆刻艺术,你能从中认识到这些东西的什么本质和规律?

张世英在他的著作中也举了几个例子来说明这一点。如马致远的小令《秋思》:"枯藤老树昏鸦,小桥流水人家,古道西风瘦马,夕阳西下,断肠人在天涯。"如果按照"主客二分"的认识论的模式,把这首小令的内涵归结为"藤是枯的"、"树是老的"、"水是流动的"、"道是古老的"等等,岂不是太可笑了吗?这首小令的诗意在于通过美感的感性直接性表达了一种萧瑟悲凉的情境。藤之枯、树之老、鸦之昏、桥之小、道之古等等,根本不是什么独立于诗人之外的对象的性质,而是与漂泊天涯的过客的凄苦融合成了一个审美意象的整体,这整体也是一种直接性的东西,是一种直觉,但它是超越原始感性直接性和超越认识对象的直觉和直接性。再如李白《早发白帝城》:"朝辞白帝彩云间,千里江陵一日还。两岸猿声啼不住,轻舟已过万重山。"如果按主客二分的认识论模式,这首诗是描写三峡水流之急速和舟行之急速,那有什么诗意?这首诗是诗人借水流之急速表达自己含冤流放,遇赦归来,顺江而下的畅快心情。这里,水流之急速与心情之畅快,"一气流通",无有间隔,完全是一种天(急速之水流)人(畅快的心情)合一的境界,哪有什么主体与客体之别?哪有什么主体对客体的思维和认识?当然也无所谓主体通过思维、认识而达到主客的统一。[1]

张世英的例子说明,如果把美感(审美活动)变成认识活动,那就索然无味了,美感(审美活动)就不再是美感(引起审美愉悦)了。

我们还可以举一个欣赏油画作品的例子。美国学者詹姆斯·埃尔金斯写过一本《视觉品位——如何用你的眼睛》的著作,其中有一章题为《如何看油画》。如何看油画呢?埃尔金斯提议用一种不同于通常看画的方法去看画,就是不去看绘画的形式和意蕴,而是看油画表层上的裂缝,大多

---

[1] 以上见张世英:《哲学导论》,第123页、125页。

数古代大师的绘画作品的画面上都留下了细微的格子状的裂缝。他说：

> 裂缝可以说明许多东西，如作品是何时所画，作品的制作材料是什么，以及这些材料又是如何处理的。如果一幅画相当古老，那么就有可能掉下过几次，或者至少是被碰撞过的，而其未被善待的痕迹可以在画的裂缝中辨认出来。只要画一搬动，就存在着被船运的板条箱、其他画作的边角或某个人的肘部捅一下的可能性。在画布背面这么轻轻一碰就会在画布正面上造成一个小小的螺旋状的或微型靶心状的裂缝。如果画作的背面被什么东西刮擦了，那么画正面的裂缝宛如雷电闪击那样集中在刮擦的地方。
>
> 在博物馆的参观者中，很少会有人意识到有多少绘画曾严重受损并无从觉察地被修复过。颜料的微粒会从画面上掉下来，同时绘画也常常因为火烧、水淹、人为的破坏以及仅仅就是数百年的岁月磨难而受损。修复者尤其擅长于替补甚至是很大一块丢失的颜料，而博物馆通常又不公布画作曾有修复的事实。注视裂缝，你就能分辨出什么是修复者替补上去的，因为新的色块上是不会有裂缝的。[1]

埃尔金斯介绍了一位油画修复专家提出的观察裂缝的要点，如：裂缝是否有一种显露的方向？裂缝是平直的还是锯齿状的？裂缝围成独立色块是方形的还是其他形状？独立色块是大的还是小的？等等。他认为，按这些要点来观察裂缝，就有助于确定作品的年代、作品的制作材料以及这些材料是如何处理的。

这位埃尔金斯向我们介绍的这种"看"油画的方法，显然是属于主客二分的科学认识的模式，它力图认识外在的对象"是什么"，也就是力图求得逻辑的"真"。这种"看"，并不是审美的"看"，因为它不能生成一个情景交融的意象世界，即一个完整的、充满意蕴的感性世界，不能使人感受到审美的情趣。这种"看"，对于博物馆工作者、文物工作者、油画修复专家等等人士是有用的，甚至是可以使他们入迷的，但对于广大观众来说，是乏味的，没有意义的。

埃尔金斯的这个例子说明，即使在你面前的是一件艺术作品，如果你

---

[1] 詹姆斯·埃尔金斯：《视觉品位》，第29—30页，三联书店，2006。

17 世纪荷兰的布上油画上的裂缝形状

采用科学认识的眼光（主客二分的眼光）去看它，那你进行的也还是认识活动，而不是审美活动（美感活动）。

（二）美感是体验

美感不是认识，而是体验。

根据伽达默尔的研究，"体验"这个概念是 19 世纪 70 年代由狄尔泰加以概念化的。"体验"的德语原文（Erlebnis）是"经历"（Erleben）的再构造，而"经历"又是生命、生存、生活（leben）的动词化。因此，"体验"是一种跟生命、生存、生活密切关联的经历，"生命就是在体验中所表现的东西"，"生命就是我们所要返归的本源"[1]。同时，"体验"是一种直接性，"所有被经历的东西都是自我经历物，而且一同组成该经历物的意义，即所有被经历的东西都属于这个自我的统一体，因而包含了一种不可调换、不可替代的与这个生命整体的关联"[2]。"体验"又是一种整体性，"如果某物被称之为体验，或者作为一种体验被评价，那么该物通过它的意

---

[1] 伽达默尔：《真理与方法》上卷，第 77—90 页，上海译文出版社，1999。
[2] 同上书，第 85—86 页。

义而被聚集成一个统一的意义整体","这个统一体不再包含陌生性的、对象性的和需要解释的东西","这就是体验统一体,这种统一体本身就是意义统一体"。[1] 这种体验统一体,在胡塞尔那里,就被理解为一种意向关系(我们在上一章谈到现象学的意向性理论),"只有在体验中有某种东西被经历和被意指,否则就没有体验"。[2]

那么,美感和这种"体验"是什么关系呢?伽达默尔的回答是:"审美经验不仅是一种与其他体验相并列的体验,而且代表了一般体验的本质类型。"[3] 他认为,在审美体验中存在着一种"意义丰满",这种意义丰满"代表了生命的意义整体"。他说:"一种审美体验总是包含着某个无限整体的经验。"[4]

伽达默尔对于"体验"概念的论述对我们很有启发。我们可以以此为起点,参照王夫之关于"现量"的论述,对美感作为体验的性质作简要的分析。

王夫之从印度因明学中引进"现量"的概念,用来说明美感(审美活动)的性质。我们先看王夫之对"现量"的说明:

"现量","现"者有"现在"义,有"现成"义,有"显现真实"义。"现在",不缘过去作影;"现成",一触即觉,不假思量计较;"显现真实",乃彼之体性本自如此,显现无疑,不参虚妄。……"比量","比"者以种种事比度种种理:以相似比同,如以牛比兔,同是兽类;或以不相似比异,如以牛有角比兔无角,遂得确信。此量于理无谬,而本等实相原不待比,此纯以意计分别而生。……"非量",情有理无之妄想,执为我所,坚自印持,遂觉有此一量,若可凭可证。[5]

我们再看"现量"的这三层含义如何在美感活动中体现。先说"现在"。

"现在",就是当下的直接的感兴,不需要借助过去的知识或逻辑的分析演绎作为"中介"。

---

[1] 伽达默尔:《真理与方法》,第83—84页。
[2] 同上书,第84页。
[3] 同上书,第89页。
[4] 同上书,第90页。
[5] 王夫之:《相宗络索·三量》,《船山全书》第十三册。

当下的直接的感兴，就是亲身的直接的经历，也就是伽达默尔说的，"体验"一词最早就是从与生命、生活紧密联系的"经历"一词转化来的，因此，"体验"是自我生命整体的经历。王夫之一再强调："身之所历，目之所见，是铁门限。"[1] 他总是把"心"、"目"并提，因为"心"、"目"是亲身直接经历的要素。王夫之这类话很多，如："心目之所及，文情赴之"[2]，"只于心目相取处得景得句"[3]，"与心目不相暌离"[4]，"心中目中与相融洽"[5]，"击目经心"[6]，等等。**"身之所历，目之所见"，"心目之所及"，这是体验的最原始的含义，就是当下的直接的感兴，就是"现在"**。[7]

王夫之强调美感的直接性，显然受到禅宗的影响。

禅宗强调当下直接的体验，强调刹那片刻的真实。《坛经》说："西方刹那间，目前便见"。石头希迁强调"触目会道"。[8] 临济义玄说："有心解者，不离目前。"[9] 石霜禅师说："无边刹境，自他不隔于毫端；十世古今，始终不离于当念。"[10] 有僧问兴善惟宽禅师："道在何处？"惟宽说："只在目前。"[11]

禅宗的"庭前柏树子"的故事最能说明这种强调直接性的思想。《五灯会元》记载：

> 问："如何是祖师西来意？"师曰："庭前柏树子！"曰："和尚莫将境示人？"师曰："我不将境示人。"曰："如何是祖师西来意？"师曰："庭前柏树子。"[12]

---

[1] 王夫之：《姜斋诗话》卷二。
[2] 谢庄《北宅秘园》评语，《古诗评选》卷五。
[3] 张子容《泛永嘉江日暮回舟》评语，《唐诗评选》卷三。
[4] 宋孝武帝《济曲阿后湖》评语，《古诗评选》卷五。
[5] 王夫之：《姜斋诗话》。
[6] 谢灵运《登上戍石鼓山诗》评语，《古诗评选》卷五。
[7] 魏晋南北朝的钟嵘也强调这种美感的直接性，他称之为"直寻"："'思君如流水'，既是即目，'高台多悲风'，亦惟所见，'清晨登陇首'，羌无故实，'明月照积雪'，讵出经史？观古今胜语，多非补假，皆由直寻。"
[8] "触目不会道，运足焉知路？"见《五灯会元》上册（卷五），第255页，中华书局，1984。
[9] 《临济慧照禅师语录》，《大正藏》17册。
[10] 《古尊宿语录》卷十一，第179页，中华书局，1994。
[11] 普济：《五灯会元》上册（卷三），第166页，中华书局，1984。
[12] 普济：《五灯会元》上册（卷四），第202页，中华书局，1984。

对这个故事的含义,一般的理解是否定逻辑的至上性,即是说,佛法大道是不可问、不可说的,也就是超逻辑的。这样理解没有错。但是还应该有更深一层的理解。更深一层的理解就是:佛法大道就在当下眼前的这个世界。也就是说,当下眼前的这个世界,就是最真实的世界,就是"意义统一体"。"庭前柏树子"的意义,不在于它是某个抽象理念(本质)的显现,不在于它是某个抽象理念的比喻,也不在于它是某一类事物的典型(代表),而就在"庭前柏树子"本身,就在"庭前柏树子"本身显现的感性世界,它的意义就在它本身,而不在它之外。

美感就是如此。**美感是"现在"**。美不是抽象的逻辑概念(柏拉图、黑格尔的理念世界),美也不是某一类事物的完美典型(代表),美就是"庭前柏树子",也就是当下的直接感兴所显现的世界。

这里有一个问题:"现在"是"瞬间","瞬间"的感知如何能有一个意义丰满的完整的世界?

对此,王夫之有一段话提供了解答:

> 有已往者焉,流之源也,而谓之曰过去,不知其未尝去也。有将来者焉,流之归也,而谓之曰未来,不知其必来也。其当前而谓之现在者,为之名曰刹那;谓如断一丝之顷。不知通已往将来之在念中者,皆其现在,而非仅刹那也。[1]

王夫之的意思是说,已往并未过去,而将来则必定要来,已往、将来都在念中,都是"现在",所以"刹那"并没有中断历史,它依然可以显现一个完整的世界。正如王夫之在另一处所说:"就当境一直写出,而远近正旁情无不届。"[2]

胡塞尔关于"现象学时间"的论述,可以看作是对王夫之上述论断的一种说明。

张祥龙在介绍胡塞尔"现象学时间"的思想时说:"绝对不可能有一个孤立的'现在',因而也就不可能有传统的现象观所讲的那种孤立的'印象';任何'现在'必然有一个'预持'(前伸)或'在前的边缘域',以

---

[1] 王夫之:《尚书引义》卷五,《船山全书》第二册,第389—390页。
[2] 杜甫《初月》评语,《唐诗评选》卷三。

及一个'保持'（重伸）或'在后的边缘域'。它们的交织构成具体的时刻。"[1] 这样，意向性行为就有了一种潜在的连续性、多维性和熔贯性，成为一道连续构成着的湍流。所以胡塞尔说："直观超出了纯粹的现在点，即：它能够意向地在新的现在中确定已经不是现在存在着的东西，并且以明证的被给予性的方式确认一截过去。"[2]

张世英在论述海德格尔关于瞬间（时间）的"超出"的特性时所说的一段话，也可以看作是对王夫之上述论断的一种说明。

张世英说："时间距离小至于零，实际上就是瞬间。历史的变迁和消逝的特性，其最根本的、最明显的表现在于瞬间。人生活于历史中，也就是生活于瞬间中。瞬间实际上没有'间'，它既是背向过去，也是面向未来，它丝毫不带任何一点停滞于在场者的性格，而是变动不居、生生不息的，它的惟一特性就是'超出'（Standing out, ecstasy）。"[3] "超出"或"超出自身"是瞬间的特性即时间的特性，这是海德格尔的说法。张世英接着说："在'超出自身'中，在场与不在场、自身与非自身、内和外的界限被打破了、跨越了，事物间的非连续性（包括历史的非连续性，古与今的界限，过去、现在、未来之间的界限）被超越了。世界、历史由此形成了一个由在场者与无穷无尽的不在场者相结合的无底深渊，或者说，形成了一个无尽的、活生生的整体。"[4] 张世英认为，**正是由于时间总是超出自身的，人才能超出自身而融身于世界。也正因为这样，人生才有了丰富的意义和价值，而不致成为过眼云烟。**

因此，审美体验的"现在"的特性，不仅有瞬间（刹那）性和非连续性，而且有连续性和历史性。**在审美体验中，可以有一种"直接熔贯性"[5]，可以存在一种"意义的丰满"**，或如伽达默尔所说："一种审美体验总是包含着某个无限整体的经验"。所以审美体验的"现在"的特性，包含有瞬间无限、瞬间永恒的含义。朱光潜说："在观赏的一刹那中，观赏者的意识只被一个完整而单纯的意象占住，微尘对于他便是大千；他忘记时

---

[1] 张祥龙：《当代西方哲学笔记》，第193页，北京大学出版社，2005。
[2] 胡塞尔：《现象学的观念》，第56—57页，上海译文出版社，1986。
[3] 张世英：《哲学导论》，第336页，北京大学出版社，2002。
[4] 同上。
[5] 张祥龙：《当代西方哲学笔记》，第192页，北京大学出版社，2005。

光的飞驰,刹那对于他便是终古。"[1] 宗白华认为审美的人生态度就是"把玩'现在',在刹那的现量的生活里求极量的丰富和充实",如王子猷暂寄人空宅住,也马上令人种竹,申言"何可一日无此君"。[2] 马丁·布伯曾指出,**当人局限在主客二分的框框中,主体("我")只有过去而没有现在**。他说:"当人沉湎于他所经验所利用的物之时,他其实生活在过去里。在他的时间中没有现时。除了对象,他一无所有,而对象滞留于已逝时光。"他指出,"现在"是当下,但又是永恒:"现时非为转瞬即逝、一掠而过的时辰,它是当下,是常驻;对象非为持续连绵,它是静止、迟滞、中断、僵死、凝固、关系匮乏、现时丧失。"他说:"**本真的存在伫立在现时中,对象的存在蜷缩在过去里**。"[3] 这就是说,**只有超越主客二分,才有"现在",而只有"现在",才能照亮本真的存在**。这是极其深刻的思想。

王蒙在谈到小说艺术中瞬间即永恒的魅力时,举了《红楼梦》中两个例子。一个例子是《红楼梦》第十九回。一个中午,宝玉找黛玉聊天,他们躺在一张床上,宝玉有一搭没一搭的说些鬼话,黛玉用手帕子盖上脸,只是不理。宝玉怕她睡出病来,便哄她道:"嗳哟,你们扬州衙门里有一件大故事,你可知道?"黛玉见他说的郑重,只当是真事,因问:"什么事?"宝玉就顺口诌道,扬州有一座黛山,山上有个林子洞,洞里有一群耗子精,那一年腊月初七,因为要熬腊八粥,老耗子就派小耗子去山下庙里偷果品。红枣、栗子、落花生、菱角都派人去偷了,只剩下香芋一种。只见一个极小极弱的小耗子道:"我愿去偷香芋。"老耗子并众耗子见他体弱,不准他去。小耗道:"我虽年小身弱,却机谋深远。我只摇身一变,也变成一个香芋,滚在香芋堆里,暗暗的用分身法搬运,岂不巧妙?"众耗子道:"你先变个我们瞧瞧。"小耗子笑道:"这个不难,等我变来。"说完摇身说"变",竟变了一个最标致美貌的小姐。众耗子忙笑道:"变错了,变错了。原说变果子的,如何变出小姐来?"小耗子现形笑道:"我说你们没见过世面,只认得这果子是香芋,却不知盐课林老爷的小姐才是真正的香玉呢。"黛玉听了,翻身爬起来,按着宝玉笑道:"我把你烂了嘴的!我就知道你是编我呢。"这一回题目叫做"意绵绵静日玉生香"。还有是第

---

[1] 朱光潜:《文艺心理学》,《朱光潜美学文集》,第一卷,第17页,上海文艺出版社,1982。
[2] 宗白华:《论〈世说新语〉和晋人的美》,见《艺境》,第136页,北京大学出版社,1987。
[3] 马丁·布伯:《我与你》,第28页,三联书店,1986。

六十三回，写怡红院"群芳开夜宴"。大观园的少女们聚在怡红院内为宝玉做寿，等查夜的过去了，她们把院门一关，喝酒，行酒令，唱小曲，最后横七竖八睡了一地。第二天袭人说："昨儿都好上了，晴雯连膁也忘了，我记得她还唱了一个。"四儿笑道："姐姐忘了，连姐姐还唱了一个呢。在席的谁没唱过！"众人听了，都红了脸，用两手握着笑个不住。《红楼梦》的这两段都写出了一个春天的世界，一个美的世界。王蒙说："当宝玉和黛玉在一个晌午躺在同一个床上说笑话逗趣的时候，这个中午是实在的、温煦的、带着各种感人的色香味的和具体的，而作为小说艺术，**这个中午是永远鲜活永远不会消逝因而是永恒的**。当众女孩子聚集在怡红院深夜饮酒作乐为'怡红公子'庆寿的时候，……**这是一个千金难买、永不再现的、永远生动的瞬间，这是永恒与瞬间的统一**，这是艺术魅力的一个组成部分。"[1] 王蒙是从小说艺术的角度说的；从我们这里谈的审美体验的角度来看，《红楼梦》这两段描写说明，**审美体验就是"现在"，"现在"是最真实的，"现在"照亮本真的存在，"现在"有一种"意义的丰满"**，用王蒙的话说就是**"千金难买"、"永远鲜活、永远不会消逝因而是永恒的"**。"现在"是瞬间，"现在"又是永恒。

下面我们说"现成"。

"现成"就是指通过直觉而生成一个充满意蕴的完整的世界。[2]

审美直觉是刹那间的感受，它关注的是事物的感性形式的存在，它在对客体外观的感性观照的即刻，迅速地领悟到某种内在的意蕴。审美直觉不依赖抽象概念，它的最终成果也不以概念的形式加以表述。这就是王夫之说的"一触即觉，不假思量计较"。美感的直觉性也就是美感的超逻辑、超理性的性质。王夫之强调，审美活动通过体验来把握事物（生活）的活生生的整体。它不是片面的、抽象的（真理），不是"比量"，而是"现量"，是"显现真实"，是存在的"真"。他指出："'比量'，'比'者以种种事比度种种理：以相似比同，如以牛比兔，同是兽类；或以不相似比异，如以牛有角比兔无角，遂得确信。此量于理无谬，而本等实相原不待比，此纯以意计分别而生。""比量"是逻辑思维活动的结果，是逻辑的

---

[1] 王蒙：《红楼启示录》，第302页，三联书店，1991。
[2] 我们平常用"现成"这个概念往往是指一个东西已摆在你面前，用不着再去生产和创造。也就是和"生成"相反的概念。这和王夫之在这里说的"现成"是涵义不同的概念，要加以区分。

"真"("于理无缪"),它用人的概念、语言把一个完整的存在加以分割(所谓"纯以意计分别而生"),因而不能显现事物(世界)的"本等实相",不能"如所存而显之";而美感创造(意象世界)是"现量",是超逻辑的直觉活动的结果("一触即觉,不假思量计较"),它显现事物(世界)本来的体性,是存在的"真"。宗白华说,"象"是要依靠"直感直观之力",直接欣赏、体味世界的意味。又说,"象"是自足的、完形的、无待的、超关系的,是一个完备的全体。[1] 王夫之和宗白华都强调审美直觉的整体性。这种整体性不同于逻辑思维的普遍规律。卡西尔说:"在科学中,我们力图把各种现象追溯到它们的终极因,追溯到它们的一般规律和原理。在艺术中,我们专注于现象的直接外观,并且最充分地欣赏着这种外观的全部丰富性和多样性。"[2] 这个特征使得审美直觉不仅区别于逻辑思维,而且区别于科学直觉。因为科学直觉总是要指向一般规律,因而不能摆脱抽象概念。[3]

审美直觉之所以能显现事物(生活)的活生生的整体,是因为它不仅包括感知,而且包括想象。

对想象有两种理解。一种是指在意识中对一物的原本的摹仿或影像。这是旧形而上学的观点。一种是指把出场的东西和未出场的东西综合为一个整体的能力,这是从康德开始提出的观点,后来胡塞尔、海德格尔又做了发展。康德说:"想象是在直观中再现一个本身并未出场的对象的能力。"[4] 胡塞尔认为,即使是一个简单的东西(thing),也要靠想象才能成为一个"东西"。例如一颗骰子,单凭知觉所得到的在场者,只是一个无厚度的平面,不能算作一个"东西",我们之所以能在知觉到一个平面的同时就认为它是一颗立体的骰子,是一个有厚度的东西,乃是因为我们把未出场的其他方方面面通过想象与知觉中出现的在场者综合为一个"共时性"("同时")和整体的结果。如果要把骰子之为骰子的内涵尽量广泛地包括进来,则我们在知觉到骰子当场出场的一个平面时,还同时会想象到赌博、倾家荡产、社会风气、制造骰子的材料象牙、大象……等等一系列未出场

---

[1] 宗白华:《形上学(中西哲学之比较)》,见《宗白华全集》第一卷,第627、628页,安徽教育出版社,1994。
[2] 卡西尔:《人论》,第215页。
[3] 正因为审美直觉是不依赖于概念的,所以我们在本书中没有使用流行已久的"形象思维"一词,因为在严格意义上,凡思维都必须运用抽象概念。
[4] 转引自张世英《哲学导论》,第48页,北京大学出版社,2002。

的东西，正是这无穷多隐蔽在出场者背后的东西与出场者之间的复杂关联构成骰子这个"东西"。骰子这个小小的"东西"之整体是如此，世界万物之整体也是如此。[1]

以上两种对想象的理解，前一种是再生性的（reproduktiv，再造的），后一种是原生性的（produktiv，生产的）。[2] 审美直觉所包含的想象，是后面这种，即原生性的想象，而不是前面那种，即再生性的想象。这种想象是可以在瞬间完成的。**陆机《文赋》中"观古今于须臾，抚四海于一瞬"这两句话就是说的想象的瞬间性**。所以这种想象与瞬间的直觉是不矛盾的。

正因为审美直觉包含这种想象，所以审美体验才能提供一个活生生的整体，即一个完整的世界。[3]

正因为审美直觉包含这种想象，所以审美体验才能有一种意义的丰满。

张世英对此有一个说明："我们如果要说明一个存在物，要显示一个存在物的内涵和意蕴，或者说，要让一个存在物得到'敞亮'（'去蔽'）、'澄明'，就必须把它放回到它所'隐蔽'于其中的不可穷尽性之中，正是这不可穷尽的东西之'集合'才使得一个存在物得到说明，得以'敞亮'。'敞亮'（'去蔽'）与'隐蔽'之所以能同时发生，关键在于想象。"[4]

审美体验这种包含着想象的直觉，所得到的不是抽象的概念的王国，而是一个活生生的完整的、充满意蕴的生活世界，即最真实的世界。这就是王夫之说的"现成"。

最后我们说"显现真实"。

王夫之把"现量"的"现"字的最后一层含义规定为"显现真实"，这一点非常有现代意味。"显现"，就是王阳明说的"一时明白起来"，也就是海德格尔说的"去蔽"、"澄明"、"敞亮"。审美体验是"现量"，这意味着审美体验必然要创造一个意象世界，从而超越自我（海德格尔说的"绽出"），照亮一个本然的生活世界。这就是"显现真实"，也就是"美"与"真"的统一。这一层意思我们在上一章已有比较详细的论述，在这里不再

---

[1] 以上关于骰子的分析，引自张世英《哲学导论》，第49页，北京大学出版社，2002。
[2] 张祥龙：《当代西方哲学笔记》，第193页，北京大学出版社，2005。
[3] 所以杜夫海纳说："想象力首先是统一感性的能力。""想象力在统一的同时，使对象无限发展，使它扩大到一个世界的全部范围。""只有当想象力受到知觉所专心致志的一个迫切对象的吸引和带领时，这才有可能。"（杜夫海纳：《美学与哲学》，第67页，中国社会科学出版社，1985。）
[4] 张世英：《哲学导论》，第56页，北京大学出版社，2002。

重复。

以上我们依照王夫之所说的"现在"、"现成"、"显现真实"三层含义，对于审美体验的最基本的性质作了分析。**审美体验是与生命、与人生紧密相联的直接的经验，它是瞬间的直觉，在瞬间的直觉中创造一个意象世界（一个充满意蕴的完整的感性世界），从而显现（照亮）一个本然的生活世界。**

所以我们说，美感不是认识，而是体验。**美感（审美体验）是与人的生命和人生紧密相联的**，而认识则可以脱离人的生命和人生而孤立地把事物作为物质世界（对象世界）来研究。**美感（审美体验）是直接性（感性），是当下、直接的经验**，而认识则要尽快脱离直接性（感性），以便进入抽象的概念世界。**美感（审美体验）是瞬间的直觉，在直觉中得到的是一种整体性（世界万物的活生生的整体）**，而认识则是逻辑思维，在逻辑思维中把事物的整体进行了分割。**美感（审美体验）创造一个充满意蕴的感性世界（意象世界）**，"华奕照耀，动人无际"，这就是美，而认识则追求一个抽象的概念体系，那是灰色的，乏味的。

二、审美态度

在上一节我们说，美感不是认识。所以，一个人要想获得美感，必须从主客二分的思维模式中跳出来。这可以说是美感（审美活动）在主体方面的前提条件。

人生之初，都有一个原始的天人合一或不分主客的阶段，在这个阶段中，谈不上主体对客体的认识。随着岁月的增多，人逐渐有了自我意识，有了主体与客体的分别，因而也有了认识和知识。由于长期习惯于用主客关系的模式看待人和世界的关系，所以很多人在一般情况下往往都缺少诗意和美感。为了得到诗意和美感就必须超越主客关系的模式，为进入天人合一的审美境界准备条件。这种条件，在西方美学史上，叫做审美态度。在中国美学史上，叫做审美心胸。

朱光潜《谈美》的第一节就是谈审美态度。在这一节中，朱光潜举了一个很有名的例子，就是"我们对于一颗古松的三种态度"：

假如你是一位木商，我是一位植物学家，另外一位朋友是画家，三人同时来看这棵古松。我们三人可以说同时都"知觉"到这棵树，可是三人所"知觉"到的却是三种不同的东西。你脱离不了你的木商的心习，你所知觉到的只是一棵做某事用值几多钱的木料。我也脱离不了我的植物学家的心习，我所知觉到的只是一棵叶为针状、果为球状、四季常青的显花植物。我们的朋友——画家——什么事都不管，只管审美，他所知觉到的只是一棵苍翠劲拔的古树。我们三人的反应态度也不一致。你心里盘算它是宜于架屋或是制器，思量怎样去买它，砍它，运它。我把它归到某类某科里去，注意它和其他松树的异点，思量它何以活得这样老。我们的朋友却不这样东想西想，他只在聚精会神地观赏它的苍翠的颜色，它的盘屈如龙蛇的线纹以及它的昂然高举、不受屈挠的气概。[1]

朱光潜说，这个例子说明"有审美的眼光才能见到美"。"这颗古松对于我们的画画的朋友是美的，因为他去看它时就抱了美感的态度。你和我如果也想见到它的美，你须得把你那种木商的实用的态度丢开，我须得把植物学家的科学的态度丢开，专持美感的态度去看它。"[2]

朱光潜在这里强调，要有审美态度（审美眼光）才能见到美，而要有审美态度，必须抛弃实用的（功利的）态度和科学的（理性的、逻辑的）态度。实用的、功利的眼光使你只看到松树的实用价值以及和实用价值有关的性质，科学的、逻辑的眼光使你只看到松树在植物学上的性质，这两种眼光都遮蔽了松树的本来的美的面貌。

马克·吐温在1883年出版的《密西西比河上的生活》一书中也给我们提供了一个非常有趣的例子。马克·吐温谈到他对密西西比河的前后两种不同的感受。当他作为普通的旅客航行时，密西西比河日落的辉煌的景象使他酩酊大醉、狂喜不已："宽阔的江面变得血红；在中等距离的地方，红的

---

[1] 朱光潜：《谈美》，见《朱光潜美学文集》第一卷，第448—449页。
[2] 同上书，第449页。丹麦大批评家勃兰兑斯在他的《十九世纪文学主流》一书中曾有类似的论述，他说："我们观察一切事物，有三种方式——实际的、理论的和审美的。一个人若从实际的观点来看一座森林，他就要问这森林是否有益于这地区的健康，或是森林主人怎样计算薪材的价值；一个植物学家从理论的观点来看，便要进行有关植物生命的科学研究；一个人若是除了森林的外观没有别的思想，从唯美的或艺术的观点来看，就要问它作为风景的一部分其效果如何。"他接着说，奥斯瓦尔德（斯台尔夫人一部小说中的人物）缺乏这种审美的眼光，因为他的逻辑的能力和道德观念把他的眼睛对新鲜事物的敏感都剥夺了。(《十九世纪文学主流》第一卷，第161页，人民文学出版社，1958。) 朱光潜的话可能受到他的影响。

色调亮闪闪的变成了金色,一段原木孤零零地漂浮过来,黑黑的惹人注目;一条长长的斜影在水面上闪烁;另一处江面则被沸腾的、翻滚的漩涡所打破,就像闪耀着无数色彩的猫眼石一样;江面上红晕最弱的地方是一块平滑的水面,覆盖着雅致的圆圈和向四周发散的线条,像描绘得十分雅致的画卷;左边岸上是茂密的树林,从树林落下的阴森森的倒影被一条银光闪闪的长带划破;在像墙一样齐刷刷的树林上,伸出一根光秃的枯树干,它那唯一一根尚有树叶的枝桠在风中摇曳,放着光芒,像从太阳中流溢出来的畅通无阻的光辉中的一团火焰。优美的曲线、倒映的图像、长满树木的高地、柔和的远景;在整个景观中,从远到近,溶解的光线有规则地漂流着,每一个消失的片刻,都富有奇异的色彩。"[1] 但是当他成为汽船驾驶员后,这一切在他眼中都消失了。密西西比河对于他是一本教科书:"阳光意味着明天早上将遇上大风;漂浮的原木意味着河水上涨……;水面上的斜影提示一段陡立的暗礁,如果它还一直像那样伸展出来的话,某人的汽船将在某一天晚上被它摧毁;翻滚的'沸点'表明那里有一个毁灭性的障碍和改变了的水道;在那边的光滑水面上圆圈和线条是一个警告,那是一个正在变成危险的浅滩的棘手的地方;在树林的倒影上的银色带纹,是来自一个新的障碍的'碎灭',它将自己安置在能够捕获汽船的最好位置上;那株高高的仅有一根活树枝的枯树,将不会持续太长的时间,没有了这个友好的老路标,真不知道一个人在夜里究竟怎样才能通过这个盲区?"[2]

马克·吐温最初看密西西比河是用审美的眼光。后来驾驶员的职业训练使他采用了实用(功利)的眼光和科学(理性)的眼光。实用(功利)和科学(理性)是联系在一起的。你要使你驾驶的汽船安全行驶,你必须知道哪儿有暗礁,哪儿有浅滩,明天会不会起大风。这就要科学(理智)。科学(理智)的目标是为了认识真理(判断真伪)。这是逻辑的"真"。实用的眼光和理智的眼光排斥审美的眼光。功利的"善"和逻辑的"真"遮蔽存在的"美"。

瑞士心理学家布洛用"心理的距离"来解释这种审美态度。所谓"心

---

[1] Mark Twain, *Life on the Mississippi*, New York, Penguin, 1984, pp.94—96. 译文引自彭锋《完美的自然》,第31—32页,北京大学出版社,2005。
[2] 同上。

理的距离",就是指审美主体必须与实用功利拉开一定的距离。朱光潜在《文艺心理学》中对布洛的"心理的距离"的理论做了介绍。

朱光潜举海上遇雾的例子来说明布洛说的"心理的距离"。朱光潜说,乘船的人们在海上遇着大雾,是一件最不畅快的事。呼吸不灵便,路程被耽搁,使人心焦气闷。但是换了一个观点来看,海雾却是一种绝美的景致。"看这幅轻烟似的薄纱,笼罩着这平谧如镜的海水,许多远山和飞鸟被它盖上一层面网,都现出梦境的依稀隐约,它把天和海联成一气,你仿佛伸一只手就可握住在天上浮游的仙子。你的四围全是广阔、沉寂、秘奥和雄伟,你见不到人世的鸡犬和烟火,你究竟在人间还是在天上,也有些犹豫不易决定。这不是一种极愉快的经验么?"[1] 这就是布洛说的"心理的距离"。"距离"含有消极的和积极的两方面。就消极的方面说,它抛开实际的目的和需要;就积极的方面说,它着重形象的观赏。它把我和物的关系由实用的变为欣赏的。这就是叔本华说的**"丢开寻常看待事物的方法"**。用寻常看待事物的方法,看到的是事物的"常态",例如糖是甜的,屋子是居住的,等等,都是在实用经验中积累的。这种"常态"完全占住我们的意识,我们对于"常态"以外的形象便视而不见,听而不闻。经验(实用经验)日益丰富,视野也就日益窄隘。所以有人说,**我们对于某种事物见的次数愈多,所见到的也就愈少。但是我们一旦丢开这种"寻常看待事物的方法",即丢开从实用观点看待事物的方法,就能看到事物的不寻常的一面,"于是天天遇见的、素以为平淡无奇的东西,例如破墙角伸出来的一枝花,或是林间一片阴影,便陡然现出奇姿异彩,使我们惊讶它的美妙"**。[2] "这种陡然的发现常像一种'灵感'或'天启',其实不过是由于暂时脱开实用生活的约束,把事物摆在适当的'距离'之外去观赏罢了。"[3]

时间的距离和空间的距离也有助于产生美感,而时间的距离和空间的距离在实质上仍在于和实用拉开了距离。以空间距离为例。"我们在游历时最容易见出事物的美。东方人陡然站在西方的环境中,或是西方人陡然站在东方的环境中,都觉得面前事物光怪陆离,别有一种美妙的风味。这就

---

[1]《朱光潜美学文集》第一卷,第21页,上海文艺出版社,1982。
[2] 同上书,第23页。
[3] 同上。

因为那个新环境还没有变成实用的工具，一条街还没有使你一眼看到就想起银行在哪里，面包店在哪里；一颗不认得的树还没有使你知道它是结果的还是造屋的，所以你能够只观照它们的形象本身，这就是说，它们和你的欲念和希冀之中还存有一种适当的'距离'。"[1] 我们要注意，**这里说的心理的"距离"，只是说和实用功利拉开距离，并不是说和人的生活世界拉开距离。事实上，实用的功利的眼光往往遮蔽了人的生活世界的本来面目，而审美的眼光由于超越了实用的眼光，所以反而能照亮世界的本来面目。**朱光潜说："莫奈、凡·高诸大画家往往在一张椅子或是一只苹果中，表现出一个情趣深永的世界来。我们通常以为我们自己所见到的世界才是真实的，而艺术家所见到的仅为幻象。其实究竟哪一个是真实，哪一个是幻象呢？一条路还是自有本来面目，还是只是到某银行或某商店去的指路标呢？这个世界还是有内在的价值，还是只是人的工具和障碍呢？"[2] 丰子恺也说："艺术的绘画中的两只苹果，不是我们这世间的苹果，不是甜的苹果，不是几个铜板一只的苹果，而是苹果自己的苹果。""美秀的稻麦招展在阳光之下，分明自有其生的使命，何尝是供人充饥的？玲珑而洁白的山羊、白兔，点缀在青草地上，分明是好生好美的神的手迹，何尝是供人杀食的？草屋的烟囱里的青烟，自己在表现他自己的轻妙的姿态，何尝是烧饭的偶然的结果？池塘里的楼台的倒影自成一种美丽的现象，何尝是反映的物理作用而已？""故画家作画的时候，眼前所见的是一片全不知名、全无实用而庄严灿烂的全新的世界。这就是美的世界。"[3]

当代西方某些美学家企图推翻审美态度和"心理的距离"的理论。他们说，"心理的距离"是"分离式的经验"，只停留在对事物外表的观赏，是"雾里看花"。很显然，这是对布洛的距离说的误解和曲解。他们提出一种新的审美模式即"介入式"的经验模式，这种介入式模式强调审美主体要全面介入对象的各个方面，与对象保持最亲近的、零距离的接触。他们认为，马克·吐温成为汽船的驾驶员之后对密西西比河日落的经验就是介入式的审美经验。但是他们根本没有说明当了汽船驾驶员之后的马克·吐温在

---

[1]《朱光潜美学文集》第一卷，第23页。
[2] 同上书，第24页。
[3]《艺术鉴赏的态度》，见《丰子恺文集》第二卷，第572—573页，浙江文艺出版社，1990。

实用功利考虑支配下的经验如何是审美的经验。连马克·吐温自己都说，密西西比河给他的美感已经一去不复返了。这些美学家还认为欣赏自然物必须具有生物学、生态学、自然史的知识，例如，对于鲸鱼，必须把它放在"哺乳动物"的范畴下才能感知它的美，如果把它放在"鱼"的范畴下就只能感知它的笨拙和可怕了。这些美学家的这种主张完全脱离了人们的实际的审美经验，在理论上有多大价值很值得怀疑。

　　西方美学中的审美态度的理论，在中国美学中就是审美心胸的理论。中国美学中审美心胸的理论发源于老子的思想。老子认为宇宙万物的本体和生命是"道"，所以对宇宙万物的观照最后都应该进到对"道"的观照。为了进行对"道"的观照，就应该在自己心中把一切利害得失的考虑都洗涤干净，使自己获得一个空明的心境，这就是老子提出的"涤除玄鉴"的命题。这个命题在魏晋南北朝的画家宗炳那里换了一种说法，就是"澄怀观道"，其实意思是一样的。庄子进一步发挥了老子的思想。庄子提出"心斋"和"坐忘"的理论。"心斋"、"坐忘"最核心的思想是要人们从自己内心彻底排除利害观念，保持一个空明的心境。利害观念是与人的心智活动联系在一起的，所以为了彻底排除利害观念，不仅要"离形"、"堕肢体"，而且要"去知"、"黜聪明"，要"外于心知"。庄子认为，一个人达到了"心斋"、"坐忘"的境界，也就达到了"无己"、"丧我"的境界。这种境界，能实现对"道"的观照，是"至美至乐"的境界，是高度自由的境界。庄子把这种精神境界称之为"游"。庄子书中提到"游"的地方很多，如"逍遥游"，如"乘天地之正，而御六气之辩，以游无穷"，如"乘云气，御飞龙，而游乎四海之外"，如"游心于物之初"，如"得至美而游乎至乐"，[1] 等等，都是指这种彻底摆脱利害观念的精神境界。所谓"游"，本义是游戏。游戏是没有功利目的的。《庄子·在宥》篇有几段话对"游"作了解释。"游"是"无为"，是"不知所求"、"不知所往"。游没有实用目的，没有利害计较，不受束缚，十分放任自由。庄子还用很多生动的寓言来说明这种"心斋"、"坐忘"的境界即"游"的境界是一个人获得审美自由的必要条件。庄子关于"心斋"、"坐忘"的论述，可以看作是超功利和超逻辑的审美心胸的真正的发现。

---

[1]《庄子·逍遥游》、《庄子·田子方》。

在庄子之后，很多思想家、文学家、艺术家继续关注和讨论这个审美心胸的问题。审美心胸，在他们那里有不同的称呼，有的称之为"平常心"，有的称之为"童心"，有的称之为"闲心"。

"平常心"是禅宗的概念。所谓"平常心"，一要破除"功利心"，二要破除"分别心"。禅宗认为，"功利心"和"分别心"遮蔽了一个万紫千红的世界。破除了"功利心"和"分别心"，换上一颗"平常心"，你就可以在最普通的生活中发现和体验一个充满生命的丰富多彩的美丽的世界。

"童心"是明代李贽和袁宏道等人常用的一个概念。李贽写过一篇《童心说》。所谓"童心"，就是"真心"或"赤子之心"。"夫童心者，绝假纯真，最初一念之本心也。"李贽认为，有"童心"，对世界才可能有真实的感受。他又认为，一个人学了儒家经典，有了知识，则言不由衷，人就成了"假人"，言就成了"假言"，文也就成了"假文"了。[1] 公安派袁宏道等人也强调，"世人所难得者唯趣"，而只有保持童心、赤子之心的人，才能得到"趣"（美感）。袁宏道说：

> 夫趣之得之自然者深，得之学问者浅。当其为童子也不知有趣，然无往而非趣也。面无端容，目无定睛，口喃喃而欲语，足跳跃而不定；人生之至乐，真无逾于此时者。孟子所谓不失赤子，老子所谓能婴儿，盖指此也，趣之正等正觉最上乘也。……迨夫年渐长，官渐高，品渐大，有身如桎，有心如棘，毛孔骨节俱为闻见知识所缚，入理愈深，然其去趣愈远矣。[2]

袁宏道认为，一个人能保持童心，保持赤子之心，保持人的自然天性，就可以得到真正的"趣"。反过来，如果因为年岁大了，官做大了，闻见知识多了，各种利害得失的考虑多了，身心的束缚多了，离开"趣"也就越来越远了。

用"闲心"这个概念的人就更多了。"闲"是与"忙"相对的。"忙"就是忙于实用的功利的活动。明代华淑说："昔苏子瞻晚年遇异人呼之曰：

---

[1]《焚书》卷三《童心说》。
[2]《袁中郎全集》卷三《叙陈正甫会心集》。

'学士昔日富贵，一场春梦耳。'夫待得梦醒时，已忙却一生矣。"[1] "忙却一生"就是由于功利心的驱使。功利心使一个人的心胸完全为利害得失所充塞，不空灵，不自由，不洒脱，患得患失，滞于一物，囿于一己。所谓"闲"，就是从直接的功利活动中暂时摆脱出来。宋代大儒程颢有名的诗："云淡风轻近午天，傍花随柳过前川。时人不识予心乐，将谓偷闲学少年。""闲来无事不从容，睡觉东窗日已红。万物静观皆自得，四时佳兴与人同。道通天地有形外，思入风云变态中。富贵不淫贫贱乐，男儿到此是豪雄。"程颢的意思是说，有了"闲心"，人才有可能从天地万物、风云变态中获得一种精神享受，使自己超脱贫富贵贱等等实用功利的烦恼，达到"从容"、"自得"的境界。清代文学家张潮说："人莫乐于闲，非无所事事之谓也。闲则能读书，闲则能游名山，闲则能交益友，闲则能饮酒，闲则能著书。天下之乐，孰大于是？"[2] 张潮认为"闲"不是消极的，"闲"对于人生有积极的意义。有了"闲"，才能有一种从容、舒展的精神状态。有了"闲"，才能思考生活，才能享受生活。有了"闲"，才能有审美的心胸。而审美心胸使人们在人生的波动中保持一点宁静，"静者有深致"，从而可以发现事物的本相的美。审美心胸又是自由空灵的，"空故纳万境"，无形中拓宽了生命的空间。清代文学家金圣叹曾经感叹，一般人都抱着"人生一世，贵是衣食丰盈"的观念，整天紧张忙碌，一无闲暇，二无闲心，因而不能发现和欣赏生活中的美。[3]

但是人作为人，不能只有丰富的物质生活，还应该有精神生活，不能只是辛勤地创造生活，还应该充分地享有生活。这就不仅要"忙"，还要"忙"里偷"闲"，要有"闲暇"，要有"闲心"。有了"闲心"，有了审美的心胸和审美的眼光，那么你就能在很平常、很普通的生活中发现美。张潮说：

春风如酒，夏风如茗，秋风如烟，冬风如姜芥。
春听鸟声，夏听蝉声，秋听虫声，冬听雪声，白昼听棋声，月下

---

[1]《题闲情小品序》。
[2]《幽梦影》。
[3] 参看金圣叹的《西厢记》评语。

听箫声,山中听松声,水际听欸乃声,方不虚此生耳。[1]

春风、秋风、蝉声、鸟声,这些很平常的东西,有了审美的眼光、审美的心胸,都会给你一种乐趣,一种慰藉。正如清代戏剧家李渔所说:"若能实具一段闲情,一双慧眼,则过目之物,尽在画图,入耳之声,无非诗料。"[2]

总之,中国古代很多思想家、文学家都认为,一个人的"闲心"(审美心胸)乃是他进入审美活动的前提。有了"闲心",就有审美眼光,就能发现生活中本来的美。这对一个人的人生来说是非常重要的。

三、美感与移情

在美感的整个过程中,始终伴随着审美情感[3]。刘勰说:"登山则情满于山,观海则意溢于海。"[4]"目既往还,心亦吐纳。"[5] 又说:"兴者,起也。……起情故兴体以立。"[6] 没有审美情感,就没有审美意象("胸中之竹"),当然也就没有美感("感兴")。

在这里,我们要谈一下西方美学史中的移情说。朱光潜在《文艺心理学》和《西方美学史》中都对移情说做过重点的介绍。

朱光潜说:"什么是移情作用?用简单的话来说,它就是人在观察外界事物时,设身处在事物的境地,把原来没有生命的东西看成有生命的东西,仿佛它也有感觉、思想、情感、意志和活动,同时,人自己也受到对

---

[1]《幽梦影》。
[2]《闲情偶寄》。
[3] 我们说的"审美情感",区别于一般的日常情感。因为美感具有无功利性,因为审美对象是非实在的审美意象,因此审美情感并不是审美主体的个人的切身利害所引发的情感。有人把审美情感称之为"幻觉情感"。也正因为它不同于切身利害所引发的日常情感,所以全人类各种各样的复杂情感,如悲哀、喜悦、愁绪、欢欣、愤怒、恐惧、绝望、伤感……等等,都能涌进审美主体的心中。正如卡西尔在谈到贝多芬《第九交响曲》时所说的:"我们所听到的是人类情感从最低的音调到最高的音调的全音阶;它们是我们整个生命的运动和颤动。"(《人论》,第191页,上海译文出版社,1985。)这些喜怒哀乐的情感不是主体的切身利害所引发的,所以主体有某种距离,主体不会陷入其中而不能自拔。同时,又正因为这些情感不是个体的切身利害所引发的,所以这些情感进入主体心中之后,主体可以对这些情感进行认同,从而使自己十分真实和十分强烈地为这些幻觉情感所打动。
[4]《文心雕龙·神思》。
[5]《文心雕龙·物色》。
[6]《文心雕龙·比兴》。

事物的这种错觉的影响，多少和事物发生同情和共鸣"。[1]"'移情作用'是把自己的情感转移到外物上去，仿佛觉得外物也有同样的情感。这是一个极普遍的经验。"[2]"最明显的例是欣赏自然。大地山河以及风云星斗原来都是死板的东西，我们往往觉得它们有情感，有生命，有动作，这都是移情作用的结果。比如云何尝能飞？泉何尝能跃？我们却常说云飞泉跃。山何尝能鸣？谷何尝能应？我们却常说山鸣谷应。诗文的妙处往往都从移情作用得来。例如'天寒犹有傲霜枝'句的'傲'，'云破月来花弄影'句的'弄'，'数峰清苦，商略黄昏雨'句的'清苦'和'商略'，'徘徊枝上月，空度可怜宵'句的'徘徊'、'空度'、'可怜'，'相看两不厌，惟有敬亭山'句的'相看'和'不厌'，都是原文的精彩所在，也都是移情作用的实例。"[3]又说："移情的现象可以称之为'宇宙的人情化'，因为有移情作用然后本来只有物理的东西可具人情，本来无生气的东西可有生气。"[4]

朱光潜认为，移情作用就是在审美观照时由物我两忘进到物我同一的境界。他说："在聚精会神的观照中，我的情趣和物的情趣往复回流。有时物的情趣随我的情趣而定，例如自己在欢喜时，大地山河都随着扬眉带笑，自己在悲伤时，风云花鸟都随着黯淡愁苦。惜别时蜡烛可以垂泪，兴到时青山亦觉点头。有时我的情趣也随物的姿态而定，例如睹鱼跃鸢飞而欣然自得，对高峰大海而肃然起敬，心情浊劣时对修竹清泉即洗刷净尽，意绪颓唐时读《刺客传》或听贝多芬的《第五交响曲》便觉慷慨淋漓。**物我交感，人的生命和宇宙的生命互相回还震荡，全赖移情作用**。"[5]

中国古代很多思想家、艺术家都谈到这种移情现象。如："思苦自看明月苦，人愁不是月华愁。"[6]"夕阳能使山远近，秋色巧随人惨舒。"[7]都是说景色带上人的情感的色彩，这就是移情。刘勰在《文心雕龙》中说："目

---

[1] 朱光潜：《西方美学史》下卷，第250—251页，人民文学出版社，1964。
[2] 朱光潜：《谈美》，见《朱光潜美学文集》第一卷，第463页，人民文学出版社，1982。
[3] 朱光潜：《文艺心理学》，《朱光潜美学文集》第一卷，第41页。
[4] 朱光潜：《谈美》，见《朱光潜美学文集》第一卷，第465页，人民文学出版社，1982。
[5] 朱光潜：《文艺心理学》，《朱光潜美学文集》第一卷，第41页。
[6] 戎昱：《江城秋夜》。
[7] 晁说之：《偶题》，见《嵩山集》卷七。

既往还，心亦吐纳。"[1] "情往似赠，兴来如答"。[2] 钱锺书认为，刘勰这"心亦吐纳"、"情往似赠"八字已包含西方美学所称"移情作用"。[3]

朱光潜考察了移情说在西方美学史上的发展过程。他说，最早亚里士多德已注意到移情现象。亚里士多德在《修辞学》中曾指出荷马常常用隐喻把无生命的东西变成活的，例如他说，"那块**无耻的**石头又滚回平原"，"矛头**站**在地，**渴想吃肉**"，"矛头**兴高采烈地闯进**他的胸膛"等等。到了近代，很多美学家也接触到移情现象，不过还没有用"移情作用"这个词。如《德国美学史》的作者洛慈就曾对移情现象作过如下的描述：

> 我们的想象每逢到一个可以眼见的形状，不管那形状多么难驾御，它都会把我们移置到它里面去分享它的生命。这种深入到外在事物的生命活动方式里去的可能性还不仅限于和我们人类相近的生物，我们还不仅和鸟儿一起快活地飞翔，和羚羊一起欢跃，并且还能进到蚌壳里面分享它在一开一合时那种单调生活的滋味。我们不仅把自己外射到树的形状里去，享受幼芽发青伸展和柔条临风荡漾的那种欢乐，而且还能把这类情感外射到无生命的事物里去，使它们具有意义。我们还用这类情感把本是一堆死物的建筑物变成一种活的物体，其中各部分俨然成为四肢和躯干，使它现出一种内在的骨力，而且我们还把这种骨力移置到自己身上来。[4]

洛慈在这里指出，移情现象的主要特征是把人的生命移置到物和把物的生命移置到人，所差的只是他还没有用"移情作用"这个词。第一次用"移情作用"这个词的是德国美学家劳伯特·费肖尔，在他那里，这个词的意思是"把情感渗进里面去"（德文 Einfuhlung，美国实验心理学家惕庆纳铸造了 Empathy 这个英文字来译它），"我们把自己完全沉没到事物里去，并且把事物沉没到自我里去：我们同高榆一起昂首挺立，同大风一起狂吼，和波浪一起拍打岸石"[5]。费肖尔反对用记忆或联想来解释这种移情现象，

---

[1]《文心雕龙·物色》。
[2] 同上。
[3]《管锥编》第三册，第 1182 页，中华书局，1979。
[4] 洛慈：《小宇宙论》第 5 卷，第 2 章。转引自朱光潜《西方美学史》下卷，第 254 页，人民文学出版社，1964。
[5] 转引自朱光潜《西方美学史》下卷第 257 页，人民文学出版社，1964。

因为移情现象是直接随着知觉来的物我同一，中间没有时间的间隔可容许记忆或联想起作用。对移情说贡献最大的是立普斯。朱光潜在《文艺心理学》中介绍移情说主要就是介绍立普斯的理论。

立普斯把希腊建筑中的多立克石柱作为具体例子来说明移情作用。多立克石柱支撑希腊平顶建筑的重量，下粗上细，柱面有凸凹形的纵直的横纹。这本是一堆无生命的物质，一块大理石。但我们在观照这种石柱时，它却显得有生气，有力量，仿佛从地面上耸立上腾。这就是移情作用。立普斯认为，这种移情作用产生美感。

朱光潜概括说，立普斯从三方面界定了审美的移情作用的特征（当然这三方面是不能割裂的）。第一，"审美的对象不是对象的存在或实体，而是一体现一种受主体灌注生命的有力量能活动的形象，因此它不是和主体对立的对象。"[1] 仍以多立克石柱为例。使我们感觉到耸立上腾的，即使我们起审美的移情作用的，并不是制造石柱的那块石头，而是"石柱所呈现给我们的空间意象"，即线、面和形体所构成的意象。不是一切几何空间都是审美空间。"空间对于我们要成为充满力量和有生命的，就要通过形式。审美的空间是有生命的受到形式的空间。它并非先是充满力量的，有生命的而后才是受到形式的。形式的构成同时也就是力量和生命的形成。"[2] 这就是说，对象所显出的生命和力量是和它的形式分不开的，二者（形式和意蕴）的统一体才是意象，也才是审美的对象。审美的对象是直接呈现于观照者的感性意象。第二，"审美的主体不是日常的'实用的自我'而是'观照的自我'，只在对象里生活着的自我，因此它也不是和对象对立的主体"。[3] 这就是说，审美的移情作用是一种直接的感受、经验或生活，我必须与对象打成一片，就活在对象里，亲自体验到我活在对象里的活动，我才能感受审美欣赏所特有的那种喜悦。第三，"就主体与对象的关系来说，它不是一般知觉中对象在主体心中产生一个印象或观念那种对立的关系，而是主体就生活在对象里，对象就从主体受到'生命灌注'那种统一的关系。因此，对象的形式就表现了人的生命、思想和情感，一个

---
[1] 朱光潜：《西方美学史》下卷，第261—262页，第264页，人民文学出版社，1964。
[2] 同上。
[3] 同上。

美的事物的形式就是一种精神内容的象征"。[1] 这就是形式与意蕴的统一，也就是意象的生成。立普斯在实际上已经指出，**移情作用的核心乃是意象的生成，移情作用之所以使人感受审美的愉悦，也是由于意象的生成。**

立普斯说过几段非常重要的话：

> 在对美的对象进行审美的观照之中，我感到精神旺盛，活泼，轻松自由或自豪。但是我感到这些，并不是面对着对象或和对象对立，而是自己就在对象里面（朱光潜注：我面对着对象时，主客体对立；我在对象里面时，主客体同一。只有在后一情况下才产生移情作用）。[2]

> 正如我感到活动并不是对着对象，而是就在对象里面，我感到欣喜，也不是对着我的活动，而是就在我的活动里面。我在我的活动里面感到欣喜或幸福。[3]

> 从一方面说，审美的快感可以说简直没有对象。审美的欣赏并非对于一个对象的欣赏，而是对于一个自我的欣赏。它是一种位于人自己身上的直接的价值感觉，而不是一种涉及对象的感觉。毋宁说，审美欣赏的特征在于在它里面我的感到愉快的自我和使我感到愉快的对象并不是分割开来成为两回事，这两方面都是同一个自我，即直接经验到的自我。

> 从另一方面说，也可以指出，在审美欣赏里，这种价值感觉毕竟是对象化了的。在观照站在我面前的那个强壮的、自豪的、自由的人体形状，我之感到强壮、自豪和自由，并不是作为我自己，站在我自己的地位，在我自己的身体里，而是在所观照的对象里，而且只是在所观照的对象里。[4]

立普斯的这三大段话把移情作用的理论内涵说得非常清楚。根据这些论述，立普斯得出结论：移情作用的核心就是物我同一，而这正是美感的特征，所以移情作用是一种美感的经验：

---

[1] 朱光潜：《西方美学史》下卷，第261—262页。
[2] 立普斯：《论移情作用》，载《古典文艺理论译丛》第8期，人民文学出版社，1964。重点是原文有的。
[3] 同上。
[4] 同上。

审美快感的特征从此可以界定了。这种特征就在于此：审美的快感是对于一种对象的欣赏，这对象就其为欣赏的对象来说，却不是一个对象而是我自己。或则换个方式说，它是对于自我的欣赏，这个自我就其受到审美的欣赏来说，却不是我自己而是客观的自我。（朱光潜注：立普斯既然把移情作用中的情感看作快感的原因，而且这种情感实际上是对象在主体上面引起而又由主体移置到对象里面去的，所以他就认为欣赏的对象还是主体的'自我'。这种'自我'和主体的实在自我［在现实中生活着的'自我'］不同，它是移置到对象里面的［所以说它是'客观的'］，即感到努力挣扎、自豪、胜利等情感的'自我'。）

这一切都包含在移情作用的概念里，组成这个概念的真正意义。移情作用就是这里所确定的一种事实：对象就是我自己，根据这一标志，我的这种自我就是对象；也就是说，自我和对象的对立消失了，或则说，并不曾存在。[1]

从立普斯对于移情作用的这个界定，我们可以看到，立普斯的移情说，它的贡献，并不在于它指出存在着移情这种心理现象，而是在于通过移情作用，揭示出美感（审美活动）的一个重要特征，即情景相融、物我同一（自我和对象的对立的消失）。**审美活动的对象不是物，而是意象。移情作用的核心就是意象的生成，所以移情作用是一种美感活动。**[2] 立普斯的这一学说，给人们一个重要的启发，即讨论美感问题，必须超越主客二分的思维模式，而代之以"人—世界"合一的思维模式。

和"移情说"相关联的还有一个"内模仿说"，朱光潜在《文艺心理学》和《西方美学史》中也都用了相当的篇幅做了介绍。主张"内模仿说"的是德国美学家和心理学家谷鲁斯。所谓"内模仿"，就是说在审美活动中，伴随着知觉有一种模仿，这种模仿不一定实现为筋肉动作，它可以隐藏在内部，只有某种运动的冲动，所以称为"内模仿"。谷鲁斯认为这

---

[1] 立普斯：《论移情作用》，载《古典文艺理论译丛》第 8 期。
[2] 立普斯"移情说"的这一理论内涵，朱光潜在《西方美学史》中曾有所强调，但似乎没有引起学界的注意。当代一些西方学者攻击"移情说"或企图推翻"移情说"，他们似乎也没有把握"移情说"的这一理论内涵。

种"内模仿"是美感的精髓。但是谷鲁斯的说法受到立普斯的批评。立普斯反对用生理学的观点来解释心理现象，因此他也反对用内模仿的器官感觉来解释移情作用。他说："在看一座大厦时，我感到一种内心的'扩张'，我的心'扩张'起来，我对我的内部变化起了这种特殊的感觉。与此相关的有肌肉紧张，也许是胸部扩张时所引起的那种筋肉紧张。只要我的注意力是集中在这座宽敞的大厦上面，上述那些感觉对于我的意识当然就不存在。"[1]因此他的结论是："任何种类的器官感觉都不以任何方式闯入审美的观照和欣赏。按照审美观照的本性，这些器官感觉是绝对应该排斥出去的。"[2]由于受到立普斯的批评，谷鲁斯对他的主张做了一点修改，他承认他的理论只适用于"运动型"的人。这就意味着，他承认运动感觉（所谓"内模仿"）并不是审美欣赏中必然的普遍的要素。这样一来，所谓"内模仿说"对于美感的意义当然就大为降低了。

朱光潜在《文艺心理学》和《西方美学史》中还讨论了关于移情作用的一个问题，那就是，美感经验是否一定带有移情作用呢？朱光潜认为不一定。他的理由是，审美者可分为两类（德国美学家佛拉因斐尔斯的分法），一类是"分享者"，一类是"旁观者"。"分享者"观赏事物，必起移情作用，把我放在里面，设身处地，分享它的活动和生命。"旁观者"则不起移情作用，虽分明察觉物是物，我是我，却似能静观形象而觉其美。这个区分也就是尼采的酒神精神和日神精神的区分。朱光潜这一看法似不妥当。因为美感必有美，这个美就是审美意象，而审美意象必定是在情感和形式的渗透和契合中诞生的，这就是陆机所谓"情瞳昽而弥鲜，物昭晰而互进"，也就是刘勰所谓"神用象通，情变所孕"。"移情作用"可有强弱的不同，但审美直觉不可能没有移情作用。可以说审美直觉就是情感直觉。美感的创造性就是由审美情感所激发、推动和孕育的。

四、美感与快感

美感的一个重要特性就是愉悦性，这是一种精神享受。这种精神的愉悦，从广义来说，当然也是一种快感，但是我们平常所说的快感主要是

---

[1] 立普斯：《论移情作用》，载《古典文艺理论论丛》第8期，人民文学出版社，1964。
[2] 同上。

指生理快感，即客体的形式质料方面的因素引起主体的感官或身体的一种直接的快适反应。那么这两种快感是什么关系？生理快感是不是等同于美感？生理快感是不是可以转化为美感？这是美学家长期讨论的一个问题。

一些美学家把生理快感等同于美感。法国美学家顾约有一段话最有代表性：

> 我们每个人大概都可以回想起一些享受美味的经验，与美感的享受无殊。有一年夏天，在比利牛斯山里旅行大倦之后，我碰见一个牧羊人，向他索乳，他就跑到屋里取了一瓶来。屋旁有一小溪流过，乳瓶就浸在那溪里，浸得透凉像冰一样。我饮这鲜乳时好像全山峰的香气都放在里面，每口味道都好，使我如起死回生，我当时所感到那一串感觉，不是"愉快"两字可以形容的。这好像是一部田园交响曲，不是耳里听来而从舌头尝来。……味感实在带有美感性，所以也产生一种较低级的艺术，烹调的艺术。柏拉图拿烹调和修辞学相比，实在不仅是一种开玩笑的话。[1]

顾约在山里喝冰得透凉的鲜乳，有起死回生的感觉。由此他得出快感（在这里是味觉快感）和美感是一回事的结论。他认为，从舌头可以尝到一部田园交响曲。

多数美学家认为美感是一种高级的精神愉悦，它和生理快感是不同的。如格兰·亚伦说，美感只限于耳、目两种"高等感官"，而舌、鼻、皮肤、筋肉等"低等感官"则不能发生美感。[2]

我们也赞同这种看法：美感是一种高级的精神愉悦，应该把它和生理快感加以区分。区分的根据主要是两点：第一，美感是超实用、超功利的，而生理快感则起于实用要求的满足，如口渴时喝水所获得的快感，肚饿时吃饭所获得的快感；第二，美感的实质是情景交融、物我同一，美感必有一个审美意象，而生理快感完全受外来刺激所支配，它不可能出现情景交融、物我同一，不可能有审美意象。

但是，我们不要把生理快感和美感的这种区别加以绝对化。我们要注

---

[1] 顾约：《现代美学问题》。转引自朱光潜《朱光潜美学文集》第一卷，第76页，上海文艺出版社，1982。
[2] 见《朱光潜美学文集》第一卷，第75页。

意以下几点：

第一，人的美感，主要依赖于视、听这两种感官。视听这两种感官，按黑格尔的说法，是认知性感官。它们也是审美的主要感官。但在有些时候，视听这两种感官在引发美感的同时也引发一种生理性的快感，它们混杂在一起。在这种情况下，美感往往是精神愉悦和生理快感的复合体。金圣叹在《西厢记》评点中曾一口气例举了生活中引起快感的三十几种典型场景，其中就有这种美感与快感的混合，如：

其一，重阴匝月，如醉如病，朝眠不起，忽闻众鸟毕作弄晴之声。急引手搴帷，推窗视之，日光晶莹，林木如洗，不亦快哉！

其一，冬夜饮酒，转复寒甚，推窗试看，雪大如手，已积三四寸矣，不亦快哉！

其一，久客得归，望见郭门两岸童妇皆作故乡之声，不亦快哉！

金圣叹说的这几种"不亦快哉"都是视听两种感官得到的美感，而这几种美感都夹杂着生理快感。当然，在这种精神愉悦和生理快感的复合体中，占主要地位的是精神愉悦。而且这里的生理快感也包含着一定的精神因素，"日光晶莹，林木如洗"使人感到洁净、爽快，"雪大如手"使人感到兴奋、畅快，"两岸童妇皆作故乡之声"使人感到亲切、快慰，推而广之，红色使人感到热烈，绿色使人感到宁静，平缓流畅的旋律使人心旷神怡，急速起伏的旋律使人紧张，等等。这就是格式塔心理学家说的"表现性"。

第二，除了视听这两种感官，其他感官（格兰·亚伦说的"低等感官"）获得的快感，有时也可以渗透到美感当中，有时可以转化为美感或加强美感，例如，欣赏自然风景时一阵清风带给你的皮肤的快感，走进玫瑰园时的玫瑰的香味带给你的嗅觉的快感，情人拥抱接吻时触觉的快感，参加宴会时味觉的快感，等等。朱光潜曾举出一些有名的诗句，如"暗香浮动月黄昏"，"三杯两盏淡酒，怎敌它晚来风急"，"客去茶香余舌本"，"冰肌玉骨，自清凉无汗"，这些诗句描绘的美感中就渗透着嗅觉、味觉、肤觉的快感。

这里我想多谈一点"香"的美感。朱光潜举的这句诗："暗香浮动月黄昏"，这里有嗅觉的快感，但这句诗描绘的是美的氛围，它给人的是一种美感。英国作家吉卜林说："气味要比景象和声音更能拨动你的心弦。"[1] 玫瑰比任何花朵都更让人着迷、动心、陶醉，这不仅因为它的色彩，也是因为它的香味。路易十四有一群仆人专门负责给他的房间喷洒玫瑰水，并用丁香、豆蔻、茉莉、麝香熬制的水清洗他的衬衣和其他衣物。他下令每天给他发明一种新的香水。他还让仆人在鸽子身上洒上香水，然后在宴会上放飞它们。拿破仑的皇后约瑟芬的花园中有 250 种玫瑰。拿破仑本人则喜爱用苦橙花调制的科隆香水，他在 1810 年向他的香水调制师夏尔丹订了 162 瓶。即使在最激烈的战役中，他仍然不慌不忙地在豪华的帐篷里挑选玫瑰或紫罗兰香的护肤膏。[2] 中国的园林艺术家常用"香"来营造美的氛围。"园林家说，香是园之魂。"[3] 如苏州拙政园："拙政园有'雪香云蔚亭'、'玉兰亭'、'远香堂'，又有所谓香洲、香影廊，等等，就是在香上做文章。"[4] 如北京颐和园中的谐趣园："夏日的谐趣园中，荷香四溢。坐于饮绿亭中听香，真是摄魂荡魄。"[5] 又如扬州瘦西湖。前人咏瘦西湖有诗："日午画船桥下过，衣香人影太匆匆。"香，是瘦西湖的主题，是瘦西湖的神韵。瘦西

罗丹 《吻》

---

[1] 戴安娜·阿克曼：《感觉的自然史》，第 11 页，花城出版社，2007。
[2] 同上书，第 68—69 页。
[3] 朱良志：《曲院风荷》，第 3—5 页，安徽教育出版社，2003。
[4] 同上。
[5] 同上。

湖"四季清香馥郁，尤其是仲春季节，软风细卷，弱柳婆娑，湖中微光潋滟，岸边数不尽的微花细朵"，"幽幽的香意，如淡淡的烟雾，氤氲在桥边、水上、细径旁，游人匆匆一过，就连衣服上都染上这异香。唐代诗人徐凝有诗云：'天下三分明月夜，二分无赖是扬州。'在那微风明月之夜，漫步湖边，更能体会这幽香的精髓。"[1]

所有这些幽香、清香、暗香、晚香所引起的嗅觉的快感，确实渗透到了美感之中，成了美感的一部分。对照前面谈过的美感和快感的两点区分，我们可以看到，第一，这种香味的快感，并不是起于实用要求的满足，它本身也是超实用的；第二，这种香味的快感，不是单纯的生理快感，它创造了一种氛围，一种韵味，创造了一个情景交融的意象世界。[2] 这样的快感，就成了美感，或转化成为美感。中国古代很多诗人、画家，常常有意识地追求这种美感，并在自己的作品中描绘这种美感。诗人追求"冷香飞上诗句"的境界。宋代词人姜白石的《暗香》、《疏影》就是两首有名的作品。画家也追求"山气花香无著处，今朝来向画中听"、"朱栏白雪夜香浮"的境界。[3]

在盲人和聋人的精神生活中，这种嗅觉和触觉的快感在美感中所起的作用可能比一般人更大。伊朗的电影《天堂的颜色》（导演马基德·马基迪），描写一位名叫墨曼的盲童回到家乡，他的妹妹陪他来到一片开满野花的原野，他用双手抚摩这些野花，浸沉在极大的审美愉快之中。这个画面使我们想起医学家索尔·尚伯格的话："触觉比语言和情感交流要强烈十倍。""没有哪一种感觉能像触觉那样让人兴奋。"[4] 这个画面也使我们想起海伦·凯勒（美国盲聋女作家和教育家）的话："我这个眼睛看不见的人仅仅通过触摸就发现了成百使我感兴趣的东西。""春天我满怀希望地触摸树枝，搜寻叶芽，这大自然冬眠后苏醒的第一个征兆。我感受花朵令人愉快的丝绒般的质感，发现她惊人的盘绕结果，为我揭示出大自然的某种神奇。如果我非常幸运，偶尔当我把手轻轻地放在一颗小树上时，会感觉到

---

[1] 朱良志：《曲院风荷》，第3—5页。
[2] 朱光潜曾指出，"所谓意象，原不必全由视觉产生，各种感觉器官都可以产生意象，不过多数人形成意象，以来自视觉者为最丰富"。(《诗论》，见《朱光潜美学文集》第二卷，第58页，上海文艺出版社，1982。）
[3] 朱良志：《曲院风荷》，第6—7页，安徽教育出版社，2003。
[4] 戴安娜·阿克曼：《感觉的自然史》，第84页，花城出版社，2007。

一只小鸟高歌时快乐的震颤。""对我来说,季节变换的华丽场面是一部激动人心的永无止境的戏剧,它的情节从我的手指尖上涌流而过。"[1]"很少有人知道,感觉到轻轻按在手里的玫瑰或是百合花在晨风中美丽地摆动是多么快乐的事情。"[2] 海伦·凯勒也谈到嗅觉的快感:"一个美丽的春天的早晨,我独自在花园凉亭里读书,逐渐意识到空气中有一股好闻的淡淡的香气。我突然跳起身来,本能地伸出了手。春之精灵似乎穿过了凉亭。'是什么东西?'我问道,立刻我辨出了金合欢花的香气。我摸索着走到了花园的尽头,……不错,那棵树就在那儿,在温暖的阳光下微微颤动,开满花朵的树枝几乎垂到了长长的草上。世界上可曾有过如此美轮美奂的东西吗?"[3] 从海伦·凯勒的审美经验,我们可以看到嗅觉和触觉的快感在盲人和聋人的美感中确实有着非常重要的作用。

在人的生理快感中,最重要的是与人的生物本能相联系的"食"、"色"这两种快感。中国古人说:"食、色,性也。"[4]"食"、"色"是人的生物本能,"食"是为了维持人的个体生命的存在,"色"(性行为)是为了维持人的种族生命的延续。所以这两种行为在人的生命和人类社会生活中占有极其重要的地位。这两种生理快感与美感的关系,当然会引起人的兴趣。"食"本来是满足人维持个体生命的实际需要,它是实用的、功利的。如果单纯是为了吃饱肚子,那么吃东西所产生的这种生理快感不构成美感。马克思说过:"对于一个忍饥挨饿的人说来并不存在人的食物形式。"[5] 但是,在社会生产力发展到一定阶段和人们生活水平提高到一定程度的时候,"食"就有可能不单纯是为了吃饱肚子,而是在吃饱肚子的同时,追求食品的"美味"。这种"美味"的味觉快感,不同于吃饱肚子的味觉快感,它有了超实用、超功利的因素。同时,由于"食"是人们每天都不可缺少的生活内容,它必然与人的生活的其他方面联系在一起。在餐桌上,可能发生各种事:爱、友谊、生意、投机、权力、请求、庇护、野心、阴谋……。因而它必然体现某种历史的、文化的内涵,在某些时候甚至和重要的历史

---

[1] 海伦·凯勒:《我的人生故事》,第152页。北京出版社出版集团,2005。
[2] 同上书,第33页。
[3] 同上书,第25页。
[4] 《孟子·告子上》。
[5] 马克思:《经济学－哲学手稿》,见《马克思恩格斯全集》第42卷,第126页,人民出版社。

事件联结在一起,因此在某些场合,"食"就有可能具有审美的意蕴,有可能成为构成意象世界(美)的一种因素,味觉快感就可能转化为精神性的美感。

所谓"色",就是性行为,性的欲望和快感,这是人为维持种族延续的一种本能。

人的性行为,是不是一种美?或者说,人的性的欲望和快感,是不是一种美感?

历史上很多思想家都指出,人的性的欲望和快感是人的生命力和创造力的喷发,反过来又提升人的生命力和创造力。人的性欲快感是一种符合人性需求的审美享受。[1] 在古希腊人看来,性欲快感就是一种美感。按照福柯的研究,古希腊人的"愉悦"(aphvodisia)的概念,主要就体现为性欲快感的满足。但是,人类的性爱,人类的性的欲望和快感,并不是单纯的生物性的本能,它包含有精神的、文化的层面。人寻找性爱对象,不仅为了满足性欲快感,而且是为了找到一个能够与自己心灵相通的朋友,找到一个容貌、体态、性情、举止、气质、风度等等都为自己深爱的情人。所以性爱必然包含有精神的、文化的内涵,必然超越单纯的性欲快感,而升华为身与心、灵与肉、情与欲融为一体的享受。所以很多文学家都用很美的句子来描绘性爱。例如王实甫《西厢记》中的名句:"春至人间花弄色","露滴牡丹开"。

美国当代心理学家罗洛·梅把单纯的生物性的性欲快感称为"性欲",而把上升到精神、文化层面的性欲快感称为"爱欲"。性欲是肉体紧张状态的积累与解除,爱欲则是对个人意向和行为意蕴的体验。性欲是刺激与反应的韵律,爱欲则是一种存在状态。性欲所指向的最终目标是满足和松弛,是紧张状态的消除,而爱欲的目标则是欲求、渴望、永恒的拓展、自我的不断更新。表现为爱欲的爱是一种创造力,它推动人们为寻求真善美的更高形式而献身。[2]

韦伯斯特大辞典把爱欲定义为"热烈的欲求"、"渴望"、"热烈的自我完善的爱,通常有一种性感的性质"。根据这个定义,罗洛·梅认为,"爱欲

---

[1] 参看高宣扬《福柯的生存美学》,第 476、477、484 页,中国人民大学出版社,2005。
[2] 罗洛·梅:《爱与意志》,第 71、78 页,国际文化出版公司,1987。

乃是一种吸引我们的力量","爱欲是一种内驱力,它推动我们与我们所属之物结为一体——与我们自身的可能性结为一体,与生活在这个世界上并使我们获得自我发现和自我实现的人结为一体。爱欲是人的一种内在欲望,它引导我们为追求高贵善良的生活而献身"。[1] 罗洛·梅说:"爱欲力图在喜悦和激情中与对方融为一体,力图创造出一种新的经验层面,这种经验层面将拓展和深化双方的生存状态。""这两个人,由于渴望战胜个体生而固有的分离性和孤独感,而在那一瞬间,参与到一种由真正的结合而不是孤立的个人体验所构成的关系中。由此产生的共享状态乃是一种新的经验统一体,一种新的存在状态,一种新的引力场。""爱欲永远推动我们超越自身。"[2] 这是人的自我超越,也是人的自我实现。

罗洛·梅认为,性爱(爱欲)可以给人丰富的体验:一是产生出一种温存感;二是可以获得一种新的生命活力,从而获得自身存在的确证;三是体验到我能给他人以快乐,这样就超越了自己的存在,从而获得一种人生意义的拓展;四是由于体验到你把自己给予对方,你才能够从中得到极大的快乐,从而获得一种激情唤起激情回报的体验;最后,在性爱高潮的瞬间,恋人还有可能体验到一种与大自然溶为一体的感觉,即与大自然同一的宇宙感。[3]

有了这种性爱(爱欲),人生就在一个重要层面上充满了令人幸福的含义。本来是平淡的世俗生活就像玫瑰园一样变得绚丽、浪漫而充满芳香。性爱(爱欲)"把人引入由梦和醉所合成的诗意生存境界",让人"享受令人神魂颠倒、身心迷乱的良辰美景,以高潮迭起的审美快感一次又一次地欢度刻骨铭心的幸福时光"[4]。

人的这种性爱(爱欲)的高潮是一种高峰体验,也是一种审美体验。"那是最震撼人心的时刻。"[5] 它创造一种普通生活所没有的审美情景和审美氛围。那种瞬间的情景、氛围和体验,美得让人窒息,美得让人心碎。中国古人用"欲仙欲死"四个字来描绘这种高峰体验。那是瞬间的美,而

---

[1] 罗洛·梅:《爱与意志》,第72—73页。
[2] 同上书,第74页。
[3] 同上书,第357—361页。
[4] 高宣扬:《福柯的生存美学》,第492页,中国人民大学出版社,2005。
[5] 罗洛·梅:《爱与意志》。

那个瞬间就是永恒。

五、美感与高峰体验

"高峰体验"是美国人本主义心理学家马斯洛提出的一个概念。

"高峰体验一词是对人的最美好的时刻，生活中最幸福的时刻，是对心醉神迷、销魂、狂喜以及极乐的体验的概括。"[1] 马斯洛举例说，一个年轻的母亲在厨房里忙碌着，为她的丈夫和孩子准备早餐。太阳光照进屋里，孩子们穿戴得整齐又干净，边吃着饭边喋喋不休地说着话。她丈夫和孩子们随便说笑。这位母亲看着她的丈夫和孩子们，突然陶醉于他们的美，自己对他们的巨大的爱，陶醉于自己的幸福，这就是一种高峰体验。又如，一个女主人开了一个晚会，每一件事都进行得非常成功。那天晚上大家玩得非常开心。晚会结束了，她向最后一位客人道了晚安后，在一张椅子上坐下，看着四周的一片狼藉，进入了极度幸福欢欣的高峰体验。马斯洛把性爱体验、父母体验、神秘的广大无边的或自然的体验、审美体验、创造时刻等等列入高峰体验。

马斯洛通过心理学的调查和统计，对高峰体验的特征做了详细的描述，其中有一些特征确实就是审美体验的特征，或者是与审美体验相类似的特征。

1. 处于高峰体验中的人有一种比任何其他任何时候都更加整合（统一、完整、浑然一体）的自我感觉。同时，他也就更能与世界、与各种"非我"的东西融合，例如，创造者与他的产品合二而一，母亲与她的孩子合为一体，艺术观赏者化为音乐、绘画、舞蹈，而音乐、绘画、舞蹈也就变成了他，等等。这就是说，高峰体验是自我的完满的实现，同时是对自我的突破、超越，自我完全迷醉于对象，完全倾注到对象之中，从而达到一种天人合一、物我一体的境界。

2. 高峰体验中的认知是存在认知。在存在认知中，体验或对象倾向于被看成是一个整体，一个完整的单位，超然独立于任何关系、任何实用性、任何目的之外。我们将它看成好像是宇宙的一切，存在的一切。在存在认知中，知觉对象被全部地、充分地注意到。这可以称为"完全的认知"。在

---

[1] 马斯洛：《自我实现的人》，第9页，三联书店，1987。

这种注意中，所见的对象就是感知的主体，背景实际上消失了，或者至少不被突出地感知到。此刻好像图像从其他万物中孤立了出来，好像世界被遗忘了，好像感知对象暂时变成了存在的全体。这是不加比较的感知，这是不加判断的感知。因为在这里对象是唯一的，独一无二的，它不是某一类别的一个例子，一个标本。而且这里对象的一切特征都是同样重要的。就像一位母亲满怀母爱地感知她的婴儿，这个婴儿是惊人的、完满的和迷人的。**他的迷人并不是因为他体现了婴儿的一般（理念），并不是因为他是婴儿的典型，而是因为他是独一无二的。他就是存在的全体**。这又像儿童。儿童有一双"明净的眼睛"，他看一切事物都好像是第一次见到。他满怀惊奇地注视某一事物，领会其一切特征，因为一切特征都是同等重要的。

这和普通的感知、科学的感知不同。在普通的感知、科学的感知中，对象和其他事物一道被感知，图像和背景一道被感知，而且我们总是把对象归入某一类之中。对象是某一类别中的一个例子，或一个标本。同时，普通的感知是抽象化的感知。抽象化就是一种选择活动或过滤活动，选择对象的某些对我们有用的方面，而把其他方面抛弃了。

3. 存在认知和普通认知还有一个区别。存在认知如果不断重复，感知会越来越丰富。一张我们所爱的脸蛋或一幅令人赞美的图画使我们神魂颠倒，反复看这张脸或这幅画使我们爱之弥深，**而且能使我们看出越来越多的东西**。而在普通的感知中，我们只限于把对象划分为有用的或无用的，危险的或安全的，**在这种情况下，反复地看就会使对象显得越来越空虚，看的时间越长，看到的东西越少**。

4. 在高峰体验中，人们往往会失去时空的感觉。在创造的迷狂中，诗人或艺术家全然没有意识到他周围的环境及时间的流逝，等到创造完成，他才好像大梦初醒。情人相爱的销魂时刻，时间如风驰电掣般飞逝而过，一天就像一分钟那样短暂。反过来，这里度过的一分钟又像度过一天甚至一年那样长。时间停滞不动，而又疾驰而过，这个悖论对于处于高峰体验中的情人是真实的。

5. 在高峰体验中，表达和交流常常富有诗意，带有一种神秘与狂喜的色彩，这种诗意的语言仿佛是表达这种存在状态的一种自然而然的语言。他们变得更像诗人、艺术家，因为雪莱说过，"诗是最愉快最美好的心情的最愉快最美好的记录"。

6. 高峰体验是一种终极体验，而不再是手段体验。也就是说，高峰体验是一个自我肯定、自我确证的时刻，有着自身的价值。高峰体验是一个拥有巨大价值的体验，是一个伟大的启示。

7. 高峰体验的欢悦是一种"属于存在价值的欢悦"。这种欢悦具有一种遍及宇宙或超凡的性质，一种丰富充裕的、漫衍四溢的性质。"它有一种凯旋的特性，有时也许具有解脱的性质。它既是成熟的又是童真的。"

自由自在，悠然自得，洒脱出尘，无往不适，不为压抑、约束和怀疑所囿，以存在认知为乐，超越自我中心和手段中心，超越时空，超越历史和地域，凡此种种，皆与上述存在的欢悦密不可分。

8. 处于高峰体验中或经历高峰体验后的人有一种源承神恩、三生有幸的特殊感怀。他们的共同反映是感到"受之有愧"。在高峰体验中，人们经常有惊讶和意外之感，以及甜美的豁然开朗的震动。

"**经历高峰体验后的普遍后果是一种感恩之情油然而生，这种犹如信徒对于上帝，以及普通人对于命运、对于自然、对于人类、对于过去、对于父母、对于世界、对于曾有助他获得奇迹的所有一切的感激之情。**这种感激之情可以成为一种敬仰、报答、崇拜、颂扬、奉献等等反应。"**这种感恩之情常常表现为一种拥抱一切的对于每个人和万事万物的爱，它促使人产生一种'世界何等美好'的感悟，导致一种为这个世界行善的冲动，一种回报的渴望，甚至一种责任感。**"

马斯洛对高峰体验的描述不限于这八条，但这八条和美感的关系最密切。[1]

总之，马斯洛说，高峰体验"不仅是最幸福、最激动人心的时刻，而且是人们最高程度的成熟、个性化和实现的时刻"。在这个时刻，他更加整合，更具有创造力，更加超越自我。"**他更真实地成为他自己，更完全地实现了他的潜能，更接近于他的存在的核心，更完全地具有人性**"。随着他更接近他的存在与完美性，他也就更容易感知世界的存在价值。[2]

马斯洛对高峰体验的这些描述，指出高峰体验是物我一体的境界；高

---

[1] 以上马斯洛关于高峰体验的论述，均引自马斯洛《自我实现的人》，第255—324页，三联书店，1987。
[2] 马斯洛：《自我实现的人》，第312、315、316页。

峰体验的对象是存在的全体，是独一无二的；高峰体验是富有诗意的；高峰体验是自我超越，又是自我确证，在高峰体验中，更容易见到世界的存在价值，同时也更加接近自己的存在和完美性；高峰体验是一种纯粹的欢悦，是一种属于存在价值的欢悦，等等；这些都是美感（审美体验）的重要特征。特别马斯洛对高峰体验的如下一些描述：在高峰体验中，感知对象的意蕴会越来越丰富；在高峰体验中，往往会失去时空的感觉；高峰体验会引发一种感恩之情，一种拥抱一切的对于每个人和万事万物的爱，从而引发一种回报的渴望；这些也都是美感（审美体验）的特征，但常常被人们忽略，在过去的美学书籍中也很少受到关注。

总之，马斯洛对于高峰体验的描述，对于我们理解和把握美感（审美体验）的特点确实大有帮助。特别是马斯洛关于高峰体验会引发一种感恩的心情，一种对于每个人和万事万物的爱的描述，指出了美感（审美体验）的一个极其重要的、同时又为很多人忽视的特点。把握美感的这一特点极其重要。因为只有把握美感的这一特点，我们才能深一层地认识审美活动（美和美感）对于人生的意义和价值。这是心理学的研究成果有助于美学学科建设的一个例子。

六、美感与大脑两半球的功能

人的大脑神经活动是美感的重要的生理基础，所以脑神经科学的研究成果对美感的研究有重要的意义。

早在17世纪末，数学家帕斯卡尔曾把脑力的运作分成不同的两类。他认为第一类运作的特点是能够突然领悟某种知识，从而同时全面理解某个概念的方方面面；而另一类运作是持久耐心地进行分析推理，从而得到循序渐进的收益。[1] 帕斯卡尔是第一个对思维的二元性进行这种概念化区分的科学家。

1864年，神经病学家杰克逊猜测到，大脑两半球完成着不同的功能。

在这之后，脑神经外科医生在大脑两个半球分离的情况下研究每一个半球的功能，终于弄明白了大脑两个半球的不对称性。现在，很多人都有

---

[1] 伦纳德·史莱因：《艺术与物理学——时空和光的艺术观与物理观》，第459页，吉林人民出版社，2001。本节的有关资料，主要引自伦纳德·史莱因的这本书。

这方面的知识，例如，大脑的每一侧控制着身体相反一侧的功能：左脑控制着右手，而右脑控制着左手。

大脑两个半球的特性可以分别概括为四点。

右脑的第一个特性是纯粹的"生存"，它同欢欣、信仰、爱国、狂喜、爱情、爱美、和谐等等感情相联系。感情是无法用科学语言说清楚的，是无逻辑的，同时又是真实可靠的。你为什么爱上某个人，你怎么会有某种预感，为什么某幅油画在别人看来很美，而你却觉得不美，是无法说清楚的、无逻辑的。同时，感情往往是一下子突然发生的。但丁邂逅比阿特丽丝一见钟情，是一下子突然发生的。

右脑的第二个特性是对图像的理解力。右半球能够一目了然地把握全局，以整体化的方式辨认出巨幅华丽的图画。它能够理解局部和整体的关系，能靠很少几个片断构想出完整的画面。右脑是把图像当作完形来吸收的，这意味着它是一下子完全看见整个图形的。最好的例子是对人的面孔的辨别。一个人的面孔可能会由于布满皱纹、长了白斑或头发脱光而大大改变，但是，我们在最后一次见到小时候的朋友过了几十年以后，仍然能够把他辨认出来。这种令人惊讶的能力是天生就有的。而那些右脑不幸受到严重伤害的人，却根本不能把别人辨认出来。

右脑的第三个特性是隐喻。隐喻是感情与图像的独特结合所产生的一种精神上的创新。隐喻可以使我们跳过深谷而从某种想法达到另一种想法。隐喻可以使我们同时理解好几个不同的意义层次。内心世界的情绪或感情往往要依赖于隐喻才得以沟通和交流。比方、类比、讽喻、寓言和谚语都和隐喻是同一个家族。幻想和做梦都同隐喻有密切的联系，并且基本上都是在右脑中发生的。隐喻和图像的结合就是艺术。艺术家们常常利用视觉的隐喻把观众从自然的感受带到复杂的感情状态（比如产生敬畏的状态）。这是一种一下子发生的"量子跃迁"。有的神经病学家观察左脑受到严重损伤而患了失语症的画家，发现他依然保持高度敏锐的艺术理解力，这说明视觉艺术的功能确实存在于右脑。

右脑的第四个特性是欣赏音乐的能力。音乐和声音的区别在于，尽管这两者是同时发生的，但是右脑能够把同时发自不同声源的许多声音，一下子综合成一种我们从其他声音感受不到的和谐的感受。这就是音乐。音乐又一次演示了右脑具有以一下子突然发生的方式去处理信息的能力。实验表明，在大脑里音乐中心和语言中心是分开的。有的人左脑受到损伤，他不能说话了，但仍然能够唱歌。法国作曲家拉威尔左脑半球中风，因而不能说话、书写和阅读乐谱，但他依然能在钢琴上弹出他知道的任何一首乐曲。

从右脑的这些特性可以看出，同时性是右脑独有的专利。右脑能把视觉空间中的各种关系，通过直觉连成一个整体。所以右脑能够正确地评价东西的大小和判断物体的距离。驾车、滑雪和跳舞都属于右脑的领域。

左脑也有四个特性。第一个特性是行动。左脑控制右手，所以我们用右手去采摘果实、投掷标枪和制造工具。这依靠在时间上发生的一系列步骤来发挥功能，而不是依靠同时性。

左脑的第二个特性是文字。语言连同其全部复杂的文法、句法和语义学，都是由左脑产生和领悟的。依靠文字，我们可以进行抽象、辨别和分析。

左脑的第三个特性是抽象思维。抽象思维是一种不需要靠图像就能对信息进行处理的能力，因而是隐喻思维的对立面。人类超越了依靠图像的思维，这是一个飞跃。语言文字是抽象思维的工具。抽象思维依靠因果关系进行逻辑推理，因而大大加强了人类的预见的能力。逻辑的各种规律形成了科学、教育、商务和军事战略的基础。

左脑的第四个特性是数字意识。数数的能力始于视觉空间的右脑，但计算要求有抽象能力，所以左脑发展了数字的语言。通过数学的帮助，左脑可以重新安排数字前面那些没有意义的符号，使之成为计算公式，甚至可以变成复杂的微积分。

左脑的这四个特性，都是和时间联在一起的。为了发展工艺、战略、语言、逻辑和算术，头脑必须沿着过去、现在和将来这条路线反复进行巡航。利用右手制造工具的能力出自左脑，它也取决于顺序记忆一系列步骤的能力。逻辑、代数和物理学方程全都是随着时间逐步展开的，它们的实质是一步一步的证明。先后顺序也是数字语言的关键。没有时间这个框架，就不能考虑算法。

非常有趣的是，大脑两半球的这种分工，在古希腊神话中已经有了某种猜测和揭示。

古希腊神话说，宙斯的第一位妻子是测量、思考和智慧女神墨提斯。宙斯嫉妒她的本领，便把她吞了下去，目的是得到她的本领。他不知道墨提斯已经怀孕，怀的就是雅典娜。墨提斯死了，雅典娜却还活着，并附在宙斯的脑袋里继续成长。一天早晨，宙斯感到头部一跳一跳地作痛，痛得不能忍受，便派传令使赫耳墨斯去找人来解救。赫耳墨斯找来一位神，用锤子和楔子把宙斯前额凿裂。从宙斯额头的破裂处跳出了已经成年的雅典娜。雅典娜是智慧女神，掌管对未来的预言。而那位用锤子敲打楔子凿开宙斯脑袋的神祇就是先知之神普罗米修斯。普罗米修斯从奥林匹斯山偷得火传给人类，又把如何应用字母、数字以及手艺传给人类。雅典娜也向人类传授使用字母和数目的技能。她还向妇女传授纺织、制陶和工艺设计等技艺，同时传授如何使设计表现出艺术品味。雅典娜养着一只猫头鹰。猫头鹰是能够只依靠转动头部就形成360度全视野的动物，它既能向后看到过去，又能向前看到将来，所以成为雅典娜智慧的象征。

这个神话故事的含义是说，智慧（对未来的预言）的诞生，是大脑被分裂开来的结果。大脑被分开之后，大脑皮层的一半便用于加工有关空间的信息，另一半用于加工有关时间的信息。在这种情况下，人就可以凭借过去的知识预测未来。所以普罗米修斯（先知之神）乃是雅典娜（智慧之神）的助产士。

宙斯在大脑一劈为二、产生出智慧之神后，又生下了酒神狄俄尼索斯和太阳神阿波罗。这是性格完全不同的两个神祇。

狄俄尼索斯代表原始性的追求。宙斯使凡人塞墨勒怀上狄俄尼索斯。塞墨勒要求见到宙斯的本相，宙斯现身后，他的白热光的高温烧死了塞墨勒。宙斯从塞墨勒体内取出胎儿狄俄尼索斯缝入自己的裆内。这使得狄俄尼索斯具有特殊的本性。他是生理欢乐之神，采取纵酒和舞蹈的方式进行祭礼仪式，这是混杂着欢乐与痛苦、美丽与残酷、销魂与恐怖的神秘仪式，其中会出现树妖、魔女、火兽等各种梦幻的形象。狄俄尼索斯与生育有密切关系，他手下辖管的蛇与羊，都是男性生殖崇拜的象征物。他教会人类种植葡萄并用来酿酒，并通过饮酒达到狂欢。缪斯九女神都是他的侍从。

预感、揣度和直觉,都是他的所长。

阿波罗是理性、科学、医药、法律与哲学之神。他一本正经,不苟言笑。他的最大的本领是进行预言。预言对科学、工业和军事都极其重要,所以阿波罗拥有对科学、工业和军事的监控权。理性和逻辑是阿波罗的天性。阿波罗给人世间带来了法律,因此他是所有律师和法官的保护神。在普罗米修斯把字母给了人类以后,阿波罗又担当了文字的保护神。

总之,"阿波罗代表了现代神经学家认定属于大脑左半球的所有功能,狄俄尼索斯恰恰与之相反,体现了右半球的一切职能。狄俄尼索斯的一套有音乐、戏剧、诗词、绘画和雕塑;阿波罗的则是科学、军事、工业、教育、医药、法律与哲学。狄俄尼索斯就是艺术家的样板,阿波罗则是物理学家的化身。""人类在大脑功能、心理状态和思维活动上具有二重性,都在古希腊神话中得到了相当直接的表述。狄俄尼索斯和阿波罗的截然相反的性格,神奇地揭示出大脑两个半球在功能上的不同,也反映出艺术与物理的不同以及空间与时间的不同。"[1]

这里要补充一点,就是在上述的职能分工中,音乐虽然是属于狄俄尼索斯的职能,但阿波罗也喜好音乐,阿波罗和狄俄尼索斯同样是音乐的保护神。不同的是,狄俄尼索斯喜爱的是下里巴人式的音乐(以排箫为象征),而阿波罗喜爱的是阳春白雪式的严肃音乐(以七弦琴为象征)。

从以上的资料我们可以看到,美感主要是和大脑右半球的功能(视觉空间的完形把握,酒神狄俄尼索斯)相联系的。右脑的四个主要特性生存(感情)、图像、隐喻和音乐对于美感的影响,是我们研究的重要课题。随着脑神经科学的进一步发展,随着大脑两半球功能的以及相互联系的进一步揭示,对于我们理解美感必定会提供更多的启发。

七、意识与无意识

在研究美感的时候,我们还应该讨论一下无意识的问题,也就是意识与无意识的关系问题。

---

[1] 伦纳德·史莱因:《艺术与物理学——时空和光的艺术观与物理观》,第501页,吉林人民出版社,2001。

在西方，早在 17、18 世纪就有一些思想家对无意识的问题表示关注。到了 19 世纪，无意识的问题就受到了更多人的关注。但是，真正使无意识的研究成为系统的学说并且对整个学术界产生巨大的影响的是 20 世纪初以奥地利心理学家弗洛伊德和瑞士精神病理学家荣格为代表的心理分析学派。

弗洛伊德认为，美感的源泉存在于无意识的领域之中，艺术创造的动力也存在于无意识的领域之中，这就是人的本能的欲望，也就是性欲（也称为"力必多"Libido）。性欲要求得到满足，这就是"力必多"的愉快原则。但是，文明社会对性欲的满足有种种限制，"力必多"就会潜入心的深层，成为潜意识。但"力必多"还要找出路。一种是"梦"，一种是"白日梦"。这两种出路，弗洛伊德称之为"力必多"的"转移"。还有一种就是"艺术想象"。在"艺术想象"中，"力必多"经过隐藏和伪装，以文明社会所能允许的形式表现出来，弗洛伊德称之为"力必多"的"升华"。这是人人可以进入的世界，通过进入这个世界，人的本能的欲望得到替代性的满足。这就是美的源泉。所以，弗洛伊德明确说："美的观念植根于性刺激的土壤之中。"[1] 又说："美感肯定是从性感这一领域中延伸出来的，对美的热爱中隐藏着一个不可告人的性感目的，对于性所追求的对象来说，'美'和'吸引力'是它最重要的必备的特征。"[2]

弗洛伊德把人分成三部分，即"本我"（id）、"自我"（ego）、"超我"（superego）。"本我"，是最原始的本能冲动，它遵循快乐原则。"自我"，是现实化了的本能，是根据外部环境的现实对"本我"进行调节，它遵循的是现实原则。而"超我"是道德化的"自我"，包括"自我理想"和"良心"，它遵循的是道德原则。前面说的"力必多"这种性欲冲动就压抑在"本我"之中。正是这种压抑使很多人成为精神病患者。

弗洛伊德又提出了一个"俄狄浦斯情结"的有名的概念。俄狄浦斯是古希腊神话中的一个人物，他在无意识的情况下杀了自己的父亲，娶了自己的母亲。弗洛伊德认为，每个人在幼年时都有这种杀父娶母（女孩子则是杀母嫁父）的"俄狄浦斯情结"，它是性本能的最典型的表现。但是它一

---

[1] 转引自朱狄《当代西方美学》，第 23 页，人民出版社，1991。
[2] 弗洛伊德：《文明与它的不满意》。参看朱狄《当代西方美学》，第 25 页，人民出版社，1984。

产生就被抑制，成为无意识的欲望。这种欲望要求发泄。很多文学家、艺术家就把这种"俄狄浦斯情结"升华成为文学作品和艺术作品。所以弗洛伊德以及精神分析学派的一些学者最喜欢用这种"俄狄浦斯情结"来对如达·芬奇、莎士比亚、陀思妥耶夫斯基等人的一些作品进行解释。

瑞士精神病理学家荣格对弗洛伊德的理论进行了修正。他提出了"集体无意识"的概念。他认为，无意识的内涵很宽泛，不一定和性本能有关。真正的无意识概念是史前的产物，"无意识产生于人类没有文字记载情况下没有被写下来的历史之中"[1]。集体无意识并不是由个人所获得，而是由遗传保存下来的一种普遍性精神。荣格认为，在人的无意识的深层中，"沉睡着人类共同的原始意象"，这种"原型意象是最深、最古老和最普遍的人类思想"。这种意象"印入人脑已有千万年的时间，现成地存在于每个人的无意识之中"，"为了使它重新显现，只需要某些条件"。[2] 这种"原型"（archetypes）或"原始意象"（the archetypal image）是巨大的决定性力量，它改变世界，创造历史。荣格举了一个例子，就是 R. 梅耶发现能量守恒定律。梅耶是一个医生，他为什么能发现能量守恒定律？荣格认为，这是因为能量守恒定律的观念是潜伏在集体无意识里的一个原型意象（灵魂不朽、灵魂轮回等等观念），只不过在某些必要条件具备的情况下，在梅耶的头脑里显现出来了。[3] 荣格认为，艺术作品的创造的源泉，不在个人的无意识，而在集体无意识和原始意象。艺术家是受集体无意识的驱动。艺术作品不是艺术家个人心灵的回声，而是人类心灵的回声。荣格说："渗透到艺术作品中的个人癖性，并不能说明艺术的本质；事实上，作品中个人的东西越多，也就越不成其为艺术。艺术作品的本质在于它超越了个人生活领域而以艺术家的心灵向全人类的心灵说话。个人色彩在艺术中是一种局限甚至是一种罪孽。"[4]

弗洛伊德和荣格对无意识的研究，不仅对医学、心理学是一种贡献，而且对美学也是一种贡献。他们使人们进一步关注无意识在审美活动中的

---

[1] 转引自朱狄《当代西方美学》，第30页，人民出版社，1991。
[2] 荣格《个体无意识与超个体或集体无意识》，《西方心理学家文论选》，第410—413页，人民教育出版社，1983。
[3] 同上。
[4] 荣格：《心理学与文学》，见《二十世纪西方经典文本》第二卷，第89页，复旦大学出版社，2000。

作用。

我们在前面说过,美感是一种体验,一种瞬间的直觉,即王夫之所谓"一触即觉,不假思量计较",带有超理性、超逻辑的性质。正因为这样,人的无意识常常可以进入美感的直觉活动当中,成为推动审美体验的因素。所以深入研究无意识的问题,对于进一步理解美感作为审美体验的本质,有重要的帮助。

但是,由于弗洛伊德和荣格主要是站在精神病医生和精神病理学家的立场来研究无意识的,因而当他们试图从哲学的、美学的层面对无意识进行解释时,就不可避免地带有很大的局限性和片面性。

弗洛伊德把人的无意识归结为人的被压抑的性的本能和欲望("力必多"),把美感和艺术创作的源泉也归结为这种性的本能和欲望,这显然是一种极大的片面性。人的精神活动可以划分为意识和无意识两大领域,但这两个领域并不是截然分开的。人的无意识是人的意识所获得的某些信息的积淀、潜藏和储存。因而它和人的从小到大的全部经历,和社会生活的各个方面有着极其广泛的、复杂的联系。在人的无意识中,可以看到人的社会历史文化环境对他的深刻影响。在人的无意识中,积淀着人的家庭出身、文化教养、社会经历、人生遭遇,积淀着人的成功和失败、欢乐和痛苦。决不能把无意识仅仅归结为性的本能和欲望。拿梦来说,梦离不开人的全部人生经历,离不开人的社会生活。正如明代哲学家王廷相说:"梦中之事即世中之事。"[1] 梦(潜意识)离不开人的社会生活。文学艺术的创作更是如此。精神分析心理学的学者曾写了许多书,用精神分析法来分析陀思妥耶夫斯基的创作。他们把陀思妥耶夫斯基每一部作品的主人公都和他本人等同起来。他们的目的和宗旨仅仅是为了证明陀思妥耶夫斯基全部创作的基础,就是乱伦性质的"俄狄浦斯情结"。他们写道:"永生的'俄狄浦斯情结'附在这个人的身上,并创作了这些作品,此人永远也无法战胜自身的情结——俄狄浦斯。"这是十分荒唐的。正如俄罗斯有的学者所说,"为什么我们一定要假定,儿童性欲的冲突、孩子同父亲的冲突在陀思妥耶夫斯基的一生中所发生的影响要大于他后来所经受的全部创伤和体验呢?为什么我们不能假定,例如像等待处决和服苦役这样一些体验不能成为新

---

[1] 王廷相:《雅述》下篇。

的和复杂的痛苦体验的来源呢?"

　　荣格的"集体无意识"的理论,把研究的视角从个体的精神发展移到人类的系统的精神发展,把艺术创造和世界历史的动力归之于"原型"、"原始意象"。这种理论就其纠正弗洛伊德把一切归结为童年的性本能的冲动的片面性来说,是有积极意义的。这种理论引导人们研究原始神话、原始宗教特别是研究原始神话和原始宗教对当今人类的无意识的影响,也是有积极意义的。但是,正如很多学者指出的,荣格说的"原始意象"在千万年时间中经过人脑的组织一代一代遗传下来,只是一种推断,现在还无法证实。[1] 同时,正如弗洛伊德过分夸大个体的童年的性心理的作用是一种片面性一样,荣格过分夸大人类的童年的原始意象的作用,也是一种片面性(例如他把梅耶发现能量守恒定律的源泉归之于"灵魂不灭"的"原始意象"就十分可疑)。人类的整个文明史,特别是人类的当代史,人类的当代社会生活,对于无意识的影响,决不会小于人类童年的原始意象。这是荣格的"无意识理论"的致命的弱点。当然,荣格完全抹杀艺术创作的个性和个人风格,也是完全违背艺术史的历史事实的。

　　当代美国人本主义心理学家马斯洛对弗洛伊德的批评也值得注意。马斯洛认为,弗洛伊德作为一个心理学家,他的片面性在于他把注意力都集中于研究病态的心理(这在人群中终究是少数),而不去注意研究健康的心理(这在人群中是大多数),同时他又把他对病态心理的研究的结论推广到全体人类,成为人类心理的普遍结论,这样一来,全体人类的心理都成为病态的了。所谓"俄狄浦斯情结"就是最明显的例子。在人类历史上也许确有具有"俄狄浦斯情结"这种病态心理的人,但那是极少数。但在弗洛伊德那里,就变成每个人的无意识中都具有这种"杀父娶母"的情结,这

---

[1] 当然,也有学者认为荣格说的这种"原始意象"的遗传有可能找到科学的根据。如美国学者伦纳德·史莱因说:"荣格所说的信息究竟存储在哪里呢? DNA 分子是浩瀚的图书馆,它们存储着从指纹到毛发颜色的各种蓝图。因此,如果认为有关进化史的信息,就存放在 DNA 那蜿蜒盘旋的书架库的某块区域内,并非是没有理由的杜撰。遗传工程师们最近在人的 DNA 中发现有大段的结构并不决定着人的生理属性。有些分子生物学家认为,这些无名的区域,要么是些'DNA 垃圾',要么是用于有待将来辨识的某些功能。我本人在这里提出一种新揣度,即这里面或许有些区域是用来存储亘古印象的库房。发生在人类进化早期阶段的事件,经 DNA 传递给胚胎中正在发育的大脑,在那里编好码,这可能就是荣格所说的集体无意识的基础。如果认为这一假说是可信的,那么,从神话中考证进化史实就会颇有成效。神话是以间接方式讲述有多重意义的复杂故事的手段。"(伦纳德·史莱因:《艺术与物理学》,第489页,吉林人民出版社,2001。)

岂不荒唐。马斯洛认为，人格心理学的重点应该研究健康的心理。[1] 马斯洛对弗洛伊德的批评是有道理的。

八、美感与宗教感

在这一节我们要讨论美感的神圣性（神性）的问题。这个问题涉及美感与宗教感的关系。

前面说过，美感（审美体验）是一种超理性的精神活动，同时又是一种超越个体生命有限存在的精神活动，就这两点来说，美感与宗教感有某种相似之处和某种相通之处，因为宗教感也是一种超理性的精神活动和超越个体生命有限存在的精神活动。因而有一些基督教思想家就把审美体验和宗教体验说成是一回事。例如罗马时期新柏拉图主义哲学家普洛丁就把审美经验说成是经过清修静观而达到的一种宗教神迷状态，在这种状态中，灵魂凭借神赋予的直觉，见到了神的绝对善和绝对美，因而超越凡俗，达到与神契合为一。公元5世纪的基督教思想家伪第俄尼修继承普洛丁，强调美是上帝——绝对的属性，美属于绝对，美是绝对美、神灵美，是普遍美、超越美、永恒美。上帝具有光的性质，所以美被定义为和谐与光。[2] 中世纪的经院哲学家托马斯·阿奎那也说，世间一切美的事物都不过是上帝"活的光辉"的反映，审美使人超越有限事物的美，进而窥见上帝的绝对美。中世纪基督教的思想家都强调美感的神圣性。

审美体验和宗教体验在它们的某种层面上确有可以相通的地方。很多科学家都谈到这一点。从爱因斯坦到杨振宁，很多大科学家都谈到他们在科学研究的某个境界会得到一种美感和宗教感。他们把这种宗教感称之为"自然宗教"情感或"宇宙宗教"情感。德国大生物学家海克尔说："观察满布星斗的天空和一滴水中的显微生命，我们就会赞叹不止；研究运动物质中能的奇妙作用，我们就会满怀敬畏之情；崇拜宇宙中无所不包的实体定律的价值，我们就会肃然起敬。——凡此种种都是我们感情生活的组成

---

[1] 马斯洛说："如果一个人只潜心研究精神错乱者、神经症患者、心理变态者、罪犯、越轨者和精神脆弱的人，那么他对人类的信心势必越来越小，他会变得越来越'现实'，尺度越放越低，对人的指望也越来越小。"（转引自弗兰克·戈布尔《第三思潮：马斯洛心理学》，第14页，上海译文出版社，1987）"研究有缺陷、发育不全、不成熟和不健康的人只会产生残缺不全的心理学和哲学，而对于自我实现者的研究，必将为一个更具有普遍意义的心理科学奠定基础。"（马斯洛：《自我实现的人》，第55页，三联书店，1987。）
[2] 参看塔塔凯维奇《中世纪美学》，第38—42页，中国社会科学出版社，1991。

部分，都与'自然宗教'的概念相符。"[1] 海克尔在这段话中就把科学家在科学研究中产生的美感说成是某种宗教感——即他称为"自然宗教"的情感。爱因斯坦则把这种科学美的美感称之为"宇宙宗教"情感。他在《我的世界观》一文（1930）中说："我们认识到有某种为我们所不能洞察的东西存在，感觉到那种只能以其最原始的形式为我们感受到的最深奥的理性和最灿烂的美——正是这种认识和这种情感构成了真正的宗教感情；在这个意义上，而且也只是在这个意义上，我才是一个具有深挚的宗教感情的人。"[2] 爱因斯坦认为正是这种"宇宙宗教"情感激励科学家为科学而献身。他在一封信中说："那些我们认为在科学上有伟大创造成就的人，全部浸染着真正的宗教的信念，他们相信我们这个宇宙是完美的，并且是能够使追求知识的理性努力有所感受的。如果这信念不是一种有强烈感情的信念，如果那些追求知识的人未曾受过斯宾诺莎的对神的理智的爱的激励，那么他们就很难会有那种不屈不挠的献身精神，而只有这种精神才能使人达到他的最高的成就"。[3] 爱因斯坦在这封信中提到"斯宾诺莎的对神的理智的爱"，并不是偶然的。1929年纽约一位牧师发电报问他："你信仰上帝吗？"爱因斯坦回答说："我信仰斯宾诺莎的那个在存在事物的有秩序的和谐中显示出来的上帝，而不是信仰那个同人类的命运和行为有牵累的上帝。"[4] 在斯宾诺莎那里，上帝（神）、自然、实体三位一体，构成一种特殊的泛神论，是一种对自然的壮丽和统一怀有诗意的和浪漫的学说。[5] 所以这种泛神论和美学最能相通。在这种泛神论影响下的"宇宙宗教情感"，实质上是一种美感。

根据李醒民在《爱因斯坦》（"世界哲学家丛书"）一书中概括，爱因斯坦的宇宙宗教情感有以下几个方面的表现形式：1. 对大自然和科学的热爱和迷恋，如醉如痴。2. 奥秘的体验和神秘感。爱因斯坦说："我认为在宇宙中存在着许多我们不能觉察或洞悉的事物，我们在生活中也经历了一些仅以十分原始的形式呈现出来的最美的事物。只是在与这些神秘的关系中，

---

[1] 海克尔：《宇宙之谜》，第325页，上海人民出版社，1974。
[2]《爱因斯坦文集》第3卷，第45页，商务印书馆，1979。
[3] 同上书，第256页。
[4]《爱因斯坦文集》第1卷，第243页，商务印书馆，1979。
[5] 洪汉鼎：《斯宾诺莎研究》，第256—258页，人民出版社，1993。

我才认为我自己是一个信仰宗教的人。"[1] 3. 好奇和惊奇感。对于宇宙的永恒秘密和世界的神奇结构，以及其中所蕴涵的高超理性和壮丽之美，爱因斯坦总是感到由衷的好奇和惊奇。这种情感把人们一下子从日常经验的水准和科学推理的水准提升到与宇宙神交的水准——聆听宇宙和谐的音乐，领悟自然演化的韵律——从而直觉地把握实在。这种情感也使科学研究工作变得生气勃勃而不再枯燥无味。4. 对于宇宙神秘和谐，对于存在中显示的秩序和合理性的赞赏、景仰、尊敬乃至崇拜之情。5. 在大自然的宏伟壮观的结构面前的谦恭、谦卑和敬畏之情。6. 对于世界的美丽庄严以及自然规律的和谐的喜悦、狂喜。

我们可以看到，爱因斯坦的宇宙宗教情感的这些表现形式，多数都属于美感或接近于美感。杨振宁也谈到这种美感与宗教感的沟通。他说："一个科学家做研究工作的时候，当他发现到，有一些非常奇妙的自然界的现象，当他发现到，有许多可以说是不可思议的美丽的自然结构，我想应该描述的方法是，他会有一个触及灵魂的震动。因为，当他认识到，自然的结构有这么多的不可思议的奥妙，这个时候的感觉，我想是和最真诚的宗教信仰很接近的。"[2] 他在"美与物理学"的演讲中又说，**研究物理学的人从牛顿的运动方程、麦克斯韦方程、爱因斯坦狭义与广义相对论方程、狄拉克方程、海森堡方程等等这些"造物者的诗篇"中可以获得一种美感，一种庄严感，一种神圣感，一种初窥宇宙奥秘的畏惧感，他们可以从中感受到哥特式教堂想要体现的那种崇高美、灵魂美、宗教美、最终极的美**。[3] 杨振宁这些话也提出了美感与宗教感沟通的问题。

美感有不同层次。最大量的是对生活中一个具体事物的美感。比这高一层的是对整个人生的感受，我们称之为人生感、历史感。最高一层是对宇宙的无限整体和绝对美的感受，我们称之为宇宙感，也就是爱因斯坦说的宇宙宗教情感（惊奇、赞赏、崇拜、敬畏、狂喜）和杨振宁说的庄严感、神圣感、初窥宇宙奥秘的畏惧感。正是在这个层次上，美感与宗教感有共同点。它们都是对个体生命的有限存在和有限意义的超越，通过观照绝对无限的存在、"最终极的美"、"最灿烂的美"（在宗教是神，在审美是永恒

---

[1] 转引自李醒民《爱因斯坦》，第 427—428 页，东大图书公司，1998。
[2] 《杨振宁文集》下册，第 599 页，华东师范大学出版社，1998。
[3] 同上书，第 851 页。

的和谐和完美，中国人谓之"道"、"太和"），个体生命的意义与永恒存在的意义合为一体，从而达到一种绝对的升华。在宗教徒，这种境界是"与神同在"，在美的欣赏者，这种境界是"饮之太和"。这是灵魂狂喜的境界。

但是，尽管美感和宗教感在超越个体生命的有限存在和有限意义这一点上很相似，而且在它们的某种层面上可以互相沟通，但是它们还是有本质的区别。区别主要有两点。第一，审美体验是对主体自身存在的一种确证，这种确证通过审美意象的生成来实现，而宗教体验则是在否定主体存在的前提下皈依到上帝这个超验精神物（理念）上去，所以极端的宗教体验是排斥具体、个别、感性、物质的。第二，审美超越在精神上是自由的，而狭义的宗教超越并没有真正的精神自由，因为宗教超越必定要遵循既定的教义信仰，宗教超越还必然要包含"对神的绝对依赖感"（施莱尔马赫）。而像爱因斯坦等许多科学家所说的"宗教感"，却并不受制于这两条。所以，他们所说的宗教感从根本性质上说是属于美感，是一种最高层次的美感，即宇宙感。

爱因斯坦自己就一再申明，他所说的宗教感，是在宇宙和谐和秩序前面感到敬畏和赞叹，这同那种有一个人格化上帝的宗教信仰是不同的。下面是他在几封信中所说的话：

> 我在大自然里所发现的只是一种宏伟壮观的结构，对于这种结构现在人们的了解还很不完善，这种结构会使任何一个勤于思考的人感到"谦卑"。这是一种地道的宗教情感，而同神秘主义毫不相干。（1954年或1955年的一封信）
>
> 我想象不出一个人格化的上帝，他会直接影响每个人的行动，也想象不出上帝会亲自审判那些由他自己创造的人。我想象不出这种上帝，尽管现代科学对机械因果关系提出了一定的怀疑。
>
> 我的宗教思想只是对宇宙中无限高明的精神所怀有的一种五体投地的崇拜心情。这种精神对我们这些智力如此微弱的人只显露了我们所能领会的极微小的一点。（1927年的一封信）
>
> 你所读到的那篇有关我的宗教信仰的文章当然是个谎言。我不相信什么人格化的上帝，我从不否认这一点，而一向说得清清楚楚。如

果我身上有什么称得上宗教性的东西，那就是一种对迄今为止我们的科学所能揭示的世界的结构的无限敬畏。(1954年的一封信)[1]

张世英指出，美感除了人们一般常说的超功利性、愉悦性等等之外，还应加上一条神圣性（或简称神性）。[2] 我认为张世英的这个补充是有重要意义的。当然，**不是在美感的所有层次上都有神圣性，而只是在美感的最高层次即宇宙感这个层次上，也就是在对宇宙无限整体（张世英说的"万物一体"的境界）的美的感受这个层次上，美感具有神圣性。这个层次的美感，是与宇宙神交，是一种庄严感、神秘感和神圣感，是一种谦卑感和敬畏感，是一种灵魂的狂喜。这是深层的美感，最高的美感。**在美感的这个最高层次上，美感与宗教感有某种相通之处。在这个问题上，中世纪基督教美学和爱因斯坦等科学大师给了我们重要的启示。

从美感在最高层次上的神圣性，从美感在最高层次上与宗教感的相通与区分，我们似乎可以对蔡元培提出的"以美育代宗教"的口号做一点新的阐释。有人曾批评蔡元培的这个口号在理论上是幼稚的，理由是宗教的存在有社会根源，不是用普及教育的方法就可以取消的。但是，宗教除了有认识的根源和社会的根源之外，是不是还有人性的、心理的根源呢？人有一种超越个体生命有限存在而追求绝对和无限的精神需求，而宗教则以它自己的方式满足了人的这种超越的精神需求。这也许就是宗教信仰的心理的根源。在社会发展的某个阶段，狭义的宗教也许会消亡（这是另外一个问题，我们在这里不加讨论），但是人性中这种追求永恒和绝对的精神需求，却永远不会消亡。不满足人性的这种需求，人就不是真正意义上的人。除开宗教超越，只有审美超越———一种自由的、积极的超越——可以满足人性的这种需求。"以美育代宗教"的口号的深刻性是不是就在这里呢？

九、美感的综合描述

前面我们对美感作为人的一种精神活动的本质以及有关的一些问题分别做了讨论，现在我们再对美感的主要特性做一个综合的描述。

---

[1] 以上引自《爱因斯坦谈人生》，第41、44、58页，世界知识出版社，1984。
[2] 张世英：《境界与文化》，第245页，人民出版社，2007。

（一）无功利性

美感的无功利性，是指人们在审美活动中没有直接的实用功利的考虑。我们前面讲审美态度，就是说人们要进入审美活动必须抛弃功利的眼光。对美感的无功利性的认识，最早是18世纪英国经验主义美学家夏夫兹博里、哈齐生、阿里生等人提出的。到了康德，他明确地把审美的无利害性作为鉴赏判断的第一个契机，把美定义为"无一切利害关系的愉快的对象"。

美感的无功利性，最根本的原因是由于在审美活动中，人们超越了主客二分。审美对象不是外在于人的实体化的存在，而是审美意象，这个审美意象是对事物的实体性的超越。康德说，在审美活动中，人"对一对象的存在是淡漠的"，"人必须完全不对这事物的存在不存在有偏爱"。[1] 茵伽登也说："审美对象不同于任何实在对象；我们只能说，某些以特殊方式形成的实在对象构成了审美知觉的起点，构成了某些审美对象赖以形成的基础，一种知觉主体采取的恰当态度的基础。""因为对象的实在对审美经验的实感来说并不是必要的。"[2] 超越了对象的实在，当然也就是超越了利害的考虑。因为没有对象的实在，欲望就得不到满足。任何实用价值都存在于物的实在中，以占有这种物并消耗它为前提。因此，一旦主体关心的是对象的物的实在而不是非实在的意象，审美对象便转化为实用的对象。例如，1987年3月，一家日本保险公司以3980万美元买下了凡·高的一幅画《向日葵》。对于这家公司来说，凡·高的这幅画当然不是审美对象，而是变成和股票、房地产差不多的东西。凡·高的另一幅画《鸢尾花》在1947年转手时，售价8万美元，到1987年再次转手，售价高达5390万美元，40年间价格翻了500多倍！这幅画的性质在卖主和买主那里完全变了，它成了货币贮藏手段和增值手段，而不再是审美对象。

美感的无功利性并不像有些人所想的那样是一种消极的特性。相反，它具有十分积极的意义。因为它意味着主体获得一种精神的自由和精神的解放。席勒曾说过，审美观赏是人和他周围世界的"第一个自由的关系"。他说："欲望是直接攫取它的对象，而观赏则是把它的对象推向远方，并帮助它的对象逃开激情的干扰，从而使它的对象成为它的真正的、不可丧失

---

[1]康德：《判断力批判》上册，第46、41页，商务印书馆，1985年。
[2]茵伽登：《审美经验与审美对象》，见李普曼编《当代美学》，第288、284页。

的所有物。"[1]

（二）直觉性

直觉性就是我们前面介绍过的王夫之说的"现成"，"一触即觉，不假思量计较"。美感是一种审美直觉，这一点已为多数美学家所承认。

中国古代思想家，如庄子和禅宗的思想家，他们早就注意到审美活动的超理性（超逻辑）的性质。他们看到，功利世界和逻辑世界遮蔽了存在的本来的面貌，即遮蔽了一个本然的世界。这个本然的世界，是万物一体的世界，是乐的境界。这个本然的世界，就是中国美学说的"自然"。这个本然的世界，也就是中国美学说的"真"。当然这个真，不是逻辑的真，而是存在的真。禅宗的思想家认为，只有超逻辑、超理性的"悟"，才能达到万物一体的真实世界。铃木大拙说："悟，只是把日常事物中的逻辑分析的看法，掉过头来重新采用直观的方法，去彻底透视事物的真相。"[2] 冯友兰说，禅宗的"悟"，能够使人达到一种"超乎自己之境界"，在此境界中，"觉自己与大全，中间并无隔阂，亦无界限"，"其自己即是大全，大全即是自己"。"普通所谓知识之知，有能知所知的分别，有人与境之对立，悟无能悟所悟的分别，无人与境的对立。"[3]

近几年，张世英在他的著作中也多次强调审美活动的超理性的性质。他指出，过去我们一般都说：人是理性的存在。现在我们应该补充一句：人同时也是超理性的存在。人的理性、思维乃是通过主客二分式的认识，通过概念、共相以把握事物，但人要求最高的无限整体与统一体，而主客二分式的认识对把握这种最高统一体是无能为力的。天人一体只能通过天人合一的体验来把握，而这种体验只能是超理性而不是理性。

在西方历史上，很多哲学家、美学家倾向于用理性主义哲学来解释审美活动，一直到黑格尔都是如此。宗白华在他的《形上学》中批评黑格尔说："黑格尔使'理性'流动了、发展了、生动了，而仍欲以逻辑精神控制及网罗生命。无音乐性之意境。"[4]

其实，在西方美学史上，特别是近现代以来，有许多思想家在讨论美

---

[1] 席勒：《审美教育书简》，第131页，北京大学出版社，1985。
[2] 《悟道禅》，转引自《静默的美学》，169页。
[3] 冯友兰：《新知言》，见《三松堂全集》第五卷，第228页，河南人民出版社，2000。
[4] 宗白华：《形上学（中西哲学之比较）》，见《宗白华全集》第一卷，第586页，安徽教育出版社，1994。

感时都试图突破理性的、逻辑的局限。这里面比较重要的思想家有谢林、柏格森、克罗齐等人。朱光潜在《文艺心理学》中着重介绍克罗齐的直觉说。克罗齐认为，美感是一种直觉，这种直觉是知识前的阶段。他又认为这种直觉就是表现，就是创造，就是艺术。克罗齐肯定审美直觉的创造性是正确的，但他把审美直觉说成是知识前的阶段是不妥当的。审美直觉超越知识，它不属于认识论的范畴，它是一种体验。

美感超理性，但超理性并不是反理性。在审美直觉中包含了理性的成分。或者说，在"诗"（审美直觉、审美意识）中包含了"思"（理性）。张世英曾对此作过论述。他说："原始的直觉是直接性的东西，思是间接性的东西，思是对原始直觉的超越，而审美意识是更高一级的直接性，是对思的超越。""超越不是抛弃，所以审美意识并不是抛弃思，相反，它包含着思，渗透着思。可以说，真正的审美意识总是情与思的结合。为了表达审美意识中思与情相结合的特点，我想把审美意识中的思称之为'思致'。致者，意态或情态也，思而有致，这种思就不同于一般的概念思维或逻辑推理。""'思致'是思想—认识在人心中沉积日久已经转化（超越）为感情和直接性的东西。审美意识中的思就是这样的思，而非概念思维的思本身。"[1] 张世英说得很有道理，因为在审美活动中，作为审美主体的人是历史的、文化的存在。**沉积在他心中的历史、文化、知识必然要在审美活动中发生作用，这种作用不是表现为逻辑的思考、判断，不是表现为"思量计较"，而是"一触即觉"**，是刹那间的感兴。"流光容易把人抛，红了樱桃，绿了芭蕉"，"鸡声茅店月，人迹板桥霜"，这是刹那间的感兴，但里边显然渗透着历史，渗透着文化，渗透着难以言说的人生感。观赏西方的宗教画，听西方的交响乐，中国人感受到意蕴和西方人会有很大的不同。这也是历史、文化、知识在起作用。这些都说明，审美直觉渗透着知识、理性，或者用张世英的说法，"诗"渗透着"思"。

我国古代思想家如王夫之、叶燮也曾讨论过这个问题。王夫之说，"妙悟"并不是没有"理"，只不过"妙悟"的理不是"名言之理"（逻辑概念的

---

[1] 张世英：《哲学导论》，第125—126页，北京大学出版社，2002。张世英指出，他提出的"思致"的概念不同于一般流行的"形象思维"的概念。"所谓'形象思维'，如果说的是思想体现于或渗透于形象中，那是可以的；如果说的是思维本身有形象，这种流行看法我以为不可取。黑格尔说过，思想活动本身是摆脱表象和图像的，思想是摆脱了图像的认识活动。黑格尔的说法是对的。"我们赞同张世英的这一看法。

理）罢了。[1] 叶燮说:"可言之理,人人能言之,又安在诗人之言之! 可征之事,人人能述之,又安在诗人之述之! 必有不可言之理,不可述之事,遇之于默会意象之表,而理与事无不灿然于前者也。"[2] 又说:"惟不可名言之理,不可施见之事,不可径达之情,则幽渺以为理,想象以为事,惝恍以为情,方为理至、事至、情至之语。"[3] 在叶燮看来,诗(审美活动)并不排斥"理",但是审美活动的"理"并不是逻辑概念的理("名言之理"),而是渗透在直觉想象之中的理,是渗透在"默会意象"之中的理。[4]

(三) 创造性

创造性是美感的重要特性。因为美感的核心乃是生成一个意象世界("胸中之竹"),这个意象世界("胸中之竹")是"情"与"景"的契合,是不可重复的"这一个",具有唯一性和一次性。

卡西尔说:"艺术家的眼光不是被动地接受和记录事物的印象,而是构造性的,并且只有靠着构造活动,我们才能发现自然事物的美。美感就是对各种形式的动态生命力的敏感性,而这种生命力只有靠我们自身中的一种相应的动态过程才可能把握。"[5] 卡西尔又说:"如果艺术是享受的话,它不是对事物的享受,而是对形式的享受。""形式不可能只是被印到我们的心灵上,我们必须创造它们才能感受到它们的美。"[6] 卡西尔这些话都是说,审美直觉活动对于感性世界(形式)的发现,本质上乃是一种创造。[7]

---

[1] "王敬美谓'诗有妙悟,非关理也',非理抑将何悟?"(王夫之《姜斋诗话》卷一)"王敬美谓'诗有妙悟,非关理也',非谓无理有诗,正不得以名言之理相求耳。"(《古诗评选》卷四,司马彪《杂诗》评语)。
[2] 《原诗》内篇。
[3] 同上。
[4] 关于王夫之、叶燮的有关论述,可参看叶朗《中国美学史大纲》,第469—471页,第502—506页,上海人民出版社,1985。
[5] 卡西尔:《人论》,第192页。
[6] 同上书,第203页。
[7] 对于审美直觉的这种创造性,格式塔心理学提供了一种分析和解释。审美直觉面对的感性世界,从表面看是芜杂的。但是,人的意识很快就能借助一种意向性结构进行意识聚焦,在流动连续的自然中孤立出一组事物。而且,根据格式塔心理学家的无数试验证明,"我们的眼睛,或说得更确切点,我们的大脑,有一种压倒一切的需要,这就是从眼前任何杂乱形式中选择出一种准确、集中、简单的模式来。(A.埃伦茨韦格:《艺术的潜在次序》,引自李普曼《当代美学》,第420页。)这个模式,就是内在地存在于事物之中的"格式塔质"。对这种格式塔质的把握,是审美直觉所发现的一种整体性质。这种整体性质不是通过分析得到的一种关系,而是一个直接感觉到的内在结构。"一个优格式塔具有这样的特点:它不仅使自己的各部分组成了一种层序统一,而且使这统一有自己的独特性质。"(K.考夫卡《艺术心理学中的问题》,引自李普曼编《当代美学》,第418页)于是审美直觉在芜杂纷繁的感性世界中成功地发现了一个整体,一个"这一个",把它从感性世界的背景中成功地分离出来,予以特别的观照。这当然是一种创造。

朱光潜谈审美活动，一再强调它的创造性。他说："美感经验就是形象的直觉。这里所谓'形象'并非天生自在一成不变的，在那里让我们用直觉去领会它，象一块石头在地上让人一伸手即拾起似的。它是观赏者的性格和情趣的返照。观赏者的性格和情趣随人随时随地不同，直觉所得的形象也因而千变万化。比如古松长在园里，看来虽似一件东西，所现的形象却随人随时随地而异。我眼中所见到的古松和你眼中所见到的不同，和另一个人所见到的又不同。所以那颗古松就呈现形象说，并不是一件唯一无二的固定的东西。我们各个人所直觉到的并不是一颗固定的古松，而是它所现的形象。这个形象一半是古松所呈现的，也有一半是观赏者本当时的性格和情趣而外射出去的。"因此说，"直觉是突然间心里见到一个形象或意象，其实就是创造，形象便是创造成的艺术。因此，我们说美感经验是形象的直觉，就无异于说它是艺术的创造"。[1]

用郑板桥的术语，审美直觉就是突然间心里呈现一个"胸中之竹"。这个"胸中之竹"是在当前的审美知觉所激发起来的情感与想象的契合而形成的，是一个情景交融的意象世界。陆机说："情曈昽而弥鲜，物昭晰而互进。"[2] 刘勰说："情往似赠，兴来如答。"[3] 又说："神用象通，情变所孕。"[4] 这些话都是说：审美意象是在情感和想象的互相渗透中孕育而成的，审美意象乃是"情""景"的融合，情感与想象的融合。这就是美感的创造性。

审美的创造与科学的创造有一点重要的不同。科学的创造所得到的东西（规律、定理）带有普遍性，是可以重复的，不能重复就不是真理。而审美创造所得到的东西（意象世界）是唯一的，是不能重复的。"明月照积雪"、"大江流日夜"、"池塘生春草"、"细雨湿流光"是唯一的，不可重复的。所以王羲之说："群籁虽参差，适我无非新。"美感的对象永远是新鲜的、第一次出现的。但正是人们创造的这个意象世界照亮了生活世界的本来面貌。这就是我们前面讲过的人的创造与"显现真实"的统一。《红楼梦》里的香菱谈她对王维诗的体会说："我看他《塞上》一首，那一联云：'大漠孤烟直，长河落日圆。'想来烟如何直，日自然是圆的，这'直'字

---

[1] 朱光潜：《文艺心理学》，见《朱光潜美学文集》第一卷，第18—19页，人民文学出版社，1982。
[2] 《文赋》。
[3] 《文心雕龙·物色》。
[4] 《文心雕龙·神思》。

似无理,'圆'字似太俗。合上书一想,倒像是见了这景的。若说再找两个字换这两个,竟再找不出两个字来。再还有'日落江湖白,潮来天地青',这'白''青'两个字也似无理。想来必得这两个字才形容得尽,念在嘴里,倒像有几千斤重的一个橄榄。还有'渡头余落日,墟里上孤烟',这'余'字和'上'字,难为他怎么想来!我们那年上京来,那日下晚便湾住船,岸上又没有人,只有几棵树,远远的几家人家做晚饭,那个烟竟是碧青,连云直上。谁知我昨日晚上读了这两句,倒像我又到了那个地方去了。"香菱这番话很有意思,它说明两点:第一,在美感活动中生成的意象世界是独特的创造,是第一次出现的;第二,这个意象世界照亮了一个有情趣的生活世界。

(四)超越性

我们前面说过,美感是体验,是对主客二分的模式的超越。因此超越性是美感的重要特性。所谓超越,是对主客二分的关系的超越,因而也就是对"自我"的超越,是对个体生命的有限存在和有限意义的超越。这种超越是一种精神的超越。

人的个体生命是有限的、暂时的存在。但是人在精神上有一种趋向无限、趋向永恒的要求。所以超越是人的本性。超越就是超越"自我"的有限性。**在主客二分的关系中,"自我"与一切外物相对立,"自我"是有限的。美感(审美活动)在物我同一的体验中超越主客二分,从而超越"自我"的有限性。**中国古代艺术家都在审美活动中追求一种万物一体、天人合一的境界,也就是把个体生命投入宇宙的大生命("道"、"气"、"太和")之中,从而超越个体生命存在的有限性和暂时性。这就是美感的超越性。唐代美学家张彦远有十六个字:"凝神遐想,妙悟自然,物我两忘,离形去智。"[1] 这十六个字可以看作是对美感的超越性的很好的描绘。美感的这种超越性,是审美愉悦的重要根源。《淮南子》有这样一段话:

> 凡人之所以生者,衣与食也。今囚之冥室之中,虽养之以刍豢,衣之以绮绣,不能乐也:以目之无见,耳之无闻。穿隙穴,见雨零,则快然而叹之,况开户发牖,从冥冥见炤炤乎?从冥冥见炤炤,犹尚肆

---

[1]《历代名画记》。

然而喜，又况出室坐堂，见日月之光乎？见日月光，旷然而乐，又况登泰山，履石封，以望八荒，视天都若盖，江河若带，又况万物在其间者乎？其为乐岂不大哉！[1]

这是一段很深刻的议论。人的个体生命靠衣与食维持。但是如果把人囚禁在冥室之中，那么吃得再好，穿得再好，也得不到"乐"（审美愉悦）。因为人的精神被束缚住了，人不能超越自己个体生命的有限的存在。一旦开户发牖，从冥冥见炤炤，就开始了这种精神的超越。继之以出室坐堂，见日月光，再继之以登泰山，履石封，以望八荒，人的精神越是趋向于无限和永恒，人所获得的审美愉悦也就越深越大。这种超越显然有赖于目和耳这两种感官。所以中国古代美学家很重视"望"。因为"望"使人超越，使人兴发，使人获得审美愉悦，正如李峤《楚望赋》说的："望之感人深矣，而人之激情至矣！"[2]

美感的这种超越性使人获得一种精神上的自由感和解放感。在主客二分的关系中，人与外界分裂，人局限在"自我"的牢笼中，不可能有真正的自由。美感超越"自我"，人在精神上就得到真正的自由。所以康德说："诗使人的心灵感到自己的功能是自由的。"[3] 黑格尔说："审美带有令人解放的性质。"[4]

美感的这种超越性使得美感和宗教感有某种相似和相通之处，因为宗教感也是一种超越个体生命有限存在的精神活动。但是，这二者有本质的区别。审美超越在精神上是自由的，而宗教超越并没有这种精神的自由。

由于美感的这种超越性，所以在美感的最高层次即宇宙感这个层次上，也就是在对宇宙的无限整体和绝对美的感受的层次上，美感具有神圣性。这个层次上的美感，是与宇宙神交，是一种庄严感、神秘感和神圣感，是一种谦卑感和敬畏感，是一种灵魂的狂喜。

（五）愉悦性

愉悦性是美感最明显的特性，是美感的综合效应或总体效应。人们通

---

[1]《淮南子·泰族训》。
[2]《全唐文》卷二四二。
[3] 康德：《判断力批判》。这里的译文引自张世英《哲学导论》第 130—131 页，商务印书馆，1979。
[4] 黑格尔：《美学》第一卷，第 147 页，商务印书馆，1979。

常说"审美享受",主要就是指美感的这种愉悦性。很多人在日常生活中使用"美感"这个词,例如说"这场音乐会给了我很大的美感",主要也是指美感的这种愉悦性。这是狭义的"美感"。我们在本书中是在审美经验、审美感受等意义上使用"美感"这个词的,那是广义的"美感"。

美感的愉悦性,从根本上说,是来自美感的超越性。在世俗生活中,人被局限在"自我"的有限的天地之中,有如关进一个牢笼(陶渊明说的"樊笼"、"尘网"),人与自身及其世界分离,"永远摇荡在万丈深渊里",因而"处于不断的焦虑之中"。[1] 而在美感(审美体验)中,人超越主客二分,超越"自我"的牢笼,得到自由和解放,回到万物一体的人生家园,从而得到一种满足感和幸福感,这是一种精神的享受。

由于美感的愉悦性是一种精神性的享受,所以它不同于生理快感。但是我们前面说过,审美愉悦中可以包含有某些生理快感,而某些生理快感也可以转化(升华)成为审美愉悦。

由于美感的愉悦性从根本上说是由于超越自我,从而在心灵深处引发的一种满足感和幸福感,因而它可以和多种色调的情感反应结合在一起。我们平常谈到美感,往往只是指一种单一的和谐感和喜悦感,例如"竹喧归浣女,莲动下渔舟"的美感,"舞低杨柳楼心月,歌尽桃花扇底风"的美感,等等。其实美感的情感反应决不限于这种单一的和谐感和喜悦感。审美愉悦不仅仅是和谐感,也有不和谐感。审美愉悦不仅仅是快感,也有痛感。审美愉悦不仅仅是喜悦,也有悲愁。中国古人就特别喜欢悲哀的音乐,"奏乐以生悲为善音,听乐以能悲为知音"[2]。中国古代诗歌也多哀怨之美,所谓"诗可以怨",所谓"悲歌可以当泣"。小说、戏剧给人的感兴,也不是单一的情感色调,不是单纯的喜悦、欢快。明末清初的大批评家金圣叹在他写的《水浒传》评点中常常有这样的话:"骇杀人,乐杀人,奇杀人,妙杀人。""读之令人心痛,令人快活。"这些批语表明,金圣叹认识

---

[1] 阿部正雄:《禅与西方思想》,第11页,上海译文出版社,1989。
[2] 钱锺书:《管锥编》第三册,第946页,中华书局,1979。钱锺书在《管锥编》中例举了很多这一类的记载,如《礼记·乐记》:"丝声哀",郑玄注:"'哀',怨也,谓声音之体婉妙,故哀怨矣。"繁钦《与魏文帝笺》:"车子年始十四,能喉啭引声,与笳同音。……潜气内转,哀音外激。……凄入肝脾,哀感顽艳。……同坐仰叹,观者俯听,莫不泫泣殒涕,悲怀慷慨。"嵇康《琴赋》:"称其材干,则以危苦为上;赋其声音,则以悲哀为主;美其感化,则以垂涕为贵。"这些话都说明中国古代音乐常常使人悲哀,而在悲哀中获得审美愉悦。

到，读者在欣赏小说的时候，越是惊骇，越是心痛，越是流泪，就越是快活，越是满足，越是一种享受。所以惊险小说以及电影中的惊险片受到很多读者和观众的欢迎。不仅欣赏艺术是这样，自然景色给人的审美愉悦也不只是单纯的快感或喜悦感，无名氏《菩萨蛮》有"寒山一带伤心碧"之句，欧阳修《木兰花》有"夜深风竹敲秋韵，万叶千声皆是恨"之句，都是很好的例子。在西方，也有很多思想家谈到这个问题。例如，康德说，有一种美的东西，使接触它的人感到"惆怅"，就像长久出门在外的旅客思念家乡那样一种心境。马斯洛说的高峰体验（他把审美体验列入高峰体验）则是心醉神迷、销魂、狂喜以及极乐的体验。卡西尔说："我们在艺术中所感受到的不是哪种单纯的或单一的情感性质，而是生命本身的动态过程，是在相反的两极——欢乐与悲伤、希望与恐惧、狂喜与绝望——之间的持续摆动过程。""在每一首伟大的诗篇中——在莎士比亚的戏剧，但丁的《神曲》，歌德的《浮士德》中——我们确实都一定要经历人类情感的全域。"[1] 卡西尔也是说，审美愉悦并不限于单纯或单一的喜悦感、和谐感。审美愉悦包含了人类情感从最低的音调到最高的音调的全音阶，它是我们整个生命的运动和颤动。

季羡林在谈到乡愁带给他的审美体验时说："见月思乡，已经成为我经常的经历。思乡之病，说不上是苦是乐，其中有追忆，有惆怅，有留恋，有惋惜。流光如逝，时不再来。在微苦中实有甜美在。"[2]

宗白华在回忆他青年时代在南京、在德国的生活时，谈到他当时的审美体验。在南京，他说，"一种罗曼蒂克的遥远的情思引着我在森林里，落日的晚霞里，远寺的钟声里有所追寻，一种无名的隔世的相思，鼓荡着一股心神不安的情调；尤其是在夜里，独自睡在床上，顶爱听那远远的箫笛声，那时心中有一缕说不出的深切的凄凉的感觉，和说不出的幸福的感觉结合在一起；我仿佛和那窗外的月光雾光溶化为一，飘浮在树梢林间，随着箫声、笛声孤寂而远引——这时我的心最快乐。"宗白华说，当时他的一位朋友常常欢喜朗诵泰戈尔《园丁集》里的诗，"他那声调的苍凉幽咽，一往情深，引起我一股宇宙的遥远的相思的哀感"。宗白华又谈到后来他在德

---

[1] 卡西尔：《人论》，第189—190页。
[2] 《季羡林文集》第二卷，第167页，江西教育出版社，1996。

国写《流云小诗》时的审美体验。他说他夜里躺在床上，在静寂中感觉到窗外的城市在喘息，"仿佛一座平波微动的大海，一轮冷月俯临这动极而静的世界，不禁有许多遥远的思想来袭我的心，似惆怅，又似喜悦，似觉悟，又似恍惚。无限凄凉之感里，夹着无限热爱之感。似乎这微渺的心和那遥远的自然，和那茫茫的广大的人类，打通了一道地下的深沉的神秘的暗道，在绝对的静寂里**获得自然人生最亲密的接触**。"[1]

宗白华、季羡林的这些描述极为生动、细微和深入。从他们的描述中我们可以看到，**审美愉悦是一种非常微妙的复合的情感体验**。它可以包含"惆怅"、"喜悦"、"觉悟"、"恍惚"、"留恋"、"惋惜"、"微苦"、"甜美"，"一缕说不出的深切的凄凉的感觉"，"一股宇宙的遥远的相思的哀感"，同时，它又在心灵深处产生对于生命、对于人生的"说不出的幸福的感觉"和"无限热爱之感"。**审美愉悦是由于超越自我、回到万物一体的人生家园而在心灵深处产生的满足感和幸福感**，是人在物我交融的境域中和整个宇宙的共鸣、颤动。

本 章 提 要

美感不是认识，而是体验。美感不是"主客二分"的关系（"主体—客体"结构），不是把人与世界万物看成彼此外在的、对象性的关系。美感是"天人合一"即人与世界万物融合的关系（"人—世界"结构），是把人与世界万物看成是内在的、非对象性的、相通相融的关系。美感不是通过思维去把握外物或实体的本质与规律，以求得逻辑的"真"，而是与生命、与人生紧密相联的直接的经验，它是瞬间的直觉，在瞬间的直觉中创造一个意象世界，从而显现（照亮）一个本然的生活世界。这是存在的"真"。

王夫之借用因明学的一个概念"现量"来说明美感的性质。"现量"的"现"有三层含义：

一是"现在"，即当下的直接的感兴，在"瞬间"（"刹那"）显现一个真实的世界。只有美感（超越主客二分）才有"现在"，只有"现在"才能照亮本真的存在。

---

[1] 宗白华：《我和诗》，见《艺境》，第187、192页，北京大学出版社，1987。

二是"现成",即通过直觉而生成一个充满意蕴的完整的感性世界。所以美感带有超逻辑、超理性的性质。美感的直觉包含想象(原生性的想象),因而审美体验才能有一种意义的丰满。

三是"显现真实",即照亮一个本然的生活世界。

审美态度(审美心胸)就是抛弃实用的(功利的)态度和科学的(理性的、逻辑的)态度,从主客二分的关系中跳出来。这是美感在主体方面的前提条件。布洛用"心理的距离"来解释这种态度。"心理的距离"是说人和实用功利拉开距离,并不是说和人的生活世界拉开距离。

"移情说"的贡献不在于指出存在着移情这种心理现象,而在于通过对移情作用的分析揭示美感的特征。移情作用的核心是情景相融、物我同一(自我和对象的对立的消失),是意象的生成。这正是美感的特征。美感的对象不是物,而是意象。

美感是一种精神愉悦,它是超功利的,它的核心是生成一个意象世界,所以不能等同于生理快感。但在有些情况下,在精神愉悦中可以夹杂有生理快感。在有些情况下,生理快感可以转化为美感或加强美感。

人的美感,主要依赖于视觉、听觉这两种感官。但是,其他感官(嗅觉、触觉、味觉等感官)获得的快感,有时可以渗透到美感当中,有时可以转化为美感或加强美感。在盲人和聋人的精神生活中,这种嗅觉和触觉的快感在美感中所起的作用可能比一般人更大。

人类的性爱(性的欲望和快感)包含有精神的、文化的内涵,它是身与心、灵与肉、情与欲融为一体的享受。性爱的高潮创造一种普通生活所没有的审美情景和审美氛围,这是一种高峰体验,也是一种审美体验。有了这种性爱,人生就在一个重要层面上充满了令人幸福的意义。

马斯洛提出的"高峰体验"的概念,是对人生中最美好的时刻、生活中最幸福的时刻的概括,是对心醉神迷、销魂、狂喜以及极乐的体验的概括。马斯洛把审美体验列入高峰体验。马斯洛对高峰体验的描述,对我们理解和把握美感的特点大有帮助。特别是马斯洛关于高峰体验会引发一种感恩的心情,一种对于每个人和万事万物的爱的描述,指出了美感的一个极其重要的,同时又为很多人忽视的特点。

综合来说,美感有以下五方面的特性:

无功利性。在审美活动中，人们超越了对象的实在，因而也就超越了利害的考虑。这意味着美感是人和世界的一种自由的关系。

　　直觉性。这是美感的超理性（超逻辑）的性质。超理性不是反理性。美感中包含有理性的成分，或者说，在"诗"（审美直觉）中渗透着"思"（理性）。

　　创造性。美感的核心是生成一个意象世界，这是不可重复的，一次性的。

　　超越性。美感在物我同一的体验中超越主客二分，从而超越"自我"的有限性。这种超越，使人获得一种精神上的自由感和解放感。这种超越，使人回到万物一体的人生家园。

　　愉悦性。美感的愉悦性从根本上是由于美感的超越性引起的。在美感中，人超越自我的牢笼，回到万物一体的人生家园，从而在心灵深处引发一种满足感和幸福感。这种满足感和幸福感可以和多种色调的情感反应结合在一起，构成一种非常微妙的复合的精神愉悦。这是人的心灵在物我交融的境域中和整个宇宙的共鸣和颤动。

　　由于美感具有超越性，所以在美感的最高层次即宇宙感这个层次上，也就是在对宇宙的无限整体和绝对美的感受的层次上，美感具有神圣性。这个层次上的美感是与宇宙神交，是一种庄严感、神秘感和神圣感，是一种谦卑感和敬畏感，是一种灵魂的狂喜。这是最高的美感。在美感的这个层次上，美感与宗教感有某种相通之处。

扫一扫，
进入第二章习题

单选题

简答题

思考题

填空题

第三章　美和美感的社会性

这一章讨论美和美感的社会性。

在我国 20 世纪 50 年代的美学大讨论中，有一派学者承认美的客观性，但否认美有社会性，有一派学者则主张美是客观性与社会性的统一，也就是说，自然物本身就有美，而这种自然物（月亮、松树）的美具有一种社会性。

我们认为，否认美的社会性是不妥当的，把社会性归之于自然物本身也是不妥当的。

审美活动不是生物性的活动，而是社会文化活动，所以美和美感具有社会性。但是美和美感所以具有社会性并不是因为自然物本身具有社会性，而是由于下面两个原因：第一，审美主体都是社会的、历史的存在；第二，任何审美活动都是在一定的社会历史环境中进行的。

任何审美主体都是社会的、历史的存在，因而他的审美意识（审美趣味、审美理想）必然受到时代、民族、阶级、社会经济政治制度、文化教养、文化传统、风俗习惯等因素的影响。这是美和美感必然具有社会历史意蕴的一个原因。

任何审美活动都是在一定的社会历史环境中进行的，因而必然受到物质生产力的水平、社会经济政治状况、社会文化氛围等因素的影响。这是美和美感必然具有社会历史意蕴的又一个原因。

所以美是历史的范畴，没有永恒的美。车尔尼雪夫斯基有一句话说得很好："每一代的美都是而且应该是为那一代而存在：它毫不破坏和谐，毫不违反那一代的美的要求；当美与那一代一同消逝的时候，再下一代就将会有它自己的美、新的美，谁也不会有所抱怨的。"[1]

一、自然地理环境对审美活动的影响

自然界是人类社会生活的物质基础。人的审美活动与人的一切物质活

---

[1] 车尔尼雪夫斯基：《生活与美学》，第 48 页，人民文学出版社，1957。

动和精神活动一样，不能脱离自然界。自然地理环境必然融入人的生活世界，成为人的生活世界的一个部分。自然地理环境不同，则"天异色，地异气，民异情"（龚定庵语），必然会对人的审美活动产生影响。

在西方美学史上，法国的孟德斯鸠、杜博斯和德国的文克尔曼都曾经谈到地理环境对审美活动的影响。文克尔曼曾说过"希腊人在艺术中所取得优越性的原因和基础，应部分地归结为气候的影响，部分地归结为国家的体制和管理以及由此产生的思维方式，而希腊人对艺术家的尊重以及他们在日常生活中广泛地传播和使用艺术作品，也同样是重要的原因"[1]。但是对这个问题谈得最多同时也是谈得最好的，还要数法国美学家泰纳。泰纳认为，一个社会的物质文明与精神文明（包括审美活动）的性质和面貌都取决于种族、环境、时代三大因素。他说的种族的因素，就包括自然地理环境的作用。我们可以看一下他对古希腊审美文化的分析。

希腊是一个半岛。碧蓝的爱琴海，星罗棋布的美丽的岛屿，岛上有扁柏、月桂、棕榈树、橄榄树、谷物、葡萄园。那儿吹着暖和的海风，每隔二十年才结一次冰，果树不用栽培就能生长。居民从五月中旬到九月底都睡在街上，大家都过露天生活。"在这样的气候中长成的民族，一定比别的民族发展更快，更和谐。"[2] 他们走在阳光底下，永远感到心满意足。"没有酷热使人消沉和懒惰，也没有严寒使人僵硬迟钝。他既不会像做梦一般的麻痹，也不必连续不断的劳动；既不耽溺于神秘的默想，也不堕入粗暴的蛮性。"[3] 在这个地方，"供养眼睛、娱乐感官的东西多，给人吃饱肚子、满足肉体需要的东西少"。[4] 这样一个地方自然产生一批苗条、活泼、生活简单、饱吸新鲜空气的民众，他们一刻不停地发明、欣赏、感受、经营，别的事情都不放在心上，"好像只有思想是他的本行"。[5] 总之，在希腊我们看到，温和的自然界怎样使人的精神变得活泼、平衡，把机灵敏捷的头脑引导到思想与行动的路上。

希腊的海岸线很长，港湾极多。"每个希腊人身上都有水手的素

---

[1] 文克尔曼：《论古代艺术》，第133—134页，中国人民大学出版社，1989。
[2] 泰纳：《艺术哲学》，第245—247页，人民文学出版社，1963。按：傅雷先生将"泰纳"译为"丹纳"。为了与现在通行译法一致，在本书中一律改为"泰纳"。
[3] 泰纳：《艺术哲学》，第245—247页。
[4] 同上。
[5] 同上。

质"。[1]"他们在周围的海岸上经商、抢掠。商人、旅客、海盗、捐客、冒险家：他们生来就是这些角色，在整个历史上也是这样。他们用软硬兼施的手段，搜刮东方几个富庶王国和西方的野蛮民族，带回金银、象牙、奴隶、盖屋子的木材，一切用低价买来的贵重商品，同时也带回别人的观念和发明，包括埃及的，腓尼基的，加尔底亚的，波斯的，伊特罗利亚的。这种生活方式特别能刺激聪明，锻炼智力。"[2]希腊人这种机智、聪明表现在哲学和科学上，就是他们醉心于穷根究底的推理。他们是理论家，喜欢在事物的峰顶上旅行。希腊人的这种机智、聪明表现在审美情趣方面，就形成所谓"阿提卡"趣味（"阿提卡"是希腊的一个地区，首都就是雅典）：讲究细微的差别，轻松的风趣，不着痕迹的讽刺，朴素的风格，流畅的议论，典雅的论据。[3]

希腊的自然环境还有一个特点：希腊境内没有一样巨大的东西，外界的事物绝对没有比例不称、压倒一切的体积。一切都大小适中，恰如其分，简单明了，容易为感官接受。就是大海，也不像北方的大海那么凶猛可怕，不像一头破坏成性的残暴的野兽，而是像湖泊那样宁静、光明。这里的天色那么蓝，空气那么明净，山的轮廓那么凸出，海水那么光艳照人，用荷马的说法是"鲜明灿烂，像酒的颜色，或者像紫罗兰的颜色"。泰纳说："我正月里在伊埃尔群岛看过日出：光越来越亮，布满天空；一块岩石顶上突然涌起一朵火焰；像水晶一般明净的穹窿扩展出去，罩在无边的海面上，罩在无数的小波浪上，罩在色调一律而蓝得那么鲜明的水上，中间有一条金光万道的溪流。夏天，太阳照在空中和海上，发出灿烂的光华，令人心醉神迷，仿佛进了极乐世界；浪花闪闪发光，海水泛出蓝玉、青玉、碧玉、紫石英和各种宝石的色调，在洁白纯净的天色之下起伏动荡。"[4]

正是这样一种天然景色，形成了希腊人那种欢乐和活泼的本性，并使得希腊人醉心于追求强烈的、生动的快感。希腊人的这种气质，表现为荷马史诗和柏拉图对话录中那种恬静的喜悦。希腊人的这种气质，也表现为普通希腊人的日常生活中的那种美感：晚上在园中散步，听着蝉鸣，坐在

---

[1] 泰纳：《艺术哲学》，第248页。
[2] 同上书，第249页。
[3] 同上书，第252页。
[4] 同上书，第264页。

月下吹笛；或者在路上采下一株美丽的植物，整天小心翼翼地拿在手里，晚上睡觉时小心地放在一旁，第二天再拿着欣赏；或者上山去喝泉水，随身带着一块小面包，一条鱼，一瓶酒，一边喝一边唱；或者在公众节日拿着藤萝和树叶编成的棍子整天跳舞，跟驯服的山羊玩儿。希腊人的这种气质，使他们把人生看作行乐。"最严肃的思想与制度，在希腊人手中也变成愉快的东西；他的神明是'快乐而长生的神明'。""希腊人心目中的天国，便是阳光普照之下的永远不散的筵席；最美的生活就是和神的生活最接近的生活。""宗教仪式无非是一顿快乐的酒席，让天上的神明饮酒食肉，吃得称心满意。最隆重的赛会是上演歌剧。悲剧，喜剧，舞蹈，体育表演，都是敬神仪式的一部分。他们从来不想到为了敬神需要苦修、守斋、战战兢兢的祷告，伏在地上忏悔罪过；他们只想与神同乐，给神看最美的裸体，为了神而装点城邦，用艺术和诗歌创造辉煌的作品，使人暂时能脱胎换骨，与神明并肩。"[1] 曾经有一个埃及祭司对梭伦[2]说："噢！希腊人！希腊人！你们都是孩子！"对这句话，泰纳评论说："不错，他们以人生为游戏，以人生一切严肃的事为游戏，以宗教与神明为游戏，以政治与国家为游戏，以哲学与真理为游戏。"[3] 按泰纳这一说法，我们可以说，希腊人的人生是游戏的人生，而游戏的本来意义是与审美相通的，所以我们也可以说，希腊人的人生是审美的人生。

正因为如此，所以希腊人是世界上最大的艺术家。希腊人性格中有三个特征，正是造成艺术家的心灵和智慧的特征：第一，感觉精细，善于捕捉微妙的关系，分辨细微的差别，这就能使艺术家能以形体、色彩、声音、诗歌等原素和细节，造成一个有生命的总体，能在意象世界显现人生世界的内在的和谐；第二，力求明白，懂得节制，讨厌渺茫与抽象，排斥怪异与庞大，喜欢明确而固定的轮廓，这就使艺术家创造的意象世界容易为感官和想象力所把握，从而使作品能为一切民族、一切时代所了解；第三，对现世生活的爱好和重视，开朗的心情，乐生的倾向，力求恬静和愉快，这就使艺术家重视当下的直接感受（这是美感的重要特点），避免描写肉体的残废与精神的病态，而着意表现心灵的健康与肉体的完美，从而造就

---

[1] 泰纳：《艺术哲学》，第266—270页，人民文学出版社，1963。
[2] 梭伦是公元前7至前6世纪时希腊的大政治家与立法者。
[3] 泰纳：《艺术哲学》，第266—270页，人民文学出版社，1963。

希腊艺术（雕塑、建筑等等）那种绝对的优美和和谐。[1]

我们从泰纳对希腊文明的分析，可以看到，他的思路是：地理环境、天然景物必然会深刻地影响一个民族的生活方式和精神气质，而这种生活方式和精神气质又必然会影响一个民族的审美情趣和审美风貌。

在中国美学史上，似乎只有梁启超对这个问题给予关注。他在《地理与文明的关系》和《中国地理大势论》这两篇文章中探讨了地理环境（天然景物）对审美情趣和艺术风格的影响的问题。

他主要提出了两个论点[2]：

东汉《乙瑛碑》（局部）

第一，不同的天然景物，影响一个朝代的气象（审美风貌）。如我国历代定都黄河流域者，"为外界之现象所风动所熏染，其规模常宏远，其局势常壮阔，其气魄常磅礴英鸷，有俊鹘盘云、横绝朔漠之概"。而建都长江流域者，"为其外界之现象所风动所熏染，其规模常绮丽，其局势常清隐，其气魄常文弱，有月明画舫、缓歌慢舞之观"。[3]

第二，不同的天然景物，也影响人们的审美情趣，产生雄浑悲壮与秀逸纤丽这样两种不同的意象与风格。如文学，他举例说："燕赵多慷慨悲歌之士，吴楚多放诞纤丽之文，自古然矣。自唐以前，于诗于文于赋，皆南北各为家数。长城饮马，河梁携手，北人之气概也；江南草长，洞庭始波，

---

[1] 泰纳：《艺术哲学》，第 372 页。
[2] 以下论述引自叶朗《中国美学史大纲》，第 596—598 页，上海人民出版社，1985。
[3] 《饮冰室文集》卷十《中国地理大势论》。

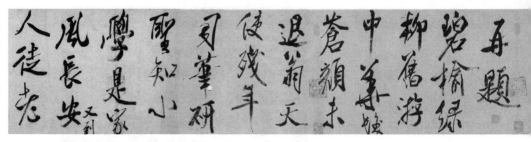

米芾《虹县诗帖》(局部)

南人之情怀也。散文之长江大河一泻千里者，北人为优；骈文之镂云刻月善移我情者，南人为优。盖文章根于性灵，其受四围社会之影响特甚焉。自后世交通益盛，文人墨客，大率足迹走天下，其界亦寖微矣。"[1] 又如美术、音乐，他举例说："吾中国以书法为一美术，故千余年来，此学蔚为大国焉。书派之分，南北尤显。北以碑著，南以帖名。南帖为圆笔之宗，北碑为方笔之祖。遒健雄浑，峻峭方整，北派之所长也，《龙门二十品》、《爨龙颜碑》、《吊比干文》等为其代表。秀逸摇曳，含蓄潇洒，南派之所长也，《兰亭》、《洛神》、《淳化阁帖》等为其代表。盖虽雕虫小技，而与其社会之人物风气，皆一一相肖有如此者，不亦奇哉！画学亦然。北派擅工笔，南派擅写意。李将军(思训)之金碧山水，笔格遒劲，北宗之代表也。王摩诘之破墨水石，意象逼真，南派之代表也。音乐亦然。……直至今日，而西梆子腔与南昆曲，一则悲壮，一则靡曼，犹截然分南北两流。由是观之，大而经济、心性、伦理之精，小而金石、刻画、游戏之末，几无一不与地理有密切之关系。天然力之影响人事者，不亦伟耶！不亦伟耶！"[2]

梁启超所说的审美情趣与艺术风格的这种南北之不同，在历史上确实存在。当然这种不同，并不完全是由于地理环境（天然景物）的影响，其中还有社会政治、经济、风俗等多方面的影响。但是地理环境（天然景物）对于人类的审美活动确有重要的影响，这是不能否认的。

梁启超本人并没有把天然景物对审美趣味、艺术风格的影响绝对化。他提出了一个命题对他以上的论述作了补充，那就是："'文学地理'常随'政治地理'为转移"。他说：

---

[1]《饮冰室文集》卷十《中国地理大势论》。
[2] 同上。

大抵自唐以前，南北之界最甚，唐后则渐微，盖"文学地理"常随"政治地理"为转移。自纵流之运河既通，两流域之形势，日相接近，天下益日趋于统一，而唐代君主上下，复努力以联贯之。贞观之初，孔颖达、颜师古等奉诏撰《五经正义》，既已有折衷南北之意。祖孝孙之定乐，亦其一端也。文家之韩柳，诗家之李杜，皆生江河两域之间，思起八代之衰，成一家之言。书家如欧（阳询）、虞（世南）、褚（遂良）、李（邕）、颜（真卿）、柳（公权）之徒，亦皆包北碑南帖之长，独开生面。盖调和南北之功，以唐为最矣。由此言之，天行之力虽伟，而人治恒足以相胜。今日轮船铁路之力，且将使东西五洲合一炉而共冶之矣，而更何区区南北之足云也。[1]

梁启超说的"政治地理"是一个涵义很广的概念，不仅包涵一个国家在政治上的统一，而且也包含生产力的发展。实际上，影响审美情趣、审美风尚、艺术风格的，一方面是自然地理环境，另方面更重要的是社会文化环境，而社会文化环境包含了社会经济、政治、文化、风俗等多方面的极其复杂的因素。这就是我们下一节要谈的内容。

二、社会文化环境对审美活动的影响

如前面所述，自然地理环境对审美活动会产生深刻的影响。但是，对审美活动产生决定性影响的是社会文化环境。

我们说的社会文化环境，是一个综合的概念，它包括经济、政治、宗教、哲学、文化传统、风俗习惯等等多方面的因素。这种种因素对于人们的审美意识和审美活动的影响也显示出一种十分复杂的状态，有的是直接的影响，有的是间接的影响，有的是显著的影响，有的是潜在的影响，有的是长远起作用的影响，有的是暂时起作用的影响。在这种种因素中，最根本的、长远起作用的因素，是经济的因素。

普列汉诺夫在他的《没有地址的信》中，曾经谈到社会文化环境对审美活动的影响这个问题。他谈到欧洲17世纪的人喜欢城市风光和经过修饰的园林，而19世纪的人喜欢荒野的景色，接着说："为什么一定社会的

---

[1]《饮冰室文集》卷十《中国地理大势论》。

人正好有着这些而非其他的趣味,为什么他正好喜欢这些而非其他的对象,这就决定于周围的条件。"这些条件"是社会条件","它们的总和是由人类文化的发展进程决定的",更确切地说,是由他们的生产力的发展阶段,是由他们的生产方式决定的。[1]

普列汉诺夫接着说,对于17世纪以至18世纪的法国美术家,风景没有独立的意义,但是,"在19世纪,情况急剧地改变了。人们开始为风景而珍视风景,年轻的画家——傅勒尔、卡巴、乔尔多·卢梭——在自然界的怀抱里,在巴黎的近郊,在枫丹白露和美登,寻找勒布伦和布赛时代的美术家们根本不可能想到的灵感。为什么这样呢?因为法国的社会关系改变了,而法国人的心理也跟着它们一起改变了"。[2]

普列汉诺夫引用了法国文学家斯达尔夫人和法国历史学家基佐的论述。斯达尔夫人在她的《论文学》(1800)一书中有一章专门讨论"为什么法兰西民族曾是欧洲最富有典雅趣味和欢乐情绪的民族"这个问题。她的结论是:"所谓法国人的机智,法国人的典雅,不过是几百年来法国君主政体的设施制度和习俗风尚的直接和必然的产物罢了。"[3] 基佐在《路易十四时代的法国诗人传记》(1813)一书中说,根据他的研究,他发现法国各个社会阶级和阶层的趣味和习惯都是在法国的社会关系的影响下形成的。[4]

普列汉诺夫特别提到泰纳。普列汉诺夫说,社会文化环境影响和决定人们的审美意识这一观点,在泰纳的著作中"得到了完满的光辉的表现",并且有"许多最鲜明和最有才华的例证"。[5]

我们来看一看泰纳在《艺术哲学》中对这一问题的论述。

社会文化环境对审美活动的影响是多方面因素的综合。泰纳用"时代精神和风俗习惯"来概括"社会文化环境"的多方面的因素。他说,"时代精神和风俗习惯"是一种精神上的气候,这种精神上的气候决定了精神文明的产物的面貌。他从欧洲文化史上选了四个时期(古希腊罗马、中世纪、17世纪、近代)进行分析,试图说明"时代精神和风俗习惯"是如何影响、

---

[1]《普列汉诺夫美学论文集》第一卷,第332页,人民出版社,1983。
[2] 同上书,第333页。
[3] 斯达尔夫人:《论文学》,第220页,人民文学出版社,1986。
[4]《普列汉诺夫美学论文集》,第347页,人民出版社。
[5] 同上书,第348页。

决定审美和艺术的面貌的。

泰纳要人们首先考察总的形势,"就是普遍存在的祸福,奴役或自由,贫穷或富庶,某种形式的社会,某一类型的宗教;在古希腊是好战与蓄养奴隶的自由城邦;在中世纪是蛮族的入侵,政治上的压迫,封建主的劫掠,狂热的基督教的信仰;在17世纪是宫廷生活;在19世纪是工业发达、学术昌明的民主制度;总之是人类非顺从不可的各种形势的总和"。[1] 这里包括了一个社会的物质基础,以及经济、政治、宗教等等的大环境,也就是我们今天所说的经济基础和上层建筑的各种因素的总和。

正是这个总的形势决定了一个时代的时代精神和风俗习惯,具体来说,就是那个时代产生的特殊的精神的"需要",特殊的"才能",特殊的"感情"。"例如爱好体育或耽于梦想,粗暴或温和,有时是战争的本能,有时是说话的口才,有时是要求享受,还有无数错综复杂、种类繁多的倾向:在希腊是肉体的完美与机能的平衡,不曾受到太多的脑力活动或太多的体力活动扰乱;在中世纪是幻想过于活跃,漫无节制,感觉像女性一般敏锐;在17世纪是专讲上流人士的礼法和贵族社会的尊严;到近代是一发不可收拾的野心和欲望不得满足的苦闷。"[2]

这种精神领域的特殊的要求、特殊的才能、特殊的感情有可能集中表现在某些人的身上,使这些人放射出时代的光彩。这些人就成为体现时代精神的"中心人物","在希腊是血统优良、擅长各种运动的裸体青年;在中世纪是出神入定的僧侣和多情的骑士;在17世纪是修养完美的侍臣;在我们的时代是不知厌足和忧郁成性的浮士德和维特"[3]。

这种时代精神和风俗习惯,以及集中体现时代精神最时髦的中心人物,必然会影响整个时代的审美风尚,必然会在社会生活的各个方面以及艺术的各种形式(声音、色彩、语言等等)中表现出来。

泰纳把中世纪的哥特式建筑作为一个典型进行了细致的分析。

在中世纪的欧洲,由于罗马帝国的衰落,由于前后延续五百年的蛮族的入侵,田园荒芜,城镇被夷为平地,到处是恐惧、愚昧、强暴。"11世纪时,七十年中有四十年饥荒。一个叫做拉乌·葛拉贝的修士说他已经吃

---

[1] 泰纳:《艺术哲学》,第64页,人民文学出版社,1963。
[2] 同上。
[3] 同上。

惯人肉；一个屠夫因为把人肉挂在架上，被活活烧死。"[1] 鼠疫、麻风、传染病到处流行。不难想象一个如此持久如此残酷的局面会养成怎样的心境。人人灰心丧气，悲观厌世，抑郁到极点。人间仿佛是提早到来的地狱。大家以为世界末日到了，许多人惊骇之下，把财产送给教堂和修院。在恐怖和绝望的同时，还有情绪的激动，像病人和囚犯那样忽而激烈，忽而颓丧。"他们胡思乱想，流着眼泪，跪在地上，觉得单靠自己活不下去，老是想象一些甜蜜、热烈、无限温柔的境界；兴奋过度与没有节制的头脑只求发泄它的狂热与奇妙的幻想。"[2] 这种"厌世的心理，幻想的倾向，经常的绝望，对温情的饥渴，自然而然使人相信一种以世界为苦海，以生活为考验，以醉心上帝为无上幸福，以皈依上帝为首要义务的宗教"。[3] "无穷的恐怖与无穷的希望，烈焰飞腾和万劫不复的地狱的描写，光明的天国与极乐世界的观念，对于受尽苦难或战战兢兢的心灵都是极好的养料。"[4] 于是基督教的势力大为扩张。

就在这种形势和精神气氛下，哥特式的建筑出现了。**哥特式建筑充分地表现了那个时代的极大的精神苦闷。** 哥特式教堂追求无穷大，以整体的庞大与细节的繁复震动人心，目的是造成一种异乎寻常的刺激，令人惊奇赞叹，目眩神迷。哥特式教堂的形式富丽、怪异、大胆、纤巧、庞大，以投合病态的幻想所产生的夸张的情绪和好奇心。哥特式教堂的整个建筑设计都是为了强化当时人那种恐惧、绝望而又充满幻想、渴望温情的精神状态。"走进教堂的人心里都很凄惨，到这儿来求的也无非是痛苦的思想。他们想着灾深难重、被火坑包围的生活，想着地狱里无边无际、无休无歇的刑罚，想着基督在十字架上的受难，想着殉道的圣徒被毒刑磨折。他们受过这些宗教教育，心中存在着个人的恐惧，受不了白日的明朗与美丽的风光；他们不让明亮与健康的日光射进屋子。教堂内部罩着一片冰冷惨淡的阴影，只有从彩色玻璃中透入的光线变成血红的颜色，变做紫石英与黄玉的华彩，成为一团珠光宝气的神秘的火焰，奇异的照明，好像开向天国的窗户。"[5]

---

[1] 泰纳：《艺术哲学》，第49页，人民文学出版社，1963。
[2] 同上书，第50页。
[3] 同上书，第51页。
[4] 同上书，第52页。
[5] 同上。

米兰大教堂

这种哥特式的建筑持续了400年,遍及整个欧洲,无论是民间的和宗教的,公共的和私人的建筑,都是这种风格,就连市民的衣着、桌椅、盔甲等等也都受这种风格的影响。

泰纳的分析很精彩。从泰纳的分析我们看到,一个时代的审美趣味和审美风尚确实是在这个时代的社会文化环境(泰纳称为时代精神和风俗习惯)的影响下形成的,因而必然处处体现着这个时代的时代精神和风俗习惯,哪怕是在一些很小的细节上也是如此。这就是美和美感的社会性。

社会文化环境对审美活动的影响,在每个个人身上,集中体现为审美趣味和审美格调,在整个社会,则集中体现为审美风尚和时代风貌。

三、审美趣味和审美格调

审美趣味是一个在美学史上有很多人讨论过的问题。但是"审美趣味"的概念在不同的美学家那里有不同的含义。有的美学家认为,"审美趣味就是鉴赏力或审美能力"。[1] 例如,一个人能不能欣赏交响乐,能不能欣赏昆曲,能不能欣赏古希腊的雕塑,能不能欣赏陶渊明的诗,等等,以及一

---

[1] 朱光潜:《西方美学史》上册,第215页,人民文学出版社,1963。

个人在这些作品中能够感受和领悟到的意蕴有多深。有的美学家则认为，审美趣味是一种审美评价或审美偏爱。例如，你喜欢贝多芬的交响乐，他喜欢莫扎特的小夜曲；你喜欢"大江东去"，他喜欢"杨柳岸，晓风残月"；你喜欢牡丹花，他喜欢兰花；等等。

我们认为，应该把一个人的审美趣味和主体的审美能力加以区分。审美趣味是一个人的审美偏爱、审美标准、审美理想的总和。当然，审美偏爱、审美选择要以审美能力为前提。例如，一个人喜欢贝多芬的交响乐，首先要他能欣赏贝多芬的交响乐，一个人喜欢《红楼梦》，首先要他能欣赏《红楼梦》。反过来，审美偏爱又会影响审美能力。一个人喜爱交响乐，他对交响乐的鉴赏力当然会提高得比较快。但是，审美偏爱、审美选择是一个人的审美观（审美价值标准）的集中体现，它与审美能力并不是一回事。

审美趣味作为一个人的审美价值标准的体现，它制约着一个人的审美行为，决定着这个人的审美指向。一个人喜欢京剧，一有京剧演出他就会立即买票去看。另一个人不喜欢京剧，即便有人送票给他，他也不会去看。这就是审美趣味的功能——审美行为的指向性。

审美趣味不仅决定着一个人的审美指向，而且深刻地影响着每个人每一次审美体验中意象世界的生成。也就是说，审美趣味不同的人，在表面上相同的审美活动中，例如同样在读李白的一首诗，同样在看莫奈的一幅画，他们所体验到的美是不同的。

这就是审美趣味的重要性。

一个人的审美趣味是在审美活动中逐渐形成和发展的，它要受到这个人的家庭出身、阶级地位、文化教养、社会职业、生活方式、人生经历等多方面的影响。也就是说，审美趣味是个人文化的产物，是个人所处的社会文化环境的产物。

审美趣味是在个体身上体现出来的，因而带有个人的色彩。刘勰说："慷慨者逆声而击节，蕴藉者见密而高蹈，浮慧者观绮而跃心，爱奇者闻诡而惊听。"[1] 这是审美趣味的个体性特征。但是，这种个体身上体现出来的审美趣味，又必然会显示出这个个体所属的群体、社会集团、阶层、阶级以及时代和民族的某种共同的特点、共同的色彩。这是审美趣味的超个体

---

[1]《文心雕龙·知音》。

性特征。傅雷在给他儿子傅聪的信中有一段话就谈到个体的审美趣味中必然渗透着自己民族的文化传统和精神气质。他说:"比起近代的西方人来,我们中华民族更接近古代的希腊人,因此更自然,更健康。""就因为此,我们对西方艺术中最喜爱的还是希腊的雕塑,文艺复兴的绘画,19世纪的风景画,——总而言之是非宗教性非说教类的作品。——猜想你近年来愈来愈喜欢莫扎特、斯卡拉蒂、亨特尔,大概也是由于中华民族的特殊气质。在精神发展的方向上,我认为你这条路线是正常的,健全的。——你的酷好舒伯特,恐怕也反映你爱好中国文艺中的某一类型。亲切,熨贴,温厚,惆怅,凄凉,而又对人生常带哲学意味极浓的深思默想;爱人生,恋念人生而又随时准备飘然远行,高蹈,洒脱,遗世独立,解脱一切等等的表现,岂不是我们汉晋六朝唐宋以来的文学中屡见不鲜的吗?而这些因素不是在舒伯特的作品中也具备的吗?"[1]

一个人在各个方面的审美趣味,作为一个整体,就形成一种审美格调,或称为审美品味。**格调或品味是一个人的审美趣味的整体表现**。

一个人的格调(品味)同样是社会文化环境的产物,它同样受到这个人的家庭出身、阶级地位、文化教养、社会职业、生活方式、人生经历等多方面的影响,是在这个人的长期的生活实践中逐渐形成的。

一个人的趣味和格调(品味)表现在他的言谈举止、衣食住行等各个方面。

巴尔扎克曾写过一篇《风雅生活论》。他在这篇文章中引用当时的一句谚语:"一个人的灵魂,看他持手杖的姿势,便可以知晓。"[2] 又引用当时的另一句谚语:"请你讲话,走路,吃饭,穿衣,然后我就可以告诉你,你是什么人。"[3] 这些谚语都是说,一个人的格调、品味会在他的一举一动中表现出来。巴尔扎克说,当时人追求一种风雅生活,"在绝大多数人看来,良好的教养、纯正的语言、文雅的举止、大方的仪表(包括服饰在内)、房间的陈设,一句话,一切与个人有关事物的完美都具有极高的价值。"[4] 这

---

[1]《傅雷家书》,第162—163页,三联书店,1981。
[2] 巴尔扎克:《人间喜剧》第24册,第5页,人民文学出版社,1997。
[3] 同上书,第23页。
[4] 同上书,第24页。

种风雅生活,"就其本质而言,乃是仪表风度的学问"。[1] 他指出,风雅生活的核心乃是一种高雅、纯正的审美趣味,也就是"具备这样一种难以言传的才能(它也许是感觉的精髓!),它能够叫我们永远选择真正美和真正好的东西;从整体上说,这些东西与我们的面貌,与我们的命运相互吻合。它是一种美妙的感觉,惟有这种感觉,经过不懈的运用,能够使我们豁然领悟各种关系,预见各种结果,推测事物、词汇、观念、人物的位置或意义"。[2] 这种高雅的、纯正的审美趣味,"其宗旨是赋予事物以诗意"。[3]

巴尔扎克还对他那个时代被大家认为具有风雅气质的典型人物作了生动的描绘:

> 他嗓音很清亮,讲起话来自然迷人,举止也同样迷人。他会说话,也会沉默。他照应你的时候不露声色。他只拣合适的话题同你聊天,每个字眼都经过精心筛选。他的语言很纯正。他笑骂,但叫人听得舒坦;他批评,但从不伤人。他决不会像傻瓜那样,带有无知的自信同你争论,而是仿佛随你一道去探求良知,探求真理。他不跟人争高下,也不长篇大论,他的乐趣是引导大伙讨论,又恰到好处地打断讨论。他性情平和,总是笑容可掬,显得和蔼可亲。他彬彬有礼,不掺一丝一毫勉强。他待客殷勤,却没有半点低三下四的味道。他将"尊重"二字化作一种温柔的影子。他从来不叫你感到困倦,让你自然而然地对他,也对你自己满意。他以一种无法理解的力量拉你进入他的圈子。你会发现风雅精神印在他身旁每一件东西上,一切都令人赏心悦目,你会呼吸到家乡的气息。在亲密无间的气氛中,他天真的气度勾摄了你的灵魂。他大方自然,从来不造作,不招摇,不讲排场。他表达感情的方式十分简朴,因为他的感情是真挚的。他直率,但是不伤害任何人的自尊心。上帝怎么造人,他就怎么看待人,原谅别人的缺点,宽容别人的怪癖。对什么年纪的人,他都有准备;无论发生什么事,他都不着急上火,因为一切都在他预料之中。倘若他非勉强什么人不可,事后必定好言宽慰。他脾气温和,又是乐天派,所以你一

---

[1] 巴尔扎克:《人间喜剧》第24册,第17页。
[2] 同上书,第24—25页。
[3] 同上。

定会爱他。你把他看作一种典型，对他崇拜得五体投地。

这种人具备与生俱来、超凡入圣的风雅气质。[1]

巴尔扎克说这种气质是"与生俱来"，这个说法不很准确。一个人的格调、品味、气质可能有先天的因素，但主要是在特定的社会文化环境中逐渐形成的。

当代美国学者保罗·福赛尔写了一本书讨论格调、品味和一个人的社会地位、文化教养等等的关系。他认为，一个人的格调、品味几乎在生活的所有方面都会显示出来，而不同的格调和品味都会打上社会等级的烙印。他从美国的社会生活中举了许多例子。例如，这个国家的上层精英的外貌："它要求女人要瘦，发型是十八或二十年前的式样，穿极合体的服装，用价格昂贵但很低调的鞋和提包，极少的珠宝饰物。""男人应该消瘦，完全不佩戴珠宝，无香烟盒，头发长度适中，决不染发"，"也决不用假发，假发只限于贫民阶层"。[2] 又例如，因为英国曾经有过鼎盛时期，所以在美国，"'英国崇拜'是上层品味中必不可少的因素"，举凡服装、文学、典故、举止做派、仪式庆典等等，都要有英国风味。[3] "中产阶级以上的普通美国男性一般认为，'衣着得体'意味着，你应该尽可能让自己看上去像五十年前老电影中描绘的英国绅士。最高阶层中的年轻一代总要学习骑术，正因为那套最好的社交设备以及附属饰件是从英国进口的。最高阶层的食物亦与英式风格相似：淡而无味，松软粘糊，口味淡而且少变化。中上阶层的周日晚餐菜谱也是一份英式翻版：烤肉、西红柿和两样蔬菜。"[4]

由于审美趣味和审美格调集中体现了一个人的审美价值标准，**所以审美趣味和审美格调在审美价值的意义上就可以有种种区别：高雅与低俗的区别，健康与病态、畸形（扭曲，阴暗）的区别，纯正与恶劣的区别，广阔与偏狭的区别，等等。**

由于审美趣味和审美格调是一个人在长期的生活实践中逐渐形成的，所以它带有稳定性，保守性。一个人可以在一夜之间暴富，但却不能在一

---

[1] 巴尔扎克：《人间喜剧》，第55—56页，人民文学出版社，1997。
[2] 保罗·福赛尔：《格调》，第62—63页，中国社会科学出版社，1998。
[3] 同上书，第67页。
[4] 同上书，第97页。

夜之间改变自己的趣味和格调。这就是趣味、格调的稳定性、保守性。当然，一个人的趣味和格调也并不是永远不能改变的。这里有两种情况。一是生活环境变了，时间一长，一个人的趣味和格调也可能发生变化。这是环境的熏陶的作用。二是人文教育（特别是审美教育）的作用也可以使一个人的趣味和格调发生变化。孔子就很重视这种人文教育。宋明理学的思想家也很重视这种人文教育。后面这种情况，我们在本书第十四章还要进行讨论。

四、审美风尚和时代风貌

社会文化环境对审美活动的影响，在整个社会，集中体现为审美风尚和时代风貌。

审美风尚是一个社会在一定时期中流行的审美趣味，时代风貌则是一个社会在一个较长时期所显示的相对比较稳定的审美风貌（社会美和艺术美的特色）。

审美风尚又称时尚。那是在某个时期为社会上多数人追求的审美趣味，它也表现在社会生活的各个方面：从人体美、服饰、建筑、艺术作品一直到社交生活。**在某种程度上，时尚体现了一个时期社会上多数人的生活追求和生活方式，并且形成为整个社会的一种精神气氛**。时尚（流传于社会上多数人中的精神气氛）的存在最有说服力地证明，社会中每个个人的审美趣味和生活方式，必然受到社会文化环境和历史传统的影响。

我们可以来看一看欧洲文艺复兴时代的情况。

欧洲的16世纪，新的生产方式登上了历史舞台，"商品生产把商人造成一个全新的阶级即现代资产阶级的早期形式，并且彻底改变了原有的其他各个阶级的生活。通过这个途径，全新的意识形态和全新的力量进入了历史"。"个人和社会都被极其强有力的刺激剂激发起来了；一切都经常地一次次爆发燃烧，一切都奔向广阔的天地。人的精神竭力想超越自我，飞跃现实造成的障碍。诞生了全新的人，具有全新的观点。"[1]

这样一种时代的趋向，反映在当时社会的人体美的观念中，就是注重性感。中世纪的世界观宣称超越尘世的灵魂是生活的最高概念和唯一的目

---

[1] 爱德华·傅克斯：《欧洲风化史（文艺复兴时代）》，第98—99页，辽宁教育出版社，2000。

的，而肉体不过是灵魂的短暂的躯壳。文艺复兴时代与之完全相反。它以新兴阶级为代表，提出了健康的、充满力量的一整套观念与中世纪的观念相对抗。"文艺复兴时代重新发现了人的肉体。"[1]它"宣布人的理想典型是性感的人"，"也就是要比其他任何人都能激起异性的爱"。[2]从当时人对于理想男人和理想女人的体貌的描绘，可以清楚地看到这种崇拜性感美的风尚。[3]

鲁本斯《美惠三女神》

在当时人看来，丰腴的、富态的女人才称美（鲁本斯画的美惠三女神就是这样的女人）所以少女们都爱炫耀她们高耸的乳峰。专门描绘女人丰盈乳房之美的绘画作品多不胜数。"美丽的胸乳在文艺复兴时代享有最高荣誉。"[4]那个时代把成熟看得最重，所以成熟的男女是时代的理想。最美的女人不是豆蔻年华的少女，而是充分发育的、成熟的女人。"已经哺育了生

---

[1] 爱德华·傅克斯：《欧洲风化史（文艺复兴时代）》，第110页。
[2] 同上书，第112页。
[3] 16世纪法国一本《人的体魄》（波特著）的书对男人的体貌描绘如下："男子天生体格魁梧，宽脸，微弯的眉毛，大眼，方正的下颌，粗壮的脖子，结实的肩和肋，宽胸，腹部收缩，骨骼粗大而突出的胯部，青筋虬结的大腿和胳膊，结实的膝，强壮的小腿，鼓起的腿肚，匀称的腿，匀称而多筋的大手，宽肩，虎背熊腰，步伐沉稳，洪亮的粗嗓，等等。男子的性格应是恢宏大度，无所畏惧，公平正直，心地单纯而爱惜名誉。"阿里奥斯托在长诗《热恋的罗兰》中对理想的美女这么描绘："她的喉部像牛奶，脖子雪白，秀美而圆浑，胸部宽而丰盈，双乳的起伏，一如微风吹动的海浪。浅色衣衫里面的旖旎风光，那是阿耳戈斯（希腊神话中的百眼巨人）的眼睛也看不到的。不过人人明白，里外是一样的美艳。修美的胳膊，手白得像象牙雕成，十指纤纤，手掌不管怎样翻转，看不见一丝青筋，一根骨头。婀娜而仪态万方的身子下面是一双圆浑的秀足。她美若天仙，隔着厚密的面纱仍然光艳照人。"（以上引自爱德华·傅克斯：《欧洲风化史（文艺复兴时代）》）
[4] 爱德华·傅克斯：《欧洲风化史（文艺复兴时代）》，第138页。

达·芬奇《利塔的圣母》

命的乳房最叫男人动心。因此画家才那么热衷于描绘哺婴的圣母。"[1]

这种审美风尚也必然要反映于人们的服装，特别是时装。因为"时装无非是把时代的人体美的理想应用于日常生活实践"。[2]

文艺复兴时代是创造的时代，从而是健康而强烈的肉欲的时代。因此，"鲜明的强调肉欲、健康的肉欲，必然是文艺复兴时代时装的主要趋向"。[3] 例如，"在男装中，通过显示发达的肌肉、宽肩、厚实的胸膛等等来强调力量，而在女装中则渲染胯股和乳房"。[4] 女人为了突出乳房，就要袒露胸部。同时为了显示腰身粗壮，一些女人把很重的垫枕围在腰上，看起来像"面包师傅"那样有些发胖，好像怀了孕。这也是一种时尚。因为那个时代崇拜成熟，所以在人们心目中，孕妇的形象是美的。

但是到了17、18世纪欧洲君主专制时代，情况就发生了根本的变化。"文艺复兴最重视男女的蓬勃茁壮的力量，把它视为创造力的最重要的前提。相反，君主专制时代蔑视一切强壮有力的东西。力量从它的审美观点来看，是丑陋的。这大概是这两个时代在美的意识形态方面意味最为深长的区别。这是最重要的根本性的区别。"因为"美的规则是由统治阶级的意志形成的，而这个时代的统治阶级掌握了完全靠别人生活的可能性，把劳动看做最最下贱的事情"。"在寄生虫眼里，真正的高贵和真正的贵族气派

―――――
[1] 爱德华·傅克斯：《欧洲风化史（文艺复兴时代）》，第131页。
[2] 同上书，第154页。
[3] 同上书，第155页。
[4] 同上。

雷尼《慈爱》（局部）

首先是无所事事；无所事事逐渐成了居民中这些阶级和集团的第一位的、最主要的责任。仅此一端，便足以说明文艺复兴时期和君主专制时代有关人体美的意识形态为什么截然相反。""所以在文艺复兴时期，一切健康强壮的，必定会被认为美，因为健康强壮正是进取的、生产的人的本质。在君主专制时代，相反的体质被理想化：不论是局部还是整体，只是那些没有劳动能力的，才算美。这就是君主专制时代美的主要基础。纤细的手是美的，它不适宜工作，不能做有力的动作，却能够温存体贴地抚爱。纤小的脚是美的，它的移动像跳舞，勉强能走路，根本不能迈出坚定有力的步子。"[1] 脸色也以苍白为美。1712年，汉堡出版的《趣闻大全》一书说："女人不喜欢她们脸色红润，而把苍白视为美。"蒂里伯爵在回忆录中说到他爱慕的一位少女："我几乎忘了提她主要的美——她的憔悴的苍白。"[2] 这就是当时的人体美的理想，也就是当时人喜欢说的"优雅"。

人体美的时尚变化了，服装的时尚当然也要变化。在君主专制时代，

---

[1] 爱德华·傅克斯：《欧洲风化史（风流世纪）》，第79—80页，辽宁教育出版社，2000。
[2] 同上书，第84页。

比之活生生的人，服装的重要性大为增加。在文艺复兴时代，服装只是裸体的简单遮掩物，而在君主专制时代，服装成了主要的东西，美的理想靠服装来实现，**人一般由衣帽构成，往往衣帽就等于整个人**。因为这个时代的"统治阶级竭力用各种办法把自己同下层阶级隔离，在外表上也是如此，以此更加鲜明地强调自己的优越的社会地位"[1]，**而服装正是阶级隔离的最重要的手段之一**。举例说，当时流行假发。因为假发"是可以让男子摆出威严的、神气活现的姿态的一种手段"[2]。"戴上假发，男子的头成了朱庇特的威严的头。就像当时的说法：人的脸在浓密的浅色发卷烘托下，看起来像是'清晨云海中的太阳'。"[3] 在女人中则流行梳高塔般的发髻。当时女人的发髻高到吓人的程度，以至"一个矮小女子的下巴颏儿正正在头顶和脚尖的中间"[4]。由于宫廷妇女头上的纱、花、鸟羽推成一座宝塔，坐车非常不便。"王后在1776年把她头上的鸟羽尺寸加高，弄得进不了车门，只能在登车时卸下一层，下车时再加上。宫里的女官坐车时只好跪在台板上，把头伸出窗外。跳舞的时候总怕碰到挂灯。"[5] 在这种风气下，设计新的发型成了一种热门的行业。巴黎的时装杂志《时装信使》在1770年每期刊出9种左右的新发型，[6] 可见当时的时尚。

服装的颜色也随着时代变化。服装的颜色"反映情感的真正载体——血液的温度"[7]。因此，文艺复兴时代喜欢紫红、深蓝、明黄和深雪青，因为肉欲在那个时代的脉管中汹涌澎湃，热烈似火，时代的颜色也必然亮丽，必然像火焰一般的灿烂，绝不会黯淡。"不仅是欢乐的节日服装，连劳动的日常衣着也是如此。每个人似乎时时刻刻置身在火焰中，仿佛是炽热的情欲的绚烂的影子。在屋内，在街上，在教堂里，处处都是烈火一般的生活。节日的赛会游行，像是火焰色的、波涛汹涌的海洋。欢乐、灵感、放荡，熔化在色彩斑斓的火浪的辉映之中，体现了力量的和谐，是在这个

---

[1] 爱德华·傅克斯：《欧洲风化史（风流世纪）》，第114页。
[2] 同上书，第116页。
[3] 同上。
[4] 罗伯特·路威：《文明与野蛮》，第85页，三联书店，1984。
[5] 同上。
[6] 爱德华·傅克斯：《欧洲风化史（风流世纪）》，第120页。
[7] 同上书，第155页。

时代觉醒并且成为现实的创造欲宏伟的交响。"[1]

到了君主专制时代，这种颜色的偏爱也发生相反的变化。在君主专制时代，肉欲先是成为姿态，后来渐渐成了轻佻的游戏。因此在巴洛克艺术中，色彩失去了光华和辉煌。"只有冷冰冰的华丽作用于人们的心智；只有冷冰冰的华丽赢得人们的青睐。虽说深蓝和鲜红仍占优势，但配合着冷冰冰的金色——金色是威严和超力量的标志。金色代替了绚丽的火焰。冷冰冰的金，织在衣服上；冷冰冰的金，点缀着宫殿的墙壁和教堂的内部。黑或白底上的金色，是君主专制主义极盛时期、力量和权势如日中天时期的标尺，是那个时代的艺术中的主调。"[2]

到洛可可时期，冷冰冰的威严又让位于轻佻的享乐。"如今时兴的是温柔的色彩——那里没有火花、没有创造力的肉欲。浅蓝和粉红代替了紫红和紫罗兰色，说明了力量的枯竭。淡黄取代了明黄：渺小的嫉妒取代了粗犷性格的狂暴激烈的仇恨。翡翠的鲜绿让位于暗绿：时代已经埋葬了对未来的光明的希望，只剩下没有创造冲动的怀疑。"[3]

时尚的一个特点是影响面广，往往不分社会地位和社会阶层，也不分男女老幼。例如在君主专制时代，追求奢侈是一种时尚。宫廷和贵族当然不用说了。曼恩公爵夫人戴了一头的黄金和宝石，重量甚至超过公爵夫人的体重。[4] 维埃留夫人死后，她的财产清单上有6000件紧身褡，480件衬衣，500打手帕，129条床单，还有不计其数的长裙，其中45件是丝绸的。[5] 玛丽·安托瓦奈特在当王后的头几年因为在服饰和小玩意儿上挥霍无度，以致借了30万法郎的债。有一次她在巴黎珠宝商贝麦尔那里看到一对钻石耳环，非常中意，她的丈夫只得掏钱买下，价格是348000法郎（1773），当时这笔钱可以供一千户工人家庭一年的花销。[6] 这种奢侈的时尚也影响下层民众。乡下姑娘进了城也追求时尚。当时有一位亚伯拉罕·阿·圣克拉拉先生对于这种现象感到不能容忍，他在《向众人进一言》一文中愤怒地说："农民的女儿刚从乡下到了城里，这臭丫头马上必定要穿

---

[1] 爱德华·傅克斯：《欧洲风化史（风流世纪）》，第155页。
[2] 同上。
[3] 同上书，第155—156页。
[4] 同上书，第158—162页。
[5] 同上。
[6] 同上。

戴时髦。她再也不想穿没有后跟的平底鞋。黑布裙又短又难看，得穿花裙子，长得只露出尖尖皮鞋和红色的袜子。乡间的胸褡也得扔一边，穿上长后襟、新式袖子的时髦上衣。她把土气的小圆领剪开，做成袖口；扔掉了土气的头巾，戴上漂亮的、时髦的包发帽或者花边的发饰。总而言之，什么都该换成新样子。过不了几个星期，这样一个土气的玛特连娜就变得面目全非；如果把她前不久使过的靶子、叉子、铲子、扫帚和水桶都弄来，问问它们，它们肯定认不出这位如今一身时髦打扮的老乡。"[1] 这位先生的话显然带有贵族阶级的偏见，但他的话正好说明，时尚的影响面很广，它一般总是超越社会地位和社会阶层的区分。我们还可以再举两个例子。一个例子是古希腊。当时人佩戴珠宝来炫耀自己的收入，成为一种时尚。所以一般男人至少戴一个戒指。连大哲学家亚里士多德也不例外。不过他不是戴一只戒指，而是戴好几只戒指。[2] 再一个例子是17、18世纪的法国。当时男人戴假发是一种时尚。起初是有钱人的标记。不久中下层的民众也开始模仿这些有钱人。当然上层人和下层人的假发的等级和价格是不一样的。假发需要在上面扑粉，为此消耗了大量面粉。一直到法国大革命时期，连罗伯斯庇尔这样的革命领袖人物，他每次出门也一定要为自己的假发仔细地扑上白粉。[3] 亚里士多德和罗伯斯庇尔可以说都是历史上的大人物，可是就连这些大人物也免不了要受时尚的支配。由此可见时尚的力量。

时尚的又一个特点是渗透力和扩张力很强。从历史上看，只要商品经济有一定的发展，交通比较发达，一种新的时尚很快会渗透到社会生活的各个方面，并且扩张到全国各地，甚至到达穷乡僻壤。当年郑板桥曾嘲笑"扬州人学京师穿衣戴帽，才赶得上，他又变了"。[4] 郑板桥说这话是为了告诉人写文章"切不可趋风气"，但也说明在当时社会，一种时尚已有了相当的扩张力。到了今天高科技、信息化、全球化的时代，一种时尚往往以极快的速度在全球范围内流行。我国西部地区有些地方经济虽然还不发达，但你在那些地方的小镇上和北京一样可以看到销售巴黎名牌时装的商店，以及好莱坞时尚影星的大幅广告照片。北京、上海等大城市出现一个时尚

---

[1] 爱德华·傅克斯：《欧洲风化史（风流世纪）》，第155-156页。
[2] 威尔·杜兰：《世界文明史》第一卷，第213页，东方出版社，1998。
[3] 罗伯特·路威：《文明与野蛮》，第86页，三联书店，1984。
[4] 《郑板桥集》，第192页，上海古籍出版社，1979。

的餐馆名称，一个月后你在云南、贵州的小镇上就会发现以这个名字命名的餐馆。

时尚的扩张和流行，对于社会中的很多人来说，往往要经历一个"装模作样"或"装腔作势"（Kitsch）的过程。[1] 例如喝咖啡，作为一种时尚的流行，就是如此。花上千元人民币买票去听世界顶尖钢琴家演奏，作为一种时尚的流行，也是如此。装模作样或装腔作势是一种特殊的学习过程。多数的喝咖啡的人，为了在心态上达到喝咖啡的品味结构，多数的听钢琴演奏或听交响乐音乐会的人，为了使自己的内心真正进入审美体验的层面，都要经历一段学习过程，其中也包括装模作样的过程。**这种装模作样的过程，"实际上是社会中占越来越大的比例的中小资产阶层群众追随社会上层精英分子的生活风气的一种表现"**。[2] 文化人类学家诺罗指出，当代的各种时尚或流行的时髦是在一个相对开放的阶级社会中存在的一种阶级区分的形式。在这种社会中，社会的上层精英阶级试图用某些可以看得见的符号或信号象征体系来进行自我区分，例如他们采取某些特殊的装饰来自我区分。而社会的较低阶层，则努力通过采用这些同样的信号和象征体系来实现文化认同。这就是当代社会中或快或慢地传播时尚以及时尚循环的基础。[3] **由于当代社会普遍存在着中小资产阶层人数扩大的趋势，因此，由这些处于社会中层同时又占社会多数的大众掀起的追随时髦的运动，就越来越影响整个社会的审美趣味和生活风气。**装腔作势和装模作样，也就成为这些中小资产阶层社会大众追随时髦以便不断模仿上层精英并实现文化认同的重要手段。

时尚的流行是有时间性的。有的时尚持续很长时间，有的时尚则很快就消失了。这在时装上看得最清楚。前面引的郑板桥的话就说明时装的流行变化很快。20世纪初上海有首民谣："乡下小姑娘，要学上海样，学死学煞学弗像，等到学来七分像，上海已经换花样。"也是说时装变化之快。当然也反映在其他各个方面。所以车尔尼雪夫斯基说："风尚使得莎士比亚每一个剧本中有一半不适合我们时代的美的欣赏。"[4] 在当代社会，时尚和时

---

[1] 高宣扬：《流行文化社会学》，第147页，中国人民大学出版社，2006。
[2] 同上书，第148—149页。
[3] 同上书，第149页。
[4] 车尔尼雪夫斯基：《生活与美学》，第58页，人民文学出版社，1957。

髦的更新的速度越来越快，时尚和时髦流行中装模作样的过程越来越短。这表明，社会上的某些精英集团和商家为了保持社会上精英和大众之间的文化差异（符号差异）和谋求自身的经济利益，借助媒体和其他非文化的力量，把加快时尚和时髦的更新作为推销商品（时尚产品）的手段。而对于社会大众来说，他们永远为追求时髦而疲于奔命，但时髦对他们来说却成为始终是一个可望而不可及的彼岸世界。[1]

我们现在再谈时代风貌。时代风貌与审美风尚有联系，但不是一个概念。审美风尚是一个社会在一定时期中流行的审美趣味，是多数人的审美追求，而时代风貌则是一个社会在一个较长时期中所显示的相对比较稳定的审美风貌，是那个时期的社会美和艺术美所显示的时代特色。

一个时代的审美风貌体现这个时代的时代精神。而一个时代的时代精神又是为这个时代的经济、政治、文化等多种因素决定的。

我们可以以我国唐代的审美风貌为例。唐代是我国封建社会的鼎盛时期。"唐代是个疆域辽阔、国威强盛、气势恢宏、较少禁忌的开放时代。那种博大富赡的辉煌气象，声震遐迩的煊赫声威，兼容并包的伟大气魄，落拓不羁的自由精神，对唐人的理想、志趣、立身准则、行为方式、审美追求，都不可避免地会产生深远影响。"[2] 特别是盛唐时期，更是名副其实的青春盛世，展示了一个雄浑博大、五彩缤纷的意象世界。这就是学者们所说的"盛唐气象"。"盛唐气象"这个概念是盛唐时代的审美风貌的极好的概括。

唐代的雕塑艺术是这种"盛唐气象"的典型表现。例如顺陵[3] 的坐狮和走狮。坐狮位于顺陵西门，高约3米，是历代坐狮中体积最大的。雕刻的匠师用夸张的手法，把狮子的前肢和足爪刻划得特别粗大坚实，把狮子胸脯的筋肉刻划得特别强壮突出。狮子张着血盆大口，观者好像能听到它发出的隆隆吼声。整个雕塑如同一座泰山，庄严、稳重、威风凛凛，力量四溢。走狮位于顺陵南门，昂首挺胸，肌肉突出，极目远视，咧嘴长吼。雕刻的匠师通过对头部、胸部和四肢的极度夸张的刻划，显示出狮子体内包含有无限的能量。顺陵的坐狮和走狮，是中国古代石狮造像中的"神品"。"它们给观众印象最深的不是体积巨大，而是它们显示出的博大恢宏

---

[1] 高宣扬：《流行文化社会学》，第147页，150页，中国人民大学出版社，2006。
[2] 杜道明：《盛世风韵》，第25页，河南人民出版社，2001。
[3] 顺陵是武则天母亲杨氏的坟墓，位于咸阳市东北的毕塬。

的精神气质。它们雄浑、阔大，没有丝毫的局促和琐碎。它们庄重、沉稳，没有丝毫的匆忙和焦躁。我们在唐朝前期的其他艺术作品（如颜真卿的楷书）中，同样可以看到这种博大恢宏的审美意象。这样的审美意象，不仅是大唐帝国国势强盛的反映，而且更是中华民族的自信心和伟大生命力的反映。"[1]

又如乾陵的石雕群。乾陵是唐高宗李治和武则天的合葬墓。陵墓的整体布局开阔、宏大，莽莽苍苍，显示出大唐帝国前期的雄浑的气

顺陵的走狮

象。乾陵方城四门均有蹲狮一对。朱雀门外有《述圣记》碑和无字碑，神道两侧排列着两行石雕（蹲狮一对，六十一个身着胡服的番臣雕像，文武侍臣十对，鞍马和御马人各五对，鸵鸟、翼鸟各一对，华表一对），构成一个巨大的石雕群。"乾陵的石雕群和整个乾陵的山势融为一体，有一种天人合一的苍茫感。它展现了大唐帝国向整个世界开放的博大的气势和广阔的胸怀。对后人来说，你看到的不仅是几座雕像，而是看到了一个历史的时代。如果在日出、日落时分来到这里，你会感受到一种浓厚的带有胡笳意味的历史氛围。在你面前会展现出一个沉郁、苍凉的意象世界。'大漠风尘日色昏'、'鸣笳吹动天上月'的悲壮画面，'葡萄美酒夜光杯'、'纵死犹闻侠骨香'的英雄主义，都会一齐涌上你的心头，使你感受到一种深刻的人生感和历史感，引发无限的遐想。"[2]

---

[1] 叶朗：《照亮一个时代》，见《胸中之竹》，第111页，安徽教育出版社，1998。
[2] 同上书，第112页。

唐三彩妇女像

再如唐代的唐三彩雕塑中那些宫廷妇女。你看她们一个个都是体态丰腴，面带微笑，抬头注视前方，乐观，从容，表现出对未来的无限的信心。这也是那个时代的审美风貌的一种典型表现。

但是到了晚唐，这种雄浑、悲壮、开阔的"盛唐气象"不再存在。晚唐的审美风貌是日落黄昏的悲凉景象。"猛风飘电黑云生，霎霎高林簇雨声。夜久雨休风又定，断云流月却斜明。"[1] 韩偓这首诗可以作为晚唐的时代风貌的写照。清代美学家叶燮说："盛唐之诗，春花也。桃李之秾华，牡丹芍药之妍艳，其品华美贵重，略无寒瘦俭薄之态，固足美也。晚唐之诗，秋花也。江上之芙蓉，篱边之丛菊，极幽艳晚香之韵，可不为美乎？"[2] 叶燮说的就是盛唐和晚唐两种不同的时代风貌，两种不同的美。我们看盛

---

[1] 韩偓：《夏夜》。
[2] 叶燮：《原诗》卷四。

唐的诗："新丰美酒斗十千，咸阳游侠多少年。相逢意气为君饮，系马高楼垂柳边。"[1]"琴奏龙门之绿桐，玉壶美酒清若空。催弦拂柱与君饮，看朱成碧颜始红。胡姬貌如花，当垆笑春风。笑春风，舞罗衣，君今不醉将安归？"[2]这些诗歌都洋溢着"蓬勃的朝气，青春的旋律"。[3]我们再看晚唐的诗："一上高楼万里愁，蒹葭杨柳似汀洲。溪云初起日沉阁，山雨欲来风满楼"。[4]"云物凄清拂曙流，汉家宫阙动高秋。残星几点雁横塞，长笛一声人倚楼"。[5]在这些诗歌中，蓬勃的朝气没有了，青春的旋律也没有了，剩下的是忧郁的心态和清冷的氛围。这是两种不同的意象世界，两种不同的审美风貌，这种不同是由不同的时代所决定的。

本章提要

美和美感具有社会性，因为第一，审美主体都是社会的、历史的存在，因而他的审美意识必然受到时代、民族、阶级、社会经济政治制度、文化教养、文化传统、风俗习惯等因素的影响；第二，任何审美活动都是在一定的社会历史环境中进行的，因而必然受到物质生产力的水平、社会经济政治状况、社会文化氛围等因素的影响。

美是历史的范畴，没有永恒的美。

人的审美活动与人的一切物质活动和精神活动一样，不能脱离自然界。自然地理环境必然融入人的生活世界，深刻地影响一个民族的生活方式和精神气质，从而深刻地影响一个民族的审美情趣和审美风貌。

对审美活动产生决定性影响的是社会文化环境，包括经济、政治、宗教、哲学、文化传统、风俗习惯等多方面的因素，其中经济的因素是最根本的、长远起作用的因素。

社会文化环境对审美活动的影响，在每个个人身上，集中体现为审美趣味和审美格调。审美趣味是一个人的审美偏爱、审美标准、审美理想的总和，是一个人的审美观的集中体现，它制约着主体的审美行为，决定着

---

[1] 王维：《少年行》之一。
[2] 李白：《前有一樽酒行》二首之二。
[3] "蓬勃的朝气，青春的旋律，这就是盛唐气象与盛唐之音的本质。"（林庚：《盛唐气象》，见《唐诗综论》。）
[4] 许浑：《咸阳城西楼晚眺》。
[5] 赵嘏：《长安秋望》。

主体的审美指向。审美趣味既带有个体性的特征,又带有超个体性的特征。审美格调(审美品味)是一个人的审美趣味的整体表现。一个人的审美趣味和审美格调(品味)都是社会文化环境的产物,都受到这个人的家庭出身、阶级地位、文化教养、社会职业、生活方式、人生经历等多方面的影响,是在这个人的长期的生活实践中逐渐形成的。

　　社会文化环境对审美活动的影响,在整个社会,集中体现为审美风尚和时代风貌。审美风尚(时尚)是一个社会在一定时期中流行的审美趣味,它体现一个时期社会上多数人的生活追求和生活方式,并且形成为整个社会的一种精神氛围。时尚的一个特点是影响面广,往往不分社会地位和社会阶层,也不分男女老幼。时尚的另一个特点是渗透力和扩张力很强。时尚的扩张和流行,对于社会中的很多人来说,往往要经历一个"装模作样"或"装腔作势"的过程。这种"装模作样"的过程,实际上是社会上占越来越大的比例的中小资产阶层群众追随上层精英分子的生活风气的一种表现。在当代,这种社会大众掀起的追求时髦的运动,越来越影响整个社会的审美趣味和生活风气。时代风貌是一个社会在一个较长时期所显示的相对比较稳定的审美风貌,是那个时期的社会美和艺术美的时代特色。

扫一扫,
进入第三章习题

单选题

简答题

思考题

填空题

第二编 审美领域

第四章　自然美

这一章我们讨论自然美的性质，以及和自然美的性质有关的几个问题，最后对中国传统文化中的生态意识做一些论述。

一、自然美的性质

自然美的问题，在美学史上是一个引人关注的问题，在20世纪50年代我国的美学大讨论中，也是讨论的一个焦点。在美学史上，大家讨论比较多的是自然美的性质和特点问题，以及与自然美的性质相关联的自然美与艺术美孰高孰低的问题；在50年代的美学大讨论中，对于自然美的讨论也是集中在自然美的性质问题上面。自然美的性质问题，归根到底是"美是什么"的问题。解决了"美是什么"的问题，自然美的性质问题也就同时解决了。反过来，突破了自然美的性质问题，"美是什么"的问题（当时称为"美的本质"问题）也就突破了。

在美学史上，也包括在50年代的美学大讨论中，对于自然美的性质，主要有以下几种看法：

1.自然美在于自然物本身的属性，如形状、色彩、体积以及对称、和谐、典型性等等。在50年代的美学大讨论中，主张"美是客观的"一派在自然美的问题上就持这种观点。我们在第一章已介绍过这派的观点，不再重复。西方美学史上持这种主张的人不少。如赫尔德认为，任何自然的物品都有自身的美。所以，"美的对象是被置于一个上升的阶梯之上的：从轮廓、颜色和声调，从光、声音到花朵、水、海洋、鸟、地上的动物到人。"[1] "地上动物中最丑的是最像人的动物，如忧郁和悲伤的猴子；最美的是那些有确定形式的、（肢体）安排得很好的、自由的、高贵的动物，那些表现出甜柔的动物；那些具有自然完善的、幸运的与和谐生存的动物。"[2] 又如费舍尔，他把他的美学称为"美学的物理学"，这个美学的物

---

[1] 转引自克罗齐《美学的历史》，第180页，中国社会科学出版社，1984。
[2] 转引自克罗齐《美学的历史》。

理学包括无机自然界（光、热、空气、水、土）的美，有机自然界（如植物的四大部类、脊椎动物和无脊椎动物）的美，以及人的美。人的美又有年龄、性别、种族、文化以及历史时代的区别。[1]

2. 自然美是心灵美的反映。在 50 年代美学大讨论中，主张"美是主观的"一派在自然美的问题上就持这种观点。我们在第一章中已做过介绍，也不再多说。在西方美学史上，黑格尔是这种观点的代表。他说："自然美只是属于心灵美的那种美的反映，它所反映的是一种不完善的形态，而按照它的实体，这种形态原已包含在心灵里。"[2]

3. 自然美在于"自然的人化"。提出这种看法的是 50 年代美学讨论中主张"美是客观性和社会性的统一"的一派（后来发展成为"实践美学"）。所谓"自然的人化"，就是说，人通过生产劳动的实践，改造了自然界（包括人自身），于是自然界成了"人化的自然"。人在"人化的自然"中看到了人类改造世界的本质力量，从而产生美感。所以，自然美在于"自然的人化"。"自然的人化"有狭义和广义两种。狭义的"自然的人化"是指"通过劳动、技术去改造自然事物"，[3] 广义的"自然的人化"是指"整个社会发展到一定阶段，人和自然的关系发生了根本改变"。[4]

4. 自然美在于人和自然相契合而产生的审美意象。在 50 年代美学讨论中，持这种观点的是主张"美是主客观的统一"的朱光潜。朱光潜认为，如果把自然美理解为客观自然物本身存在的美，那么，自然美是不存在的。他在《文艺心理学》中说："自然中无所谓美，在觉自然为美时，自然就已告成表现情趣的意象，就已经是艺术品。"[5] 他在《谈美》中也说："其实'自然美'三个字，从美学观点来看，是自相矛盾的，是'美'就不自然，只是'自然'就还没有成为'美'。""如果你觉得自然美，自然就已经艺术化过，成为你的作品，不复是生糙的自然了。"[6]

朱光潜对自然美的这种看法，也就是柳宗元说的"美不自美，因人而彰"。中国美学史上很多人说过类似的话。最早孔子说："知者乐水，仁者

---

[1] 克罗齐：《美学的历史》，第 182 页。
[2] 黑格尔：《美学》第一卷，第 5 页，人民文学出版社，1958。
[3] 李泽厚：《美学四讲》，第 88 页，三联书店，1989。
[4] 同上。
[5] 朱光潜：《文艺心理学》，见《朱光潜美学文集》第一卷，第 153 页，上海文艺出版社，1982。
[6] 朱光潜：《谈美》，见《朱光潜美学文集》第一卷，第 487 页。

乐山。"[1] 这就意味着人对自然山水的美感是由于人与自然山水的一种契合。庄子说："山林与！皋壤与！使我欣欣然而乐与！"[2] 这也是说人与自然互相契合从而产生一种自由感和美感。叶燮说："凡物之美者，盈天地间皆是也，然必待人之神明才慧而见。"[3] 又说："天地之生是山水也，其幽远奇险，天地亦不能一一自剖其妙，自有此人之耳目手足一历之，而山水之妙始泄。"[4] 王夫之说："两间之固有者，自然之华，因流动生变而成绮丽。心目之所及，文情赴之，貌其本荣，如所存而显之，即以华奕照耀，动人无际矣。"[5] 这些话也都是说，自然的美，有待于人的意识去发现，去照亮，有待于人和自然的沟通、契合。

　　西方美学史上，也有很多这样的论述。上面提到的黑格尔，他主张自然美是心灵美的反映，过于把主体绝对化了。但他也有一些很好的论述。例如他说："自然美只是为其他对象而美，这就是说，为我们，为审美的意识而美。"[6] 这句话并没有说错。他把自然美对人的意义概括为三个方面。第一，与人的生命观念有关。因而人喜欢活动敏捷的动物，厌恶懒散迟钝的动物。第二，自然界许多对象构成风景，显示出"一种愉快的动人的外在的和谐，引人入胜"。[7] 第三，"自然美还由于感发心情和契合心情而得到一种特性。例如寂静的月夜，平静的山谷，其中有小溪蜿蜒地流着，一望无边波涛汹涌的海洋的雄伟气象，以及星空的肃穆而庄严的气象就是属于这一类。这里的意蕴并不属于对象本身，而是在于所唤醒的心情。"[8] 黑格尔说的这三种情况，其实都属于人与自然的契合，都是自然物感发心情和契合心情而引发的美感。后来，俄国的车尔尼雪夫斯基在《生活与美学》一书中对黑格尔美学的基本观点进行批判，提出"美是生活"的论点。他认为自然美离不开人，离不开人的生活。他说："构成自然界的美的是使我们想起人来（或者，预示人格）的东西，自然界的美的事物，只有作为人

---

[1]《论语·雍也》。
[2]《庄子·知北游》。
[3] 叶燮：《已畦文集》卷六《滋园记》。
[4] 叶燮：《原诗》外篇。
[5] 王夫之：《古诗评选》卷五谢庄《北宅秘园》评语。
[6] 黑格尔：《美学》第一卷，第160页，人民文学出版社，1958。
[7] 黑格尔：《美学》第一卷，第166页。
[8] 同上。

的一种暗示才有美的意义。"[1] 又说："人一般地都是用所有者的眼光去看自然，他觉得大地上的美的东西总是与人生的幸福和欢乐相连的。太阳和日光之所以美得可爱，也就因为它们是自然界一切生命的源泉，同时也因为日光直接有益于人的生命机能，增进他体内器官的活动，因而也有益于我们的精神状态。"[2] 车尔尼雪夫斯基的这些话，也包含了把自然美看作是人与自然的沟通和契合的思想。

按照我们的"美在意象"的基本观点，在自然美的问题上，我们赞同上述这第四种观点。我们认为，自然美也是情景交融、物我同一而产生的审美意象，是人与世界的沟通和契合。就这一点来说，自然美与社会美、艺术美是一样的。所不同的，自然美是在自然物、自然风景上见出，社会美是在社会生活的人与事上见出，而艺术美是在艺术品上见出。王国维说："夫境界之呈于吾心而见于外物者，皆须臾之物。"[3] **任何美（审美意象）都是"呈于吾心"，同时又"见于外物"**。自然美是见于自然物、自然风景。用郑板桥的术语，就是"胸中之竹"。

总之，照我们的看法，**自然美就是"呈于吾心"而见于自然物、自然风景的审美意象**。

在一般人的观念中，自然美就是自然物、自然风景的美，如浩瀚的大海之美，辉煌的日出之美，皎洁的月亮之美，晶莹的雪花之美，等等。大家都这么看，大家都这么说，已经成了习惯。但是如果细究起来，在这个习惯的观念后面，可以区分出对于自然美的性质的两种不同的看法。一种看法就是把自然美看成是自然物本身客观存在的美，一种看法就是把自然美看成是人心所显现的自然物、自然风景的意象世界。后面这种看法是我们赞同的看法。这个意象世界，就是宗白华说的，**"是主观的生命情调与客观的自然景象交融互渗，成就一个鸢飞鱼跃，活泼玲珑，渊然而深的灵境"**。这个意象世界，也就是石涛说的，**是"山川与予神遇而迹化"所生成的美**。

郑板桥有一段话最能说明宗白华所说的这种"主观的生命情调和客观的自然景象交融互渗"而成就的灵境：

---

[1] 车尔尼雪夫斯基：《生活与美学》，第10页，人民文学出版社，1957。
[2] 同上书，第11页。
[3] 王国维：《人间词话》，见《王国维文集》第一卷，第173页，中国文史出版社，1997。

> 十笏茅斋，一方天井，修竹数竿，石笋数尺，其地无多，其费亦无多也。而风中雨中有声，日中月中有影，诗中酒中有情，闲中闷中有伴，非唯我爱竹石，即竹石亦爱我也。[1]

郑板桥这段话说明，**自然风景所以能使人感兴，"有情有味，历久弥新"，就在于人与自然的契合，所谓"我见青山多妩媚，料青山见我应如是"（辛弃疾），所谓"非唯我爱竹石，即竹石亦爱我也"**。

在这里，我们要简单讨论一下近几十年兴起的"环境美学"的一些观点，因为他们这些观点和自然美的性质有联系。

所谓"环境美学"是 20 世纪后半期在西方出现的一种美学派别。这一派别的学者的观点可以概括为两条：第一，他们认为传统美学不重视自然美，而他们自己则十分重视自然美的欣赏；第二，传统美学把自然物作为一个孤立的、个别的存在物来欣赏，而他们则主张把自然物开放为一个环境（甚至与欣赏者本人联系在一起）来欣赏。

环境美学家提出的这两条在理论上都不很准确。就第一条来说，自然美的发现本来就是一个历史的过程（我们后面还要论述这个问题），西方人从文艺复兴时期开始发现自然美，中国人从魏晋时期开始发现自然美。从那以后，无论西方还是中国，在诗歌和绘画中描绘、赞颂自然美的作品都有成千上万。至于在传统美学的观念中，有轻视自然美的（如我们后面要提到的黑格尔的观点），也有重视自然美的（如我们后面要提到的车尔尼雪夫斯基的观点），所以笼统地说传统美学不重视自然美是不符合事实的。就第二条来说，历史上人们对自然美的欣赏，也并不像今天环境美学家所说的那样，都是把自然物作为孤立的、个别的存在物来欣赏。我国明代艺术家祝允明说："身与事接而境生，境与身接而情生。"[2] 这个"境"就是与人的实践活动相联系的生活环境，如祝允明所说，"骑岭峤而舟江湖"，"川岳盈怀"，人处在这个环境中就产生美感，所谓"其逸乐之味充然而不穷也"。其实中国古代诗歌、绘画中描绘的自然美大都是欣赏者身在其中的景观、环境。如"月上柳梢头，人约黄昏后"，这不是一种生活环境吗？如"鸡声茅店月，人迹板桥霜"，这不也是一种生活环境吗？画也是如此。

---

[1]《郑板桥集》，第 168—169 页，上海古籍出版社，1979。
[2]《枝山文集》卷二《送蔡子华还关中序》。

宋代大画家郭熙在《林泉高致·山水训》中说："世之笃论，谓山水有可行者，有可望者，有可游者，有可居者。画凡至此，皆入妙品。但可行可望，不如可居可游之为得。""故画者当以此意造，而鉴者又当以此意穷之。"又说："春山烟云连绵人欣欣，夏山嘉木繁阴人坦坦，秋山明净摇落人肃肃，冬山昏霾翳塞人寂寂。看此画令人生此意，如真在此山中，此画之景外意也。见青烟白道而思行，见平川落照而思望，见幽人山客而思居，见岩扃泉石而思游。看此画令人起此心，如将真即其处，此画之意外妙也。"从郭熙说的这些话，可以看出中国山水画家并不把自然物（一座山，或一条河）孤立起来欣赏，而是要使自己面对一个充满生意的可行、可望、可游、可居的自然环境。我们看到的古代的山水画，也的确如郭熙所说的，山有草木烟云，水有亭榭渔钓，可行、可望、可游、可居。其实，西方的风景画描绘的也不是一个孤立的自然物，而是与欣赏者有联系的自然环境。所以就这一条来说，环境美学家的说法也是缺乏根据的。

环境美学学者还讨论自然美的特点的问题。他们把自然美与艺术美加以比较，从中找出自然美的特点。例如，他们说，艺术作品是被框起来的东西，而自然物都是粘连在一起的，很难确定它们之间的界限；艺术的审美要进入一个由想象构成的非现实的世界，即艺术世界，这是一个构造出来的世界，而自然的审美则是面对一个不服从想象的现实世界，这里没有任何人工制作的痕迹，体现出纯然的必然性；艺术品是艺术家创造的，艺术家的意图起很大作用，自然物不是人创造出来的，与人的意图无关；等等。[1] 环境美学学者的这些分析，在理论上有许多问题。例如自然美的美感（欣赏）排除想象，排除欣赏者主观的情趣和创造，等等。最大的问题是把自然美与自然物混为一谈，把艺术美与艺术品混为一谈。这在理论上造成了混乱。他们所列举的自然物与艺术品的种种区别（如艺术作品是用某种形式框起来的，而自然物都是粘连在一起的，而且是变幻无常的，等等），并不等于自然美与艺术美的区别，因为自然物是"物"，而自然美则是"意象"，这是根本性质不同的两个东西，而这些环境美学的学者把他们混为一谈了。他们的这种失误很明显，我们在这里就不多谈了。

---

[1] 以上环境美学学者关于自然美的特点的分析，可参看彭锋《完美的自然》第5—8页，北京大学出版社，2005。

二、和自然美的性质有关的几个问题

美学界对于自然美的讨论，除了自然美的性质之外，还有几个和自然美的性质有关的问题。

（一）是否所有的自然物（自然风景）都是美的

近二十年在英美美学家中流行一种"肯定美学"的观点，持这种观点的美学家认为，自然中所有东西都具有全面的肯定的审美价值。[1]如哈格若夫说："自然是美的，而且不具备任何负面的审美价值。""自然总是美的，自然从来都不丑。""自然中的丑是不可能的。"[2]

从表面上看，中国古代美学家也说过类似的话，实际上观点并不相同。如我们前面引过的叶燮的话："凡物之美者，盈天地间皆是也，然必待人之神明才慧而见。"叶燮的话是说自然物都可能美，但必须有人的"神明才慧"去发现它，去照亮它，也就是必须有人与自然物的沟通和契合。又如袁枚的诗："但肯寻诗便有诗，灵犀一点是吾师，夕阳芳草寻常物，解用都为绝妙辞。"[3]还有脂砚斋在《红楼梦》上的一条批语："天地间无一物不是妙物，无一物不可成文，但在人意舍取耳。"这些话说的也都是同样的意思。鱼鸟昆虫、斜阳芳草这些普通的自然物，都可能成为"美"，成为"妙"，关键在于人的审美意识和审美活动，在于人与自然物的沟通和契合。其实，车尔尼雪夫斯基也说过类似意思的话。他说："人生中美丽动人的瞬间也总是到处都有。无论如何，人不能抱怨那种瞬间的稀少，因为他的生活充满美和伟大事物到什么程度，全以他自己为转移。"[4]

我们在第三章和第一章说过，人的审美活动是一种社会的、历史的文化活动。一个外物（包括自然风景和社会风物）能否成为审美对象，是由社会文化环境的诸多因素所影响和决定的。当社会环境的某些因素和人们所处的具体情景遏止或消解了情景的契合、物我的交融，遏止或消解了人与世界的沟通，也就遏止或消解了审美意象的生成，那样的对象就不可能是美的。这里有多种情况。有的是太平常，有的是太令人厌恶，有的是现

---

[1] 参看彭锋《完美的自然》第四章。
[2] 转引自彭锋《完美的自然》，第94—95页。
[3] 袁枚：《遣兴》。
[4] 车尔尼雪夫斯基：《生活与美学》，第46页，人民文学出版社，1957。

实生活的利害关系排斥或压倒了对某一对象的注意和兴趣，从而引起审美上的麻木和冷淡。车尔尼雪夫斯基在《生活与美学》中曾说："对于植物，我们欢喜色彩的新鲜、茂盛和形状的多样，因为那显示着力量横溢的蓬勃的生命。"[1] 对这个论断，普列汉诺夫问道："'我们'是指谁呢？"[2] 接着说："原始的部落——例如，布什门人[3]和澳洲土人——从不曾用花来修饰自己，虽然他们住在遍地是花的地方。"[4] 这是因为这些民族处在狩猎生活的历史阶段。尽管他们的地面上长满鲜花，尽管他们看到了花卉，但他们不能和花卉沟通和契合，花卉对他们来说并不美（不能生成审美意象）。

　　德国地理学家赫特纳说："几百年来，阿尔卑斯山只是一个可怖的对象，到18世纪末时才为人们所赞叹。再晚些时候，又揭开了原野和海的美。也许可以一般地说，随着文化的进步，特别是有了城市文化，对于文明风光的美的评价就降低了。而过去完全不被重视的荒野的自然美却慢慢进入人们的意识中。"[5] 这说明自然物的美是一个历史的范畴。泰纳在《比利牛斯山游记》中有类似的论述。他引用一位波尔先生的话，说明17世纪的人和当代（19世纪）的人对于风景的趣味完全相反："我们看见荒野的风景感到喜欢，这没有错，正如他们看见这种风景而感到厌烦，也并没有错一样。对于17世纪的人们，再没有比真正的山更不美的了。它在他们心里唤起了许多不愉快的观念。刚刚经历了内战和半野蛮状态的时代的人们，只要一看见这种风景，就想起挨饿，想起在雨中或雪地上骑着马作长途的跋涉，想起在满是寄生虫的肮脏的客店里给他们吃的那些掺着一半糠皮的非常不好的黑面包。他们对于野蛮感到厌烦了，正如我们对于文明感到厌烦一样。……这些山……使我们能够摆脱我们的人行道、办公桌、小商店而得到休息。我们喜欢荒野的景色，仅仅是由于这个原因。"[6] 这就是说，荒野的风景，对于17世纪的人是不美的，而对于19世纪的人就变得美了。原因就在于19世纪的人和荒野的风景能够沟通、契合，"物我同一"，生成

---

[1] 车尔尼雪夫斯基：《生活与美学》，第10页。
[2] 普列汉诺夫：《没有地址的信》，见《普列汉诺夫美学论文集》第一卷，第336页，人民文学出版社，1983。
[3] 布什门人是南非的一个民族。
[4] 车尔尼雪夫斯基：《生活与美学》，第46页。
[5] 赫特纳：《地理学：它的历史、性质、方法》，第236页，商务印书馆，1983。
[6] 普列汉诺夫：《没有地址的信》，见《普列汉诺夫论文集》第一卷，第331页。

审美意象。其实，就是在现在，由于具体的生活情境不同，荒野的自然也不是在任何时候都是美的。很多人都有这方面的经验。

"肯定美学"的"自然全美"的观点，**最根本的问题是把自然物的美看成是自然物本身的超历史的属性，从而否定审美活动（美与美感）是一种社会的历史的文化活动**。但是人类的文化史说明，审美的社会性、历史性是不能否定的，人与自然物能否沟通和契合，能否**"浡然而兴"**，能否生成审美意象（"美"），这要取决于社会文化环境的诸多因素，取决于审美主体的审美意识以及审美活动的具体情境，因而自然中的东西不可能"全美"，"肯定美学"所持的"自然全美"的观点是站不住的。

（二）自然物（自然风景）的审美价值是否有等级的分别

这是与上面的问题相联系的一个问题。

艺术品的审美价值有等级的分别，这是大家都承认的。中国古代有很多题名为"诗品"、"画品"、"书品"的著作，就是对诗歌、绘画、书法的作品进行审美"品"、"格"的区分。没有人会主张所有艺术品有同等的价值。例如，没有人会主张达·芬奇的作品和同时代其他画家的作品有同等的价值，也没有人会主张《红楼梦》和同时代的其他小说有同等的价值。

但是，持"肯定美学"观点的美学家认为，在自然美的领域不能有这种等级的分别。例如，美国有一位名叫戴维·爱伦斐尔德的学者说："许多批评家说，埃尔·格列柯是一个比罗曼·洛克威尔更伟大的画家，但是能说西尔格提（Seregeti）的大草原在审美上比新泽西（New Jersey）的不毛之地更有价值吗？"还有一位名叫伽德洛维奇的学者说："如果这样的嗜好物引导我们按照艺术评价的时尚说，同另一种海岸线相比较，这种海岸线显得太普通，或者这个物种是丑陋的、笨拙的和次等的，我们必须能够提醒自己，这种区分仅仅是将自然物转移到充满竞争和头衔的文化世界。而且这样做会丧失对审美经验和自然界自身独特对象的正确认识。"[1]

"肯定美学"学者的这种看法，**它的理论实质就是要把文化、价值的内涵完全从审美活动中排除出去**。他们要求人们超越一切价值判断，以所谓"纯审美的眼光"看待自然，"将自然纯粹地看作自然而不是文化世界中的

---

[1] 转引自彭锋《美学的意蕴》第160页，人民文学出版社，2000。

价值的象征"[1]。他们的代表人物伽德洛维奇说:"如果我们希望摆脱价值判断的束缚而面对自然本身,我们不仅要有解经济化的自然,而且需要解道德化、解科学化和解**审美**化(de-aestheticize)的自然,——一句话,解人化(de-humanize)的自然。"[2]

"肯定美学"学者们的这种理论是不能成立的。他们所谓"解人化的自然"和所谓"纯然的必然性"都是非审美的。审美活动(美和美感)是包含有价值内涵的。无论是自然美的领域,还是艺术美的领域,完全排除审美的价值内涵是不可能的。因为美不是自然物的客观物理属性,美是人与自然的沟通和契合而形成的意象世界,因而它必然受历史的、社会的各种因素(伽德洛维奇所说的"文化世界")的影响,必然受审美主体的审美意识以及审美活动的具体情境的影响,必然包含审美的价值内涵。完全脱离社会、完全脱离文化世界、完全排除价值内涵的所谓"纯然的必然性"或所谓"解人化的自然"都是不可能存在的。

这种理论也不符合我们的审美经验。人们通常说:"桂林山水甲天下。""五岳归来不看山,黄山归来不看岳。"这些话都说明在人们的审美经验中,自然物的审美价值是有高低之分的。这种审美价值高低的区分,不仅与自然风景本身的特性有关,而且和人的审美意识以及审美活动的具体情境有关。所以,即使是同一个自然物,也会产生不同的美感。例如,月亮,作为一个自然物,它给予人的美感就很不一样。古往今来多少诗人写过月亮的诗,但是每首诗中月亮给人的美感很不相同。我们在第二章举过例子。我们还举过季羡林的散文《月是故乡明》。同是月亮,因为人的生活世界不同,人的心境不同,人感受的意趣就不同。这些都说明自然物(自然风景)的审美价值不能脱离人的生活世界,不能脱离人的审美意识。就像古人所说的:"思苦自看明月苦,人愁不是月华愁。"[3] "匪外物兮或改,固欢哀兮情换。"[4] 自然美不能归结为自然物的物理实在本身的特性。否则一切都说不清楚。

---

[1] 转引自彭锋《完美的自然》第15页,北京大学出版社,2005。
[2] 同上。
[3] 戎昱:《江城秋夜》。
[4] 潘岳:《哀永逝文》。

（三）自然美高于艺术美，还是艺术美高于自然美

这也是在美学史上争论得很热闹的一个问题。争论的双方旗帜都很鲜明。

一方主张自然美高于艺术美。朱光潜多次引用过 19 世纪英国学者罗斯金的一句话："我从来没有见过一座希腊女神的雕像比得上一位血色鲜丽的英国姑娘一半美。"[1] 车尔尼雪夫斯基在他的《生活与美学》中用了大量篇幅来论证自然美高于艺术美，他的话和罗斯金的话很相像。他说："一个塑像的美决不可能超过一个活人的美，因为一张照片决不可能比本人更美。"[2] 又说："绘画的颜色比之人体和面孔的自然颜色，只是粗糙得可怜的模仿而已；绘画表现出来的不是细嫩的肌肤，而是些红红绿绿的东西；尽管就是这样红红绿绿的描绘也需要非凡的'技巧'，我们还是得承认，死的颜色总是不能把活的躯体描绘得令人满意。只有一种色度，绘画还可以相当好地表现出来，那就是衰老或粗糙的面孔的干枯的、毫无生气的颜色。"[3] 他的话越说越绝对，甚至说："绘画把最好的东西描绘得最坏，而把最坏的东西描绘得最令人满意。"[4]

另一方主张艺术美高于自然美。最有名的是黑格尔。他在《美学》序论的开头就说："我们可以肯定地说，艺术美高于自然美。因为艺术美是由心灵产生和再生的美，心灵和它的产品比自然和它的现象高多少，艺术美也就比自然美高多少。"[5] 黑格尔强调，这种"高于"，不是量的分别，而是质的分别："只有心灵才是真实的，只有心灵才涵盖一切，所以一切美只有在涉及这较高境界而且由这较高境界产生出来时，才真正是美的。就这个意义来说，自然美只是属于心灵的那种美的反映，它所反映的只是一种不完全不完善的形态，而按照它的实体，这种形态原已包涵在心灵里。"[6] 根据这一观点，黑格尔把自然美排除在美学研究的范围之外。

按照我们现在对于审美活动的基本观点，我们对于上述争论可以有一种新的看法。

---

[1]《朱光潜美学文集》第一卷，第 74 页，上海文艺出版社，1982。
[2] 车尔尼雪夫斯基：《生活与美学》，第 67 页，人民文学出版社，1957。
[3] 同上。
[4] 同上。
[5] 黑格尔：《美学》第一卷，第 2—3 页，人民文学出版社，1958。
[6] 同上书，第 5 页。

按照我们现在的观点，美是人与世界的沟通和契合，是由情景相融、物我同一而产生的意象世界，而这个意象世界又是人的生活世界的真实的显现。就这一点来说，自然美和艺术美是相同的。这是朱光潜在 50 年代美学讨论中一再强调的。正因为它们相同，所以它们都称作"美"。用郑板桥的说法，自然美是"胸中之竹"，艺术美就是"手中之竹"。它们都有赖于人的意识的发现、照亮和创造。**就它们都是意象世界，都离不开人的创造，都显现真实的存在这一点来说，它们并没有谁高谁低之分。**黑格尔说艺术美高于自然美的理由在于艺术美是心灵产生的，其实自然美也是心灵产生的，我们前面引过宗白华的话："一切美的光是来自心灵的源泉：没有心灵的映照，是无所谓美的。"正因为自然美同样离不开心灵的映射，所以自然美的意蕴也并不一定比艺术美的意蕴显得薄弱。清代诗人沈德潜说："余于登高时，每有今古茫茫之感。"[1] 李白诗："试登高而望远，咸痛骨而伤心。"[2] 这说明，古代诗人在登高望远时，他们胸中产生的自然山水的意象世界，包含有极丰富的意蕴和极强烈的情感色彩，绝不亚于一幅山水画（艺术美）所给予观者的感兴。

关于罗斯金的话，朱光潜曾提出两点批评。第一，罗斯金混淆了美感和快感。朱光潜说："如果快感就是美感，血色鲜丽的英国姑娘的引诱力当然比希腊女神的雕像较强大。"[3] 第二，罗斯金对"美"的理解有问题。朱光潜问："罗斯金所说的英国姑娘的'美'和希腊女神的'美'，两个'美'字的意义是否相同呢？"[4] 这两点批评，同样适合于车尔尼雪夫斯基。车尔尼雪夫斯基的着眼点往往是颜色的比较，而不是意象世界（美）。他说："绘画表现出来的不是细嫩的皮肤，而是些红红绿绿的东西。"其实，绘画表现出来的并不是"红红绿绿的东西"，而是一个有意蕴的意象世界。我们可以举个俄罗斯画家的例子。俄罗斯巡回展览画派的风景画家库因芝有一幅著名的画《第聂伯河上的月夜》（1880）。"整个画面是黑色的调子（库因芝善于用黑色）。天空是黑色的，第聂伯河从地上静静地流过，月光泻落下来，在一段河面上反射出绿色的波纹。这一段绿色的河面，是画面上唯一

---

[1] 沈德潜：《唐诗别裁集》卷五。
[2] 李白：《愁阳春赋》。
[3] 朱光潜：《文艺心理学》，见《朱光潜美学文集》第一卷，第 74 页，上海文艺出版社，1982。
[4] 同上。

的光亮，它非常耀眼，照亮了整个画面，使得这幅夜景显得如此清明澄澈，真是诗一般的美。当年库因芝曾单独为这幅画办了一个展览，轰动了整个彼得堡。列宾说，这是一首'触动观众心灵的诗'。"[1] 库因芝这幅描绘月夜的画，呈现了一个清明澄澈、富有诗意的意象世界，足以证明车尔尼雪夫斯基所说的"绘画把最好的东西描绘得最坏"乃是一种偏见。雕塑也是这样。我们看古希腊那些著名的人体雕塑，以及罗丹的雕塑，哪一个不是充满了生命的活力？怎么能说它们"决不能超过一个活人的美"呢？

总之，从美作为审美意象这个层面，即从美的本体这个层面，自然美和艺术美没有高下之分。当然，不同的自然物（自然风景）在审美价值上有高低之分，不同的艺术作品在审美价值上也有高低之分，但这和我们讨论的不是一个问题。同时，艺术作品的创作，从"胸中之竹"到"手中之竹"，有一个技艺操作的层面，这也给艺术美带来一些不同于自然美的特点，并对欣赏者的美感产生影响。但这和我们从美的本体层面讨论艺术美和自然美谁高谁低的问题也不是一个问题。

三、自然美的发现

我们说过，审美活动是一种社会文化活动，美是一个历史的范畴。自然美也是如此。在人类历史上，自然美的发现是一个过程。

瑞士学者雅各布·布克哈特在他的名著《意大利文艺复兴时期的文化》中探讨了这个问题。他说："这种欣赏自然美的能力通常是一个长期而复杂的发现的结果，而它的起源是不容易被察觉的，因为在它表现在诗歌和绘画中并因此使人意识到以前可能早就有这种模糊的感觉存在。"[2] 他认为，"准确无误地证明自然对于人类精神有深刻影响的还是开始于但丁。他不仅用一些有力的诗句唤醒我们对于清晨的新鲜空气和远洋上颤动着的光辉，或者暴风雨袭击下的森林的壮观有所感受，而且他可能只是为了远眺景色而攀登高峰——自古以来，他或许是第一个这样做的人"。[3] 但是，"充分而明确地表明自然对于一个能感受的人的重要意义的是佩脱拉克——一个

---

[1] 叶朗：《欲罢不能》，第 133—134 页，黑龙江人民出版社，2004。
[2] 布克哈特：《意大利文艺复兴时期的文化》，第 293 页，商务印书馆，1981。
[3] 同上书，第 293—294 页。

最早的真正的现代人"。佩脱拉克被称为文艺复兴之父，第一个人文主义者。他不仅能欣赏自然美，"而且完全能够把画境和大自然的实用价值区别开来"。[1] 他写信给他的朋友说："我多么希望你能知道我单独自由自在地漫游于山中、林间、溪畔所得到的无比快乐！"[2] 给他印象最深的是他和他的弟子一起去攀登文图克斯山的顶峰。在那个时候，他过去整个的一生连同他的一切痴想都浮上了他的心头。他打开《圣奥古斯丁忏悔录》，找到了这一段话："人们到外边，欣赏高山、大海、汹涌的河流和广阔的重洋，以及日月星辰的运行，这时他们会忘掉了自己。"[3]

布克哈特还提到伊尼亚斯·希尔维尤斯，即教皇庇护二世，说"他不仅仅是第一个领略了意大利风景的雄伟壮丽的人，而且是第一个热情地对它描写入微的人"。[4] 希尔维尤斯以狂喜的心情从阿尔本山最高峰上眺望周围壮丽的景色，海岸，田野，苍翠的森林，清澈的湖水，等等。布满葡萄园和橄榄树的山坡，峭壁，悬崖间生长的橡树，一条狭窄的溪谷边上飞架着的拱桥，波涛起伏的亚麻地，漫山遍野的金雀花，这一切都给予他一种喜悦。[5]

文艺复兴时期对于自然美的发现不是孤立的，它是和那个时期对于人的发现联系在一起的。

中国人对自然美的发现也是一个过程。朱光潜说："在中国和在西方一样，诗人对于自然的爱好都比较晚起。最初的诗都偏重人事，纵使偶尔涉及自然，也不过如最初的画家用山水为人物画的背景，兴趣中心却不在自然本身。《诗经》是最好的例子。'关关雎鸠，在河之洲'只是做'窈窕淑女，君子好逑'的陪衬；'蒹葭苍苍，白露为霜'只是做'所谓伊人，在水一方'的陪衬。"[6] 学者们一般认为，中国人对于自然美的发现，是在魏晋时期。宗白华对此有精妙的论述。宗白华认为，中国魏晋时期和欧洲的文艺复兴时期相似，是强烈、矛盾、热情、浓于生命的一个时代，是精神上大解放的一个时代，其中一个表现就是自然美的发现。

---

[1] 布克哈特：《意大利文艺复兴时期的文化》，第295页。
[2] 威尔·杜兰：《世界文明史（文艺复兴）》，第7页，东方出版社，1998。
[3] 布克哈特：《意大利文艺复兴时期的文化》，第296页，商务印书馆，1981。
[4] 同上书，第297页。
[5] 同上书，第298—299页。
[6] 朱光潜：《诗论》，见《朱光潜全集》第3卷，第76页，安徽教育出版社，1987。

《世说新语》记载，东晋画家顾恺之从会稽还，人问山水之美，顾云："千岩竞秀，万壑争流，草木蒙笼其上，若云兴霞蔚。"宗白华说："这几句话不是后来五代北宋荆（浩）、关（仝）、董（源）、巨（然）等山水画境界的绝妙写照吗？"[1]

《世说新语》记载，简文帝入华林园，顾谓左右曰："会心处不必在远，翳然林水，便自有濠濮间想也。觉鸟鱼禽兽自来亲人。"宗白华说："这不又是元人山水花鸟小幅，黄大痴、倪云林、钱舜举、王若水的画境吗？"[2]

宗白华认为，晋人对自然美的欣赏，有一种哲学的意蕴。他说：

> 晋宋人欣赏山水，由实入虚，即实即虚，超入玄境。当时画家宗炳云："山水质有而趣灵。"诗人陶渊明的"采菊东篱下，悠然见南山"，"此中有真意，欲辨已忘言"；谢灵运的"溟涨无端倪，虚舟有超越"；以及袁彦伯的"江山辽落，居然有万里之势"。王右军与谢太傅共登冶城，谢悠然远想，有高世之志。荀中郎登北固望海云："虽未睹三山，便自使人有凌云意。"晋宋人欣赏自然，有"目送归鸿，手挥五弦"，超然玄远的意趣。这使中国山水画自始即是一种"意境中的山水"。宗炳画所游山水悬于室中，对之云："抚琴动操，欲令众山皆响！"郭景纯有诗句曰："林无静树，川无停流"，阮孚评之云："泓峥萧瑟，实不可言，每读此文，辄觉神超形越。"这玄远幽深的哲学意味深透在当时人的美感和自然欣赏中。[3]

宗白华认为，晋人以虚灵的胸襟和宇宙的深情体会自然，因而创造出光明鲜洁、晶莹发亮的意象世界。他说：

> 晋人以虚灵的胸襟、玄学的意味体会自然，乃能表里澄澈，一片空明，建立最高的晶莹的美的意境！司空图《诗品》里曾形容艺术心灵为"空潭写春，古镜照神"，此境晋人有之：王羲之曰："从山阴道上行，如在镜中游！"心情的朗澄，使山川影映在光明净体中！[4]

---

[1] 宗白华：《论〈世说新语〉和晋人的美》，见《艺境》，第128页，北京大学出版社，1987。
[2] 同上。
[3] 同上。
[4] 同上。

又说:

> 晋人向外发现了自然，向内发现了自己的深情。山水虚灵化了，也情致化了。陶渊明、谢灵运这般人的山水诗那样的好，是由于他们对于自然有那一股新鲜发现时身入化境浓酣忘我的趣味；他们随手写来，都成妙谛，境与神会，真气扑人。[1]

魏晋时代对于自然美的发现，归根到底，是由于那个时代人的精神得到了一种自由和解放："这种精神上的真自由、真解放，才能把我们的胸襟像一朵花似地展开，接受宇宙和人生的全景，了解它的意义，体会它的深沉的境地。"[2] "王羲之的《兰亭》诗：'仰视碧天际，俯瞰渌水滨。寥阒无涯观，寓目理自陈。大哉造化工，万殊莫不均。群籁虽参差，适我无非新。'真能代表晋人这纯净的胸襟和深厚的感觉所启示的宇宙观。'群籁虽参差，适我无非新'两句尤能写出晋人以新鲜活泼自由自在的心灵领悟这世界，使触着的一切显露新的灵魂、新的生命。"[3]

宗白华的这些分析极有味。它启示我们，**自然美的发现，自然美的欣赏，自然美的生命，离不开人的胸襟，离不开人的心灵，离不开人的精神，最终离不开时代，离不开社会文化环境。在一个特定的文化环境中，山川映入人的胸襟，虚灵化而又情致化，情与景合，境与神会，从而呈现一个包含新的生命的意象世界，这就是自然美。自然美是历史的产物。**

四、自然美的意蕴

自然美的意蕴是在审美活动中产生的，是人与自然物（自然风景）互相沟通、互相契合的产物，因而它必然受审美主体的审美意识的影响，必然受社会文化环境各方面因素的影响。即便是同一种自然物（如日月星辰、花鸟虫鱼等等），它在不同时代、不同民族、不同文化圈、不同生活氛围中成为审美对象时，意蕴也不相同。

张潮在《幽梦影》一书中说：

---

[1] 宗白华：《论〈世说新语〉和晋人的美》，第131—132页。
[2] 同上书，第132页。
[3] 同上书，第133页。

梅令人高，兰令人幽，菊令人野，莲令人淡，春海棠令人艳，牡丹令人豪，蕉与竹令人韵，秋海棠令人媚，松令人逸，桐令人清，柳令人感。

　　梅、兰、菊、莲等等自然花木的审美意象，具有不同的意蕴，显示出不同的气质和情调。这就是中国古代特定的文化传统和文化环境所规定的。西方人在这些花木面前也产生美感，但不会感受到这样的气质和情调。

　　更能说明问题的是中国人对石头的美感。中国的古典园林中绝对不能缺少奇石。对于石头的美感，包含着极其丰富、极其微妙的中国文化的意蕴。

　　我们可以看一看朱良志对于太湖石之美的意蕴的解读。北宋书法家米芾用"瘦"、"漏"、"透"、"皱"四个字评太湖石，朱良志说：

　　瘦，如留园冠云峰，孤迥特立，独立高标，有野鹤闲云之情，无萎弱柔腻之态。如一清癯的老者，拈须而立，超然物表，不落凡尘。瘦与肥相对，肥即落色相，落甜腻，所以肥腴在中国艺术中意味着俗气，什么病都可以医，一落俗病，就无可救药了。中国艺术强调，外枯而中膏，似淡而实浓，朴茂沉雄的生命，并不是从艳丽中求得，而是从瘦淡中撷取。[1]

　　漏，太湖石多孔穴，此通于彼，彼通于此，通透而活络。漏和窒塞是相对的，艺道贵通，通则有灵气，通则有往来回旋。计成说："瘦漏生奇，玲珑生巧。"漏能生奇，奇之何在？在灵气往来也。中国人视天地大自然为一大生命，一流荡欢快之大全体，生命之间彼摄相因，相互激荡，油然而成活泼之生命空间。生生精神周流贯彻，浑然一体。所以，石之漏，是睁开观世界的眼，打开灵气的门。

　　透，与漏不同，漏与塞相对，透则与暗相对。透是通透的、玲珑剔透的、细腻的、温润的。好的太湖石，如玉一样温润。透就光而言，光影穿过，影影绰绰，微妙而玲珑。

　　皱，前人认为，此字最得石之风骨。皱在于体现出内在节奏感。风乍起，吹皱一池春水。天机动，抚皱千年顽石。石之皱和水是分不

---

[1] 朱良志：《曲院风荷》，第1—2页，安徽教育出版社，2003。

冠云峰

开的。园林是水和石的艺术，叠石理水造园林，水与石各得其妙，然而水与石最宜相通，瀑布由假山泻下，清泉于孔穴渗出，这都是石与水的交响，但最奇妙的，还要看假山中所含有的水的魂魄。山石是硬的，有皱即有水的柔骨。如冠云峰峰顶之处的纹理就是皱，一峰突起，立于泽畔，其皱纹似乎是波光水影长期折射而成，淡影映照水中，和水中波纹糅成一体，更添风韵。皱能体现出奇崛之态，如为园林家称为皱石极品的杭州皱云峰，就文理交错，耿耿叠出，极尽嶙峋之妙。苏轼曾经说："石文而丑。"丑在奇崛，文在细腻温软。一皱字，可得文而丑之妙。

瘦在淡，漏在通，透在微妙玲珑，皱在生生节奏。四字口诀，俨然一篇艺术的大文章。[1]

在米芾这样的中国古代艺术家看来，太湖石（如冠云峰）是有生命的，是与自己的心灵相通的，是自己的朋友，所以它是美的。米芾用瘦、漏、透、皱四个字来概括太湖石的美的意蕴。瘦、漏、透、皱，当然和太湖石作为物理存在的特点有关，但它们是被米芾的审美意识照亮的，它们是在米芾和石头的沟通和契合中生成的，它们积聚着中国文化、中国哲学、中国美学的丰富的内涵。这种意蕴，必须从在特定的文化传统和文化环境中进行的审美活动来得到说明，用自然物的物理性质或"自然的人化"都是说明不了的。

五、中国传统文化中的生态意识[2]

当今世界的生态危机越来越严重。面对日益严重的生态危机，从20世纪60年代开始学术界有人倡导生态伦理学和生态哲学。倡导生态伦理学和生态哲学的学者们呼吁人们关注日益严重的生态危机，他们强调人类的对自然环境的破坏已从根本上威胁人类的生存。美国海洋生物学家莱切尔·卡逊在她的被称为"揭开生态学序幕"的名著《寂静的春天》的卷首，引了几段名家的话："枯萎了湖上的蒲草，销匿了鸟儿的歌声。"（济慈）"人类

---

[1] 朱良志：《曲院风荷》，第1—2页。
[2] 这一节的主要内容引自叶朗、朱良志《中国文化读本》，第59—66页，外语教学与研究出版社，2008。

已经失去了预见和自制的能力,它将随着毁灭地球而完结。"(阿尔伯特·史怀泽)"因为人类太精明于自己的利益了,因此我对人类是悲观的。我们对待自然的办法是打击它,使它屈服。如果我们不是这样的多疑和专横,如果我们能调整它与这颗行星的关系,并深怀感激之心地对待它,我们本可有更好的机会存活下去。"(E.B. 怀特)[1] 这些警句表达了学者们对人类命运的深切的忧虑。

生态伦理学和生态哲学的核心思想,就是要超越"人类中心主义"这一西方传统观念,树立"生态整体主义"的新的观念。"生态整体主义"主张地球生物圈中所有生物是一个有机的整体,它们和人类一样,都拥有生存和繁荣的平等权利。

随着生态伦理学和生态哲学的出现,国内外学术界也有一些学者提倡建立一种生态美学。但是从现有的论著来看,"生态美学"并不成熟,因为很多学者所谈的"生态美学",都是强调要平等地对待生物圈中的所有生物,这在实质上还是生态伦理学,而并不是生态美学。

要建立一种生态美学,可以从中国传统文化中寻找理论支持。中国传统文化一直有一种强烈的生态意识,这种生态意识可以成为我们今天建立生态美学的思想资源。

中国传统哲学是"生"的哲学。孔子说的"天",就是生育万物。他以"生"作为天道、天命。《易传》发挥孔子的思想,说:"天地之大德曰生。"又说:"生生之谓易。"生,就是草木生长,就是创造生命。中国古代哲学家认为,天地以"生"为道,"生"是宇宙的根本规律。因此,"生"就是"仁","生"就是善。周敦颐说:"天以阳生万物,以阴成万物。生,仁也;成,义也。"[2] 程颐说:"生之性便是仁。"[3] 朱熹说:"仁是天地之生气。""仁是生底意思。""只从生意上识仁。"[4] 所以儒家主张的"仁",不仅亲亲、爱人,而且要从亲亲、爱人推广到爱天地万物。**因为人与天地万物一体,都属于一个大生命世界**。孟子说:"亲亲而仁民,仁民而爱物。"[5] 张

---

[1] 莱切尔·卡逊:《寂静的春天》,吉林人民出版社、中国环境科学出版社,1997。
[2] 《通书·顺化》,见《周子全书》。
[3] 《河南程氏遗书》卷十八。
[4] 《朱子语类》第一册,第103—109页,中华书局,1999。
[5] 《孟子·尽心上》。

载说:"民吾同胞,物吾与也。"(世界上的民众都是我的亲兄弟,天地间的万物都是我的同伴。)[1] 程颐说:"人与天地一物也。"[2] 又说:"仁者以天地万物为一体。""仁者浑然与万物同体。"[3] 朱熹说:"天地万物本吾一体。"[4] 这些话都是说,人与万物是同类和同伴,是平等的,所以人应该把爱推广到天地万物。

清代大画家郑板桥的一封家书充分地表达了儒家的这种思想。[5] 郑板桥在信中说,天地生物,一蚁一虫,都心心爱念,这就是天之心。人应该"体天之心以为心"。所以他说他最反对"笼中养鸟"。**"我图娱悦,彼在囚牢,何情何理,而必屈物之性以适吾性乎!"**[6] 儒家的仁爱,不仅爱人,而且爱物。用孟子的话来说就是"亲亲而仁民,仁民而爱物"。人与万物一体,因此人与万物是平等的,人不能把自己当作万物的主宰。这就是儒家的大仁爱观。郑板桥接下去又说,真正爱鸟就要多种树,使成为鸟国鸟家。早上起来,一片鸟叫声,鸟很快乐,人也很快乐,这就叫"各适其天"。**所谓"各适其天",就是万物都能够按照它们的自然本性获得生存。这样,作为和万物同类的人也就能得到真正的快乐,得到最大的美感。**陶渊明有首诗:"**孟夏草木长,绕屋树扶疏。众鸟欣有托,吾亦爱吾庐。**"这四句诗也写出了天地万物各适其天、各得其所的祈求。

这就是中国传统文化中的生态哲学和生态伦理学的意识。

和这种生态哲学和生态伦理学的意识相关联,中国传统文化中也有一种生态美学的意识。

中国古代思想家认为,大自然(包括人类)是一个生命世界,天地万物都包含有活泼泼的生命、生意,这种生命、生意是最值得观赏的,人们在这种观赏中,体验到人与万物一体的境界,从而得到极大的精神愉悦。程颢说:"万物之生意最可观。"[7] 宋明理学家都喜欢观"万物之生意"。周

---

[1]《正蒙·乾称》。
[2]《河南程氏遗书》卷十一。
[3]《河南程氏遗书》卷二上。
[4] 朱熹:《四书章句集注·中庸章句》。
[5]《郑板桥集·潍县署中与舍弟墨第二书》。
[6] 郑板桥反对笼中养鸟,使我们想起文艺复兴时期大画家达·芬奇的故事。据达·芬奇的传记记载:"当他经过卖鸟的地方时,他常用手将它们从鸟笼中拿出来,按着卖鸟人的价格付钱给他们,然后将鸟放飞,让它们重获已失去的自由。"(瓦萨利:《画家、雕塑家和建筑家的生活》,转引自麦克尔·怀特《列奥那多·达·芬奇》,第9页,三联书店,2001。)
[7]《河南程氏遗书》卷十一。

敦颐喜欢"绿满窗前草不除"。别人问他为什么不除,他说:"与自己意思一般。"又说:"观天地生物气象。"周敦颐从窗前青草的生长体验到天地有一种"生意",这种"生意"是"我"与万物所共有的。这种体验给他一种快乐。程颢养鱼,时时观之,说:"欲观万物自得意。"他又喜欢观赏刚刚孵出的鸡雏,因为小鸡雏活泼可爱,最能体现"生意"。他又有诗描述自己的快乐:"万物静观皆自得,四时佳兴与人同。""云淡风轻近午天,望花随柳过前川。"他体验到人与万物的"生意",体验到人与大自然的和谐,"浑然与物同体",得到一种快乐。这是"仁者"的"乐"。

这种对天地万物"心心爱念"和观天地万物"生意"的生态意识,在中国古代文学艺术作品中有鲜明的体现。

中国古代画家最强调要表现天地万物的"生机"、"生气"、"生意"。明代画家董其昌说,画家多寿,原因就在他们"眼前无非生机"[1]。宋代董逌在《广川画跋》中强调画家赋形出象必须"发于生意,得之自然"。明代画家祝允明

―――――――
[1] 董其昌:《画禅室随笔》,见《历代论画名著汇编》,第253页,文物出版社,1982。

齐白石 《虾》

钱选《草虫图》（局部）

说："或曰：'草木无情，岂有意耶？'不知天地间，物物有一种生意，造化之妙，勃如荡如，不可形容也。"[1] 所以清代王概的《画鱼诀》说："画鱼须活泼，得其游泳象。""悠然羡其乐，与人同意况。"[2] 中国画家从来不会像西洋画家那样画死鱼、死鸟，中国画家画的花、鸟、虫、鱼，都是活泼泼的，生意盎然的。**中国画家的花鸟虫鱼的意象世界，是人与天地万物为一体的生命世界，体现了中国人的生态意识。**

中国古代文学也是如此。唐宋诗词中处处显出花鸟树木与人一体的美感。如"泥融飞燕子，沙暖睡鸳鸯。"（杜甫）"山鸟山花吾友于。"（杜甫）"人鸟不相乱，见兽皆相亲。"（王维）"一松一竹真朋友，山鸟山花好兄弟。"（辛弃疾）有的诗歌充溢着对自然界的感恩之情，如杜甫《题桃树》："高秋总馈贫人实，来岁还舒满眼花。"就是说，自然界（这里是桃树）不仅供人以生命必需的食品物品，而且还给人以审美的享受。这是非常深刻的思想。清代大文学家蒲松龄的《聊斋志异》也贯穿着人与天地万物一体的意识。**《聊斋志异》的美，就是人与万物一体之美。《聊斋志异》的诗意，就是人与万物一体的诗意。**在这部文学作品中，花草树木、鸟兽虫鱼都幻化成美丽的少女，并与人产生爱情。如《葛巾》篇中的葛巾，是紫牡丹幻化成美丽女郎，"宫妆艳极"、"异香竟体"、"吹气如兰"，和"癖好牡

---

[1] 祝允明：《枝山题画花果》，见俞剑华编《中国古代画论类编》下册，第1072页，人民美术出版社，1986。
[2] 王概等：《画花卉草虫浅说》，见俞剑华编《中国古代画论类编》下册，第1110页，人民美术出版社，1986。

丹"的洛阳人常大用结为夫妇。她的妹妹玉版是白牡丹幻化成的素衣美人，和常大用的弟弟结为夫妇。她们生下的儿子坠地生出牡丹二株，一紫一白，朵大如盘，数年，茂荫成丛。"移分他所，更变异种。""自此牡丹之盛，洛下无双焉。"又如《黄英》篇中的黄英，是菊花幻化成的"二十许绝世美人"，和"世好菊"的顺天人马子才结为夫妇。黄英弟弟陶某，喜豪饮。马子才的友人曾生带来白酒与陶共饮，陶大醉卧地，化为菊，久之，根叶皆枯。黄英掐其梗埋盆中，日灌溉之，九月开花，闻之有酒香，名之"醉陶"，浇以酒则茂。再如《香玉》篇中两位女郎，是崂山下清宫的牡丹和耐冬幻化而成，一名香玉，一名绛雪。"耐冬高二丈，大数十围，牡丹高丈余，花时璀璨如锦。"香玉和在下清宫筑舍读书的黄生相爱，绛雪则和黄生为友。不料飞来横祸，有一个游客看见白牡丹，十分喜爱，就把她掘移回家。白牡丹因此枯死。黄生十分悲痛，作《哭花诗》五十首，每天到牡丹生长处流泪吟诵。接着绛雪又险些遇难。原来下清宫道士为建屋要砍掉耐冬，幸被黄生阻止。后来牡丹生长处重新萌芽。黄生梦见香玉，香玉请求黄生每日给她浇一杯水。从此黄生日加培溉，又作雕栏以护之。花芽日益肥盛，第二年开花一朵，花大如盘，有小美人坐蕊中，"转瞬间飘然已下，则香玉也"。从此他们三人过着快乐的生活。后黄生病重，他对道士说："他日牡丹下有赤芽怒生，一放五叶者，即我也。"黄生死后第二年，果有肥芽突出。道士勤加灌溉。三年，高数尺，但不开花。老道士死后，他弟子不知爱惜，见它不开花，就把它砍掉了。这一来，白牡丹很快憔悴而死。接着，耐冬也死了。蒲松龄创造的这些意象世界，充满了对天地间一切生命的爱，**表明人与万物都属于一个大生命世界，表明人与万物一体，生死与共，休戚相关**。这是极其宝贵的生态意识。如果要说"生态美"，蒲松龄的这些意象世界就是"生态美"。**"生态美"就是体现"人与万物一体"的意象世界**。

中国传统美学的这种人与万物一体的生态意识，是我们今天思考生态美学、构建生态美学的宝贵的思想资料。

本 章 提 要

自然美的本体是审美意象。自然美不是自然物本身客观存在的美，而是人心目中显现的自然物、自然风景的意象世界。自然美是在审美活动中生成的，是人与自然风景的契合。

自然美的生成（人与自然风景的契合）要依赖于社会文化环境的诸多因素，依赖于审美主体的审美意识以及审美活动的具体情境，因而自然物不能"全美"（所谓"全美"即在任何时候对任何人都能生成意象世界）。"肯定美学"提出的"自然全美"的观点是站不住的。"肯定美学"在理论上错误的根源在于把自然物的美看成是自然物本身的超历史的属性，从而否定审美活动（美与美感）是一种社会的历史的文化活动。他们主张一种完全脱离文化世界、完全排除价值内涵的所谓"纯然的必然性"和"解人化的自然"，其实那是不可能存在的。

自然美和艺术美一样，都是意象世界，都是人的创造，都真实地显现人的生活世界，就这一点说，自然美和艺术美并没有谁高谁低之分。

自然美是历史的产物，自然美的发现离不开社会文化环境。在西方，自然美的发现开始于文艺复兴时期。在中国，自然美的发现开始于魏晋时期。

自然美的意蕴是在审美活动中产生的，因而它必然受审美主体的审美意识的影响，必然受社会文化环境各方面因素的影响。脱离社会文化环境的所谓体现纯然必然性的意蕴是根本不存在的。

中国传统文化中有一种强烈的生态意识。中国传统哲学是"生"的哲学。中国古代思想家认为，"生"就是"仁"，"生"就是"善"。中国古代思想家又认为，大自然是一个生命世界，天地万物都包含有活泼泼的生命、生意，这种生命、生意是最值得观赏的，人们在这种观赏中，体验到人与万物一体的境界，从而得到极大的精神愉悦。在中国古代文学艺术的很多作品中，都创造了"人与万物一体"的意象世界，这种意象世界就是我们今天所说的"生态美"。

扫一扫，
进入第四章习题

单选题

简答题

思考题

填空题

第五章 社会美

本章首先讨论社会生活领域生成意象世界（美）的某些特殊性，接下去用主要篇幅对社会美的一些重要领域包括一些过去被我们忽视的领域进行考察。

一、社会生活如何成为美

社会美[1]和自然美一样，是意象世界，不同的是社会美见之于社会生活领域，而自然美见之于自然物和自然风景。

社会生活是人的"生活世界"的主要领域。我们前面说过，"生活世界"是有生命的世界，是人生活于其中的世界，是人与万物一体的世界，是充满了意味和情趣的世界。这是存在的本来面貌。但是在世俗生活中，由于人们习惯于用主客二分的思维模式看待世界，人与天地万物有了间隔，因而"生活世界"这个本原的世界就被掩盖（遮蔽）了，人的生活失去了意味和情趣。这种情况在社会生活领域比在野生的自然风景区更为常见。因为在社会生活领域，利害关系更经常地处于统治地位，人们更习惯于用实用的、功利的眼光看待一切，用王国维的术语，就是人们更容易陷入"眩惑"的心态，生活变得呆板、乏味（失去意义）。

美（意象世界）的生成，要有一定的条件，就是要超越主客二分，超越"自我"的局限性，实现人与世界的沟通和融合。社会美的生成也是如此。由于在社会生活领域利害关系更经常地处于统治地位，再加上日常生活的单调的重复，人们更容易陷入"眩惑"的心态和"审美的冷淡"，所以审美意象的生成常常受到遏止或消解。这可能是社会美过去不太被人注意的一个原因。

但是我们要看到，在人类的历史发展中，出现了一些特殊的社会生活

---

[1] 过去在我们国内一些美学著作中，还出现过一个"现实美"的概念。照当时那些著作的界定，"现实美"包括"自然美"和"社会美"，而与"艺术美"相对立，"现实美"是客观存在的，第一性的，"艺术美"是第二性的，是"现实美"的反映。这种"现实美"的概念以及对它的界定，是当时在主客二分的认识论框架内"美是客观的"观念的产物。我们今天不再用这个概念。

形态,在这些社会生活形态中,人们超越了利害关系的习惯势力的统治,摆脱了"眩惑"的心态和"审美的冷淡",在自己创造的意象世界中回到本原的"生活世界",获得审美的愉悦。民俗风情、节庆狂欢、休闲文化、旅游文化等等都是这种特殊的社会生活形态。在这些社会生活形态中,人们在不同程度上超越了世俗的、实用的、功利的关系,回到人的本真的生活世界,回到人的存在的本来形态,从而浑然忘我,快乐,陶醉,充满自由感和幸福感。这些特殊的社会生活形态,是社会美的重要领域。

人的衣、食、住、行的日常生活领域,由于实用功利的意味比较浓厚,人们的"眩惑"即功利的心态是一种常态,是一种习惯,再加上日常生活是一种日复一日单调的重复,所以超越功利和突破"审美冷淡"而生成意象世界(美)相对来说比较困难。但即便如此,具有审美心胸和审美眼光的人(例如很多艺术家)同样可以突破审美的冷淡麻木而在日常生活领域发现美,也就是在他们心目中同样可以生成意象世界。很多地区和民族的民众还常常在日常生活领域营造一种诗意的氛围,在这种氛围中获得美的享受。

二、人物美

人是社会生活的主体,所以讨论社会美首先要讨论人物美。

人物美可以从三个层面去观照。

(一) 人物美的第一个层面是人体美

人体美是由形体、比例、曲线、色彩等因素构成的一个充满生命力的意象世界。

在人体美中,形体、比例、曲线、色彩等形式因素起到很大的作用。例如人们常常提到的"黄金分割"[1]就是一个例子。符合"黄金分割"的

---

[1] 所谓"黄金分割"就是,如果线段 AB 被点 C 内分,且 $\frac{AB}{AC} = \frac{AC}{CB}$(或 AC²=AB·CB),那么我们就说 AB 被 C 黄金分割,C 点是线段 AB 的黄金分割点。据说"黄金分割"是公元前 300 年左右由欧几里德最初提出来的。他称之为"极限中间比"。他说:"一条直线按所谓极限中间比分割后,这时整条直线和较大部分的比值等于较大部分和较小部分的比值。"而"黄金分割"这个名称最初是由德国数学家马里·欧姆在 1835 年提出来的。"黄金分割"在有关文献中又称为"黄金比例",或者用希腊字母 T(希腊语"托米",意思是分割)或 φ(希腊字母"菲",为希腊伟大雕塑家菲狄亚斯姓名的第一个字母)。(参看马里奥·利维奥《φ 的故事:解读黄金比例》,第 5—10 页,长春出版社,2003。)下面是黄金分割的示意图:

形体被认为是最美的。德国美学家蔡辛经过大量测算发现，人的肚脐正好是人体垂直高度的黄金分割点，膝盖骨是大腿和小腿的黄金分割点，肘关节是手臂的黄金分割点。但是，经过严格测量，如果以肚脐为分割点，大多数男女的下身比长不够，一般差2寸（即6公分）左右。正因为这样，所以无论中国外国，人们老早就开始有意把下身加长。法国的女士从路易十五时代就开始穿高跟鞋。我国的满族妇女也穿很高的木底鞋。真正完全补救下身长之不足的大概要算舞台上的芭蕾舞演员，她们立起脚尖把下身拉长了2寸有余，这样她们的人体真正符合了黄金分割的要求。当然，在绘画、雕塑作品中，情况就不一样了。如在波提切利的《维纳斯的诞生》中，维纳斯的人体比例，以肚脐为中心，完全符合黄金分割的要求。

但是，人体美的形式因素不能脱离人的感性生命的整体，也不能脱离人的社会文化生活的环境和人的精神生活。人的形体美、线条美、色彩美等等，最终显示为感性生命之美。黑格尔说："人体到处都显出人是一种受到生气灌注的能感觉的整体。他的皮肤不像植物那样被一层无生命的外壳遮盖住，血脉流行在全部皮肤表面都可以看出，跳动的有生命的心好像无处不在，显现为人所特有的生气活跃，生命的扩张。就连皮肤也到处显得是敏感的，显出温柔细腻的肉与血脉的色泽，使画家束手无策。"[1] 当代法国哲学家福柯也极其推崇人体美。在他看来，人体，作为世界上最完美和最崇高的艺术品，是自然界赋予我们人类的无价之宝和最

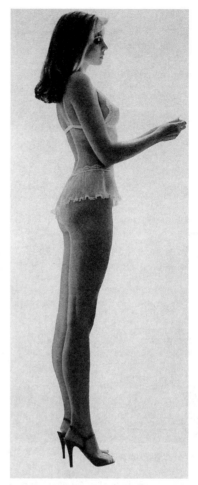

高跟鞋使女士的人体符合黄金分割的要求。
（此图原载鲁宾逊《人体包装艺术》，中国纺织出版社）

---

[1] 黑格尔：《美学》第一卷，第188页，商务印书馆，1982。

波提切利 《维纳斯的诞生》（局部）

高尚的礼物。同时他认为，人体美不仅是自然的产物，而且也是人类社会文化生活经验的累积结晶，是历史的沉淀物。社会和文化的发展，都在人的身体上留下了不可磨灭的烙印。因此，人体美和人的精神生活是紧密相联的。[1]

人体美从来就是人的重要的审美对象。在西方，从古希腊开始就是如此。古希腊的各个城邦，为了造就体格最好的斗士，"青年人大半时间都在练身场上角斗，跳跃，拳击，赛跑，掷铁饼，把赤露的肌肉练得又强壮又柔软，目的是要练成一个最结实、最轻灵、最健美的身体"。[2] 在这种风气下，希腊人非常欣赏人体的完美。像奥林匹克运动会这样一些全民性的盛大的群众性活动，都成了展览和炫耀裸体的场合。在这些运动会上，青年人裸体参加角斗、拳击、掷铁饼、竞走、赛车。在斯巴达，就连未婚女子在参加体操锻炼时也是完全裸体，或者穿得很少。一旦在体育竞赛中获胜，就被大众看作是最高的荣誉。当时有一个叫做提阿吾拉斯的人，他的两个儿子在同一天得奖，抬着他在观众前面游行，群众认为他已经享尽了人间的福气，就对他喊道："提阿吾拉斯，你可以死了！"提阿吾拉斯兴奋得喘不过气来，果然死在两个儿子的怀抱里。[3]

有许多流传的故事，说明人体美对古希腊人有巨大的魅力。我们可以举公元前4世纪古希腊雕塑大师普拉克西特的故事为例。普拉克西特请当时雅典最有名的美女芙丽涅当他的模特儿，创作了著名的雕像作品《尼多斯的阿芙洛蒂忒》。谁知当时的法庭竟因为芙丽涅充当人体模特而传讯她。

---

[1] 参看高宣扬《福柯的生存美学》，第484、476、477页，中国人民大学出版社，2005。
[2] 泰纳：《艺术哲学》，第43页，人民文学出版社，1963。
[3] 同上书，第45页。

席罗姆 《法庭上的芙丽涅》

在法庭审讯时,辩护律师当着众人的面脱下了芙丽涅的衣裳,展示她的美丽的人体。在场的法官为她的人体美惊呆了,一致决定宣告她无罪。这个故事说明美的力量。后来19世纪的法国画家席罗姆就以这个题材创作了油画《法庭上的芙丽涅》。画的背景是一群身穿红衣服的惊呆的法官,而前景则是芙丽涅美丽光洁的胴体,突出了优美的曲线,柔软白嫩的肌肤。

我们要注意,人体美和所有美的东西一样,并不在于客观存在的人物本身,而在于情景相融的审美意象。人体美离不开形体、比例、线条、色彩等形式因素,但最终显现为人物感性生命的意象世界,它是在特定历史条件下的审美活动中生成的,所以它带有历史的、文化的内涵。在欧洲中世纪的基督教思想家(奥古斯丁和托马斯·阿奎那等人)那里,女人的身体是"恶"的根源,人体美是被否定的。而到了当代的消费社会中,人的肉体特别是女性身体被看成是最美、最珍贵和最光辉的物品。肉体的美和色欲联结在一起,成为很多人盲目追逐的对象。研究流行文化的鲍德里亚认为,在消费社会中,"通过人的身体和性的信号的无所不在,特别是女性身体的无所不在,通过它们在广告、流行和大众文化中的普遍存在和表演,通过一系列采取消费形式的个人卫生、塑身减肥、美容治疗的崇拜活动,通过一系列对于男性健壮

罗丹 《永恒的偶像》

和女性美的广告宣传活动,以及通过一系列围绕着这些活动所进行的各种现身秀和肉体表演,身体变成了仪式的客体"。[1] 所以,人体美和所有美的东西一样,都是历史的产物,都是在一定的文化环境中和具体的审美活动中生成的。

西方美术史上有许多表现人体美的雕塑作品。前面说过古希腊人展示裸体的风气使得当时的艺术家有很多机会见到那时最优美的人体,所以他们的人体雕塑达到了炉火纯青的境界。《米洛的维纳斯》就是其中的经典。黑格尔说:"她是纯美的女神。"她所表现的是由精神提升的感性美的胜利,是秀雅、温柔和爱的魅力。单从形体方面看,这座雕塑完全符合黄金分割的规律。1972 年在意大利南部海域发现的两尊《里亚切武士像》,同样是表现人体美的杰作。文艺复兴时期米开朗琪罗的《大卫》、20 世纪初法国雕塑家罗丹的《思想者》、《吻》、《永恒的偶像》都是表现人体美的杰作。研究美术史的学者认为,古希腊的菲狄亚斯、文艺复兴时代的米开朗琪罗、20 世纪初的罗丹是欧洲雕塑史上的三座高峰。

西方美术史上还有许多以人体美为内容的绘画。如波提切利的《维纳斯的诞生》、乔尔乔内的《沉睡的维纳斯》、安格尔的《大宫女》和《泉》、雷诺阿的《大浴女》等等,都是不朽的杰作。

东方美术史和中国美术史上也有以人体美为内容的作品。美国大都会

---

[1] 转引自高宣扬《流行文化社会学》,第 291 页,中国人民大学出版社,2006。

安格尔 《大宫女》

博物馆收藏的一尊印度12世纪早期的《舞蹈天使》雕像,突出高耸的乳房,面容、姿态都美到了极点。1959年,西安火车站出土了一件盛唐时代的菩萨立像,头部、右臂、左前臂以及双膝以下残损,但仍可以看出婀娜娉婷的姿态。立像衣饰轻柔顺畅,肌肤光洁圆润,充分显示出女性的人体美。

(二)人物美的第二个层面是人的风姿和风神

人体美是人的感性生命的美。而当一个人的言行举止、声音笑貌表现出这个人的内在的灵魂美、精神美时,就形成为一种风姿之美,风神之美。《诗经·卫风》描绘一位女子:"手如柔荑,肤如凝脂,领如蝤蛴,齿如瓠犀,螓首蛾眉,巧笑倩兮,美目盼兮。"前面一大堆描绘都是外在的、静态的,有了最后这两句"巧笑倩兮,美目盼兮",这个人就活起来了,有了吸引人的魅力了。这就是人的风姿之美,风神之美。

我国魏晋时期流行的人物鉴赏就是着重欣赏人的风姿、风采的美。请看刘义庆(403—444)编的《世说新语》一书中关于人物品藻的记载:

> 世目李元礼,谡谡如劲松下风。(《赏誉》)
> 时人目王右军,飘如游云,矫若惊龙。(《容止》)

印度《舞蹈天使》(12世纪)

有人叹王恭形茂者，云："濯濯如春月柳。"(《容止》)

海西时，诸公每朝，朝堂犹暗。唯会稽王来，轩轩如朝霞举。(《容止》)

时人目夏侯太初，朗朗如日月之入怀；李安国，颓唐如玉山之将崩。(《容止》)

嵇康身长七尺八寸，风姿特秀。见者叹曰："萧萧肃肃，爽朗清举。"或云"肃肃如松下风，高而徐引。"山公曰："嵇叔夜之为人也，岩岩若孤松之独立，其醉也，傀俄若玉山之将崩。"(《容止》)

这些记载中的"目"，就是鉴赏、品藻。从这些记载，可以看到当时在文人中流行着一种追求人的风姿美的审美时尚。你看，"谡谡如劲松下风"，"飘如游云，矫若惊龙"，"濯濯如春月柳"，"轩轩如朝霞举"，"朗朗如日月之入怀"，"傀俄若玉山之将崩"，这是多么光明鲜洁、晶莹发亮的意象。宗白华说，魏晋时代的人沉醉于人物的容貌、器识、肉体与精神的美，以致出了一个"看杀卫玠"的故事：卫玠是当时的名士，风姿特美，他从豫州（武昌）到洛阳，洛阳的人都跑出来欣赏他的美，"观者如堵墙"，结果使得卫玠劳累而死。卫玠竟为他的风姿的美付出生命的代价，可见当时的时尚。

西方油画中有许多人物肖像画就很注重描绘人物的风姿之美、风神之美。文特霍尔特的肖像画《里姆斯基-科萨科夫伯爵夫人》就是这方面的名作。

(三) 人物美的第三个层面是处于特定历史情景中的人的美

凡是人，都不能脱离社会生活，都必然生活在特定的社会历史环境之中。但是在前面两个层面（人体美和人的风姿美），人们一般是把人的美从社会生活环境中相对孤立出来欣赏，这一个层面（处于特定历史情景中的人的美），则是把历史人物放在具体的历史情景中来欣赏。例如，卧薪尝胆的勾践，垓下悲歌的项羽，当垆卖酒的卓文君，投笔从戎的班超，舌战群儒的诸葛亮、横槊赋诗的曹操、枕戈待旦的刘琨、闻鸡起舞的祖逖，等等，就是这种处于特定历史情景中的人的美。我们从很多人物回忆、人物传记中可以看到这种特定历史情景中的人的美。

人物美的这一个层面，比较前两个层面，包含有更丰富的历史的内涵和人生的意蕴，也更能引发欣赏者的人生感、历史感。杨振宁曾写过一篇回忆"两弹元勋"邓稼先的文章，他和邓稼先在中学、西南联大以及在美国留学时曾经是同学。文章中有一段谈到他们分别22年后在北京重新见面的情景：

盛唐时代的菩萨立像

> 1971年8月在北京我看到稼先时避免问他的工作地点。他自己说："在外地工作。"我就没有再问。但我曾问他，是不是寒春（美国科学家，曾参加美国原子弹的制造）曾参加中国原子弹工作，像美国谣言所说的那样。他说他觉得没有，他会再去证实一下，然后告诉我。
>
> 1971年8月16日，在我离开上海经巴黎回美国的前夕，上海市领导人在上海大厦请我吃饭。席中有人送了一封信给我，是稼先写的，说他已证实了，中国原子武器工程中除了最早于1959年底以前曾得到苏联的极少"援助"以外，没有任何外国人参加。
>
> 此封短短的信给了我极大的感情震荡。一时热泪满眶，不得不起身去洗手间整容。事后我追想为什么会有那样大的感情震荡，为了民族的自豪？为了稼先而感到骄傲？——我始终想不清楚。

文章还有一段是描述邓稼先在领导原子弹工程时承担的责任是何等沉重。他先提到原子弹试验的场所是鸟飞不下、马革裹尸的古战场，并引了李华《吊古战场文》开头"浩浩乎平沙无垠"一大段，接着说：

稼先在蓬断草枯的沙漠中埋葬同事，埋葬下属的时候不知是什么心情？

"粗估"参数的时候，要有物理直觉；筹划昼夜不断的计算时，要有数学见地；决定方案时，要有勇进的胆识，又要有稳健的判断。可是理论是否够准确永远是一个问题。不知稼先在关键性的方案上签字的时候，手有没有颤抖？

戈壁滩上常常风沙呼啸，气温往往在零下30多度。核武器实验时大大小小临时的问题层出不穷。稼先虽有"福将"之称，意外总是不能免的。1982年，他做了核武器研究院院长以后，一次井下突然有一个信号测不到了，大家十分焦虑，人们劝他回去。他只说了一句话：

"我不能走。"

文章最后说，如果有一天哪位导演要摄制邓稼先传，他建议背景音乐采用五四时代的一首歌："中国男儿，中国男儿，要将只手撑天空，长江大河，亚洲之东，峨峨昆仑……古今多少奇丈夫，碎首黄尘，燕然勒功，至今热血犹殷红。"这首歌是他儿时从他父亲口中学到的。作者说："我父亲诞生于1896年，那是中华民族仍陷于任人宰割的时代。他一生都喜欢这首歌曲。"[1]

20世纪是中华民族从任人宰割的灾难、屈辱中站起来的时代。杨振宁用白描的手法描绘的邓稼先是一位对此做出巨大贡献的人物。这就是处于特定历史背景中的人的美，这是一个包含有极其丰富的历史的内涵和人生的意蕴的意象世界，邓稼先给杨振宁的那封信和杨振宁的感情震荡、蓬断草枯的戈壁大沙漠、李华的《吊古战场文》、邓稼先在关键性方案上签字的手、邓稼先在生死关头说的"我不能走"，以及五四时代"中国男儿""至今热血犹殷红"的歌曲，都是这个意象世界的组成部分。这个意象世界引发了读者难以言说的历史感和人生感。

历史上许多文学家、艺术家喜欢把这种处于具体历史情景中的人物作为自己创作的题材。例如，法国画家就创作了许多以处于历史重大时刻的拿破仑为题材的作品，最有名的有大卫的《拿破仑一世的加冕》，等等。

---

[1] 以上引自《杨振宁文集》下册，第801—803页，华东师范大学出版社，1998。

大卫 《拿破仑一世的加冕》(局部)

莎士比亚也以这种处于具体历史情景中的历史人物为题材写了许多著名的悲剧。

三、日常生活的美

老百姓的日常生活是社会生活的最普通、最大量、最基础的部分。它是老百姓的日复一日的平常日子。所以在一般人的印象中往往认为它是单调的、平淡的、缺乏内涵的、毫无意趣的。其实不然。无论是衣、食、住、行，婚、丧、嫁、娶，播种、收割，养鸡、放牛，采桑、纺织，打猎、捕鱼，航海、经商……，都包含着丰富的历史、文化的内涵，**如果人们能以审美的眼光去观照，它们就会展示出一个充满情趣的意象世界。**金圣叹说，两个乡下老太太在路上碰面，停下来说话，你远远看去，就是一幅很美的图画。老百姓的日常生活是社会美的重要领域。

我们可以看一看衣食住行中的"食"这一项。从古代开始，饮食就不仅是适应人为了活命的生物性的需要，而且也是适应人的精神生活的需要。饮食是一种文化，它和社会生活各个方面（从政治、经济到生活方式，从社会风气到社会心态）紧密联系，包含有历史的、审美的意蕴。如老北京的饮食文化："由精益求精的谭家菜，到恩承居的茵陈蒿，到砂锅居的猪全席、全聚德的烤鸭、烤肉宛的烤肉，再到穆家寨的炒疙瘩，还有驴肉、爆肚、驴打滚、糖葫芦、酸梅汤、奶饽饽、奶乌他、萨其马"，还有"热豆汁、涮羊肉、茯苓饼、豌豆黄、奶酪、灌肠、炒肝儿，冬天夜半叫卖的冻梨、心里美……""求之他处，何可复得"？[1] 老北京的饮食文化构成了一个韵味悠长的意象世界。

中国人的生活离不开喝茶、饮酒，茶、酒和社会生活的各个方面都有联系，它们常常伴随人世的兴衰和悲欢，因而包含有丰富的文化的意蕴。例如，在盛唐时期，饮酒在文人生活中占有重要的位置。饮酒给他们美感，使他们时时刻刻感受到当时作为国际大都会的长安的盛世气象。李白的诗："风吹柳花满店香，吴姬压酒劝客尝"，[2] "五陵年少金市东，银鞍白马度春风。落花踏尽游何处，笑入胡姬酒肆中"，[3] 这是一个多么风流潇洒的意象世界。例如茶，就和古代的婚姻风俗有联系。茶树是种下种子而长成的，不能移栽，由此象征婚姻的忠贞不移，所以古代一些地区结婚时要种茶树，女子受聘称"吃茶"。很多地方的情歌也和吃茶有关。据宋代诗人陆游《老学庵笔记》记载：在当时一些地区，"男女未嫁娶时，相聚踏唱，歌曰：'小娘子，叶底花，无事出来吃盏茶。'"歌中用叶底花来形容少女的美貌，而用相邀吃茶传达相互的爱意。因为有这层涵意，所以吃茶就可以营造出很浓的审美氛围。《红楼梦》第二十五回写凤姐送了两瓶暹罗国进贡的茶叶给黛玉，黛玉喝了觉得好，凤姐道："我那里还多着呢。"黛玉道："我叫丫头取去。"凤姐道："不用，我打发人送来。我明日还有一事求你，一同叫人送来罢。"黛玉听了，笑道："你们听听，这是吃

---

[1] 王德威：《北京梦华录》，载《读书》，2004年第1期。
[2] 李白：《金陵酒肆留别》。
[3] 李白：《少年行》之二。

了她一点子茶叶，就使唤起人来了。"凤姐笑道："你既吃了我们家的茶，怎么还不给我们家作媳妇儿？"众人都大笑起来。黛玉涨红了脸，回过头去，一声儿不言语。《红楼梦》用吃茶创造了一个很有情趣的意象世界。《聊斋志异》的《王桂庵》篇，写王桂庵和芸娘的恋爱故事。王桂庵梦中找到芸娘的家，眼前出现的是"门前一树马樱花"的景象。"门前一树马樱花"出于当时一首民歌。那首民歌是这样的：

盘陀江上是侬家，郎若闲时来吃茶，
黄土筑墙茅盖屋，门前一树马樱花。

马樱花（合欢树）和吃茶在这里都是爱情和婚姻的象征。这首民歌使这个爱情故事的诗意更加浓郁了。

西方人喝咖啡形成了咖啡文化，咖啡文化也包含有丰富的文化意蕴和审美情趣。据学者考证，咖啡最早是9世纪被波斯人发现（当时用于治疗某些精神疾病），在12世纪和13世纪，阿拉伯和中东以及北非的一些民族把咖啡作为饮料。大约在1615年咖啡从东方和北非运到威尼斯。接着大约在1643年，咖啡出现在巴黎，然后在1651年到了英国的伦敦。[1] 布隆代尔在《十五至十八世纪的文明》一书中指出，随着近代资本主义文明的形成和发展，西方的饮食习惯发生了很大的变化，饮食行为从原来维持人类生存的基本需要变成一种综合性的社会文化活动，变成具有复杂的象征表义结构的社会行为，因而变得同社会的政治和经济活动密切相关，**同人们的社会生活风气、时髦和各种爱好的趋势相关联**。[2] 咖啡就是如此。**在西方世界，喝咖啡具有越来越浓厚的文化意味**。在咖啡馆的安静、优雅、自由、宽松的气氛中，科学家、艺术家、哲学家们在一起聚会、闲聊，随心所欲、漫无边际地讨论各种学术问题和社会问题，激发创造性的灵感。人们把喝咖啡的过程同音乐、诗歌、美术的欣赏相结合，同讨论哲学问题相结合，**把更多的文化因素和审美因素纳入"咖啡时间"，使"咖啡时间"成为生活审美化的重要环节**。这一点，从巴黎的咖啡文化中看得最清楚。巴黎历史上一些最有名的咖啡馆都是文化沙龙、艺术沙龙。

---

[1] 引自高宣扬《流行文化社会学》，第129页，中国人民大学出版社，2006。
[2] 同上书，第128—129页。

> ### 巴黎的咖啡文化
>
> 巴黎最早最出名的咖啡店普罗柯普（Le Procope）建于1686年。当时法国社会正处于革命巨变的前夕，这家咖啡店很快就成为法国大革命时期重要思想家和文人聚集的场所。哲学家和思想家达朗伯、伏尔泰、卢梭和狄德罗等人，经常在普罗柯普咖啡店边喝咖啡边讨论正事。从那以后，法国著名的作家乔治·桑、缪塞、巴尔扎克和戈蒂埃等人也经常来到这家咖啡店，讨论社会政治和文学创作的问题。普罗柯普咖啡店几乎同它对面的法兰西喜剧院同时建立。据说，1689年，当法兰西喜剧院第一场演出散场之后，观众如潮水般地涌入了普罗柯普咖啡店。从此以后，几乎每晚喜剧院节目演出前后，总是有成群的文人和喜剧爱好者在这里纵谈喜剧和文学。18世纪的哲学家也经常在这里边喝咖啡边下棋，同时讨论各种艰深的哲学道理。他们为了讨论一个问题，可以在咖啡店里连续几个月陆陆续续地对谈。而在法国大革命期间，当时的著名政治家罗伯斯庇尔、丹东和马拉等人也到这里商谈国事。后来，因为普罗柯普也成为许多作家，包括19世纪的波德莱尔、奥斯卡·王尔德以及左拉等人讨论文学和艺术的地方，所以，很快就在这里筹备创立了著名的文学刊物《普罗柯普》。
>
> 比普罗柯普咖啡店晚建近两百年的"花神咖啡店"，坐落在圣日尔曼广场的一个角落里。普罗柯普和花神咖啡店都位于赛纳-马恩省河左岸，这一地区又属于文人及知识分子密集来往的巴黎"拉丁区"。所以，"左岸咖啡"从此也成为法国文化论坛的象征。[1]

日常生活的美，在很多时候，**是表现为一种生活的氛围给人的美感**。这种生活氛围，是精神的氛围，文化的氛围，审美的氛围。**这种氛围，有如玫瑰园中的芳香，看不见，摸不着，但是人人都可以感受到，而且往往沁入你的心灵最深处**。西方文化沙龙给人的美感，往往就在它的氛围。**中国古代很多有名的诗句都是描绘这种生活氛围的美感**。如"渡头余落日，

---

〔1〕高宣扬：《流行文化社会学》，第130页。

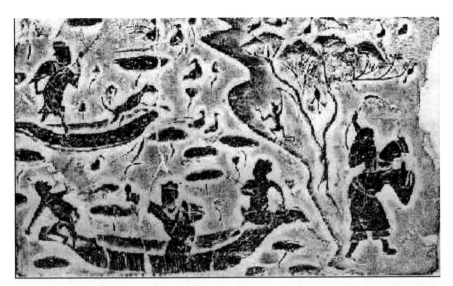

东汉画像砖上的渔猎图

墟里上孤烟"(王维),这是氛围之美。"姑苏城外寒山寺,夜半钟声到客船"(张继),这是氛围之美。"儿童相见不相识,笑问客从何处来"(贺知章),这也是氛围之美。**中国古人特别追求在普通的日常生活中营造美的氛围**。中国人喜欢喝酒,他们在酒香中创造一种美的生活氛围。白居易有一首小诗:"绿蚁新醅酒,红泥小火炉。晚来天欲雪,能饮一杯无?"在一个将要下雪的黄昏,诗人邀请他的朋友在雪花飞舞中一起饮酒,这是一个诗意弥漫的生活氛围。宋代诗人陈与义有一首《临江仙》词,其中说:"忆昔午桥桥上饮,座中多是豪英。长沟流月去无声。杏花疏影里,吹笛到天明。"诗人和他的朋友在杏花疏影里饮酒吹笛,这是一个春色醉人的生活氛围。这些都启示我们,日常生活的美,在很多时候都是氛围的美。

历史上许多文学家、艺术家,以老百姓这种普通的日常生活为题材,创作出了许多不朽的文学艺术作品。如战国镶嵌宴乐攻战纹壶上的采桑图,东汉弋射收获画像砖上的渔猎图,以及《诗经》中的《七月》、《东山》,都是描绘老百姓的日常生活,包含有极浓的生活情趣。清代大画家郑板桥赞美《七月》、《东山》:"《七月》、《东山》等千古在,恁描摹琐细民情妙,画不出,《豳风》稿。"[1] 敦煌壁画上,也生动描绘了当时老百姓的日常生活

---

[1]《郑板桥集》,第125页,上海古籍出版社,1979。

敦煌壁画上的日常生活场景

的场景：耕种，养蚕，纺织，盖房，打猎，捕鱼，制陶，冶铁，畜牧，屠宰，推磨，做饭，婚嫁，商旅……等等。

17世纪荷兰画派的画家曾经创作了一大批真实描绘当时荷兰普通老百姓的日常生活的绘画，在绘画史上占有重要的位置。黑格尔的《美学》和泰纳的《艺术哲学》都曾对这个画派的绘画做过介绍和分析。

黑格尔在他的《美学》中几次提到荷兰画派那些描绘世俗性的日常生活的绘画，并给以很高的评价。黑格尔指出，当时荷兰人多数是城市居民，是做生意的殷实市民，这些人安居乐业，他们"在富裕中能简朴知足，在住宅和环境方面显得简单，幽美，清洁，在一切情况下都小心翼翼，能应付一切情境，既爱护他们的独立和日益扩大的自由，又知道怎样保持他们祖先的旧道德和优良品质"。[1] 这就是荷兰人的世俗生活世界。荷兰画家在他们的绘画中创造的意象世界就是显现这个世俗的日常生活世界。他们画荷兰人的房屋和家庭器皿的清洁，家庭生活的安康，妻子和儿女的漂亮装饰，酒店中的热闹场面，婚礼和其他农村宴会，等等。这些绘画渗透着

---

[1] 黑格尔：《美学》第三卷，上册，第325页，商务印书馆，1979。

荷兰人对正当的愉快生活的美感，渗透着他们对看来是微不足道的只在瞬间出现的事物的爱好，渗透着敞开眼界的新鲜感，渗透着一种毫无拘束的快活热闹的气氛和谑浪笑傲的喜剧性。黑格尔说："**这种爽朗气氛和喜剧因素是荷兰画的无比价值所在。**"[1] 因为这种欢天喜地的快活气氛显现了人之所以为人的本质。从黑格尔的论述我们可以看出，**所谓社会美（例如荷兰人的平凡的日常生活的美）是一个意象世界，其中包含着深刻的历史的意蕴，照亮了老百姓的生活的本真状态。**

泰纳在《艺术哲学》中也对荷兰画派的画做了精彩的分析。他指出，当时荷兰画派所表现的，是真实的人和真实的生活，"像肉眼所看到的一样，包括布尔乔亚，农民，牲口，工场，客店，房间，街道，风景"。[2] 为什么要表现这些最普通的人和最普通的生活场景？因为这些最普通的人和最普通的生活场景本身就可以构成一个意象世界，使人产生美感："这些对象用不着改头换面以求高雅，**单凭本色就值得欣赏**。现实本身，不管是人，是动物，是植物，是无生物，连同它的杂乱，猥琐，缺陷，都有存在的意义；只要了解现实，就会爱好现实，**看了觉得愉快**。"[3] 就因为这样，在荷兰画派的绘画中，一个广阔的生活世界展现在我们的面前："**在草屋里纺纱的管家妇，在刨凳上推刨子的木匠，替一个粗汉包扎手臂的外科医生，把鸡鸭插上烤扦的厨娘，由仆役服侍梳洗的富家妇；所有室内的景象，从贫民窟到客厅；所有的角色，从酒徒的满面红光到端庄的少女的恬静的笑容；所有的社交生活或乡村生活；几个人在金漆雕花的屋内打牌，农民在四壁空空的客店里吃喝，一群在结冰的运河上溜冰的人，水槽旁边的几条母牛，浮在海上的小船，还有天上、地上、水上、白昼、黑夜的无穷的变化。**"[4] 这些描绘最普通、最常见、最琐碎的衣、食、住、行以及日常劳动和娱乐的绘画，可以使观赏者得到极大的美感，因为它真实地显现了当时荷兰老百姓的勤俭、朴素而又富足、自由的生活世界，这是一个老百姓心满意足的生活世界，"这些作品中透露出一片宁静安乐的和谐，令人心旷神怡；艺术家像他的人物一样精神平衡；你觉得他的图画中的生活非常舒服，

---

[1] 黑格尔：《美学》第三卷，上册，第326页。
[2] 泰纳：《艺术哲学》，第232页，人民文学出版社，1963。
[3] 同上。
[4] 同上。

米勒 《拾穗者》

自在"。[1] 这是非常典型的日常生活的美（意象世界）。

19世纪法国大画家米勒画了许多描绘农民生活的人物画和风俗画，最有名的是《拾穗者》、《晚钟》，成为西方艺术史上的不朽的作品。

我国现代画家丰子恺画了许多描绘儿童日常生活的漫画，照亮了充满情趣的儿童生活世界。

四、民俗风情的美

在一定历史时期，一个地区的人民群众都有自己相对固定的生活方式，人们称之为民俗。俗话说："十里不同风，百里不同俗。"又说："相沿成风，相染成俗。"当这种相对固定的生活方式显示出审美价值时，就称为风情。而当人们完全超脱日常的生活方式而成为纯审美的活动时，就成为节庆和狂欢活动。

民俗风情是重要的审美领域。因为这里包含有人生、历史的图景，有老百姓的酸甜苦辣、喜怒哀乐。

北京的天桥，杭州的西湖，南京的秦淮河，德国的莱茵河，法国的塞

---

[1] 泰纳：《艺术哲学》，第233页。

纳河,历来都是游客体验民俗风情的著名景区。明末清初的文学家张岱在他的《陶庵梦忆》、《西湖梦寻》等著作中,对明代末年南方城市的民俗风情做了十分精彩的描绘。如《西湖香市》,描绘当时西湖香市"有屋则摊,无屋则厂,厂外又棚,棚外又摊","岸无留船,寓无留客,肆无留酿","如逃如逐,如奔如追,撩扑不开,牵挽不住"的热闹场景。又如《西湖七月半》,写七月十五日夜晚杭州人涌到西湖边赏月,描绘了五种不同阶层的人的享乐方式和审美情趣,是当时西湖民俗风情的一幅极好的图画。

西湖七月半[1]
张岱

西湖七月半,一无可看,止可看看七月半之人。看七月半之人,以五类看之:其一,楼船箫鼓,峨冠盛筵,灯火优傒,声光相乱,名为看月而实不见月者,看之。其一,亦船亦楼,名娃闺秀,携及童娈,笑啼杂之,环坐露台,左右盼望,身在月下而实不看月者,看之。其一,亦船亦声歌,名妓闲僧,浅斟低唱,弱管轻丝,竹肉相发,亦在月下,亦看月而欲人看其看月者,看之。其一,不舟不车,不衫不帻,酒醉饭饱,呼群三五,跻入人丛,昭庆、断桥,嚣呼嘈杂,装假醉,唱无腔曲,月亦看,看月者亦看,不看月者亦看,而实无一看者,看之。其一,小船轻幌,净几暖炉,茶铛旋煮,素瓷静递,好友佳人,邀月同坐,或匿影树下,或逃嚣里湖,看月而人不见其看月之态,亦不作意看月者,看之。

杭人游湖,巳出酉归,避月如仇。是夕好名,逐队争出,多犒门军酒钱。轿夫擎燎,列俟岸上。一入舟,速舟子急放断桥,赶入胜会。以故二鼓以前,人声鼓吹,如沸如撼,如魇如呓,如聋如哑。大船小船一齐凑岸,一无所见,止见篙击篙,舟触舟,肩摩肩,面看面而已。少刻兴尽,官府席散,皂隶喝道去。轿夫叫船上人,怖以关门,灯笼火把如列星,一一簇拥而去。岸上人亦逐队赶门,渐稀渐薄,顷刻散尽矣。吾辈始舣舟近岸,断桥石磴始凉,席其上,呼客纵饮。此时月如镜新磨,山复整妆,湖复颒面,向之浅斟低唱者出,匿影树下者亦出。吾辈往通声气,拉与同坐。韵友

---

[1] 张岱:《陶庵梦忆》。

> 来,名妓至,杯箸安,竹肉发。月色苍凉,东方将白,客方散去。吾辈纵舟酣睡于十里荷花之中,香气拍人,清梦甚惬。

老北京的民俗风情也极有特色。拿天桥来说,那是一个集中展现老北京民俗风情的游览景区,汇集了表演戏剧、曲艺、杂耍的各种戏园子、游乐场和酒馆、茶馆、小吃摊点、百货摊棚,在清朝末年、民国初年逐渐兴旺起来。戏剧、曲艺不仅有京戏、河北梆子、评戏、木偶戏、皮影戏,还有评书、相声、鼓书、北京竹板书、单弦、数来宝等。杂耍不仅有耍中幡、车技、硬气功、钻刀、火圈、吞宝剑、上刀山,还有马戏、空中秋千、大型古彩戏法、魔术,等等。在饮食方面,天桥的小吃可说是集北京小吃之大全,有豆腐脑、面茶、炸豆腐、烧饼、爆肚、切糕、豆汁儿、炒肝儿、卤煮丸子、油茶、馄饨、灌肠、锅贴、驴打滚、豌豆黄、羊肉杂面,等等,一共110多种。除了小吃,还有各种货物,应有尽有。有百货店,布摊,家具店,估衣行,卖布头的,卖旧鞋、旧轮胎的,卖锅碗瓢盆、废铜烂铁的,卖文物古玩的,卖旧书的,等等,特点是旧货比新货多。此外还有镶牙馆,药店,算卦的,相面的,剃头的,等等。一座天桥,真的是热闹非凡。天桥的风情,包括一拨一拨的民间艺人"八大怪"[1],在熙熙攘攘、欢声笑语之中,包含了极其丰富的社会的、历史的、民俗的内涵,包含了难以言说的人生的悲欢和审美的情味。[2]

北京的胡同也有独特的风情。光是胡同的名字,就引人遐想,你看:百花深处,杏花天胡同,花枝胡同,菊儿胡同,小金丝胡同,月光胡同,孔雀胡同,胭脂胡同,……这些胡同的名称多么富于诗意!还有:铃铛胡同,香串胡同,豆角胡同,豆瓣胡同,竹竿胡同,轿子胡同,雨儿胡同,

---

[1] 清朝末年以来天桥出了三拨相貌奇特、言行怪异的民间艺人,他们技艺超群,被人称为"八大怪"。第一拨清末的八大怪有:说单口相声的"穷不怕"、"韩麻子",表演口技的"醋溺膏",敲瓦盆唱曲的"盆秃子",练杠子的"田瘸子",说化妆相声的"丑孙子",用鼻子吹管儿的"鼻嗡子",以掌开石的"常傻子"。第二拨民初的"八大怪"是:让蛤蟆教书的老头,表演滑稽二簧的"老云里飞",装扮奇特的"花狗熊"夫妻,练铁锤的志真和尚,能三指断石的"傻王",耍狗熊顶碗的"程傻子",练杠子的"赵瘸子"。第三拨(也是最后一拨)20世纪三、四十年代的"八大怪"是:表演滑稽二簧的"云里飞"("老云里飞"的长子),相声演员焦德海"穷不怕"的徒弟),拉洋片的"大金牙"焦金池,敢于嬉骂时弊、推销自制药糖的"大兵黄",摔跤名手沈三,以表演驴的动作惟妙惟肖而著称的"赛活驴",光练不说的"拐子顶砖",兜售自制去油皂的"蹭油的"。

[2] 以上关于天桥的材料均引自翁立:《北京的胡同》,北京图书馆出版社,2003。

蓑衣胡同、帽儿胡同、茶叶胡同、烧酒胡同、干面胡同、羊肉胡同、茄子胡同、豆芽菜胡同、烧饼胡同、麻花胡同、劈柴胡同、风箱胡同、灯草胡同、蜡烛心胡同、擀面杖胡同、扁担胡同、口袋胡同、一溜儿胡同、半截胡同、月牙儿胡同、小喇叭胡同……。这些胡同的名字不是把当时北京老百姓的衣、食、住、行以及生活习惯都展现出来了吗？最有趣的是不同的胡同还有不同的气味：钱粮胡同是大白菜的气味，帽儿胡同是冰糖葫芦的气味，轿子胡同里有豆汁味。这都是独特的风情。

北京胡同里还有独特的吆喝声和响器声，声儿忽高忽低，声音时远时近，传送出一种悠长的韵味。像春天的吆喝："哎嗨！大小哎，小金鱼嘞！"夏天的吆喝："一兜水的哎嗨大蜜桃！"秋天的吆喝："大山里红啊：还两挂！"冬天的吆喝："萝卜赛梨哎，辣了换。"清早的吆喝："热的嘞，大油炸鬼，芝麻酱的烧饼！"晚上的吆喝："金桔儿哎，青果哎，开口胃哎！"半夜的吆喝："硬面，饽哎饽。""馄饨喂，开锅啊。"有的小贩不用吆喝，就用手里的响器召唤顾客。人们一听到响铁[1]发出的颤颤巍巍的金属声，就知道理发的来了。一听到大铜锣声，就知道耍猴儿的来了。一听到木头梆子响，就知道卖油的来了。一听到冰盏儿[2]响，就知道卖酸梅汤的来了。一听到拨浪鼓响，就知道卖针线香粉小百货的来了。一听到铁镰或喇叭声，就知道磨剪子、磨刀的来了。[3]胡同的吆喝在音调和趣味方面都很有讲究。吆喝的气要足，嗓子要脆，口齿要清白，韵味要浓，还要运用花腔、滑腔、甩腔，特别最后一个词的音调转折要有韵味。[4]吆喝用的是北京地方的语言和音调，渗透着地方的、民间的、欢乐的、幽默的趣味。总之是地道的京腔、京调、京韵、京味。你听夏天卖西瓜的吆喝："吃来呗弄一块尝，这冰人儿的西瓜脆沙瓤儿；三角的牙儿，船那么大的块儿，冰糖的瓤儿；八月中秋月饼的馅儿，芭蕉叶轰不走那蜜蜂在这儿错搭了窝；沙着你的口甜呐，俩大子儿一牙儿。"[5]这种吆喝是民俗文化的重要组成部分。巴赫金曾专门研究过"巴黎的吆喝"（"Cris de Paris"）。他说："这些

---

[1] 也叫"唤头"，上宽下窄，如同大铁夹子，用铁棍拨动发出声音。
[2] 用生黄铜制成外面磨光的碟形小碗，两只一敲打就发出嘀嘀嗒嗒声。
[3] 以上关于胡同的吆喝声和响器声的材料均引自翁立：《北京的胡同》，北京图书馆出版社，2003。
[4] 参看郝青：《渐近渐远的京味吆喝》，载《北京晚报》，2005年2月20日。
[5] 刘一达：《京城玩家》，第363页，经济日报出版社，2004。

吆喝具有抑扬顿挫的诗的形式;每一特定的'吆喝'这就是一首专门推荐和赞美某一特定商品的四行诗。""因为有了这些五花八门的吆喝,街头与广场简直是人声鼎沸。每一种货物——食物、酒或物品——都有专门的吆喝用语和专门的吆喝旋律、专门的语调,即专门的词语形象和音乐形象。"1545年有一位名叫特留克的学者编了一本集子《巴黎每天发出的一百零七种吆喝》,实际上远远不止这个数目。著名京剧表演艺术家翁偶虹根据他自己几十年亲耳所闻,记录整理了北京城里三百六十八种吆喝声,当然实际上北京的吆喝也远远不止这个数目。巴赫金认为,"巴黎的吆喝"在民间的露天广场和街头文化中有重要的位置。这些"吆喝声",一方面显现出一种生动具体的、有血有肉的、有滋有味的和充满广场喧闹的生活;一方面又渗透着民间节日的、乌托邦的气氛。翁偶虹说,**北京城里的吆喝,是一种充满感情的生活之歌,能够给心灵短暂的慰藉,又是一闪而逝的美的享受。**[1]

在城市的各种叫卖声中,最有诗意、最引人美感的是卖花声。古人诗句:"隔帘遥听卖花声。"[2]"小窗人静,春在卖花声里。"[3]"小楼一夜听春雨,深巷明朝卖杏花。"[4]都是写卖花声的美感。宋词有一个词牌名就叫《卖花声》。《东京梦华录》记载:季春时节,"万花烂漫,牡丹、芍药、棣棠、木香,种种上市,卖花者以马头竹篮铺排,歌叫之声清奇可听。晴帘静院,晓幕高楼,宿酒未醒,好梦初觉,闻之莫不新愁易感,幽恨悬生,最一时之佳况"。[5]这说明卖花声感人之深。西方人的感受也是如此。19世纪的伦敦街头到处有贫穷姑娘叫卖小把的紫罗兰和薰衣草。威廉姆斯的《"伦敦"交响曲》中就有一段用乐队演绎演奏的卖花女的叫卖声。[6]

老北京的庙会也充满了悠远感人的情调和韵味。逛庙会是北京老百姓生活中的一大享受,一大乐趣。据1930年统计,当时北京城区有庙会20处,郊区有16处。最有名的是白塔寺、护国寺、隆福寺、雍和宫、厂甸等八大庙会。庙会里面有卖多种日用品的,有卖各种小吃的,有卖花鸟的,

---

[1] 翁偶虹:《北京话旧》,第118页,百花文艺出版社,2004。
[2] 宋徽宗:《宣和宫词》。
[3] 王季夷:《海行船》。
[4] 陆游:《临安春雨初霁》。
[5] 《东京梦华录》卷七。
[6] 戴安娜·阿克曼:《感觉的自然史》,第8页,花城出版社,2007。

有唱大鼓的，有拉洋片的。庙会是普通老百姓的游乐场所，庙会的内容与老百姓日常生活有联系（卖日用品、卖各种吃食），但是它又从日常生活中分离出来，它是一种超出日常生活的游乐，一种精神享受，所以为大人小孩所向往。

随着时代的变化，一个国家、一个地区的民俗风情也在变化。拿北京来说，在20世纪末和21世纪初，涌现出了像三里屯酒吧街、东直门簋街、什刹海酒吧街这样一些民俗风情的新景区。例如什刹海，那里本来是北京老百姓夏天避暑纳凉的一个去处。有一座荷花市场，可以喝茶、会友。还有就是风味小吃比较有名。但一直到80年代末什刹海还是比较冷清，谁能想到进入21世纪竟一下子"火"了起来，酒吧、餐吧、食吧、艺吧、茶吧一家挨一家。你看那些吧名："淡泊湾"、"甲丁坊"、"岳麓山屋"、"茶马古道"、"蓝莲花"、"欲望城市"、"寻东寻西"、"吉他"、"滴水藏海"、"不大厨吧"、"望海怡然"、"胡同写意"、"水色盛开"、"后海红"、"云起"、"水岸"、"听月"、"春茶"、"一直以来"、"七月七日晴"、"了无痕"、"你好吧"，……这些吧名联在一起，简直是一首绝妙的诗。[1]

民俗风情作为重要的审美领域，历来为艺术家所关注。他们创作了许多描绘民俗风情的艺术作品。我们前面谈到的张岱的散文是一个例子，宋代大画家张择端的《清明上河图》也是一个例子。《清明上河图》是一幅长卷画，描绘了公元12世纪北宋开封城外东南七里的一段汴河风光和城内街道的热闹繁华景象。"打开《清明上河图》，一个广阔的生活世界展开在我们面前：一个孩子领着几只毛驴，驮着木炭，过一座小桥，五个纤夫拉着一条大船往上游行走；一批搬运工，背着从船上卸下的货物，手上还拿着一根计数的筹码；大船放倒船桅要驶过虹桥，船上人手忙脚乱，四周无数人在观看、呼叫，帮助出主意；桥上挤满了行人、毛驴、轿子，还有两个人拉开架式在吵架；桥头乱糟糟地摆满了货摊、地摊，脚店楼上几个客人在喝酒；木匠师傅在店门口制造车轮"，"大街上一个大人扶着一个小孩走路，肉铺里一个小孩正在帮一个胖胖的掌柜磨刀，一辆辆满载货物的牛车和马车，一大堆大人小孩围着听一个人说书，僧侣们在街上与人交谈，处处透露出市民们满足的、散淡的心态，透露出一片宁静安乐的和谐，令人

---

[1] 参看刘一达《透视什刹海的"吧"热》，载《北京晚报》，2005年6月10日。

心旷神怡。街道上四处是休闲的人流，大群的人在桥上观看，前拥后簇，大呼小叫，就连正在过桥的大船上一个小孩也在跟着大人喊叫。有的人在汴河两岸看着急速的流水，有的人在城楼下的空地里悠然地休憩。他们安祥的幸福的神态，就像春天里缓缓流淌的河流"。[1]《清明上河图》的确是一幅伟大作品，靠了它，我们才能够看到800多年前开封城的民俗风情，感受到宋代都城老百姓对于平静、安乐、和谐生活的一种满足的心态。

五、节庆狂欢

民俗风情中最值得注意的，是节庆狂欢活动。**节庆狂欢活动是对人们日常生活的超越**。当代德国学者约瑟夫·皮珀说：**"以有别于过日常生活的方式去和这个世界共同体验一种和谐，并浑然沉醉其中**，可以说正是'节日庆典'的意义。"[2] 历史上很多思想家都谈到这一点。最早柏拉图就说："众神为了怜悯人类——天生劳碌的种族，／就赐给他们许多反复不断的节庆活动，借此／消除他们的疲劳；众神赐给他们缪斯，／以阿波罗和狄俄尼索斯为缪斯的主人，／以便他们在众神陪伴下恢复元气，／**因此能够回复到人类原本的样子**。"[3] 歌德在论述"罗马狂欢节"时说：狂欢节"是人民给自己创造的节日"，"上等人和下等人的区别刹那间仿佛不再存在了：大家彼此接近，每个人都宽宏地对待他碰到的任何事，彼此之间的不拘礼节自由自在融合于共同的美好心绪之中"。"严肃的罗马公民，在整整一年里他们都谨小慎微地警惕着最微不足道的过失，而现在把自己的严肃和理性一下子就抛到了九霄云外。"[4] 尼采认为这种节庆狂欢的生活状态是酒神精神的表现。在这种状态中，人充满幸福的狂喜，"逐渐化入浑然忘我之境"。**在这种状态中，不仅人和人融为一体，而且人和自然也融为一体**："在酒神的魔力之下，不但人与人重新团结了，而且疏远、敌对、被奴役的大自然也重新庆祝她同她的浪子人类和解的节日。大地自动地奉献它的贡品，危崖荒漠中的猛兽也驯良地前来。""此刻，奴隶也是自由人。此刻，贫困、专断或'无耻的时尚'在人与人之间树立的僵硬敌对的藩篱土崩瓦解了。

---

[1] 叶朗、朱良志：《中国文化读本》，第 265—268 页，外语教学与研究出版社，2008。
[2] 约瑟夫·皮珀：《闲暇文化的基础》，第 63 页，新星出版社，2005。
[3] 转引自约瑟夫·皮珀《闲暇文化的基础》，新星出版社，2005。
[4] 《巴赫金全集》第六卷，第 284 页，河北教育出版社，1998。

此刻，在世界大同的福音中，每个人感到自己同邻人团结、和解、款洽，甚至融为一体了。"**人轻歌曼舞，俨然是一更高共同体的成员；他陶然忘步忘言，飘飘然乘风飞扬。**"[1] 他欣喜欲狂，觉得他自己就是神，"他的神态表明他着了魔"。尼采把这种状态归结为"醉"的状态。"醉"是自由和解放的欢乐，正如罗素所说："在沉醉状态中，肉体和精神方面都恢复了那种被审慎摧毁了的强烈真实感情。人们觉得世界充满了欢愉和美，人们想象到从日常焦虑的监狱中解放出来的快乐。"[2]

俄国学者巴赫金对节庆狂欢活动做了深入的研究。巴赫金认为，"节庆活动（任何节庆活动）都是人类文化极其重要的第一性形式"。它不是人类生活的某种手段，而是和人类生存的最高目的和理想相联系。节庆狂欢文化的特点是对日常生活的超越。"在日常的，即非狂欢节的生活中，人们被不可逾越的等级、财产、职位、家庭和年龄差异的屏障所分割开来。"同样，"人们参加官方节日活动，必须按照自己的称号、官衔、功勋穿戴齐全，按照相应的级别各就各位。节日使不平等神圣化"。但是，狂欢节不一样。狂欢节具有全民的性质。狂欢节没有空间的界限，没有演员和观众之分，所有的人都生活在其中。"在狂欢节上大家一律平等。"狂欢节超越了世俗的等级制度、等级观念以及各种特权、禁令，也就超越了日常生活这种种局限和框架，**显示了生活的本身面目，或者说回到了生活本身，回到本真的生活世界**。狂欢节作为平民的节日活动，是超越日常生活的"第二生活"，实际上是回复到本身的日常生活。由于这样，**普通老百姓也就超脱了日常生活的种种束缚，超脱了各种功利性和实用主义，人与人不分彼此，互相平等，不拘形迹，自由来往，从而显示了人的自身存在的自由形式，显示了人的存在的本来形态，这就是一种复归，即人回复到人的本真存在**。"人仿佛为了新型的、纯粹的人类关系而再生。暂时不再相互疏远。**人回归到了自身，并在人们之中感觉到自己是人**。人类关系这种真正的人性，不只是想象或抽象思考的对象，而是成为现实的实现，并在活生生的感性物质的接触中体验到的。"[3]

柏拉图、歌德、尼采、巴赫金的这些论述，都是说，在狂欢节中，由

---

[1] 尼采：《悲剧的诞生》，第5—6页，三联书店，1986。
[2] 转引自高宣扬《流行文化社会学》，第368页，中国人民大学出版社，2006。
[3] 《巴赫金全集》第六卷，第12页，河北教育出版社，1998。

于超越了日常生活的严肃性和功利性,**生活回到了自身,人回到了自身,**"回复到人类原来的样子"。人在狂欢节的活生生的感性活动中**体验到自己是人,体验到人与世界是一体的**。这是纯粹的审美体验。所以可以说,**狂欢节的生活是最具审美意义的生活**。

我们在前面提到的北京的庙会,张岱描绘的"西湖香市"、"西湖七月半",在某种意义上也可以看作是民间的节庆活动,因为它也是对呆板的、乏味的日常生活的超越,它也带有某种全民的性质,不管男女老幼,不分贫富贵贱,大家都挤进庙会,或挤到西湖边,去体验、享受那熙熙攘攘、摩肩接踵的热闹、欢乐的场景。巴赫金说过:"集市(在不同的城市里一年有两次到四次)在广场节日生活里占有重要的地位。集市娱乐带有狂欢化的性质。"[1]但是严格说它们还不能列入巴赫金所说的狂欢节的范畴,因为它还没有完全超越现实生活。你看张岱描绘的西湖七月半,同样在西湖旁边,同样都在享受生活,但不同阶级和阶层的人的生活内容、审美情趣有着多么巨大的区别!

巴赫金认为,在狂欢节的感受中还包含着一种人生感,因为在狂欢节的感受中,总是显示着不断的更新与更替,不断的死亡与新生,衰颓与生成,显示着生死相依,生生不息。"死亡和再生,交替和更新的因素永远是节庆世界感受的主导因素。"[2]所以人们在狂欢节的感受是一种渗透着形而上意蕴的审美感受(人生感)。

其实,不仅限于狂欢节,就是一般的节庆活动也"永远和时间有着本质性的联系"[3]。因为节庆唤醒人的时间意识,使人强烈体验到生命流逝,产生一种莫名的伤感。

六、休闲文化中的审美意味

人类社会很早就出现了休闲文化。"休闲并不是无所事事,而是在职业劳动和工作之余,人的一种以文化创造、文化享受为内容的生命状态和行为方式。""休闲的本质和价值在于提升每个人的精神世界和文化世界。"[4]

---

[1]《巴赫金全集》第六卷,第252页。
[2] 同上书,第11页。
[3] 同上书,第10页。
[4] 叶朗:《欲罢不能》,第75页,黑龙江人民出版社,2004。

"拥有休闲是人类最古老的梦想——从无休止的劳作中摆脱出来；随心所欲，以欣然之态做心爱之事；于各种社会境遇随遇而安；独立于自然及他人的束缚；以优雅的姿态，自由自在地生存。"[1]

休闲文化的核心是一个"玩"字。"玩"是自由的，是无功利、无目的的。小孩的玩（玩水，玩泥土）就是无功利、无目的的。玩很容易过渡到审美的状态。所以休闲文化往往包含有审美意象的创造和欣赏，而且休闲文化所展现的意象世界，往往是社会美、自然美、艺术美的交叉和融合。

中国古代的学者和文人很重视休闲。他们主张"忙里偷闲"。我们在第二章中引过清代文学家张潮的话："人莫乐于闲，非无所事事之谓也。闲则能读书，闲则能游名山，闲则能交益友，闲则能饮酒，闲则能著书。天下之乐，孰大于是？"张潮认为"闲"对于人生有积极的意义。这话说得很对。有了"闲"，才能有审美的心胸，才能发现美，欣赏美，创造美。在中国古代文人的生活中，琴、棋、书、画占了一个重要的位置；在中国老百姓的生活中，花、鸟、虫、鱼的养护和欣赏也占了一个重要的位置。这些都属于休闲文化。还有饮酒、品茶、放风筝、养鸽子、蓄鹰、斗蛐蛐、古玩的收藏和鉴赏，等等，也都是休闲文化。

北京有位名记者写了一本《京城玩家》。书中介绍了玩虫儿的，玩罐罐的，玩瓷器的，玩盆景的，玩风筝的，玩脸谱的，玩草编的，玩鸽子的，玩泥人的，玩面人的，玩吃喝的……各种玩家。作者说："所谓玩是一种文化，不见得是指玩本身，而是在玩味其中的情趣：在把玩之间，所体现的那种超然于物外的情致。"[2] 这本书介绍的第一位玩家就是王世襄。王世襄确实是位大玩家，他收藏古琴、铜炉、书画、瓷器、佛像、明清家具、竹木雕刻、匏器、蛐蛐罐、蝈蝈葫芦、鸽哨、鸟笼子……，他的收藏品都极其精美。作者这么评说王世襄："他把玩当成了人类文化的极致。他把'玩'字琢磨到家了。玩出了品味，玩出了情趣，玩出了德性，玩出了人生的快意和别致，难怪有人称王世襄为京城第一玩家。"[3] 有了这种情趣和快意，"玩"就成了一种高级审美活动，在"玩"的活动中，玩家就能体验到一个意象世界，从而获得审美感兴、审美享受。就拿北京的鸽

---

[1] 杰弗瑞·戈比：《你生命中的休闲》，第1页，云南人民出版社，2000。
[2] 刘一达：《京城玩家》，第2页，经济日报出版社，2004。
[3] 同上书，第22页。

哨来说，王世襄指出，它已成为北京的一个象征。"在北京，不论是风和日丽的春天，阵雨初霁的盛夏，碧空如洗的清秋，天寒欲雪的冬日，都可听到空中传来央央琅琅之音。它时宏时细，忽远忽近，亦低亦昂，倏疾倏徐，悠悠回荡，恍若钧天妙乐，使人心旷神怡。"这种空中音乐就来自系佩在鸽子尾巴上的鸽哨。**它是北京的情趣，不知多少次把人们从梦中唤醒，不知多少次把人们的目光引向遥远的天空，又不知多少次给大人和儿童带来了喜悦。**[1] 这是北京的一个美感世界。

  旅游文化是休闲文化的重要内容。我们在第二章中曾提到，旅游是从人的功利化的日常生活中超脱出来，是日常生活的隔离、中断。人们住在原来的城市，周围的一切对你都显示出实用的价值，如这条街上有超市，那条街上有餐馆。至于街上各种建筑的造型、街上来往行人的色彩、风情，都进不到你的眼界之中。可是一到旅游景区，旅游者都把日常的眼光（功利的眼光和逻辑的眼光）换成了审美的眼光。用审美的眼光看世界，眼前的一切都成了美（意象世界），新鲜、奇特、有意味。我国一些边远的山村，当地的民众习惯于用直接的功利的眼光看待周围的一切，感受到的是单调、闭塞，可是外面来旅游者一旦看到这种"陌生化"的景象，会万分欣喜，他们赞美这里的简朴、古老、宁静、自然的山村风光，甚至会说："要是一辈子生活在这里，有多好啊！"但是真正一辈子生活在这里的当地民众对他们的生活环境却有种种怨言。这是"距离"的作用。"不识庐山真面目，只缘身在此山中。"这两句诗就是说明，如果没有和功利性的日常生活拉开距离，就不可能有审美的眼光，就不能见到"庐山的真面目"（本身的美）。

  所以旅游活动从本质上讲就是审美活动，也就是超越实用功利的心态和眼光，在精神上进到一种自由的境域，获得一种美的享受。

本 章 提 要

  社会美是社会生活领域的意象世界，它也是在审美活动中生成的。一般来说，在社会生活领域，利害关系更经常地处于统治地位，再加上日常

---

[1] 王世襄：《北京鸽哨》，载《锦灰堆》二卷，第 585 页。

生活的单调的重复的特性，人们更容易陷入"眩惑"的心态和"审美的冷淡"，所以审美意象的生成常常受到遏止或消解，这可能是社会美过去不太被人注意的一个原因。

人物美属于社会美。人物美可以从三个层面去观照：人体美，人的风姿和风神，处于特定历史情景中的人的美。这三个层面的人物美，都显现为人物感性生命的意象世界，都是在审美活动中生成的，带有历史的文化的内涵。

老百姓的日常生活尽管天天重复，显得单调、平淡，但如果人们能以审美的眼光去观照，它们就会生成一个充满情趣的意象世界，这个意象世界包含有深刻的历史的意蕴，显现出老百姓的本真的生活世界。

在人类的历史发展中，出现了一些特殊的社会生活形态，如民俗风情、节庆狂欢、休闲文化等，在这些社会生活形态中，人们在不同程度上超越了利害关系的习惯势力的统治，超越了日常生活的种种束缚，摆脱了"眩惑"的心态和"审美的冷淡"，在自己创造的意象世界中回到人的本真的生活世界，获得审美的愉悦。这些社会生活形态是社会美的重要领域。特别是节庆狂欢活动，那是最具审美意义的生活。柏拉图、歌德、尼采、巴赫金都指出，在狂欢节中，由于超越了日常生活的严肃性和功利性，人与人不分彼此，自由来往，从而显示了人的自身存在的自由形式，生活回到了自身，人回到了自身，"回复到人类原来的样子"。人在狂欢节的活生生的感性活动中体验到自己是人，体验到自己是自由的，体验到人与世界是一体的。人浑然忘我，充满幸福的狂喜。这是纯粹的审美体验。

扫一扫，
进入第五章习题

单选题

简答题

思考题

填空题

第六章　艺术美

艺术美从来是美学研究的重要领域。在这一章中，我们着重讨论艺术的本体以及与艺术本体有关的一些理论问题。

一、对"什么是艺术"的几种回答

讨论艺术，首先碰到的一个问题，就是什么是艺术？这个问题也就是艺术的本体的问题。

有的学者不赞同讨论这个问题。也就是说，他们认为艺术是不能定义的。他们的理由是：艺术是发展的、开放的，而任何定义都是封闭的，所以任何定义对于艺术都是不适用的，任何定义都将妨碍艺术创新。我们认为这种理由是不能成立的。说艺术是发展的、开放的，这是不错的。但是说任何定义都是封闭的，或者说任何定义都将妨碍艺术创新，那是缺乏根据的。一种定义，它本身完全可以是开放的，因而完全可以适应艺术发展的态势。

我们回顾一下中外艺术发展的历史，可以看到，人们对于艺术的认识至少有以下几点是共同的：第一，艺术是一种人造物，是人工的产品（作品）。艺术必然作为艺术品才能存在，而艺术品必然有一种物质载体。杜夫海纳说："作品既然创造出来了，它必然具有一种物的存在。"[1] 这个物的存在，是人工制作（创造）的产物。这是艺术品的人工性。第二，艺术与技艺不可分。《庄子·天地》篇："能有所艺者，技也。"科林伍德说："古拉丁语中的 ars，类似希腊语中的'技艺'，是一种生产性的制作活动。"[2] 艺术品是艺术家依靠技艺和才能生产出来的，这是艺术的技艺性。第三，艺术品是一种精神产品，它是为满足人的精神需求而生产（创造）出来的。艺术品区别于一般的人工产品，区别于一般的技艺。一般的人工产品，如器具，人们把它生产出来是为了使用，在使用的过程中它就逐渐被消耗了。

---

[1] 杜夫海纳：《审美经验现象学》，第28页，文化艺术出版社，1997。
[2] 科林伍德：《艺术原理》，第6页，中国社会科学出版社，1985。

实用性是它的本质。而艺术品不是为了使用，它是为了满足人的精神需求，为了满足人的观赏（审美）的需求而生产出来的。人们在观赏某件艺术品时，并不是消耗这件艺术品。《尚书》提出"诗言志，歌永言"，《荀子·乐论》说"君子以钟鼓道志，以琴瑟乐心"，都是说艺术品的精神性。这和以实用性为本质的器具是完全不同的。

现在我们要问：这种以满足人的精神需求为目的而生产（创造）出来的艺术品，它的本体是什么呢？也就是说，究竟什么是艺术？这个问题，仅仅回溯艺术的历史是不能得到回答的；这需要通过美学理论的分析和研究才能得到回答。

在西方美学史上，对于艺术的本体有种种看法（定义），影响比较大的有以下四种：

1. 模仿说。古希腊的人都主张模仿说，即艺术是现实世界的模仿（再现）。柏拉图就有这种主张。不过柏拉图认为现实世界也只是对理念世界的模仿，所以艺术是模仿的模仿，"和真理隔着三层"，是不真实的。亚里士多德也主张模仿说。但是他和柏拉图不同，他认为艺术是真实的，而且他认为艺术表现了普遍性，所以比历史更真实。这种模仿说影响很大。文艺复兴时期许多艺术家（比如达·芬奇）、17世纪古典主义、19世纪批判现实主义（如俄国的别林斯基）都主张这种模仿说（再现说）。中国古代也有很多人主张这种模仿说，如"诗史"的说法就包含着艺术（诗）是现实（史）的再现的思想。又如明代小说批评家叶昼在评《水浒传》时说：

> 世上先有《水浒传》一部，然后施耐庵、罗贯中借笔墨拈出。若夫姓某名某，不过劈空捏造，以实其事耳。如世上先有淫妇人，然后以杨雄之妻、武松之嫂实之；世上先有马泊六，然后以王婆实之；世上先有家奴与主母通奸，然后以卢俊义之贾氏、李固实之；若管营，若差拨，若董超，若薛霸，若富安，若陆谦，情状逼真，笑语欲活，非世上先有是事，即令文人面壁九年，呕血十石，亦何能至此哉，亦何能至此哉！此《水浒传》之所以与天地相终始也与！[1]

叶昼这段话说得很好。叶昼的主张，显然可以纳入模仿说（再现说）

---

[1] 叶昼：《〈水浒传〉一百回文字优劣》，见容与堂刊一百回本《水浒传》。

的范畴。

2.表现说。这是欧洲从18世纪以后随着浪漫主义思潮的兴起而出现的主张，即认为艺术是情感的表现，或认为艺术是主观心灵的表现，或认为艺术是自我的表现。英国浪漫主义诗人华兹华斯在《抒情歌谣集》1800年版序言中说："诗是强烈情感的自然流露。"俄国大作家列夫·托尔斯泰也赞同这种主张。这种主张在20世纪影响很大。意大利美学家克罗齐和英国美学家科林伍德都持这种主张。有人说，中国古代美学的特点就是重表现的美学。我们后面会谈到，这种概括是不符合事实的。

3.形式说。这种主张认为艺术的本体在于形式或纯形式。比较有名的如英国克莱夫·贝尔提出的"有意味的形式"的理论。贝尔说："在各个不同的作品中，线条、色彩以某种特殊方式组成某种形式或形式间的关系，激起我们的审美感情。这种线、色的关系的组合，这些审美地感人的形式，我称之为有意味的形式。'有意味的形式'，就是一切视觉艺术的共同性质。"[1]贝尔认为这就是决定艺术之所以为艺术的最根本的东西，而那些叙述性的因素、再现的因素是不能引起美感的，因而对于艺术是无关紧要的。贝尔特别推崇塞尚，他说："塞尚是发现'形式'这块新大陆的哥伦布。"[2]"他创造了形式，因为只有这样做他才能获得他生存的目的——即对形式意味感的表现。"[3]他认为，哲学家们所谓"事物本身的东西"，所谓"终极的现实"的东西，就是"纯粹的形式和在形式后面的意味"，[4]"正是为了得到这种东西，塞尚才花掉毕生的精力来表现他所感觉到的情感"。[5]贝尔一再提到"有意味的形式"和"形式后面的意味"，这个"意味"究竟是什么呢？贝尔似乎并没有说清楚。他也提到画家（如塞尚）要表现自己的情感，这种情感的表现与"有意味的形式"是什么关系？贝尔似乎也没有说清楚。在这一点上，后来持类似看法的美学家有所变化。如苏珊·朗格就提出艺术是"人类情感的符号形式创造"的定义，[6]也就是把情感的表现和形式的创造统一了起来，从而在某种程度上把表现说和形式

---

[1] 克莱夫·贝尔：《艺术》，第4页，中国文联出版公司，1984。
[2] 同上书，第141页。
[3] 同上书，第143页。
[4] 同上书，第145页。
[5] 同上。
[6] 苏珊·朗格：《情感与形式》，第51页，中国社会科学出版社，1986。

说统一了起来。在这一点上，俄国形式主义的看法和苏珊·朗格不同。俄国形式主义的理论家们认为艺术的本体就在于把材料加工成为艺术形式的结构，这种形式结构帮助人们形成艺术感觉而超越日常感觉。例如，诗的材料就是词，诗的艺术性就在词和词的序列，词的意义以及其外部和内部形式，而不是词所指的对象（现实世界）或者词作为情绪的表现。

4. 惯例说。这是比较靠近当代才出现的理论，也即在有人否认艺术与非艺术的区分之后出现的理论。1917年，达达主义艺术家马塞尔·杜尚把一个小便池当作艺术品在艺术展览馆展出，题为《喷泉》（Fountain），由此就引出了艺术与非艺术有没有区别的问题。在这个背景下，美国的乔治·迪基提出了惯例说。他认为，艺术是由一定时代人们的习俗规定的。他说："艺术品是某种要向艺术界公众呈现的被创作出来的人工产品。"[1] 所谓"艺术界公众"，是指这些人对于什么是艺术的标准（约定俗成的）已有了一定的认识。迪基认为以往的艺术定义都是功能性的定义和内涵性的定义，而他的定义则是程序性的定义和外延性的定义。迪基"竭力证明艺术是可以界定的"，[2] 这是有积极意义的。但是人们都会看到，他对艺术所做的界定，在理论上是含混不清的，实际上只是一种不确定的经验性的归纳。他排除内涵性定义而把艺术的身份的确定归之于外在的所谓"艺术界公众"，在理论上是不妥当的。

以上我们简要介绍了关于艺术本体的四种看法（定义）：模仿说，表现说，形式说，惯例说。在我们看来，这四种看法，对于什么是艺术的问题都没有提供比较完满的回答。

二、艺术品呈现一个意象世界

艺术的本体是什么呢？我们的看法是：艺术的本体是审美意象。艺术品之所以是艺术品，就在于它在观众面前呈现一个意象世界，从而使观众产生美感（审美感兴）。

这个看法，是中国传统美学一种占主流的看法。清代大思想家王夫之对这个问题的讨论最充分、最深入。

---
[1]《二十世纪西方美学经典文本》第三卷，第822页，复旦大学出版社，2001。
[2] 乔治·迪基：《何为艺术？》，译文载李普曼编《当代美学》，第101页，光明日报出版社，1986。

王夫之讨论的问题是诗是什么。他所说的"诗",我们可以把它扩大成在一般的艺术的意义上来理解。

诗是什么?王夫之划了两条界限。

一条是"诗"与"志"的界限。

王夫之指出,"诗言志",但"志"不等于"诗"。"诗言志"这个命题,最早出现于《左传》和《尚书》中。[1]在先秦,"志"的涵义是指人的思想、志向、抱负,它和政治、教化密切相联的。到了魏晋南北朝,陆机在《文赋》中提出了"诗缘情而绮靡"的说法,并常常把"情"与"志"连文并举。刘勰的《文心雕龙·明诗》也把"志"和"七情"看作是同一个东西。到了唐代,孔颖达明确地把情、志统一起来。孔颖达说:"在己为情,情动为志,情志一也。"[2]根据从先秦到唐代人们对"诗言志"的理解和解释,我们可以把"志"笼统地理解为人的思想感情。"诗言志",这就是说,"诗"(艺术)是人的思想情感的表现。但是,王夫之强调,这不等于反过来可以说表现人的思想感情的就是"诗"。每个人都有思想感情的表现,例如悲伤、愤怒等等,但不能说他就是在做诗,不能说每个人都是诗人。诗的本体是"意象",而不是"志"、"意"。王夫之说:"诗之深远广大,与夫舍旧趋新也,俱不在意。"[3]"关关雎鸠,在河之洲。窈窕淑女,君子好逑。"《诗经》一开头的这首诗千古传诵,是它的"意象"好,而不是它有什么"入微翻新,人所不到之意"。反过来,"意"佳也不等于诗佳。"志"、"意"与"意象"是两个有着质的不同的东西。

另一条是"诗"与"史"的界限。

王夫之指出,"诗"虽然也可叙事叙语,但并不等于"史"。写诗要"即事生情,即语绘状",也就是要创造"意象",而写史虽然也要剪裁,却是"从实着笔",所以二者有本质的不同。[4]这种不同,就在于一个是审美的(意象),一个则不是审美的(实录)。明代杨慎曾表示反对"诗史"的说法。杨慎说:"宋人以杜子美能以韵语纪时事,谓之'诗史'。鄙哉宋人之见,不足以论诗也!"[5]他认为"六经各有体",所以"诗"不可以兼

---

[1]《左传》襄公二十七年:"诗以言志。"《尚书·尧典》:"诗言志。"
[2]《春秋左传正义》卷五十一,昭公二十五年。
[3]《明诗评选》卷八高启《凉州词》评语。
[4]《古诗评选》卷四《古诗》评语。
[5]《升庵诗话》卷十一《诗史》。

"史"。他反对在诗中"直陈时事",也反对在诗中直言道德性情。他以《诗经》为例。《诗经》中也有叙饥荒、悯流民的篇章,但都不是直陈时事,而是创造一个意象世界。王夫之赞同杨慎的看法。他认为杜甫有一些被宋人赞誉为"诗史"的诗,"于史有余,于诗不足",[1] 并不值得赞美。

"诗"不等于"志"("意"),"诗"也不同于"史"。**在今天看来,这意味着王夫之既否定了表现说,又否定了模仿说**。那么"诗"是什么呢?王夫之认为,"诗"是审美意象。那么,意象又是什么呢?王夫之认为,诗歌意象就是"情"与"景"的内在的统一。"情""景"的统一乃是诗歌意象的基本结构。

我们在第一章说过,第一次铸成"意象"这个词的是魏晋南北朝的刘勰。刘勰之后,很多思想家、艺术家对意象进行研究,逐渐形成了中国古典美学的意象说。在中国古典美学看来,意象是美的本体,意象也是艺术的本体。如明代王廷相论诗说:"言征实则寡余味也,情直致而难动物也。故示以意象。"[2] 这就是说,诗(艺术)的本体就是呈现一个意象世界。但是他对诗歌"意象"的基本结构并没有进行分析。

王夫之总结了宋、元、明几代美学家的成果,对诗歌"意象"的基本结构作了具体的分析。他反复提出,"情"和"景"是审美意象不可分离的因素。在他看来,诗歌的审美意象不等于孤立的"景"。"景"不能脱离"情"。脱离了"情","景"就成了"虚景",就不能构成审美意象。另一方面,审美意象也不等于孤立的"情"。"情"不能脱离"景"。脱离了"景","情"就成了"虚情",也不能构成审美意象。只有"情""景"的统一,所谓"情不虚情,情皆可景,景非虚景,景总含情",[3] 才能构成审美意象。

"意象"是"情"、"景"的内在的统一,这就是说,"意象"乃是一个完整的有意蕴的感性世界。艺术家把他创造的"意象"(郑板桥说的"胸中之竹")用物质材料加以传达(郑板桥说的"手中之竹"),这就产生了艺术品。艺术品是"意象"的物化。因此,艺术品尽管也是人工制品,但它不同于器具:第一,它的制作,不是依据用机械画出的图纸,而是依据艺术家在审美活动中所创造的"意象";第二,它的制作,不是为了让人使用,

---

[1]《古诗评选》卷四《古诗》评语。
[2] 王廷相:《与郭介夫学士论诗书》,参看叶朗《中国美学史大纲》,第329—333页。
[3] 王夫之:《古诗评选》卷五,谢灵运《登上戍石鼓山诗》评语。

而是为了让人观赏；第三，对它的观赏，也是一种审美活动，只有在这种审美活动中，物化的"意象"才能复活，成为观赏者的实在的审美对象。这种在观赏者心中复活的意象，和制作这一艺术品的艺术家心中的意象必定会有大小不等的变异。

我们在第一章提到过凡·高的油画《农妇的鞋》。海德格尔曾对这幅画的创作进行过阐释。当凡·高面对那双真实的鞋时，那双鞋不再成为一件使用的器具，而是成为一个观照的对象。凡·高看到了属于这双破旧的鞋的那个"世界"。凡·高借绘画的形式把这世界向每一个观看这幅画的人敞开——这不是一双作为物理存在的鞋或有使用价值的鞋，而是一个完整的、包含着意蕴的感性世界。

这个完整的、包含着意蕴的感性世界，就是意象。这就是艺术的本体。**艺术不是为人们提供一件有使用价值的器具，也不是用命题陈述的形式向人们提出有关世界的一种真理，而是向人们打开（呈现）一个完整的世界。而这就是意象。**意象召唤人们对艺术品进行感性直观。正是在这种感性直观中，也就是在审美意向活动中，意象（一个感性世界）显现出来。人们说，艺术教会我们看世界，教会我们看存在，教会我们"观道"。确实如此。艺术确实照亮了世界，照亮了存在，显现了作为宇宙的本体和生命的"道"。而艺术所以能这样，就因为艺术创造了、呈现了一个完整的感性世界——审美意象。

因此，美学对艺术的研究，始终要指向一个中心，这就是审美意象。[1]

有人认为，西方现代派艺术已经说明艺术是不能界定的，因为过去关于艺术的任何定义对于西方现代派艺术都是不适用的。我们认为这种看法是不符合事实的。西方现代派艺术五花八门，但从意象生成和意象构成方式来看，它们基本上并没有抛弃审美意象这一艺术本体。它们从不同的侧面丰富、扩大、深化了艺术的意象空间和意象构成方式，从而对艺术的发展作出了不同程度的贡献。尤其是意象焦点向主体的自我的转移，将审美主体在意象构成中的主导地位自觉地、大大地予以强调和突出，形成了现

---

[1] 西方一些学者用"符号"来规定艺术。他们认为，符号兼有指称、表意（表情）、构造经验世界三种功能，而艺术也兼有这三种功能。我们认为，如果仅从这三种功能来看，艺术确实是当之无愧的符号。但是，艺术意象是一个感性世界，对它的把握不能脱离感性外观。而符号最根本的功能，也是它的本质，就是指称。能指与所指相比，是从属的、派生的、第二位的。就这一点来说，用"符号"来规定艺术是不准确的。

代派艺术的总体审美特色。对此应该从美学、艺术学、文化学、社会学等多种角度予以研究和总结。

当然，西方现代派艺术特别是后现代主义艺术中确有某些流派的某些人完全抛弃了审美意象。在我们看来，那些人的所谓"作品"已经不属于艺术的范畴了。我们在下一节将要谈到这一点。

下面我们要讨论一个和艺术本体有关的问题，就是艺术与美的关系问题。

当代一些美学家认为，尽管从18世纪出现"美的艺术"的概念以来，在人们的观念之中，"美"与"艺术"似乎是不可分离的，实际上，"艺术"与"美"并不是一回事，"艺术"的概念要比"美"的概念宽泛得多。如H.里德说："艺术无论在过去还是现在，常常是一件不美的东西。"[1] 阿诺·里德也说：寻找"艺术"与"审美"之间的共同之处是"错误的并且会造成混乱"。[2]

当然，仍然有很多美学家认为"艺术"与"美"是不可分离的。如法国哲学家马利坦说："只要艺术仍然是艺术，它就不得不专注于美。"[3] 日本美学家今道友信说："人的精神所追求的美的理念，通过人的创造，具体、高度集中地结晶于艺术中了。""使艺术超越一切文化现象的正是美。"[4]

我们认为，这里的一个重要问题在于对"美"的理解。很多人认为艺术与美无关，他们所理解的"美"，乃是狭义的美，即"优美"。但是，"优美"只是"美"的一种形态。我们讨论的"美"乃是广义的美，所以它包括多种审美形态，有优美，也有崇高，还有悲剧、喜剧、丑、荒诞等等。广义的美，就是审美意象。而刚才我们说过，艺术的本体就是意象世界，这也就是说，**艺术的本体就是美（广义的美）。所以艺术与美是不可分的。从本体的意义上我们可以说，艺术就是美。**当然，我们不能反过来说美就是艺术。因为除了艺术美，还有自然美、社会美等等。

---

[1] H.里德：《艺术的真谛》，第4页，辽宁人民出版社，1987。
[2] 阿诺·里德：《艺术作品》，《美学译文》第一辑，第88页，中国社会科学出版社，1981。
[3] 马利坦：《艺术与诗中的创造性直觉》，第159页，三联书店，1991。
[4] 今道友信：《关于美》，第54页，黑龙江人民出版社，1983。

> **黑山村庄头乌进孝交租单子**
>
> 　　大鹿三十只,獐子五十只,狍子五十只,暹猪二十个,汤猪二十个,龙猪二十个,野猪二十个,家腊猪二十个,野羊二十个,青羊二十个,家汤羊二十个,家风羊二十个,鲟鳇鱼二个,各色杂鱼二百斤,活鸡、鸭、鹅各二百只,风鸡、鸭、鹅二百只,野鸡、兔子各二百对,熊掌二十对,鹿筋二十斤,海参五十斤,鹿舌五十条,牛舌五十条,蛏干二十斤,榛、松、桃、杏瓤各二口袋,大对虾五十对,干虾二百斤,银霜炭上等选用一千斤,中等二千斤,柴炭三万斤,御田胭脂米二石,碧糯五十斛,白糯五十斛,粉粳五十斛,杂色粱谷各五十斛,下用常米一千石,各色干菜一车,外卖粱谷、牲口各项之银共折银二千五百两。外门下孝敬哥儿姐儿玩意:活鹿两对,活白兔四对,黑兔四对,活锦鸡两对,西洋鸭两对。[1]

　　我们说,在本体的层面上,艺术就是美,这不等于说,艺术只有审美这个层面。艺术是多层面的复合体。除了审美的层面(本体的层面),还有知识的层面、技术的层面、物质载体的层面、经济的层面、政治的层面,等等。这些对于艺术来说也是重要的层面,但是美学一般不对这些层面进行专门的研究,美学只限于研究艺术的审美层面。例如,艺术作品有知识的层面。孔子早就说,学《诗》可以"多识于鸟兽草木之名",这就是说《诗经》有一个知识的层面。恩格斯也说过,巴尔扎克在《人间喜剧》里"给我们提供了一部法国'社会'特别是巴黎'上流社会'的卓越的现实主义历史"。恩格斯还说,他从《人间喜剧》中,"甚至在经济细节方面(如革命以后动产和不动产的重新分配)所学到的东西,也要比从当时所有职业的历史学家、经济学家和统计学家那里学到的全部东西还要多"。[2] 我们中国的红学家也说,《红楼梦》是一部清代前期社会的"百科全书",从《红楼梦》中人们可以学到各方面的知识,其中也有"经济

---

[1]《红楼梦》第五十三回。
[2] 恩格斯:《致玛·哈克奈斯》,见《马克思恩格斯选集》第四卷,第462—463页,人民出版社,1972。

细节"。就拿第五十三回乌进孝过年交租的那份单子来说，就是今天的读者怎么也想象不出来的。《红楼梦》中还有极其丰富的民俗知识和文物知识，涉及饮食、服饰、园林、建筑、家具、摆设、节庆、礼仪、休闲、娱乐等广泛领域。举一个小例子，《红楼梦》里写到的皮衣和裘衣就名目繁多。宝玉有一次穿一件茄色哆罗呢狐狸皮袄，罩一件海龙小鹰膀褂子，有一次穿一件狐腋箭袖，罩一件玄狐腿外褂。还有一次贾母给了他一件俄罗斯进口的雀金呢氅衣，是用孔雀毛拈了线织的。贾母穿的是青皱绸一斗珠儿的羊皮褂子。凤姐穿的是石青刻丝灰鼠披风，大红洋绉银鼠皮裙。黛玉有一次穿的是月白绣花小毛皮袄，加上银鼠坎肩，有一次换上掐金挖云红香羊皮小靴，罩了一件大红羽绉面白狐狸皮的鹤氅，束一条青金闪绿双环四合如意绦。[1] 这些描绘都不是胡乱编造的，都是有实际生活根据的。艺术作品的这一知识的层面，是艺术作品的重要层面。但美学不对这个层面进行研究。艺术作品还有经济的层面。如一部《泰坦尼克号》电影在全球获得18亿美元的票房收入，它衍生的系列产品又获利18亿美元。扣除摄制费2.3亿美元和广告费10亿美元，它至少赚了20亿美元。毕加索、凡·高等人的作品在拍卖市场的价格一直快速飙升，成为富豪们资本增值的手段。又如《哈利·波特》小说系列，已被翻译成60多种文字，销往200多个国家和地区，10年累计销量高达3.25亿册，市场价值近60亿美元。时代华纳购买了它的电影版权，第一部电影票房收入高达9.84亿美元。全球三家最大的玩具制造商——美泰（Mattel）、乐高与孩子宝分别以数千万美元的价格，购买到了哈利·波特系列玩具与文具的特许经营权，市场上出现了哈利·波特万花筒、铅笔匣、飞天扫帚、魔法帽等500多种玩具与文具。华纳兄弟公司联手奥兰多环球度假乐园准备建设哈利·波特的魔法世界乐园，计划在2009年对外开放。总之，据统计，《哈利波特》带动相关产业的经济规模将超过2000亿美元，其中衍生产品的收益占总量的70%以上。《哈利·波特》使出版这本书的两家出版社的业

---

[1] 这里提到宝玉穿的玄狐皮为狐皮上品，其中狐腋皮尤为上品。凤姐等人穿的"石青"、"大红"、"月白"等，指的是皮服的颜色，"刻丝"、"盘金"等，说的是加工工艺，"灰鼠"、"银鼠"、"一斗珠儿"等，说的是皮毛的种类和品质。清人把皮毛分"大毛"、"中毛"、"小毛"，"灰鼠"、"银鼠"属"中毛"，"一斗珠儿"属"小毛"，又称"珍珠毛"，也就是羊羔皮。黛玉穿的"掐金挖云红香羊皮小靴"，所谓"掐金"，就是靴的接缝处嵌有金线；所谓"挖云"，就是靴的周边有挖空成云头形的花边装饰。（以上对皮服的说明引自王齐洲、余兰兰、李晓晖《绛珠还泪》，第54—58页，黑龙江人民出版社，2003。）

务迅速扩张。英国的布鲁姆斯伯里出版社的规模已扩大了10倍以上，美国的学者出版社则从第16位一跃成为美国最大的儿童文学出版社。[1] 至于这本书的作者罗琳，则从一名下岗职工，变成英国最富有的女人，超过英国女王。这些例子都表明艺术作品有一个经济的层面。这也是艺术作品的重要的层面，但美学也不对这个层面进行研究。美学只研究艺术作品的审美的层面。否则美学与一般艺术学就没有区分了。

高价油画拍卖的资料记录

【法新社纽约5月5日电】题：油画拍卖的世界记录

毕加索的油画《拿烟斗的男孩》5日被索思比拍卖行拍出1.0417亿美元高价，使该画成为有史以来被拍卖的最昂贵的艺术品。

以下是油画拍卖价的资料记录：

1. 凡·高的《卡谢医生像》，8250万美元（克里斯蒂拍卖行，纽约，1990年）。
2. 雷诺阿的《戛莱特街的磨坊》，7810万美元（索思比拍卖行，纽约，1990年）。
3. 鲁本斯的《屠杀无辜》，7670万美元（索思比拍卖行，伦敦，2002年）。
4. 凡·高的《未蓄胡子的艺术家画像》，7150万美元（克里斯蒂拍卖行，纽约，1998年）。
5. 塞尚的《窗帘、小罐和高脚盘》，6050万美元（索思比拍卖行，纽约，1999年）。
6. 毕加索的《双手交叉的女人》，5500万美元（克里斯蒂拍卖行，纽约，2000年）。
7. 凡·高的《鸢尾花》，5390万美元（索思比拍卖行，纽约，1987年）。
8. 毕加索的《花园中坐着的女人》，4590万美元（索思比拍卖行，纽约，1999年）。

---

[1] 以上《哈利·波特》的资料引自《文汇报》2007年7月24日记者陈熙涵的报导。

> 9. 毕加索的《皮埃莱特的婚礼》，4920万美元（比诺什－戈多拍卖行，巴黎，1989年）
> 10. 毕加索的《梦》，4840万美元（克里斯蒂拍卖行，纽约，1997年）。
> 11. 毕加索的《尤·毕加索》，4780万美元（索思比拍卖行，纽约，1989年）。

三、艺术与非艺术的区分

和艺术的本体有关的还有一个问题，就是艺术与非艺术的区分的问题。

既然我们认为艺术是可以界定的，既然我们认为艺术的本体就是审美意象，那么，我们当然认为艺术与非艺术是应该加以区分的，区分就是看这个作品能不能呈现一个意象世界。由于美（意象）与美感（感兴）是同一的，因此区分也就在于这个作品能不能使人"兴"（产生美感）。王夫之说：

> 诗言志，歌咏言，非志即为诗，言即为歌也。或可以兴，或不可以兴，其枢机在此。[1]

王夫之在这里把可以不可以"兴"作为区分艺术与非艺术的最根本的标准，这是非常深刻的。这是从艺术的本体着眼的。艺术的本体是审美意象，因此它必然可以"兴"，也就是它必然使人产生美感。**如果不能使人产生美感，那就不能生成意象世界，也就没有艺术。**

西方现代主义艺术和后现代主义艺术的一些流派提出了否定艺术与非艺术的界限的主张。

这里首先要提到大名鼎鼎的杜尚。杜尚是法国出生的达达主义艺术家。前面提到，1917年他在美国纽约把一件瓷质的小便器命名为《喷泉》提交到艺术展览会。由此引发了一场争论：什么是艺术？艺术与非艺术有没有区别？这件小便器本是一件普通的生活用品，是一件"现成物"

---

[1] 王夫之：《唐诗评选》卷一，孟浩然《鹦鹉洲送王九之江左》评语。

(readymade),现在杜尚在上面签上一个名字,就把它从实用的语境中抽脱出来,并放入艺术品的语境中。杜尚这样一个做法,它的意义就在于抹掉(否认)艺术品与现成物的区分,抹掉(否认)艺术与非艺术的区分。

在杜尚的影响下,西方后现代主义的许多流派,都提出了消除艺术与非艺术的区分的主张。其中以"波普艺术"和"观念艺术"这两个流派最突出。

"波普艺术"(Pop Art)兴盛于20世纪50年代末期到70年代前期的英国和美国,最著名的代表人物是安迪·沃霍尔。波普艺术家所做的就是把世俗生活中的"现成物"如破汽车、褪色的照片、海报、破包装箱、破鞋、旧轮胎、旧发动机、澡盆、木桶、竹棍、罐头盒、破布等等,通过挪用、拼贴、泼洒颜料、弄成模型、奇异的组合等手法,努力使其变得鲜艳、醒目,既像广告又像实物陈列。波普艺术家认为这样的"现成物"就成为艺术品了。安迪·沃霍尔把布里洛牌肥皂盒搬到美术馆命名为《布里洛盒子》,就是一个著名的例子。安迪·沃霍尔说:"每个事物是美的,波普是每个事物。"另一位波普艺术家克拉斯·欧登伯格说:"我要搞丢弃物的艺术。"

"观念艺术"(Conceptual Art)兴盛于20世纪60年代中期到70年代前期。"观念艺术"也是受杜尚的启示而产生的。杜尚说过:"观念比通过观念制造出来的东西要有意思得多。"一个"现成品"之所以成为艺术,就在于艺术家赋予它一种观念。观念艺术家约瑟夫·库苏斯就说,杜尚的"现成品"构成了从"外表"到"观念"的变化,所以是"观念艺术"的开端。在观念艺术家那里,一切东西,文字、行为、地图、照片、方案等等,只要是能传达观念的,都可以是艺术。

我们在前面说过,我们认为艺术的本体是审美意象,所以我们认为艺术与非艺术是应该加以区分的,区分就在于这个作品能不能呈现一个意象世界,能不能使人"感兴"(产生美感)。一个作品如果不能生成意象世界,如果不能使人产生美感,那就不是艺术作品。

拿波普艺术家来说,他们把工业社会的"现成物"通过挪用、拼贴等手法而命名为艺术品,但他们并没有解决如何使"现成物"的"物"性转化为精神性的问题。他们想通过制造一个外在的艺术时空氛围(如画廊、画框)来完成这种转化,实际上并不成功。关键在于他们的"作品"本身能否生成"意象"。波普艺术家在挑选现成物时，根本没有情意可言。如法国"新现实主义"（被称为欧洲的"波普"）艺术家弗南德茨·阿尔曼，他收集破烂、旧报纸、各色各样的垃圾，把它们堆积起来，加以焊接、胶粘，他完全是随意的。波普艺术家都是这样。他没有"胸中之竹"。他在拼贴和涂抹、组合时，既无某种感情在无意识中推动他，也无某种审美体验使他只能这样挑选和组合而不能那样挑选和组合。除了实物的拼贴显得十分"触目"以外，它的内部没有任何意蕴，因而也就没有灵魂，没有生命。这也就是为什么人们在观看这类波普艺术时，总觉得它们还是像一堆垃圾。波普艺术家把废品从垃圾堆里捡出来，并且放置到美术馆内，却仍然没有赋予它们生命。因为艺术家没有赋予它们以"情"、"意"。波普艺术家成了艺术中的拜物教。**艺术的生命不是"物"，而是内蕴着情意的象（意象世界）**。波普艺术总让我们看到物（而且多半是破烂物），却很难让我们观到"象"，因为没有"情"、"意"便不能感兴，不能感兴便不能生成意象，不能生成意象便不是艺术。当然，我们并不否认某些波普作品那种奇异的组合也能产生某种奇异效果，但是那种奇异效果并不是审美的效果。尽管波普艺术作品在艺术市场上可以卖出去甚至卖高价，**但在市场卖高价并不是判定一件物品是否是艺术品的根据**。

观念艺术家把观念作为艺术的本质从而否定艺术与非艺术的区分，在理论上也是不能成立的。观念不是艺术。王夫之一再说，艺术不是"志"、"意"。艺术是"意象"，而"意象"与"志"、"意"是根本性质不同的两个东西。"意象"使人感兴，"志"、"意"不可能使人感兴。把观念作为艺术从而否定艺术与非艺术的区分（即认为凡是体现一种观念的物品都是艺术），同样是不能成立的。

波普艺术也好，观念艺术也好，还有行为艺术等等也好，它们的一些代表人物否定艺术与非艺术的区分，最根本的问题就是意蕴的虚无。1961年出现的一个叫作"激浪派"（Fluxus）的艺术团体，他们也主张取消艺术与非艺术的界限。他们的代表人物乔治·马西欧纳斯在1962年6月发布的一份宣言中说："激浪艺术既非艺术，也非娱乐，它要摒弃艺术与非艺术之间的区别，摒弃绝对必要性、排他性、个性、雄心壮志，摒弃一切关于意义、灵感、技巧、复杂性、深奥、伟大、常识和商品价值的要求，为一个简单的、自然的事件,一个物件,一场游戏,一个谜语或者一种讽喻的非结构的、非戏剧化的、非巴洛克式的、非个人的本质而斗争。"[1]从这份宣言可以看出,**摒弃艺术与非艺术的区分,就是摒弃一切关于意义的要求。这必然导致意蕴的虚无。意蕴虚无,当然不可能有意象的生成**。那样的"作品",当然不属于艺术的范畴。我们可以举几个著名的极端的例子。

德国艺术家汉娜·波尔文是一个例子。她每年要在成千上万张纸上任意涂写数字以及从书籍上照抄文字。她的"作品"数量惊人,但是这些"作品"是意蕴的空无。汉娜·波尔文的涂写尽管也引起媒体的关注,但它不属于艺术的范畴。

法国"新现实主义"艺术家伊夫·克莱因也是一个例子。"新现实主义"被称为欧洲的波普艺术或欧洲的"新达达"。这位克莱因在1958年办了一个展览。他把伊丽斯·克莱尔特画廊展厅中的东西腾空,将展厅的墙壁刷成白色,并在门口设了警卫岗。他吸引了许多观众来看这个展览,但是这个展厅中空无一物。这就是意蕴的虚无,它不可能生成意象世界。有的评论家说,这件"作品"包含了"多方面的信息",同时给了观众一种"思想上的自由"。其实所谓"信息"和"自由"都是评论家外加给它的。这个空无一物的展厅,不可能有什么"多方面的信息",也不可能给观众"思想上的自由"。

美国"偶然音乐"(Chance Music)又称"机遇音乐"(Aleatory Music)的代表人物约翰·凯奇更是著名的例子。他在1952年搞了一个题为《四分三十三秒》(4′33″)的作品。这部作品演出时,由一位身穿礼服的钢琴手走上台,坐在钢琴旁,但并不弹琴,这样坐了4分33秒,然后一声不响地走下台。整个过程没有出现任何乐音。这个作品曾被看作是后现代音乐的典型。一些评论家对这个作品大加赞扬。他们的赞扬可以归纳为两点。一点是说这个作品包含了无限的可能性。因为在一片"寂静"之中,演奏者和听众可以感受到在这个世界中"一切可能的东西都可以发生",因而这片"寂静"也就包含着无限丰富的创造内容,每一片段都可能开放出最美的音乐花朵。再一点是这个作品使听众回到现实生活。在一片寂静中,演奏者和听众可以聚精会神地注意周围世界所发生的一切无目的的和偶发

---

[1] 转引自马永建《后现代主义艺术20讲》,第106页,上海社会科学院出版社,2006。

的声音，例如观众的咳嗽声，风吹窗帘的沙沙声，某个观众的脚步声，甚至是听众本人的耳鸣声。这就使演奏者和听众亲身经历了"真正的世界本身"，使他们回到了"现实的生活"。

这两点赞扬在理论上都是不能成立的。所谓无限的可能性，是抽象的可能性，而不是现实的可能性。所谓"一切可能的东西都可以发生"，其实什么都没有发生。如果按照这种抽象可能性的逻辑，一个无所事事的人，你可以说他是最伟大的统帅或最伟大的科学家；一张白纸，你可以说它是最美的图画。你怎么说都行，但是这些说法没有任何意义。至于说这个《四分三十三秒》使听众经历"真正的世界本身"，使听众回到"现实的生活"，也是不能成立的。咳嗽声、脚步声、耳鸣声确实也是在生活中发生的事件，但它们在生活中是属于缺乏意义的琐碎的事件。现实的、真正的生活世界包含着历史的、文化的内涵，极其丰富。当然，**大众的日常生活中也有咳嗽声、耳鸣声，也有破布、垃圾，但是把咳嗽声、耳鸣声、破布、垃圾无限地放大决不可能构成"属于大众的"真正的生活世界。《四分三十三秒》这样的后现代主义艺术"作品"不会丰富听众的艺术的"感受性"，不会将听众的注意力"引向对生活的关注"，而只能使听众远离真实的生活世界。**

有的西方后现代主义艺术家和评论家喜欢把西方后现代主义艺术的这种意蕴的空无说成是受了"东方哲学"的影响，说成是体现了禅宗的思想。例如激浪派艺术家白南准搞了一个名为《禅之电影》的作品。他在室内挂上银幕，还有一架倒放的钢琴和一排鲈鱼。在 30 分钟之内，他用放映机把一盘长达 4 米的空白胶片放完。白南准把这种"空白"电影称之为"禅之电影"。像这一类的说法和做法都是出于对禅宗思想的无知或误解。禅宗是讲"空"，但禅宗的"空"，完全不同于西方后现代主义这种意蕴的空无。禅宗的"空"是一个充满生命的丰富多彩的美丽世界。苏轼说"空故纳万境"。[1] 王维的诗就是这种境界的体现。我们在第十三章将讨论禅宗这种空灵的意象世界。

总之，否定艺术与非艺术的界限的主张是不能成立的。西方后现代主义艺术家的某些"作品"，没有任何意蕴，因而不能生成审美意象，也不能使人感兴。这些"作品"没有灵魂，没有生命，尽管在市场上有人出高价

---

[1] 苏轼：《送参寥师》。

收购它们，尽管在学术界有人写文章吹捧它们，但它们不是艺术。

四、艺术创造始终是一个意象生成的问题

艺术的本体是审美意象，因此，艺术创造始终是意象生成的问题。郑板桥有一段话最能说明这一点：

> 江馆清秋，晨起看竹，烟光、日影、露气，皆浮动于疏枝密叶之间。胸中勃勃，遂有画意。其实胸中之竹，并不是眼中之竹也。因而磨墨展纸，落笔倏作变相，手中之竹又不是胸中之竹也。总之，意在笔先者，定则也；趣在法外者，化机也。独画云乎哉！[1]

郑板桥这段话概括了艺术创造的完整过程。这个过程包括了两个飞跃：一个是从"眼中之竹"到"胸中之竹"的飞跃；一个是从"胸中之竹"到"手中之竹"的飞跃。从"眼中之竹"到"胸中之竹"，这是审美意象的生成，是一个创造的过程。从"胸中之竹"到"手中之竹"，画家进入操作阶段，也就是运用技巧、工具和材料制成一个物理的存在，这仍然是审美意象的生成，仍然是一个充满活力的创造过程。所以郑板桥说："落笔倏作变相，手中之竹又不是胸中之竹也。"因为这里增加了手及手对媒介材料的操作这一新的因素。手操作工具和材料时微妙的神经感觉（即"体感"）、媒介的"活力内涵"以及画家的技巧都会影响"手中之竹"的生成。"手中之竹"是"胸中之竹"的物化，但是"胸中之竹"并没有完全实现为"手中之竹"，而"手中之竹"又比"胸中之竹"多出一些东西。

这就是说，艺术创造的过程尽管会涉及操作、技巧、工具、物质媒介等因素，再扩大一点，它还会涉及政治、经济、科学技术等因素，但它的核心始终是一个意象生成的问题。意象生成统摄着一切：统摄着作为动机的心理意绪（"胸中勃勃，遂有画意"），统摄着作为题材的经验世界（"烟光、日影、露气"、"疏枝密叶"），统摄着作为媒介的物质载体（"磨墨展纸"），也统摄着艺术家和欣赏者的美感。离开意象生成来讨论艺术创造问题，就会不得要领。

---

[1] 郑板桥：《题画》，见《郑板桥集》，第154页，上海古籍出版社，1979。

郑板桥谈的画竹，相对来说还是比较单纯的艺术创造活动。我们可以举一个比较复杂的例子来做一些分析。这就是法国艺术家巴陶第创作自由女神像的过程。

很多人都知道纽约港口矗立着一座高九十三公尺的自由女神像。但是大概很少有人知道创作这个自由女神像的是一位法国雕塑家，名叫巴陶第，更少有人知道巴陶第创作这个自由女神像有一个十分复杂的过程。

巴陶第是19世纪后期法国一位才华横溢、富有创造力的艺术家。他于1834年8月2日在法国出世，祖先是意大利人。[1] 1851年12月2日路易·拿破仑（后称拿破仑三世）发动政变，推翻法兰西第二共和国。年轻的巴陶第那天正在巴黎街头，他看到了终生难忘的一幕景象。

那时忠于共和政体的群众在街上筑起防御工事。天色渐黑，有个女郎手持火炬，跳过障碍物叫道："前进！"路易·拿破仑的军队立即开枪把她击毙。巴陶第惊呆了。从那一刻起，那位持火炬的无名女郎，就成了他心目中自由的象征。

巴陶第对巨型雕塑的兴趣，是到埃及旅行时引起的。他旅行时在一本本图画册里画满了那个古老帝国的巨大雕像。他写道："那些庄严、凛然不可侵犯的花岗岩石像，它们慈祥而又冷漠的凝视，好像瞧不起现在，专注目于无限未来的神情真把我迷住了。"

巴陶第要塑造自由女神的念头始自1865年，当时他会见了法国著名的自由主义者拉布雷。

美国将在1876年举行庆祝独立一百周年的盛典，拉布雷主张法国送一份别开生面的礼物。这个主张激发了巴陶第的想象力，他建议造一座象征自由的雕像，并自告奋勇由他本人来负责雕塑。

随后，巴陶第开始物色雕像的模特儿。在一个婚礼上他遇见了"体型美如希腊女神的女郎"，亦即后来和他结婚的尚奈蜜丽。他说服尚奈蜜丽来充任自由女神像的模特儿。但自由女神的脸，却是照另一位妇女——巴陶第的母亲——比较古典而严肃的面貌塑的。

1875年1月，拉布雷组织法美协会募款，以解决经费问题。巴陶第没

---

[1] 以下关于巴陶第的材料引自《雕塑自由神像的巴陶第》一文。原文刊于美国《读者文摘》，译文刊于《参考消息》1980年5月19日。

有等待募款运动的结果，就在一个大厅里设立工作室。他选择雕像材料时却遭遇了困难，因为他心目中的自由神像是高耸入云地矗立着，不要有任何支撑来破坏美观。石、铁、青铜都嫌太重，所以他决定选用锤薄了的铜片，以铆钉钉合，连接起来拼成一座巨像。但是这个空心的巨人如何禁得起海上的强风呢？后来建造巴黎铁塔的工程师艾斐尔解决了这难题。他设计一座有四只脚支撑的铁塔型内撑结构，塔腿嵌入石台基约八公尺深；再用螺栓将三条十五公分粗的系杆固定在铁塔骨架上，以加强其稳定性。然后把塑像的铜皮放在木型上，仔细把铜片锤成所要的形状。

1875年11月，法美协会在巴黎举行宴会，法国总统和美国大使都来参加。宴会厅装置了自由神像的缩小模型。在1876年巴陶第以法国代表团副团长的身份参加费城美国独立百年纪念博览会。巴陶第为了吸引美国公众注意，在博览会上陈列了自由女神像擎举火炬的一只手臂。那手的食指有二公尺又四十四公分长，指周一公尺粗，指甲约二十五公分宽；火炬的边缘可以站十二个人。来宾看了，无不动容。从费城把这只巨臂运到纽约市后，轰动一时。美国人开始体会到法国赠给美国的礼品确是美的象征。几星期以前，巴陶第在美国还默默无闻，现在却变成了名人。美国国会通过了一项议案，授权格兰特总统接受这座巨像，并同意以贝德娄岛为竖立自由女神像的地点。

1884年8月5日，在贝德娄岛铺下第一块花岗岩奠基后，便开始了为期两年建筑巨像台基的工程。

远在台基尚未完成以前，巴陶第就在法国港口码头亲自监督把他的作品装上"义瑟"号军舰，运往纽约。巨像的120吨钢铁与80吨铜片的装箱工作就花了三个月。

1885年6月17日，"义瑟"号在几艘美国军舰护航下驶入纽约港。数千艘船鸣汽笛欢迎。各船的甲板上和码头上都是挤满了人。

以后六个月里，75名工人像苍蝇似的紧贴在巨像的侧面，用30万只铆钉把自由神像约100块零件钉到它的骨架上。10月中旬，神像终于安装好了。

1886年10月28日，克利夫兰总统参加了自由神像揭幕典礼。

但在典礼中谁也看不到巴陶第。原来他仍在被一幅巨大的法国国旗包着的自由女神像的头壳里。下面鼓掌、欢呼声爆发时,他知道演讲完毕,就拉一下绳,于是国旗飘扬,自由女神庄严高贵的容貌就呈现于群众的眼前。

巴陶第于 1904 年 10 月 5 日在巴黎逝世。他所塑造的自由女神像,将他多年来热爱的自由理想具体表现出来,并使他名垂不朽。

以上是巴陶第创作自由女神像的故事。从这个故事可以看到,创作像自由女神像这样一件艺术作品确实是一项巨大的、复杂的工程。这里有政治的因素(法国送给美国独立百年纪念的礼物,美国国会的决议),有经济的因素(巨额经费),有科技因素(材料的选择,艾斐尔设计的铁塔型内撑结构),有投入大量人力的技术性很强的制作过程(石膏模型,木质模型,锤打铜片,台基工程,120 吨钢铁和 80 吨铜片的运输,75 名工人用 30 万只铆钉进行雕像的装配),等等。在许许多多因素中,如果缺少某一个重要环节(例如经费问题不能解决,或巨大雕像如何抗拒海上强风的技术问题不能解决),那么这个工程就很可能流产。

但是,在所有这些因素中,最核心的、统摄一切的,是意象的生成。借用郑板桥的术语,首先是从"眼中之竹"到"胸中之竹"的过程。这里有拿破仑三世发动政变和人民群众为保卫共和政体而进行街垒战的历史背景。而关键的瞬间(创造生命的瞬间)是巴陶第亲眼看见那位手持火炬、跳过障碍物高喊"前进"的女郎被路易·拿破仑的军队开枪击毙的场景。应该说,**就在那一刻,巴陶第胸中自由女神的意象("胸中之竹")就已经生成了**。这是巴黎街头那个历史性场景和他本人的自由、平等、博爱的理想、情感在那瞬间融合的产物。这就是王夫之说的"现量"。接下去,还有一个从"胸中之竹"到"手中之竹"的过程。埃及的古代巨型雕像留给巴陶第深刻的印象,他决定要把胸中的自由女神的意象用雕塑表现出来。接下去他还要寻找模特(体型、脸型),还要寻找合适的材料,还要解决一系列技术问题。这是一个复杂的操作过程,从草图,到石膏模型,到木质模型,到锤打铜片,一直到安装揭幕,但所有这一切仍然是围绕一个意象生成的问题,也就是如何把"胸中之竹"实现为"手中之竹"的问题。**这个过程,是审美意象越来越鲜明、越来越清晰、越来越生动的过程,也就是陆机说**

的"情瞳眬而弥鲜,物昭晰而互进"[1]的过程。

从这个例子的分析,我们可以看到,一件艺术作品的创造,无论有多少复杂的因素,但它的中心始终是一个意象生成的问题。

五、艺术作品的层次结构

讨论艺术美,还要应该谈到一个艺术作品的层次结构的问题。很多美学家讨论过这个问题。比较常见的是把艺术作品的结构分为两个层次(二分)或三个层次(三分)。

分为两个层次的如黑格尔,他把艺术作品分为"外在因素"和"意蕴"两个层次。他说:"遇到一件艺术作品,我们首先见到的是它直接呈现给我们的东西,然后再追究它的意蕴或内容。前一个因素——即外在的因素——对于我们之所以有价值,并非由于它所直接呈现的;我们假定它里面还有一种内在的东西,即一种意蕴,一种灌注生气于外在形状的意蕴。"[2] 又如苏珊·朗格,她把艺术作品分为"表现性形式"和"意味"两个层次。她说:"艺术品是一种在某些方面与符号相类似的表现性形式,这种形式又可以表现为某种与'意义'相类似的'意味'。"[3]

分为三个层次的如桑塔亚那把艺术作品分为材料、形式、表现三个层次。又如杜夫海纳把艺术作品分为艺术质料、主题、表现性三个层次。我国古代有"言"、"象"、"意"的区分,如王弼说:"夫象者,出意者也。言者,明象者也。尽意莫若象,尽象莫若言。言出于象,故可寻言以观象;象生于意,故可寻象以观意。意以象尽,象以言著。"[4] 这也可以看作是一种三层次的结构。

当然,也有分为四个层次或更多层次的。如茵伽登把艺术作品分为字音和语音、意义单元、图式化外观、再现客体四个层次。和再现客体相联系,还有一个"形而上的性质"的问题。

我们觉得,把艺术作品分为两个层次或三个层次是比较合适的,分为再多的层次可能会显得烦琐。下面我们就把艺术作品分为材料层、形式层、

---

[1] 陆机:《文赋》。
[2] 黑格尔:《美学》第一卷,第24页,商务印书馆,1979。
[3] 苏珊·朗格:《艺术问题》,第122页,中国社会科学出版社,1983。
[4] 王弼:《周易略例·明象》。

意蕴层三个层次来做一些分析。

（一）材料层

艺术作品必然要有物质材料作为载体。郑板桥说的"胸中之竹"必然要变为"手中之竹"，这就要有笔、墨、纸等物质材料。至于戏剧、电影等艺术门类就需要更多的物质材料。海德格尔说："即使享誉甚高的审美体验也摆脱不了艺术作品的物因素。在建筑品中有石质的东西，在木刻中有木质的东西，在绘画中有色彩的东西，在语言作品中有话音，在音乐作品中有声响。在艺术作品中，物因素是如此稳固，以致我们毋宁反过来说，建筑品存在于石头里，木刻存在于木头里，油画在色彩里存在，语言作品在话音里存在，音乐作品在音响里存在。"[1] 艺术作品的这个物质材料的层面有两方面的意义。一方面，它会影响意象世界的生成。如油画的颜料和画布对油画的意象世界的生成有重要影响，中国水墨画的宣纸、水墨对水墨画的意象世界的生成也有重要影响。桑塔亚那说："材料效果是形式效果之基础，它把形式效果的力量提得更高了，给予事物的美以某种强烈性、彻底性、无限性，否则它就缺乏这些效果。假如雅典娜的神殿巴特农不是大理石筑成，王冠不是黄金制造，星星没有火光，它们将是平淡无力的东西。"[2] 这也是说物质材料对意象世界的生成有重要的影响。另一方面，物质材料的层面会给予观赏者一种质料感，例如大理石雕塑给人一种坚硬、沉重、粗糙、有色彩的质料感。这种质料感带着朦胧的情感色彩，它有助于在观赏中形成一种气氛，这种气氛环绕着逐渐清晰起来的意象，使意象充满一种"韵味"，一种王夫之所说的"墨气所射，四表无穷"的氛围。这种韵味和氛围，就是从作品的材料层中淡淡吐出的。正是通过这种韵味和氛围，作品的质料感融入了美感并成为美感的一部分。

（二）形式层

形式层是与材料层相联系的。形式是材料的形式化，但是形式超越材料而成为一个完整的"象"（形式世界）。卡西尔说："外形化意味着不只是体现在看得见或摸得着的某种特殊的物质媒介如粘土、青铜、大理石中，而是体

---

[1] 海德格尔：《艺术作品的本源》，见《海德格尔选集》上册，第239—240页，三联书店，1996。
[2] 桑塔亚那：《美感》，第52页，中国社会科学出版社，1982。

现在激发美感的形式中：韵律、色调、线条和布局以及具有立体感的造型。在艺术品中，正是这些形式的结构、平衡和秩序感染了我们。"[1]

黑格尔说，美是显现给人看的。艺术家创造的意象世界（艺术美）是显现给人看的。这个显现就是一个完整的"象"（形式世界）。不同的艺术家显现给我们的是不同的形式世界。梅兰芳显现给我们的是梅兰芳的形式世界，周信芳显现给我们的是周信芳的形式世界，凡·高显现给我们的是凡·高的形式世界，马蒂斯显现给我们的是马蒂斯的形式世界。

艺术作品中的这个形式层在作品中也有两方面的意义：一方面，它显示作品（整个意象世界）的意蕴、意味；另一方面，这些形式因素本身又可以有某种意味。后面这一种意味，就是我们常说的"形式美"或"形式感"，这种形式感也可以融入美感而成为美感的一部分。对于艺术作品的形式因素本身的这种意味，即"形式感"或"形式美"，我们可以举几个例子来加以说明。文学作品中语言的音韵、节奏，构成一种形式感或形式美。例如，《西厢记》中红娘的一段唱词：

> 一个糊涂了胸中锦绣，一个淹渍了脸上胭脂。一个憔悴潘郎鬓有丝，一个杜韦娘不似旧时，带围宽过了瘦腰肢。一个睡昏昏不待观经史，一个意悬悬懒去拈针黹。一个丝桐上调弄出离恨谱，一个花笺上删抹成断肠诗，笔下幽情，弦上的心事，一样是相思。

这一段唱词是描绘张生和莺莺二人的相思之苦。清初文学批评家金圣叹评论说：

> 连下无数"一个"字，如风吹落花，东西夹堕，最是好看。乃寻其所以好看之故，则全为极整齐却极差脱，忽短忽长，忽续忽断，板板对写，中间又并不板板对写故也。

金圣叹的意思就是说，这段唱词的"极整齐却极差脱"的语言形式，形成了一种"风吹落花，东西夹堕"之美。这就是文学语言本身的意味，也就是文学语言的形式感或形式美。这种形式美对于这段唱词的意象和意蕴来说，具有某种独立性。这种独立性是相对的，因为这种风吹落花

---

[1] 卡西尔：《人论》，第196页，上海译文出版社，1985。

的音韵、节奏之美,对于营造这场爱情戏的诗意氛围是有帮助的。

在绘画作品中,线条、色彩、形状等等形式因素以及它们构成的"象"是作品的形式层,这些形式因素本身可以具有某种意味。我们看齐白石的《柳牛图》(作于1937)。这幅画上的牛和柳条都可以说是形式美的经典。牛是从背后画,先用淡墨画了牛的身子和两条腿,再用浓墨画了一只牛角和一条尾巴,极其简洁。最为精彩照射的是从上面垂下的布满画面的柳条,细长、柔软而又坚韧,在春风中摇荡,显示出一种蓬勃的生命力,真正达到了古人所说的"妙造自然"、"着手成春"的境界。笔墨形式在这里释放出了无穷的意味。这种形式感大大加浓了整幅画面的春意和生意,成为整个意象世界的美感的一部分。

我们再看柯勒惠支的黑白版画《面包》。这幅画描绘第一次世界大战后德国老百姓遭受饥饿的痛苦生活。

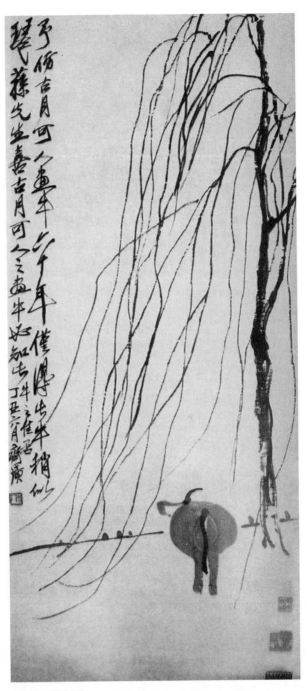

齐白石 《柳牛图》

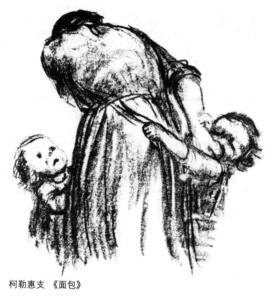

柯勒惠支 《面包》

画面上母亲的肩膀耸了起来，在背人饮泣，两个小孩牵拉着母亲的身子。这幅画首先吸引观众注意的是左边小孩的一双"悲伤而热烈地希望的眼"（鲁迅语），这是两个黑点，却像是两个看不见底的深洞，从里面溢出了饥饿的痛苦，以及对面包的热切的希望。这两个黑点似有一种魔力，像吸铁石一样把读者的目光吸引住。这是形式的魔力。

我们再看毕加索的《斗牛》组画，这是1957年复活节的周末毕加索去法国某地观看斗牛表演后，第二天画的，共26幅。这里选了两幅，一幅是牛群在牧场休息，另一幅是愤怒的公牛把斗牛士顶上天空。毕加索使用极简洁的点和线，把放牧场的风光和斗牛场上刹那间的惊险场景，描绘得极为生动，画面充满动感和光感，这是点和线的形式感。

傅雷在分析文艺复兴时期的画家波提切利的绘画时说，波提切利的人物有一种妩媚与神秘的面貌，被世人称为"波提切利的妩媚"，但是，这种"妩媚"，并非是心灵的表象，而是一种形式感。"妩媚是由线条构成的和谐所产生的美感。这种美感是属于触觉的，它靠了圆味与动作来刺激我们的视官，宛如音乐靠了旋律来刺激我们的听官一样。因此，妩媚本身就成为一种艺术，可与题材不相关联；亦犹音乐对于言语固是独立的一般。""波提切利的春神、花神、维纳斯、圣母、天使，在形体上是妩媚的，但精神上却蒙着一层惘然的哀愁。"[1]

凡·高的风景画和静物画中线条、形状都在旋转翻滚，给人以强烈的震撼。如有名的《星夜》，夜晚的天空如同大海那样波涛翻滚，星星和月亮

---

[1] 傅雷：《世界美术名作二十讲》，第47页，天津社会科学出版社，2006。

毕加索《斗牛》系列之一,牛群在放牧场休息

毕加索《斗牛》系列之二,愤怒的公牛把斗牛士顶上天空

波提切利 《春》

都在旋转，形成巨大的漩涡，丝柏在升腾，山峦也在起伏滚动。凡·高的旋转、翻滚的线条形式使人目眩心惊。在凡·高的画中，这种线条本身释放出的意味和整个意象世界的意蕴（世界在燃烧，生命存在于狂热之中）是融为一体的。

　　色彩是绘画形式的重要因素。我们看马蒂斯的《红色的和谐》。整个画面是一间红色的房间，只是画的左上角的窗外景色是绿色和蓝色。这幅画的大面积的红色，给人一种纯净、明丽的感觉。这是色彩的形式感。我们再看毕加索的《一个盲人的早餐》。整个画面为蓝色所笼罩。这是毕加索"蓝色时期"（1901—1904）的作品。大面积的蓝色给人一种忧郁、冷冰冰的感觉。这是色彩的形式感。这种形式感和这幅画所表达的对巴黎下层人民悲苦生活的同情的意蕴是一致的。我们再看凡·高的《向日葵》和《鸢尾花》。《向日葵》的画面是灿烂的金黄色，这是凡·高的色彩，一切在耀眼的

凡·高 《星夜》

阳光下旋转、燃烧。这种燃烧的金黄色给人一种明亮、跃动、奔放的感觉。《鸢尾花》的画面则是绿色、蓝色和红色构成的一曲春天的交响曲。三种色彩的布置给观众带来极大的视觉美感,画家毕沙罗等人都认为这幅画中的鸢尾花美得像位公主。这是色彩的形式感。

艺术作品的形式层还涉及艺术的技巧,因为艺术形式要依靠技巧来创造。一个中国画家在画面上创造的形式世界要依靠他的笔墨的技巧。一个京剧演员在舞台上创造的形式世界要依靠他唱、念、做、打的技巧。有时这种技巧可以突出出来,成为一种技巧美。观众可以孤立地欣赏这种技巧美。中国京剧表演中的一些特技就是如此。这种技巧美可以引起观众的惊奇感和快感。这种惊奇感和快感也可以融入观众欣赏一出戏(意象世界)

的整体美感，从而具有审美价值。

（三）意蕴层

艺术作品的意蕴，我们过去也称之为作品的"内容"。但是有的人常把作品的"内容"理解为"思想"、"主题"、"故事"、"情节"、"题材"等等，如奥尔德里奇说："艺术作品的内容就是艺术作品的媒介中通过形式体现出来的艺术作品的题材。"[1] 这种理解当然是极不准确的。所以我们觉得"意蕴"这个概念比"内容"这个概念要好一些。

艺术作品的意蕴和理论著作的内容不同。理论著作的内容必须用逻辑判断和命题的形式来表述，艺术作品的"意蕴"却很不容易用逻辑判断和命题的形式来表述。理论著作的内容是逻辑认识的对象，艺术作品的"意蕴"则是美感（审美感兴、审美体验）的对象。换句话说，艺术作品的"意蕴"只能在直接观赏作品的时候感受和领悟，而很难用逻辑判断和命题的形式把它"说"出来。[2] 陶渊明诗："此中有真意，欲辨已忘言。"也是说，艺术作品的意蕴很难用逻辑的语言把它"说"出来。如果你一定要"说"，那么你实际上就把"意蕴"转变为逻辑判断和命题，作品的"意蕴"总会有部分的改变或丧失。比如一部电影，它的意蕴必须在你自己直接观赏这部电影时才能感受和领悟，而不能靠一个看过这部电影的人给你"说"。他"说"得再好，和作品的"意蕴"并不是一个东西。朱熹谈到《诗经》的欣赏时说："此等语言自有个血脉流通处，但涵泳久之，自然见得条畅浃洽，不必多引外来道理言语，却壅滞却诗人活底意思也。"[3] 这就是说，要用概念（"外来道理言语"）来把握和穷尽诗的意蕴是很困难的。爱因斯坦也有类似的话。曾有人问他对巴赫怎么看，又有人问他对舒伯特怎么看，爱因斯坦给了几乎是同样的回答："对巴赫毕生所从事的工作我只有这些可以奉告：聆听，演奏，热爱，尊敬——并且闭上你的嘴。"[4] "关于舒伯特，我只有这些可以奉告：演奏他的音乐，热

---

[1] 奥尔德里奇：《艺术哲学》，第58页，中国社会科学出版社，1986。
[2] 俞平伯1931年在北京大学讲唐宋诗词，讲到李清照的"帘卷西风，人比黄花瘦"时说："真好，真好！至于究竟应该怎么讲，说不清楚。"这也是说，诗的意象和意蕴是很难用逻辑判断和命题的形式把它"说"出来的。
[3] 朱熹：《答何叔京》，见《朱熹集》，第1879页，四川教育出版社，1996。
[4] 见海伦·杜卡斯、巴纳希·霍夫曼编：《爱因斯坦谈人生》，第66—67页，世界知识出版社，1984。

爱——并且闭上你的嘴。"[1] 朱熹和爱因斯坦都是真正的艺术鉴赏家。他们懂得，艺术作品的意蕴（朱熹所谓"诗人活底意思"）只有在对作品本身（意象世界）的反复涵泳、欣赏、品味中感受和领悟，而"外来道理言语"却会卡断意象世界内部的血脉流通，作品的"意蕴"会因此改变，甚至完全丧失。

和这一点相联系，艺术作品的"意蕴"与理论著作的内容还有一个重大的区别。理论作品的内容是用逻辑判断和命题的形式来表述的，它是确定的，因而是有限的。例如报纸发表一篇社论，它的内容是确定的，因而是有限的。而艺术作品的"意蕴"则蕴涵在意象世界之中，而且这个意象世界是在艺术欣赏过程中复活（再生成）的，因而艺术的"意蕴"必然带有多义性，带有某种程度的宽泛性、不确定性和无限性。王夫之曾经讨论过这个问题。王夫之指出，诗（艺术）的意象是诗人直接面对景物时瞬间感兴的产物，不需要有抽象概念的比较、推理。因此，诗的意象蕴涵的情意就不是有限的、确定的，而是宽泛的，带有某种不确定性。王夫之在评论一些诗歌的时候常常赞扬这些诗"不作意"、"宽于用意"、"寄意在有无之间"，[2] 就是强调诗歌涵意的这种宽泛性、不确定性。所以诗歌才"可以广通诸情"，"动人兴观群怨"。他举晋简文帝司马昱的《春江曲》为例。这是一首小诗："客行只念路，相争渡京口。谁知堤上人，拭泪空摇手。"这首诗本来是写渡口送别的直接感受，但是不同的人对这首诗的感受和领悟却可以很不相同，也就是说在不同的欣赏者那里再生成的意蕴可以是不同的。例如，对于那些在名利场中迷恋忘返的人来说，这首诗可以作为他们的"清夜钟声"。[3] 王夫之用"诗无达志"[4]的命题来概括诗歌意蕴的宽泛性和不确定性的特点。**"诗无达志"，就是说诗歌诉诸人的并不是单一的确定的逻辑认识。**正因为"诗无达志"，正因为诗歌的意蕴具有宽泛性和某种不确定性、某种无限性，因而不同的欣赏者对于同一首诗歌可以有不同的感受和领悟。这种美感的差异性换一个角度看，就是艺术欣赏中美感的

---

[1] 海伦·杜卡斯、巴纳希·霍夫曼编：《爱因斯坦谈人生》，第67页。
[2] 见王夫之《古诗评选》卷五萧琛《别诗》评语，《唐诗评选》卷四杜甫《九日蓝田宴崔氏庄》评语，《古诗评选》卷五《郊阮公诗》评语。
[3] 王夫之《古诗评选》卷三简文帝《春江曲》评语。
[4] 王夫之《古诗评选》卷四杨巨源《长安春游》评语。

丰富性。艺术欣赏所以有这种差异性和丰富性，固然是由于欣赏者的具体条件造成的，但其根据则在于诗歌意蕴的宽泛性、多义性的特点。王夫之认为，诗歌（艺术）在人类社会中之所以有特殊的价值，就在于诗歌（艺术）的意蕴具有这种宽泛性、多义性，也就是在于诗歌（艺术）欣赏中的这种美感的丰富性。[1]

艺术意蕴的这种宽泛性，艺术欣赏中这种美感的丰富性，并不限于诗歌，其他艺术样式也是一样。最典型的例子就是达·芬奇的《蒙娜·丽莎》。蒙娜·丽莎的微笑被人们称为谜一样的微笑，其实就出于艺术意蕴的宽泛性、不确定性。傅雷问道：她是不是在微笑？也许她的口唇原来即有这微微地往两旁挹去的线条？假定她真是微笑，那么，微笑的意义是什么？是不是一个和蔼可亲的人的温婉的微笑，或是多愁善感的人的感伤的微笑？这微笑，是一种蕴藏着的快乐的标帜呢？还是处女的童真的表现？傅雷说："这是一个莫测高深的神秘。然而吸引你的，就是这神秘。""对象的表情和含义，完全跟了你的情绪而转移。你悲哀吗？这微笑就变成感伤的，和你一起悲哀了。你快乐吗？她的口角似乎在牵动，笑容在扩大，她面前的世界好像与你同样光明同样快乐。"这就是蒙娜·丽莎的"谜一样的微笑"，"其实即因为它能给予我们以最飘渺、最'恍惚'、最捉摸不定的境界之故"。"在这一点上，达·芬奇的艺术可说与东方艺术的精神相契了。例如中国的诗与画，都具有无穷与不定两元素，让读者的心神获得一自由体会、自由领略的天地。"[2]傅雷的最后这段话，说的就是由于艺术作品的意蕴的宽泛性、不确定性，由于艺术作品的意象世界在欣赏过程中有一个再生成的过程，因而欣赏者就有了一种美感的差异性和美感的丰富性，傅雷这里的说法是"让读者的心神获得一自由体会、自由领略的天地"，用王夫之的话说就是"读者各以其情而自得"。[3]

艺术作品的"意蕴"的上述特性，决定了艺术作品阐释的特点。

刚才说，艺术作品的"意蕴"是美感的对象，它只能在直接观赏作品

---

[1] 王夫之：《姜斋诗话》卷一。
[2] 傅雷：《世界美术名作二十讲》，第52页，天津社会科学出版社，2006。
[3] 王夫之：《姜斋诗话》卷一。

的时候感受和领悟，而很难用逻辑判断和命题的形式把它"说"出来。如果你一定要"说"，那么你实际上就把"意蕴"转变为逻辑判断和命题，作品的"意蕴"总会有部分的改变或丧失。但是，这并不是说，对艺术作品就不能"说"（阐释）了。要是那样，评论家就不能存在了。事实上，在艺术的评论和研究工作中，差不多人人都在用逻辑判断和命题的形式对作品进行阐释，人人都力图用"外来道理言语"把作品的意蕴"说"出来。而且，这种"说"，如果"说"得好，对读者和作者

达·芬奇《蒙娜·丽莎》

都会有很大帮助，就像清代有人称赞金圣叹的《水浒传》评点和《西厢记》评点所说的那样，可以"开后人无限眼界，无限文心"。[1] 因此，阐释是不可避免的，也是有价值的。但是，当人们这样做的时候，应该记得两点。第一，你用逻辑判断和命题的形式说出来的东西，说得再好，也只能是对作品"意蕴"的一种近似的概括和描述，这种概括和描述与作品的"意蕴"并不是一个东西。第二，一些伟大的艺术作品，如《红楼梦》，意蕴极其丰美，"横看成岭侧成峰"，**一种阐释往往只能照亮它的某一个侧面，而不可能穷尽它的全部意蕴。因此，对这类作品的阐释，就可以无限地继续下去。**西方人喜欢说："说不完的莎士比亚。"我们中国人也可以说："说不完的《红楼梦》。"这就是说，这些伟大的艺术作品有一种阐释的无限可能性。

伟大艺术作品的这种阐释的无限可能性，一方面的原因，是我们前面

---

[1] 冯镇峦：《读〈聊斋〉杂说》。

说的伟大艺术作品的"意蕴"极其丰美，并且带有某种程度的宽泛性、不确定性和无限性，因而很难穷尽；另一方面的原因，当然也在于阐释者的审美眼光和理论眼光不同。拿《红楼梦》来说，王国维是一种审美眼光和理论眼光，蔡元培是另一种审美眼光和理论眼光，所以他们的阐释不同。胡适又是一种审美眼光和理论眼光，所以胡适的阐释又不同。不同的审美眼光和理论眼光，作出的不同阐释既可以有是非之分（是否符合作品的实际），也可以有精粗深浅之分。而一个人的审美眼光和理论眼光，又是受时代、阶级、世界观、生活经历、文化教养、审美能力、审美经验、理论思维水平以及研究方法等多种因素的影响而形成的。换句话说，时代不同，阶级不同，世界观不同，生活经历和文化教养不同、审美能力和审美经验不同、理论思维能力和研究方法不同，审美眼光和理论眼光也就不同，因而对同一部作品的阐释也就不同。

我们在第二章中引过柳宗元的一句名言："美不自美，因人而彰。"这句话用于艺术作品，可以从两层意思来理解。一层意思是说，艺术作品的意蕴，必须要有"人"（欣赏者）的阅读、感受、领悟、体验才能显示出来。这种显示是一种生成。再一层意思是说，**一部文学艺术作品，经过"人"的不断的体验和阐释，它的意蕴，它的美，也就不断有新的方面（或更深的层面）被揭示、被照亮**。从这个意义上说，艺术作品的"意蕴"，艺术作品的美，是一个永无止境的历史的显现的过程，也就是一个永无止境的生成的过程。[1]

艺术作品的意蕴层与材料层、形式层是不可分的，也就是说，艺术作品的意蕴是蕴涵在艺术作品的形式和材料中的。艺术的形式层带有某种复合性，因此艺术的意蕴也带有某种复合性。这是我们讨论艺术的意蕴时应该注意的一个问题。

艺术的形式层带有复合性。例如，一幅书法作品，它有文辞的形式，同时又有书法的形式。它的文辞传达它的意蕴，这是第一形式。书法家用笔墨把它写出来，这是第二形式。第二形式也传达出某种意蕴。同是刘伶的《酒德颂》，赵子昂写出来，潇洒纵逸，有一种沉稳平和的意味，八大山

---

[1] 我们觉得，柳宗元的这八个字，似乎把"接受美学"的很多思想（如强调作品的不确定性，强调作品的理解的历史性，强调读者接受的主体性等等）都高度浓缩在一起了。

赵子昂《酒德颂》

人写出来，凝涩刚硬，有一种苦闷倔强的意味。因此，一幅《酒德颂》的书法作品，它既包含有文辞形式传达的意蕴，又包含有书法形式传达的意蕴，因而是一种复合的意蕴。不仅如此。《酒德颂》单就它作为一篇文学作品来说，也有一种复合的意蕴。它的文辞传达一种意蕴，它的音韵也传达一种意蕴。《酒德颂》是如此，任何一篇文学作品都是如此。前一种意蕴，中国古人称之为"辞情"，后一种意蕴，中国古人称之为"声情"。任何一首诗或一篇散文的意蕴都是"辞情"和"声情"的统一。但是在不同的艺术门类中，"辞情"和"声情"并不是平衡的。清代美学家刘熙载在他的《艺概》中讨论过这个问题。他指出，"诗"和"赋"的一个区别，就在于"诗辞情少而声情多，赋声情少而辞情多。"[1] 因此不同门类的艺术，表演（或欣赏）的方式也不一样："声情"胜者（例如诗）宜歌，而"辞情"胜者（例如赋）宜诵。在书法艺术中，相当于诗歌"声情"的就是"草情篆意"。对于书法艺术的意蕴来说，主要不在于所书的文辞的意义（"辞情"），而在于书法形式（"象"）所蕴涵的情意（"草情篆意"）。京剧艺术也是如此。京剧的故事情节（剧本）包含这部戏的意蕴，这是第一形式。同时，京剧的唱、念、做、打（表演）也包含这部戏的意蕴，这是第二形式。

---

[1] 刘熙载：《艺概·赋概》。

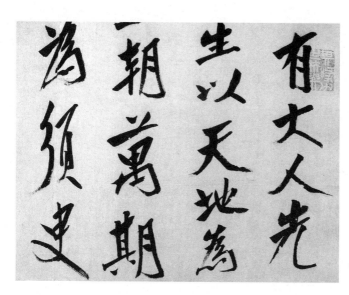

八大山人《酒德颂》
（局部）

对于京剧艺术的意蕴来说，主要不在于故事情节而在于演员的唱、念、做、打的表演。如果借用前面说的"辞情"和"声情"的概念，那么京剧艺术的意蕴也是声情多而辞情少。不把握这一点，就不能从根本上把握京剧艺术的审美特点。[1]

由于诗的辞情少而声情多，所以王夫之强调诗应该向乐靠拢，因为"声情"对诗太重要了。他说："相感不在永言和声之中，诗道废矣。"[2] 也正由于诗的辞情少而声情多，所以诗很难翻译。把一首唐诗翻译成外文，它的声韵的美丧失了，它的声情也就丧失了，读起来就没有味道了。不要说把唐诗翻译成外文，就是把唐诗翻译成白话文，它的声韵的美和声情同样也会丧失，读起来也没有味道了。把外国的诗翻译成汉语也是一样。普希金的诗，莱蒙托夫的诗，用俄语朗诵，听起来非常美，译成汉语，声韵的美丧失了，声情也丧失了，听起来就没有味道了。

季羡林在谈李商隐诗时，曾讨论到这个问题。他说："义山诗词词藻华丽，声韵铿锵。有时候不知所言何意，但读来仍觉韵味飘逸，意象生动，有似西洋的 pure poetry（纯诗）。诗不一定都要求懂。**诗的词藻美和韵律**

---

[1] 参看叶朗《京剧的意象世界》，见《胸中之竹》，安徽教育出版社，1998。
[2] 王夫之：《古诗评选》卷四《古诗》评语。

美直接诉诸人的灵魂。汉诗还有一个字形美。"[1] 季羡林这里说的话很接近王夫之的思想，尤其是他所说的"诗的词藻美和韵律美直接诉诸人的灵魂"更是一个警句，包含有深刻的美学内涵。

"辞情"和"声情"的复合以及它们之间的不平衡，是我们讨论艺术的"意蕴"时应该关注的一个重要问题。

六、什么是意境

在艺术意象中，我们可以区分出一种特别富有形而上意味的类型，那就是"意境"。

"意境"是中国古典美学中一个引人瞩目的范畴。我们认为，这个范畴应该提取出来，经过分析之后，纳入现代美学的体系。

"意境"在有些人那里又称为"境界"。但是"境界"一词很多人又在"人生境界"、"精神境界"的含义上使用。为了避免混淆，我们在本书中还是用"意境"这个概念。

"意境"作为一个美学范畴，大约形成于唐代。[2]

近代以来，很多人是在"意象"（即"情""景"交融）的意义上理解和使用"意境"或"境界"这一概念的。这样来理解和使用"意境"或"境界"的概念，大约始于王国维。王国维在《人间词话》和其他一些著作中所用的"意境"或"境界"，实际上就相当于"意象"这个范畴。[3] 这样的理解，从一方面看，可以说是正确的。因为任何艺术的本体都是"意象"，"意境"并不是和"意象"不同的另一种艺术本体。但从另一方面看，这样的理解又可以说是不准确的。"意境"是"意象"，但并不是任何"意象"都是"意境"。"意境"除了有"意象"的一般规定性（如"情""景"交融）之外，还有自己特殊的规定性。"意境"的内涵大于"意象"，"意境"的外延小于"意象"。

那么，"意境"的特殊的规定性是什么呢？

这必须联系老子的哲学和美学才能得到比较准确的理解。

---

[1] 季羡林：《推荐十种成》，《季羡林全集》第十四卷，第345页，江西教育出版社，1998。
[2] 参看叶朗《中国美学史大纲》，第264—276页，上海人民出版社，1985。
[3] 参看叶朗《中国美学史大纲》第614—616、621—623页，上海人民出版社，1985。

老子哲学中有两个基本思想对中国古典美学后来的发展影响很大：第一，"道"是宇宙万物的本体和生命，对于一切具体事物的观照最后都应该进到对"道"的观照；第二，"道"是"无"和"有"、"虚"和"实"的统一，"道"包含"象"，产生"象"，但是单有"象"并不能充分体现"道"，因为"象"是有限的，而"道"不仅是"有"，而且是"无"（无名，无限性，无规定性）。

在老子这两个思想的影响下，中国古代的艺术家一般都不太重视对于一个具体对象的逼真的刻画，他们所追求的是把握那个作为宇宙万物的本体和生命的"道"。为了把握"道"，就要突破具体的"象"，因为"象"在时间和空间上都是有限的，而"道"是无限的。这就是南朝画论家谢赫说的："若拘以体物，则未见精粹；若取之象外，方厌膏腴，可谓微妙也。"[1]

老子的这种思想，可以看作是中国古典美学的意境说的源头。

后来禅宗的思想，也对意境说的产生有重要的影响。

印度佛教（特别是原始佛教）的一个重要特点，是本体和现象的分裂。这个特点也表现在佛教关于"境"或"境界"的说法当中。

"境"这个概念是佛教传入中国之前就有的。佛教传入中国，把"心"所游履攀援者称为"境"。"境"有五种，即色、声、臭、味、触五境。佛教认为这五境都是虚幻的，要破除对这五境的执迷，进入不生不灭的真如法界，才能得道成佛。所以佛教的"境"这个概念，显示了此岸世界与彼岸世界的分裂，显示了现象界与本体界的分裂。

但是在这个问题上，禅宗却有些不同。禅宗的慧能受中国传统文化的影响，改变了从印度传来的佛教的这种思想。他认为一切众生都有佛性，反对从身外求佛。他否定在现实世界之外还有一个西方净土、极乐世界。他说："佛法在世间，不离世间觉。"[2] 禅宗（在慧能之后）认为，在普通的日常生活中，无论是吃饭、走路，还是担水、砍柴，通过刹那间的内心觉悟（"顿悟"），都可以体验到那永恒的宇宙本体。所以在禅宗那里，"境"这个概念不再意味着此岸世界与彼岸世界的分裂，不再意味着现象界与本

---

[1] 谢赫：《古画品录》。
[2] 《坛经》。

体界的分裂。正相反，禅宗的"境"，意味着在普通的日常生活和生命现象中可以直接呈现宇宙的本体，在形而下的东西中可以直接呈现形而上的东西。《五灯会元》记载了天柱崇慧禅师和门徒的对话。门徒问："如何是禅人当下境界？"禅师回答："万古长空，一朝风月。"禅宗认为只有通过"一朝风月"，才能悟到"万古长空"。禅宗主张在日常生活中，在活泼泼的生命中，在大自然的一草一木中，去体验那无限的、永恒的、空寂的宇宙本体，所谓"青青翠竹，尽是法身，郁郁黄花，无非般若"。禅宗的这种思想（包括"境"、"境界"的概念）进入美学、艺术领域，就启示和推动艺术家去追求对形而上的本体的体验。这就是"妙悟"、"禅悟"。"妙悟"、"禅悟"所"悟"到的不是一般的东西，不是一般的"意"，而是永恒的宇宙本体，是形而上的"意"。

禅宗的这种思想，受到了道家（老子、庄子）和魏晋玄学（新道家）的影响。

道家认为宇宙的本体和生命是"道"，而"道"是无所不在的。《庄子》就说过，蚂蚁、蝼蛄、杂草、稊子、砖头、瓦片都体现"道"。禅宗可以说把道家的这种思想在逻辑上推进了一步。既然"道"存在于万事万物之中，那么在一切生机活泼的东西中当然都可以领悟到形而上的"道"（"禅意"）。

魏晋玄学有两派。一派"贵无"（王弼），强调宇宙本体是"道"（"无"）。这一派理论推动人们去追求无限的、形而上的"道"。另一派"崇有"（郭象），强调世界万物自身的存在和变化。这一派理论促使人们注视世界万物本身的感性存在。这两派从不同侧面影响了当时和后世的艺术家，一方面重视形而上的"道"的追求，一方面又重视世界万物的感性存在。这就是王羲之《兰亭》诗说的"寓目理自陈"。这也就是支道林说的"即色而畅玄"或孙绰说的"即有而得玄"。所谓"即色畅玄"、"即色游玄"或"即色得玄"，一方面要"畅玄"，追求形而上的超越，一方面又不抛弃色，而是即色是空，把现象与本体、形而上与形而下统一起来。

所以，禅宗是在道家和魏晋玄学的基础上，进一步推进了中国艺术家的形而上的追求。

正是在老子思想的影响下，同时又在魏晋玄学和禅宗的进一步推动下，唐代形成了意境的理论。

在唐代,"境"作为美学范畴的出现是意境说诞生的标志。刘禹锡说:"境生于象外。"[1] 这可以看作是对于"意境"这个范畴最简明的规定。"境"是对于在时间和空间上有限的"象"的突破。"境"当然也是"象",但它是在时间和空间上都趋向于无限的"象",也就是中国古代艺术家常说的"象外之象"、"景外之景"。"境"是"象"和"象"外虚空的统一。中国古典美学认为,只有这种"象外之象"——"境",才能体现那个作为宇宙的本体和生命的"道"("气")。

从审美活动的角度看,所谓"意境",就是超越具体的、有限的物象、事件、场景,进入无限的时间和空间,即所谓"胸罗宇宙,思接千古",从而对整个人生、历史、宇宙获得一种哲理性的感受和领悟。一方面超越有限的"象"("取之象外"、"象外之象"),另一方面"意"也就从对于某个具体事物、场景的感受上升为对于整个人生的感受。**这种带有哲理性的人生感、历史感、宇宙感,就是"意境"的意蕴。**我们前面说"意境"除了有"意象"的一般的规定性之外,还有特殊的规定性。这种"象外之象"所蕴涵的人生感、历史感、宇宙感的意蕴,就是"意境"的特殊的规定性。因此,我们可以说,**"意境"是"意象"中最富有形而上意味的一种类型。**

为了说明"意境"的这种特殊的规定性,我们可以举一些例子。

中国古代山水画家喜欢画"远",高远,深远,平远。中国山水画家为什么要画"远"?因为山水本来是有形体的东西,而"远"突破山水有限的形体,使人的目光伸展到远处,从有限的时间空间进到无限的时间空间,进到所谓"象外之象"、"景外之景"。所以,"远",也就是中国山水画的意境。

中国的园林艺术最能说明意境的这种特殊规定性。中国园林艺术在审美上的最大特点也是有意境。中国园林的特点不是一座孤立的建筑物的美,也不是一片孤立的风景的美,而是能够在游览者的心目中生成意境。那么什么是中国园林的意境呢?就是突破小空间,进入无限的大空间。中国古典园林中的建筑物,楼、台、亭、阁,它们的审美价值主要不在于这些建筑物本身,而在于它们可以引导游览者从小空间进到大空间,从而丰富游览者对于空间的美的感受。明代造园学家计成的《园冶》说:"轩楹高爽,窗户虚邻,纳千顷之汪洋,收四时之烂缦。"中国园林中的建筑物,为什么柱子这么高,

---

[1] 刘禹锡:《董氏武陵集记》。

为什么窗户这么大？就是为了"纳千顷之汪洋，收四时之烂缦"，也就是使游览者把外界无限的时间、空间的景色都"收"、"纳"进来。

中国每一处园林都少不了亭子。亭子在中国园林的意境中起什么作用呢？它的作用就在于能把外界大空间的景色吸收到这个小空间中来。元人有两句诗："江山无限景，都聚一亭中。"[1] 这就是亭子的作用，就是把外界大空间的无限景色都吸收进来。中国园林的其他建筑，如台榭楼阁，也都是起这个作用，都是为了使游览者从小空间进到大空间，突破有限，进入无限。中国园林中建筑物的命名也可以说明这一点。如"待月楼"、"烟雨楼"、"听雨轩"、"月到风来亭"、"荷风四面亭"、"飞泉亭"……等等，都表明这些建筑物的价值在于把自然界的风、雨、日、月、山、水引到游览者的面前来观赏。颐和园有个匾额，叫"山色湖光共一楼"，就是说，这个楼把一个大空间的湖光山色的景致都吸收进来了。突破有限，进入无限，就能够在游览者胸中引发一种对于整个人生、对于整个历史的感受和领悟。我们可以举两个例子来说明这一点。一个例子是王羲之的《兰亭集序》。王羲之在这篇文章一开头就指出，兰亭给人的美感，主要不在于亭子本身的美，而在于它可以使人"仰观宇宙之大，俯察品类之盛"。接下去说："所以游目骋怀，极视听之娱，信可乐也。"游览者的眼睛是游动的，心胸是敞开的，因此得到了一种极大的快乐。而这种仰观俯察，游目骋怀，就引发了一种人生感，所以王羲之接下去又说："向之所欣，俯仰之间，已为陈迹，犹不能不以之兴怀，况修短随化，终期于尽。""后之视今，亦犹今之视昔。"宇宙无限，人生有限，所以孔子在岸边望着滔滔的江水发出感叹："逝者如斯夫，不舍昼夜！"这就是人生感。再一个例子是王勃的《滕王阁序》，这也是一篇极有名的文章。王勃在文章开头描写了滕王阁建筑的美，但接下去就说，滕王阁给人的美感，主要在于它可以使人看到一个无限广阔的空间，看到无限壮丽的景色。"落霞与孤鹜齐飞，秋水共长天一色。""渔舟唱晚，响穷彭蠡之滨；雁阵惊寒，声断衡阳之浦。"然后他说，在这种空间的美感中，包含了一种人生感："天高地迥，觉宇宙之无穷，兴尽悲来，识盈虚之有数。"这就是滕王阁引发的形而上的感兴。我国云南昆明有一座大观楼，楼上有一副对联，据说是中国最长

---

[1] 张宣在倪云林《溪亭山色图》上的题诗。

苏州留园明瑟楼

的一副对联。上联是："五百里滇池，奔来眼底，披襟岸帻，喜茫茫空阔无边。看东骧神骏，西翥灵仪，北走蜿蜒，南翔缟素，高人韵士，何妨选胜登临，趁蟹屿螺州，梳裹就风鬟雾鬓，更苹天苇地，点缀些翠羽丹霞，莫辜负，四周香稻，万顷晴沙，九夏芙蓉，三春杨柳。"这是一个广阔无边的空间。下联是回顾历史："数千年往事，注到心头。把酒凌虚，叹滚滚英雄谁在。想汉习楼船，唐标铁柱，宋挥玉斧，元跨革囊，伟烈丰功，费尽移山心力。尽珠帘画栋，卷不及暮雨朝云，便断碣残碑，都付与苍烟落照。只赢得，几杵疏钟，半江渔火，两行秋雁，一枕清霜。"无限的空间和时间引发了对于人生和历史的感叹。大观楼的这副长联，和王羲之、王勃的两篇文章一样，都说明，中国园林建筑的意境，就在于它可以使游览者"仰观宇宙之大，俯察品类之盛"，可以使游览者"胸罗宇宙，思接千古"，从有限的时间空间进入无限的时间空间，从而引发一种带有哲理性的人生感、历史感。

由于意境包含有这种形而上的意蕴，所以它带给人的是一种特殊的美感。康德曾经说过,有一种美的东西,人们接触到它的时候,往往感到惆怅。[1] 意境就是如此。前面说过,意境的美感,包含了一种人生感、历史感、宇宙感。正因为如此,它往往使人感到一种惆怅,忽忽若有所失,就像长久居留在外的旅客思念自己的家乡那样的一种心境。这种美感,就是尼采说的"形而上的慰藉",也就是马斯洛说的"属于存在价值的欢悦"。我们可以从《红楼梦》中举出一个例子。《红楼梦》第五十八回,写宝玉病后要去看黛玉。宝玉从沁芳桥一带堤上走来,"只见柳垂金线,桃吐丹霞,山石之后,一株大杏树,花已全落,叶凋萌翠,上面已结了豆子大小的许多小杏。宝玉因想到:'能病了几天,竟把杏花辜负了!不觉到"绿叶成荫子满枝"了!'因此仰望杏子不舍。又想起邢岫烟已择了夫婿一事;虽说男女大事,不可不行,但未免又少了一个好女儿,不过两年,便也要'绿叶成荫子满枝'了……"这一段的描写,诗的味道极浓。作者把苏东坡的词"花褪残红青杏小",杜牧的诗"狂风落尽深红色,绿叶成荫子满枝",加以融化,并且重重地染上一层贾宝玉的情感的色彩,从而创造了一个新的意境。这株大杏树使贾宝玉对人生有了某种哲理性的领悟,从而发出深沉的感叹。读者读到这里,会和贾宝玉一样,在诗意弥漫中茫然若失,感到一种忧郁,一种惆怅,一种淡淡的哀愁。我们读唐宋词中的名句,如"何处是归程,长亭更短亭",如"问君能有几多愁,恰似一江春水向东流",如"流光容易把人抛,红了樱桃,绿了芭蕉",等等,感到的也是一种惆怅,好像旅客思念家乡一样,茫然若失。这种惆怅也是一种诗意和美感,也带给人一种精神的愉悦和满足。

我们一般都是在艺术美的领域谈意境,实际上,意境作为审美意象的一种特殊类型,并不限于出现在艺术美的领域,它也可以出现在自然美的领域和社会美的领域。

贝多芬在谈到大自然的景色给他的感兴时说:"晚间,当我惊奇地静观太空,见那辉煌的众星在它们的轨道上不断运转,这时候我的心灵上升,越过星座千万里,一直上升到万古的泉源,从那里,天地万物涌流出来,

---

[1] "康德言接触美好事物,辄惆怅类羁旅之思家乡。"(斯达尔夫人:《论德意志》,庞热和巴里亚编,第四卷,第222页。转引自钱锺书《管锥编》第三册,第982页,中华书局,1979。)

从那里，新的宇宙万象将要永远涌流。"[1] 贝多芬在这时体会到的是一种宇宙感，在他心目中涌现的是一个含有形而上意蕴的意象世界，也就是我们中国人说的意境。

中国古代诗人喜欢登高望远，在自然美的欣赏中从有限的时间空间进到无限的时间空间，从而引发自己对于人生、历史、宇宙的哲理性的感悟。这时在诗人心目中呈现的是一个含有形而上意蕴的意象世界，也就是意境。清代诗人沈德潜说："余于登高时，每有今古茫茫之感。"[2] 这就是一种人生感和历史感。中国古诗中有很多描述这种登高远望带来人生感的句子，如"目极千里兮伤春心"（宋玉《招魂》），"登高远望，使人心瘁"（宋玉《高唐赋》），"高台不可望，望远使人愁"（沈约《临高台》），"青山不可上，一上一惆怅"（何逊《拟古》），"试登高而望远，咸痛骨而伤心"（李白《愁阳春赋》），"城上高楼接大荒，海天愁思正茫茫"（柳宗元《登柳州城楼》），等等。这些诗句都说明，古代诗人在登高远望时，他们心目中呈现的自然美是一种带有形而上意味的意象世界，也就是意境，这时他们的情感体验是一种惆怅。

在社会美的领域，也可以生成意境。冯友兰谈到过他个人的体验。他在《中国哲学史新编》第六册王国维一章的最后，写了几则"附记"，其中说："关于意境，我也有些经验。"他说：

> 1937年中国军队退出北京以后，日本军队过了几个星期以后才进城接收政权。在这几个星期之间，在政治上是一个空白。我同清华校务会议的几个人守着清华。等到日本军队进城接收了北京政权，清华就完全不同了。有一个夜晚，吴正之（有训）同我在清华园中巡察，皓月当空，十分寂静。吴正之说："静得怕人，我们在这里守着没有意义了。"我忽然觉得有一些幻灭之感。是的，我们守着清华为的是替中国守着一个学术上、教育上完整的园地。北京已不属于中国了，我们还在这里守着，岂不是为日本服务了吗？认识到这里，我们就不守清华了，过了几天，我们二人就一同往长沙去找清华了。后来我读到清

---

[1] 引自《音乐译文》1980年第1期，第135—136页，人民音乐出版社。
[2] 《唐诗别裁集》卷五评语。

代诗人黄仲则的两句诗:"如此星辰非昨夜,为谁风露立中宵。"我觉得这两句诗所写的正是那种幻灭之感。我反复吟咏,更觉其沉痛。[1]

冯友兰这段话记录了他个人的人生体验。在清华园的那个晚上,在他心目中呈现出一个皓月当空、静得怕人的意象世界,其中渗透着极其沉痛的人生感。这就是意境。冯友兰的经验告诉我们,在社会生活领域中人们同样可以有意境的感兴(体验)。

七、关于"艺术的终结"的问题

艺术领域还有一个重要的理论问题是关于"艺术的终结"的问题。

艺术终结的问题最早是黑格尔提出来的。近年美国学者丹托又把这个问题重新提了出来,引起艺术界的讨论和关注。

(一)黑格尔的命题

我们先看黑格尔的命题。

黑格尔关于艺术发展的前景,其实有两个不同的命题。

一个命题是从绝对观念发展的逻辑提出的命题。黑格尔说:

> 就它的最高的职能来说,艺术对于我们现代人已是过去的事了。因此,它也已丧失了真正的真实和生命,已不复能维持它从前的在现实中的必需和崇高的地位,毋宁说,它已转移到我们的观念世界里去了。[2]

> 我们尽管可以希望艺术还会蒸蒸日上,日趋于完善,但是艺术的形式已不复是心灵的最高需要了。我们尽管觉得希腊神像还很优美,天父、基督和玛利亚在艺术里也表现得很庄严完善,但是这都是徒然的,我们不再屈膝膜拜了。[3]

按照黑格尔的哲学,绝对理念是最高的真实。绝对理念有主观精神、客观精神、绝对精神三个发展阶段。绝对精神又有艺术、宗教和哲学三个

---

[1] 冯友兰:《中国哲学史新编》第六册,第199页,人民出版社,1989。
[2] 黑格尔:《美学》第一卷,第15页,商务印书馆,1979。
[3] 同上书,第132页。

发展阶段。哲学是绝对理念发展的顶端。黑格尔把艺术分成三种类型：象征型、古典型和浪漫型。象征型艺术是形式压倒内容。古典型艺术是形式和内容的完满契合，所以是最完美的艺术。浪漫型艺术是精神（内容）溢出物质（形式），这种内容和形式的分裂不但导致浪漫艺术的解体，而且也导致艺术本身的解体。精神要进一步脱离物质，"艺术的形式已不复是心灵的最高需要了"，艺术"已丧失了真正的真实和生命，已不复能维持它从前的在现实中的必需和崇高的地位，毋宁说，它已转到我们的观念世界里去了"。这样，艺术就让位于哲学。这就是艺术的终结。

所以，黑格尔所说的艺术的终结，并不是说艺术从此消亡（死亡）了，而是说，艺术对人的精神（心灵）来说，不再有过去那种必需的和崇高的位置了。

照我们看，黑格尔的这种艺术终结论在理论上是不能成立的，因为他的理论前提不能成立。黑格尔的理论前提是：绝对理念是无限的，是最高的真实。艺术（美）是"理念的感性显现"，是以有限来显现无限，所以最终要否定自己，而进入哲学，哲学是纯粹的观念世界，是最高真实的体现。但是照我们的看法，绝对理念不是最高的真实，艺术也不是理念的显现。照我们的看法，艺术是意象世界，而这个意象世界照亮一个生活世界，这个生活世界是真实的世界。王夫之强调，"志"不是"诗"。"志"可以用逻辑判断和命题的形式来表述，因此它是确定的、有限的，而"诗"的意蕴则不能用逻辑判断和命题的形式来表述，因此它带有某种程度的宽泛性、不确定性和无限性。所以王夫之说"诗无达志"。王夫之认为，正因为如此，所以艺术在人类社会中有特殊的、不可替代的价值。按照王夫之的这个思想，艺术就不是哲学所可以替代的，这不但在古代（或古典艺术时期）是如此，而且在现代（或现代艺术出现之后）也是如此。

黑格尔关于艺术终结论的第二个命题是从历史发展的角度提出的，也就是现代市民社会不利于艺术的发展。黑格尔说：

> 我们现时代的一般情况是不利于艺术的。[1]

---

[1] 黑格尔：《美学》第一卷，第14页。

"现时代的一般情况"为什么不利于艺术呢?因为现时代不再是一个诗性的时代,而是一个散文的时代。什么是诗性的时代?就是人与世界万物融为一体的时代,也就是生生不息、充满意味和情趣的时代。那样的时代,当然有利于艺术的发展,因为艺术的本体是情景交融的审美意象,艺术活动是一种审美活动。而散文的时代则是功利和理性统治的时代,世界对于人是一个外在的、对象化的世界,世界万物都是人们利用的对象。在这样的时代中,人们习惯于用主客二分的观念去看待一切,也就是"按照原因与结果、目的与手段以及有限思维所用的其他范畴之间的通过知解力去了解的关系,总之,按照外在有限世界的关系去看待"一切[1]。这样,一切都是孤立的、有限的、偶然的、乏味的。这样的时代当然不利于艺术的发展。

应该说,黑格尔的这一观察是深刻的。现代市民社会的发展趋势是物质的、技术的、功利的追求越来越占据压倒一切的统治地位,人的物质生活与精神生活失衡,人的内心生活失衡,人与自然失衡,人的生活失去诗意,人类失去家园,这当然不利于艺术(以及各种领域的审美活动)的发展。

但是,社会环境不利于艺术的发展,这并不意味着艺术丧失了真实和生命,也不意味着艺术不再是心灵的需要。事情也许正好相反,正因为"现时代的一般情况"不利于艺术,正因为在现代社会中物质的、技术的、功利的追求占据了压倒一切的、统治的地位,因而人类(心灵)对艺术(以及各个领域的审美活动)的需求就更加迫切,艺术理应放到比过去更高的位置上。

因此,有些学者把黑格尔的这个命题归入前面说过的艺术的终结的命题是不妥当的。照我们的分析,如果把黑格尔的这个命题加以展开的话,那它恰恰会否定前面说的艺术终结的命题("艺术的形式已不复是心灵的最高需要了")。

(二) 丹托的命题

阿瑟·C.丹托,美国哥伦比亚大学教授,是一位分析哲学家。他以西方

---

[1] 黑格尔:《美学》第三卷,下册,第22页,商务印书馆,1981。

现代主义艺术和后现代主义艺术为背景，重新提出"艺术终结"的命题。

丹托认为，现代主义艺术已经在1964年的某个时刻终结了。所谓1964年的某个时刻，就是安迪·沃霍尔的《布里洛盒子》展出的那个时刻。因为《布里洛盒子》的展出，模糊了艺术品与日常物品的界限，也就是模糊了艺术与非艺术的界限，从而提出了"什么是艺术"的问题。丹托认为这个问题已经超出了艺术的界限，必须交给哲学来解决。这也就是说，艺术终结在哲学里面了。其实，照这么说起来，艺术的终结，应该从杜尚（他的《喷泉》等作品）就开始了。"杜尚作品在艺术之内提出了艺术的哲学性质这个问题，它暗示着艺术已经是形式生动的哲学，而且现在已通过其中心揭示哲学本质完成了其精神使命。现在可以把任务交给哲学本身了，哲学准备直接和最终地对付其自身的性质问题。所以，艺术最终将获得的实现和成果就是艺术哲学。"[1]

这种艺术的终结，就是哲学对艺术的剥夺。丹托曾在1984年8月的"世界美学大会"上发表过题为"哲学对艺术的剥夺"的讲演。[2]

丹托的逻辑是：当艺术品和现成品在感觉上找不出差别时，人们就要思考"什么是艺术"的问题，因而就必须转向哲学了。他说："只有当任何东西都可以成为艺术品是显而易见的时候，人们才会对艺术进行哲学思考。"[3]"以我最喜欢的例子来说，不需要从外表上在沃霍尔的《布里洛盒子》与超市里的布里洛盒子之间划分出差别来。而且观念艺术表明某件事要成为艺术品甚至不需要摸得着的视觉物品。这意味着就表面而言，任何东西都可以成为艺术品，它还意味着如果你想找出什么是艺术，那你必须从感官经验（sense experience）转向思想。简言之，你必须转向哲学。"[4]

这样，我们就能明白，为什么丹托把《布里洛盒子》的展出看作是艺术终结的标志。丹托的逻辑就是：《布里洛的盒子》的展出，抹掉了艺术品与现成物的差别，从而提出"什么是艺术"的问题，这就意味着哲学对艺术的剥夺，意味着艺术的终结。

丹托说，随着"什么是艺术"的问题的提出，"现代主义的历史便结

---

[1] 阿瑟·丹托：《艺术的终结》，第15页，江苏人民出版社，2001。
[2] 此文收进《艺术的终结》一书，江苏人民出版社，2001。
[3] 阿瑟·C.丹托：《艺术的终结之后》，第17页，江苏人民出版社，2007。
[4] 同上书，第16页。

束了"。[1]"它之所以结束是因为现代主义过于局部,过于物质主义,只关注形式、平面、颜料以及决定绘画的纯粹性等诸如此类的东西。"[2]而"随着艺术时代的哲学化的到来,视觉性逐渐散去了",[3]"因为艺术的存在不必非得是观看的对象"。[4]"不管艺术是什么,它不再主要是被人观看的对象。或许,它们会令人目瞪口呆,但基本上不是让人看的。"[5]

我们把丹托的"艺术终结"论和黑格尔的"艺术终结"论作一比较,可以看到,他们都主张艺术终结于哲学(观念),这是相同的。但是他们的出发点不同。黑格尔是立足于他的观念哲学,即绝对理念的发展的逻辑决定了艺术的终结。丹托是立足于后现代主义艺术的实践,即后现代主义艺术的一些流派抹掉艺术品和现成品的界限,艺术转到观念的领域,艺术变成哲学,这导致了艺术的终结。

按照我们的看法,艺术不可能终结。从最根本的道理上说,艺术活动属于审美活动(审美体验),这是人的精神的需求,是人性的需求。人需要认识活动,因而需要科学;人需要有形而上的思考,因而需要哲学;人还需要审美体验活动,因而需要艺术。人通过审美体验活动,超越自我,超越自我与万物的分离,超越主客二分,回到本原的生活世界,回到人类的精神家园。所以王夫之强调,"志"、"意"不是"诗","志"、"意"不可能代替"诗"。当然,审美活动是社会的、历史的。在不同的历史时期,审美活动必然产生变化,从而具有不同的文化内涵和历史形态,但是决不会消亡。同样,艺术活动作为审美活动的重要领域,在不同的历史时期,它的文化内涵和历史形态肯定会发生变化,但也决不会消亡。哲学不可能代替艺术。

黑格尔的预言并没有得到历史的证实。丹托也承认,在黑格尔之后,整个19世纪的艺术,大多数还是"真正地唤起了黑格尔所说的'直接享受'",[6]即"不需要哲学理论做中介的享受"。[7]特别是印象派艺术,它

---

[1] 阿瑟·C.丹托:《艺术的终结之后》,第18页。
[2] 同上。
[3] 同上书,第19页。
[4] 同上书,第19—20页。
[5] 同上书,第20页。
[6] 同上书,第37页。
[7] 同上。

们带给观众"无需中介的愉悦"。[1] "人们不需要哲学去欣赏印象派"。[2] 这就是说，哲学并没有代替艺术。黑格尔的预言并没有实现。

那么丹托本人的预言呢？丹托一再说，他所说的"艺术的终结"，就是意味着"任何东西都可以成为艺术品"，就是意味着"多元论艺术世界"的来临。我们认为，如果一般地说，当代的艺术世界是一种多元化的艺术世界，我们是赞同的。但是这种多元化的艺术世界并不意味着艺术与非艺术的界限的消失，因而也不意味着艺术的终结。因为西方后现代主义艺术的某些"作品"，也就是他们用来抹掉艺术品与非艺术品的差异的"作品"，在我们看来并不是艺术。因而1964年4月沃霍尔《布里洛盒子》的展出并不意味着"艺术的终结"。**在这一点上，我们与丹托的看法不同。这种不同，是由于我们与丹托的美学基本观念完全不同。**

本 章 提 要

艺术的本体是审美意象，即一个完整的、有意蕴的感性世界。艺术不是为人们提供一件有使用价值的器具，也不是用命题陈述的形式向人们提供有关世界的一种真理，而是向人们呈现一个意象世界，从而使观众产生美感（审美感兴）。所以艺术和美（广义的美）是不可分的。

艺术是多层面的复合体。除了审美的层面（本体的层面），还有知识的层面，技术的层面，物质载体的层面，经济的层面，政治的层面，等等。

艺术与非艺术应该加以区分，区分就在于看这个作品能不能呈现一个意象世界，也就是王夫之说的能不能使人"兴"（产生美感）。西方后现代主义的一些流派，如"波普艺术"和"观念艺术"的一些艺术家，他们否定艺术与非艺术的区分，实质上是摒弃一切关于意义的要求，从而导致意蕴的虚无。他们的一些"作品"没有任何意蕴，因而不能生成审美意象，也不能使人感兴。这些东西不是艺术。

艺术创造的过程包括两个飞跃，一个是从"眼中之竹"到"胸中之竹"的飞跃，一个是从"胸中之竹"到"手中之竹"的飞跃，在这个过程中可能涉及政治的因素、经济的因素、物质技术的因素等等多种复杂的因素，

---

[1] 阿瑟·C.丹托：《艺术的终结之后》，第37页。
[2] 同上。

但这一切的中心始终是一个意象生成的问题。

艺术作品的结构可以分成不同的层次。我们认为分成三个层次是比较合适的：（一）材料层；（二）形式层；（三）意蕴层。

艺术作品的材料层有两方面的意义，一方面，它影响整个作品的意象世界的生成；另一方面，它给观赏者一种质料感，这种质料感会融入美感，成为美感的一部分。

艺术作品的形式层也有两方面的意义，一方面它显示作品（整个意象世界）的意蕴、意味；另一方面，它本身可以有某种意味，这种意味即一般所说"形式美"或"形式感"，这种形式感也可以融入美感而成为美感的一部分。

艺术作品的意蕴带有某种程度的宽泛性、不确定性和无限性。这就是王夫之所说的"诗无达志"。这决定了艺术欣赏中美感的差异性和丰富性。

对艺术作品进行阐释是不可避免的，也是有价值的。但是这种以逻辑判断和命题的形式所作的阐释，只是对作品意蕴的一种近似的概括和描述，这与作品的"意蕴"并不是一个东西。同时，对于一些伟大的艺术作品来说，一种阐释只能照亮它的某一个侧面，而不可能穷尽它的全部意蕴。因此，这些作品存在着一种阐释的无限可能性。

艺术作品的意蕴层带有复合性，中国古人称之为"辞情"和"声情"的复合。在不同的艺术形式和艺术作品中，这种复合是不平衡的。这是研究艺术作品的意蕴时应该关注的一个问题。

"意境"是"意象"（广义的美）中的一种特殊的类型，它蕴涵着带有哲理性的人生感、历史感和宇宙感。"意境"给予人们一种特殊的情感体验，就是康德说的"惆怅"，也就是尼采说的"形而上的慰藉"。"意境"不仅存在于艺术美的领域，而且也存在于自然美和社会美的领域。

关于"艺术的终结"的问题，黑格尔有两个命题。一个是从绝对观念发展的逻辑提出的命题。他的逻辑是：艺术显现绝对观念，绝对观念是无限的，是最高的真实，而艺术是有限的，所以艺术最终要否定自己。我们认为他的理论前提不能成立。绝对观念不是最高的真实，艺术也不是理念的显现。艺术在人类社会中有特殊的价值，不是哲学可以替代的。黑格尔的第二个命题是从历史发展的角度提出的，就是现代市民社会不利于艺术的发展。这个命题包含着黑格尔对现代市民社会深刻的观察。但是我们认为不能由此得出艺术不再是心灵的需要的结论。正相反，人类对艺术的需求更加迫切了。

当代美国学者丹托立足于后现代主义艺术的实践，重新提出"艺术终结"的命题。他的逻辑是，后现代主义艺术的一些流派抹掉艺术品和现成品的界限，艺术转到观念的领域，艺术变成哲学，这导致艺术的终结。我们认为丹托的命题不能成立。因为艺术与非艺术的界限并没有消失，人对于艺术（审美体验）的需求，作为人的精神需求，也不会消失。

扫一扫，进入第六章习题

 单选题

 简答题

 思考题

 填空题

第七章　科学美

本章讨论科学美以及与科学美有关的两个问题：科学美在科学研究中的作用的问题，以及同一个人有没有可能把大脑两半球的功能同时发挥到最高点的问题。

一、大师的论述：科学美的存在及其性质

科学美的问题，是美学理论中一个包含有极其丰富的内容的问题，同时又是一个极其有兴趣的问题。

对于科学美的讨论，最早也许可以追溯到古希腊的毕达哥拉斯学派，因为他们认为美决定于数的关系，并且认为"一切立体图形中最美的是球形，一切平面图形中最美的是圆形"。[1]后来亚里士多德明确说："那些人认为数理诸学全不涉及美或善是错误的。""美的主要形式'秩序、匀称与明确'，这些唯有数理诸学优于为之作证。"[2] 20世纪以来，对于科学美最为关注的，并不是美学家，而是自然科学家，特别是物理学领域的一些大师。下面我们介绍几位大师关于科学美的论述。[3]

（一）彭加勒

彭加勒是法国大数学家、物理学家、天文学家。他在《科学与方法》一书对"科学美"的概念进行了界定，并认为"科学美"在科学创造中有极其重要的作用。

彭加勒认为，科学家并不是因为自然有用才进行研究，而是因为能从中得到愉快，这种愉快来源于自然的美。他说："如果自然不美，就没有了解的价值，人生也就失去了存在的价值。当然，我这里并不是说那种触动感官的美、那种属性美和外表美。虽然，我绝非轻视这种美，但这种美和

---

[1]《西方美学家论美和美感》，第15页，商务印书馆，1980。
[2] 亚里士多德：《形而上学》，第271页，商务印书馆，1959。
[3] 以下对于彭加勒、爱因斯坦、海森堡、狄拉克的言论的介绍，主要依据詹姆斯·W.麦卡里斯特《美与科学革命》一书（吉林人民出版社，2000），以及刘仲林《科学臻美方法》一书（科学出版社，2002）。

科学毫无关系。我所指的是一种内在的（深奥的）美，它来自各部分的和谐秩序，并能为纯粹的理智所领会。"[1]

可以看出，彭加勒所说的科学美，反映宇宙内部的和谐，诉诸人的理智，而不是诉诸人的感性，所以科学美是一种理智美。

彭加勒认为科学美中有一种简单美和浩瀚美。他说："我们特别喜好探索简单的事实和浩瀚的事实，因为简单和浩瀚都是美的。"[2]

彭加勒针对科学研究和方法和结果，提出了一个"雅致"（elegance）的概念。他说："数学家们极为重视其方法和结果的雅致。""那么，在解题和论证中给我们的雅致感究竟是什么呢？是不同各部分和谐，是其对称，是其巧妙的协调，一句话，是所有那些导致秩序，给出统一，使我们立刻对整体和细节有清楚审视和了解的东西。"又说："我们不习惯放在一起的东西意外相遇时，可能会产生一种出乎意外的雅致感，它在我们尚未识别以前，就对我们显示出类似，这是雅致的另一效果。""甚至，简便方法和所解决问题的复杂形成的对比，也可引起雅致感。""简言之，数学上的雅致感是一种令人满意的快感，它仅仅来自所得的解决与我们精神上的要求相一致。由于这种高度一致，这一解决方法能成为我们的一个工具。"[3] 从彭加勒的这些话来看，"雅致感"可以说是一种美感，它是由科学研究的方法和结果显示出一种形式美而引起的。这种形式美的显示，有时是出乎意外、突如其来的，它先于逻辑的分析，是一种瞬间的直觉。

彭加勒认为，美感在科学研究中有重要的作用。法国数学家阿达马把彭加勒的思想概括为以下两点结论："发明就是选择。这种选择不可避免地由科学上的美感所支配。"[4] 这两点结论，在20世纪的科学界产生了重大的影响。

（二）爱因斯坦

爱因斯坦对物理学的伟大贡献是人所共知的。他于1905年提出狭义相对论，1916年提出广义相对论，并发展了普朗克的量子论，提出了光

---

[1] 转引自刘仲林《科学臻美方法》，第20页，科学出版社，2002。
[2] 彭加勒：《科学的基础》。转引自《科学臻美方法》，第21页。
[3] 同上书，第22—23页。
[4] 阿达马：《数学发明心理学》。转引自《科学臻美方法》，第20页。

量子的概念，用量子理论解释了光电效应。1921年获得诺贝尔物理学奖。

很多科学家认为，爱因斯坦的相对论具有非凡的美，是伟大的艺术品。物理学家德布罗意说：广义相对论的"雅致和美丽是无可争辩的。它该作为20世纪数学物理学的一个最优美的纪念碑而永垂不朽"。物理学家玻恩说："广义相对论在我面前像一个被人远远观赏的伟大艺术品。"[1]

爱因斯坦自己说："美照亮我的道路，并且不断给我新的勇气。"[2] 爱因斯坦在科学研究中追求简单性与和谐性，因为他认为美在本质上具有简单性与和谐性。所谓和谐性，就是理论体系不存在"内在不对称性"。他说："渴望看到这种和谐，是无穷的毅力和耐心的源泉。"[3]

与此相联系，爱因斯坦十分强调想象、直觉、灵感在科学研究中的作用。他认为，科学体系中的概念和命题，都是思维的自由创造，所以必须突破形式逻辑的局限。他说："我相信直觉和灵感。""想象力比知识更重要，因为知识是有限的，而想象力概括着世界上的一切，推动着进步，并且是知识进化的源泉。严格地说，想象力是科学研究中的实在因素。"他还说："物理学家的最高使命是要得到那些最普遍的基本规律，由此世界体系就能用单纯的演绎法建立起来。要通向这些定律，并没有逻辑的道路，只有通过那种以对经验的共鸣的理解为依据的直觉，才能得到这些定律。"[4]

（三）海森堡

海森堡是德国的物理学家，对量子力学的建立做出了重大贡献。1932年获诺贝尔物理学奖。

海森堡一再谈到科学美的问题。他在一次和爱因斯坦的谈话中说："我被自然界向我们显示的数学体系的简单性和美强烈地吸引住了。"[5] 他又说，自然界向人们展现的这种美往往使人震惊。当他进行矩阵元的计算，一旦发现自己窥测到自然界异常美丽的内部时，感到狂喜，几乎快要晕眩了。

海森堡做过一个题为"精密科学中美的含义"的讲演。在这个讲演中，他讨论了毕达哥拉斯的思想。他认为毕达哥拉斯关于音乐的数学结构

---

[1] 以上均转引自刘仲林《科学臻美方法》，第24—25页。
[2] 同上。
[3] 同上。
[4] 转引自刘仲林《科学臻美方法》，第31页。
[5] 引自《爱因斯坦文集》第一卷，第217页，商务印书馆，1977。

的发现是人类历史上最重大的发现之一,它说明"数学关系也是美的源泉"。[1] 他认为开普勒就是受到毕达哥拉斯的启发,把行星绕日运行同弦的振动相比较,从中探询行星轨道运动的和谐美,终于发现了行星运动的三大规律。这是一种至高无比的美的联系。开普勒对于这种联系由他首次发现怀有一种感恩的心情,他在《宇宙和谐》一书结尾说:"感谢我主上帝,我们的创造者,您让我在您的作品中看见了美!"[2]

海森堡认为科学美就在于统一性和简单性:繁多的现象("多")被简单的数学形式统一("一"),由此便产生了科学美,使人获得激动人心的美感。

海森堡强调科学美在科学研究中的作用。他说:"美对于发现真的重要意义在一切时代都得到承认和重视。"[3] 他引用拉丁格言"美是真理的光辉",认为这句格言说明了,为什么探索者可以借助美的光辉来找到真理。

海森堡还认为,人们对于科学美的直接领悟,并不是理性思维的结果,而可能是唤醒了存在于人类灵魂深处的无意识区域的原型。他引用柏拉图的论述,说:"《斐德罗篇》中有一段话表达了如下思想:灵魂一见到美的东西就感到敬畏而战栗,因为它感到有某种东西在其中被唤起,那不是感官从外部曾经给予它的,而是早已一直安放在深沉的无意识的境域之中。"[4] 他还引用了开普勒和泡利(原子物理学家)的类似的论述。

(四)狄拉克

狄拉克是英国物理学家,1933 年和薛定谔共同获得诺贝尔物理学奖。

狄拉克说,对数学美的信仰是他和薛定谔取得许多成功的基础:

> 我和薛定谔都极其欣赏数学美,这种对数学美的欣赏曾支配着我们的全部工作。这是我们的一种信条,相信描述自然界基本规律的方程都必定有显著的数学美。这对我们像是一种宗教。奉行这种宗教是很有益的,可以把它看成是我们许多成功的基础。[5]

---

[1] 海森堡:《精密科学中美的含义》,转引自吴国盛主编《大学科学读本》,第 265、266 页,广西师范大学出版社,2004。
[2] 同上。
[3] 同上。
[4] 同上。
[5] 狄拉克:《回忆激动人心的时代》。转引自刘仲林《科学臻美方法》,第 40 页。

狄拉克谈到爱因斯坦时说："当爱因斯坦着手建立他的引力理论的时候，他并非去尝试解释某些观测结果。相反，他的整个程序是去寻找一个美的理论。""他能够提出一种数学方案去实现这一想法。他唯一遵循的就是要考虑这些方程的美。"他在谈到爱因斯坦的广义相对论时又说："我相信，这一理论的基础比人们仅仅从试验证据支持中能够取得的要深厚。真正的基础来自这个理论的伟大的美。""我认为，正是这一理论的本质上的美是人们相信这一理论的真正的原因"。[1]

狄拉克坚信美与真的统一。他认为，美的理论必然是正确的。1955年在莫斯科，当有人要他简短地写下他的物理学哲学的时候，他在黑板上写道："物理学规律应该有数学美。"[2] 他又说："在选择研究方向的时候，公式的优美是非常重要的。"[3] 正因为这样，他认为科学美（数学美）应该成为科学创造的动力和方法。物理学家应该追求数学美。如果一个物理学方程在数学上不美，那就标志着一种不足，意味着理论有缺陷，需要改正。他还认为，"使一个方程式具有美感比使它去符合实验更重要"。[4] 因为数学美与普遍的自然规律有关，而理论与实验的符合常常和一些具体的细节有关。这些细节由于受主客观因素影响，有可能使规律不能以纯粹的形式出现。杨振宁评论说："他（狄拉克）有感知美的奇异本领，没有人能及得上他。今天，对许多物理学家来说，狄拉克的话包含有伟大的真理。令人惊讶的是，有时候，如果你遵循你的本能提供的通向美的向导前进，你会获得深刻的真理，即使这种真理与实验是相矛盾的。狄拉克本人就是沿着这条路得到了反物质的理论。"[5]

（五）杨振宁

杨振宁是美国华裔物理学家，因对宇称定律的研究与李政道共同获得1957年诺贝尔物理学奖。

杨振宁曾应很多著名大学的邀请到这些大学发表题为"美与物理学"

---

[1] 转引自詹姆斯·W. 麦卡里斯特《美与科学革命》，第12—13页，吉林人民出版社，2000。
[2] 同上。
[3] 同上。
[4] 杨振宁：《美和理论物理学》，转引自吴国盛主编《大学科学读本》，第279页，广西师范大学出版社，2004。
[5] 同上。

的讲演，受到热烈的欢迎。

杨振宁肯定在科学中存在着美。他提醒大家注意哥白尼的伟大著作《天体运行论》（1543）的第一句话："在哺育人的天赋才智的多种多样的科学和艺术中，我认为首先应该用全副精力来研究那些与最美的事物有关的东西。"他说："哥白尼选择这样一句话来开始他的著作，清楚地表明了他是多么欣赏科学中蕴涵的美。"[1]

杨振宁认为，理论物理学中存在着三种美：现象之美，理论描述之美，理论架构之美。

"现象之美"是指物理现象之美。这有两种：一种是一般人都能看到的，如天上的彩虹之美；一种是要有科学训练的人通过科学实验才能观测到的，如行星轨道的椭圆之美，原子的谱线之美，超导性现象之美，元素周期表之美，等等。

"理论描述之美"是指一些物理学定律有一种很美的理论描述，如热力学的第一、第二定律就是对自然界的某些基本性质的很美的理论描述。

"理论架构之美"是指一个物理学的定律公式化时，它趋向于一个美的数学架构。这种物理学的理论架构，"以极度浓缩的数学语言写出了物理世界的基本结构"，是一种深层的美。杨振宁认为，牛顿的运动方程、麦克斯韦方程、爱因斯坦的狭义相对论与广义相对论方程、狄拉克方程、海森堡方程和其他五六个方程是物理学理论架构的骨干，它们"达到了科学研究的最高境界"，可以说"是造物者的诗篇"。[2] 研究物理的人，在这些"造物者的诗篇"面前，会产生"一种庄严感，一种神圣感，一种初窥宇宙奥秘的畏惧感"，[3] 他们会感受到哥特式教堂想要体现的那种"崇高美、灵魂美、宗教美、最终极的美"。[4]

杨振宁强调美对物理学中将来工作的重要性。他引用爱因斯坦的两段话来说明这一点。1933年爱因斯坦说："创造性的原则寓于数学之中，因此在一定意义上，我以为正如古人所梦想的一样，纯粹的思想能够把握实在。这是真的。"1934年爱因斯坦说："理论科学家越来越不得不服从纯数学的

---

[1] 杨振宁：《美和理论物理学》，转引自吴国盛主编《大学科学读本》，第274页。
[2] 杨振宁：《美与物理学》，见《杨振宁文集》下册，第850—851页，华东师范大学出版社，1998。
[3] 同上。
[4] 同上。

形式考虑的支配。"[1]

以上我们非常简略地介绍了彭加勒、爱因斯坦、海森堡、狄拉克、杨振宁等几位物理学大师对于科学美的论述。从他们的论述中，可以看出如下几点：

第一，他们都肯定"科学美"的存在；

第二，在他们看来，"科学美"表现为物理学理论、定律的简洁、对称、和谐、统一之美，也就是说，"科学美"主要是一种数学美，形式美；

第三，他们都指出，"科学美"是诉诸理智的，是一种理智美；

第四，他们都相信，物理世界的"美"和"真"（物理世界的规律和结构）是统一的，因而他们都强调，科学家对于美的追求，在物理学的研究中有重要的作用。

大师们的论述，对我们研究"科学美"是很有启发的。

二、科学美的几个理论问题

科学美的表现形态是科学定律、公式、理论架构，它们反映物理世界的客观规律和基本结构，但它们是科学研究的成果。杨振宁把牛顿的运动方程、麦克斯韦方程、爱因斯坦的狭义与广义相对论方程等称为"造物者的诗篇"，但它们并不是自然界直接呈现给观赏者的，它们是人类最高智慧的结晶。它们反映了物理世界的客观规律和基本结构，确实可以称为"造物者的诗篇"，但它们又是人的伟大创造，所以它们又是牛顿的诗篇，麦克斯韦的诗篇，爱因斯坦的诗篇。正因为如此，我们不赞同把"科学美"纳入"自然美"的范畴，因为它们并不是人们从自然界直接感受到的美（杨振宁说的彩虹之美是人们可以直接感受到的，但严格来说彩虹之美不属于科学美的范畴）。当然我们也不赞同把"科学美"纳入"社会美"的范畴，因为尽管科学研究和科学实验活动是社会实践活动的一部分，但是"科学美"并不是社会生活的美，这和"艺术美"的情况是类似的。所以，我们把"科学美"与"自然美"、"社会美"区分开来，和"艺术美"一样，作为一种特殊的审美领域来进行讨论。

---

[1] 杨振宁：《美和理论物理学》，转引自吴国盛主编《大学科学读本》，第280页，广西师范大学出版社，2004。

从上一节所介绍的大师们的论述中，我们可以发现，在科学美的领域存在着几个理论上需要研究的问题：

1. "科学美"与"自然美"、"社会美"、"艺术美"是否是同一种性质的美？

我们前面讲过，美（广义的美）就是审美意象，它是情景的融合，存在于人的审美活动之中。它诉诸人的感性直觉（王夫之所谓"一触即觉，不假思量计较"）。"自然美"、"社会美"、"艺术美"都是如此。但是，"科学美"显然不是如此。"科学美"不是感性的审美意象，它来自于用数学形态表现出来的物理学的定律和理论架构。它诉诸人的理智。所以有的科学家把它称为"智力美"或"智力构造物中的美"。[1] 罗素把它称为"一种冷峻而严肃的美"。[2] 王浩把它称为"一种隐蔽的、深邃的美，一种理性的美"。[3] 有时也需要一种直觉，但它不是审美直觉，而是一种理智直觉，审美直觉和理智直觉不是一回事。

这就产生一个问题，这两种美是不是性质不同的两种东西？自然美、社会美、艺术美都是意象（"胸中之竹"），而科学美则来自于数学公式，它们怎么能够统一？如果不能统一，为什么又都称为美？

这使我们想起在了在上世纪50年代的美学讨论中，朱光潜曾针对美的"客观派"提出一个问题：你们说自然美是客观的，同时你们又承认艺术美是主客观的统一，那就是说自然美与艺术美是性质不同的两个东西，但是它们既然都称为"美"，它们就不应该是性质不同的东西，所以你们的理论是自相矛盾的。现在按照我们的"美在意象"的理论，这个矛盾就解决了，自然美和艺术美就它们是"美"这一点来说，它们是统一的，它们都是意象。

那么现在自然美（以及社会美、艺术美）与科学美能否统一？有没有可能提出（发明）一种新的理论架构，把自然美和科学美都包含在内？这是美学领域有待解决的一大课题。

我们在这里要补充一点。**当我们说自然美、社会美、艺术美是审美意象而科学美是数学公式时，这并不意味着我们肯定科学美是纯客观的存在物。很多科学家都说过，科学美离不开科学家（观察者）。如麦卡里斯特**

---

[1] 麦卡里斯特：《美与科学革命》，第16页，吉林人民出版社，2000。
[2] 伊莱·马奥尔：《无穷之旅》，第179页，上海教育出版社，2000。
[3] 转引自孙小礼《数学、科学、哲学》，第28页，光明日报出版社，1983。

说:"像美这样的审美价值不是存在于外部世界之中,而是由观察者投射进对象中去的。像科学理论这样的知觉对象有许多内在性质,其中可能有一些内在性质能够在观察者那里激起审美反应,例如诱导观察者把美的价值投射进对象中去。"[1] 又说:"科学理论的美学鉴赏指涉的价值并不存在于理论本身之中,它是由科学家个人、科学共同体以及科学的观察者投射进科学理论中去的。"[2] "不同的科学家或科学共同体持有不同的标准,他们依据这些标准对理论作出审美判断,并且特别地,依据这些标准决定将投射进既定理论的美的价值的额度或强度。"[3] 总之,麦卡里斯特认为,科学理论、数学公式具有某些审美性质,但这还不是美,这些审美性质还必须引起观察者作出审美反应,并且把审美价值投射进对象中去,这才成为美。

2. 我们说过,美感不是认识而是体验,美感是超功利、超逻辑的。而"科学美"的美感当然是属于认识的范畴,它超功利,但并不超逻辑,"科学美"就是一种数学美、逻辑美。这样,"科学美"的美感和我们一般说的美感就存在着重大的差异,它们是两种性质不同的东西。

到目前为止,美学家对"科学美"的美感仍然缺乏研究。而许多科学家(包括前面谈到的大师)在谈到他们在科学研究中产生的美感时也都局限于简单的描述,从他们的描述中,我们看到他们的"喜悦"、"吃惊"、"赞叹"等等,这种简单的描述,并不能揭示"科学美"的美感的性质。理智、情感、直觉在这种美感中起什么作用?"科学美"所引发的愉悦,它的内涵是什么?例如,华特森谈到他看到印度数学家拉马努金的数学公式时感到"震颤",并说这种"震颤"和他看到米开朗琪罗的雕塑"白昼"、"黑夜"、"早晨"、"黄昏"时的"震颤""没有什么两样"。[4] 但实际情况似乎并不像华特森说的这么简单。

阐明"科学美"的美感的性质和内涵,这是美学领域有待解决的又一个大的课题。

3. 从科学研究的理性活动的领域如何可能获得超理性的宇宙感的问题。美感有不同的层次。最大量的是对生活中某个具体事物的美感,如一

---

[1] 麦卡里斯特:《美与科学革命》,第36页,吉林人民出版社,2000。
[2] 同上书,第33页。
[3] 同上书,第36页。
[4] 钱德拉塞卡:《美与科学对美的追求》,载《科学与哲学》,1980年第4期。

朵花的美感，一片风景的美感。比这高一层的是对整个人生的感受，我们称之为人生感、历史感。最高一层是对宇宙的无限整体的感受，我们称之为宇宙感。在这个最高的层次上，人们通过观照宇宙无限的存在，个体生命的意义与永恒存在的意义合为一体，从而达到一种绝对的升华。这是一种超理性的境界，是灵魂震动和无限喜悦的境界。

杨振宁说，研究物理学的人从牛顿的运动方程、麦克斯韦方程、爱因斯坦狭义与广义相对论方程、狄拉克方程、海森堡方程等这些"造物者的诗篇"中可以获得一种庄严感，一种神圣感，一种初窥宇宙奥秘的畏惧感，他们可以从中感受到哥特式教堂想要体现的那种崇高美、灵魂美、宗教美、最终极的美。杨振宁说的就是我们说的宇宙感。

科学公式、科学理论的直接表现形式是逻辑的"真"，但这种逻辑的"真"又深刻地体现着永恒存在的真。与逻辑的"真"相统一的是形式美、数学美，而与永恒存在的真相统一的是宇宙整体无限的美，即杨振宁说的"最终极的美"。

但是，这里就产生了一个理性与超理性的关系问题。爱因斯坦等人的方程都是人类理性活动的最高成就，而我们说的宇宙感是一种超理性的体验，那么这里就有一个问题，**就是人们有没有可能从理性的领域进入超理性的领域的问题，也就是人们有没有可能从逻辑的"真"进入永恒存在的真、从形式美的感受进入宇宙无限整体的美的感受的问题**。这是一个需要研究的理论问题。王夫之在讨论"致知"的问题时说，当人的心思达到最高点，"循理而及其源，廓然于天地万物大始之理"，这时就会跃进一个"合物我于一原"、"彻于六合，周于百世"的神化境界。[1] 王夫之说的似乎就是人的理性一旦达于极点，就有可能上升到一个超理性的境界，一个观照宇宙无限整体的美的境界，一个"物我同一"、"饮之太和"的境界。席勒也说过："即便是从最高的抽象也有返回感性世界的道路，因为思想会触动内在的感觉，对逻辑的和道德的一体性的意象会转化为一种感性的和谐一致的感情。"[2] 王夫之和席勒的话给了我们一个解决问题的启示，但问题本身并没有解决，仍然有待于我们去研究。

---

[1] 王夫之:《张子正蒙注》。
[2] 席勒:《审美教育书简》，第132页，北京大学出版社，1985。

这是美学领域又一个大的研究课题。

三、追求科学美成为科学研究的一种动力

我们在前面谈到的几位科学大师，他们都相信美和真是统一的，如拉丁格言所说，"美是真理的光辉"，因而他们都认为追求科学美是科学研究的一种动力。他们的这种思想，实际上包含有相互联系的两个方面的内容：

（一）由美引真，美先于真

很多科学家都相信，对美的追求可以把我们引向真理的发现。我们前面已引过彭加勒、爱因斯坦、海森堡、狄拉克的话。如海森堡说："美对于发现真的重要意义在一切时代都得到承认和重视。"他还说："当大自然把我们引向一个前所未见的和异常美丽的数学形式时，我们将不得不相信它们是真的，它们揭示了大自然的奥秘。"很多科学家说过类似的话。诺贝尔奖获得者钱德拉赛卡说："我们有根据说，一个具有极强美学敏感性的科学家，他所提出的理论即使开始不那么真，但最终可能是真的。正和济慈很久前所说的那样：'想象力认为美的东西必定是真的，不论它原先是否存在。'"[1] 又如沙利文说："我们可以发现，科学家的动机从开始就显示出是一种美学的冲动。"[2] 美国物理学家阿·热说："审美事实上已经成了当代物理学的驱动力。物理学家已经发现了某些奇妙的东西：大自然在最基础的水平上是按美来设计的。"[3] 英国科学家麦卡里斯特说："现代科学最引人注目的特征之一就是许多科学家都相信他们的审美感觉能够引导他们到达真理。"[4]

> **科学家用实验证明美感是找到真理的道路**
>
> 【阿根廷《21世纪趋势》周刊网站11月22日文章】题：人类大脑将美感与真理联系在一起（作者：雅伊萨·马丁内斯）

---

[1] 钱德拉赛卡：《莎士比亚、牛顿和贝多芬——不同的创造模式》，第75页，湖南科学技术出版社，1996。
[2] 同上书，第68页。
[3] 阿·热：《可怕的对称》，第10页，湖南科学技术出版社，1999。
[4] 詹姆斯·W.麦卡里斯特：《美与科学革命》第108页，吉林人民出版社，2000。

挪威卑尔根大学的数学家和科学家首次证明，美是发现真理的源泉。

经验和直觉显示，数学家和科学家在解决数学问题时，往往将美感作为"指标"或者是找到真理的道路。例如1954年法国数学家雅克·阿达马就曾经在他的著作《数学领域中的发明心理》中指出，美感似乎是数学发现中唯一有用的工具。但是至今这种直觉不过是一种趣谈，真理与美之间的联系对人们来说仍然是个谜。

2004年挪威和美国的科学家提出，无论是对美感还是对真理的判断，都取决于大脑思维处理的流畅性。事实上，更易于处理的脑部刺激能够在接收者身上产生更积极的效果。例如一个能够被清楚读懂并理解的判断更容易被视为真理。推广至数学领域，因为熟悉问题而拥有的思维处理流畅性也会使直觉和正确判断的几率增加。

卑尔根大学数学家罗尔夫·雷伯用数学实验来证明这一推断。在实验中，专家发现人们使用对称性来作为验证算术结果是否正确的指标。

研究人员将算术加法的结果在电脑屏幕上做短暂显示，参加实验的人员都不是数学专家，他们必须在很短的时间内做出算术结果是否正确的判断。科学家发现实验人员更倾向选择对称的数字结果作为正确答案，例如认为12+21=33正确，12+21=27错误，也就是说人们使用对称性来作为正确性的指标。

由此研究人员证明，对称性，一种简化思维处理并被视为美的代表的现象，被人们用来作为判断算术问题"正确性"的指标。结合此前在数学认知和直觉判断领域的研究，科学家指出，人的直觉判断可能受某种与美感有关的机制指挥，至少在解决简单数学问题时是这样的。不过无论是简单算术题还是复杂的数学难题，要找到它们的答案，保证思维的整体流畅是至关重要的。[1]

---

[1] 译文载《参考消息》2008年11月24日。

很多科学家还认为，当美感和科学实验的结果发生矛盾时，应该服从美感。我们前面引过狄拉克的话："使一个方程式具有美感比使它去符合实验更重要。"杨振宁认为狄拉克这句话"包含有伟大的真理"。德国科学家魏尔说："我的工作总是力图把真和美统一起来；但当我必须在两者中挑选一个时，我总是选择美。"[1] 阿·热也说："我们宣称，如果有两个都可以用来描述自然的方程，我们总要选择能激起我们的审美感受的那一个。'让我们先来关心美吧，真用不着我们操心！'这就是基础物理学家们的呼声。"[2]

科学史上有很多故事说明狄拉克等人的这些话确实包含有伟大的真理。

门捷列夫的元素周期表是一个例子。当时测出"铍"的原子量是 13.5，应排在元素周期表的第四类。但按"铍"的化学性质应该排在第二类，如排在第四类就会破坏元素周期表的完美性，因此门捷列夫不顾"铍"的原子量而把它放在周期表的第二类。后来经过进一步的测定发现，"铍"的原子量为 9.4，理应归入第二类。

麦克斯韦方程也是一个例子。麦克斯韦是英国物理学家和数学家，1864 年他导出电磁学方程组。这个方程组可以说是经典物理学美的顶峰。从数学形式上看，这一方程组具有完美的对称形式，从物理内容上看，这一方程组揭示了物理世界的对称美。麦克斯韦对公式的对称美的追求，使他大胆引进了"位移电流"的概念，尽管当时的电学实验并不能证实位移电流的存在。麦克斯韦从这一美妙的方程组出发，预言了统一的电磁场的存在，认定光与电磁现象在本质上是一致的，光也是一种电磁波。"麦克斯韦方程组把电学、磁学、光学的基本理论和谐地组织在一起，建立起一个完美、统一的电磁场动力学理论。""通过物理定律数学形式的美，麦克斯韦轻易地解决了光、电、磁三种物理现象的统一问题。"[3] 麦克斯韦的成功，又一次证实了那句拉丁格言："美是真理的光辉。"也又一次证实了海森堡的论断："当大自然把我们引向一个前所未见和异常美丽的数学形式时，我们将不得不相信它们是真的，它们揭示了大自然的奥秘。"

正因为这样，所以对于很多科学家来说，美就成了科学研究的真理性的一种昭示，或者成为科学研究的一种评价的标准。有人问丁肇中（诺贝

---

[1] 转引自许纪敏《科学美学思想史》，第 592 页，湖南人民出版社，1987。
[2] 阿·热：《可怕的对称》，第 9—10 页，湖南科学技术出版社，1999。
[3] 徐纪敏：《科学美学思想史》，第 466—467 页，湖南人民出版社，1987。

尔奖获得者）："你为什么对自己的理论有信心？"丁肇中回答："因为我的方程式是美的。"[1] 美国建筑学家、数学家富勒说："当我在解决一个问题时，我从没有想到过美，我只是想如何解决问题。但是当我完成了工作后，如果结果是不美的，我知道一定有什么地方错了。"[2] 当有人问王元（我国著名数学家、中国科学院院士），现今的数学研究绝大多数都没有实用价值，那么你们凭什么说这项成果可以得一等奖，那项成果可以得二等奖？王元非常干脆地回答："是美学标准，也就是它的结果是否'漂亮'、'干净'，或'beautiful'……""这是数学工作中唯一的并为大多数数学家所共同接受的评价标准。"[3]

（二）直觉、想象在科学研究中的重要性

科学美在科学研究中的作用问题还涉及直觉、想象、灵感与科学创造发明的关系问题。

科学研究是逻辑思维，但很多科学家认为，在科学研究中要想有所发现和发明，要想获得创造性的成果，必须依赖直觉和想象。我们前面引过爱因斯坦的话："我相信直觉和灵感。""想象力比知识更重要。""物理学家的最高使命是要得到那些最普遍的基本规律，由此世界体系就能用单纯的演绎法建立起来。要通向这些定律，并没有逻辑的道路；只有通过那种以对经验的共鸣和理解为依据的直觉，才能得到这些定律。"

爱因斯坦的话是有道理的。我们在第二章曾谈到大脑两半球功能的区分。这在希腊神话中表现为酒神狄俄尼索斯和太阳神阿波罗的性格的区分。狄俄尼索斯和阿波罗的性格各有自己的缺点，这意味着大脑两半球如果只有一半发挥功能会造成某种片面性和危险性。所以狄俄尼索斯和阿波罗应该处于一种互补的态势。这一点，古希腊人似乎已经发现了。所以古希腊神话说，阿波罗一年中有9个月住在特尔斐城，然后便离开，让狄俄尼索斯在余下的3个月里居住。而且，狄俄尼索斯的遗骨就埋在特尔斐城阿波罗的神龛下。这都意味着，大脑两半球的功能不应该分裂。对于艺术型的右半脑来说，它需要左半脑提供顺序，才能使审美意象成为具体的艺术作品。同样，

---

[1] 转引自姚洋《经济学的科学主义谬误》，载《读书》，2006年第12期，三联书店。
[2] 马里奥·利维奥：《φ的故事：解读黄金比例》，第14页，长春出版社，2003。
[3] 转引自何祚庥《关于自然、科学与美的若干理论问题》，见《艺术与科学》卷一，清华大学出版社，2005。

对于物理型的左半脑来说，它需要右半脑提供灵感。很多有原创性的物理学家都说，他们的创见是在灵感的一闪中获得的，不是一点一滴地推敲，也不是按逻辑过程进行分析推理，而是突然间如有神助地出现了。当然这种直觉还要经过艰苦的逻辑思考写成数学公式，但那是在灵感产生之后。所以爱因斯坦说："逻辑思维并不能做出发明，它们只是用来捆束最后产品的包装。"[1] 在历史上有许多这样的事实，就是艺术家在物理学家之前创造出新的图像表述，而后物理学家才归纳出有关世界的新观念，[2] 这也从一个侧面说明右脑的直觉、想象、灵感对于科学创新的重要性。

四、达·芬奇的启示

我们在前面说过，大脑两半球虽然是有分工的，但是它们应该互补，所以美感、直觉、想象、灵感对科学研究有重要的意义。这从道理上说是好理解的，而且也为科学史上大量事实所证明。现在我们转过来讨论另外一个问题，即：在同一个人身上，有没有可能把大脑两个半球的功能同时发挥到最高点呢？如果诺贝尔奖金设一项艺术奖，那么有没有这样一个人，他既能够获得诺贝尔物理奖，同时又能够获得诺贝尔艺术奖呢？

通过对人类文明史的考察，我们可以找到一个人，他就是达·芬奇。达·芬奇在科学的诸多领域中都有不少发明和研究成果，因此获得诺贝尔物理奖是绰绰有余的，而且有资格不止一次获得提名。与此同时，他给人类创造的艺术财富是如此巨大，足以戴上"诺贝尔艺术奖"的桂冠。正因为如此，恩格斯把他称为"巨人"和"完人"。[3]

恩格斯说，欧洲文艺复兴"是一次人类从来没有经历过的最伟大的、进步的变革，是一个需要巨人而且产生了巨人——在思维能力、热情和性格方面，在多才多艺和学识渊博方面的巨人的时代"。接着他提到达·芬奇："列奥纳多·达·芬奇不仅是大画家，而且也是大数学家、力学家和工

---

[1] 转引自伦纳德·史莱因《艺术与物理学》，第503页。
[2] 史莱因在《艺术与物理学》中举了很多这方面的例子，如：爱因斯坦发现光——其实也就是色彩——是宇宙间最重要的成分，并宣称"我要用余生来认识光是什么"，而在此之前，自从印象派在19世纪60年代出现后，画面的色彩变得越来越艳丽，越来越明亮。莫奈宣称"每幅画中的真正主体都是光"。在莫奈、修拉、高更、凡·高、塞尚、马蒂斯的画中，色彩得到了解放。（《艺术与物理学》，第192—214页。）
[3]《马克思恩格斯选集》第三卷，第445页，人民出版社，1972。

达·芬奇自画像

程师,他在物理学的各种不同部门中都有重要的发现。"[1]

达·芬奇的学生弗朗西斯科·梅尔齐说:"大自然没有力量重新创造出一个这样的人。"[2]

达·芬奇学识之渊博确实惊人。目前保留下来的他的手稿有7000多页,内容涉及解剖学、动物学、空气动力学、建筑学、植物学、服装设计、民用和军事工程、化石研究、水文学、数学、机械学、音乐、光学、哲学、机器人、占星学、舞台设计、葡萄种植,等等,总之是包罗万象。他在笔记中给自己提出了大大小小的研究课题,例如"描绘云朵怎样形成,怎样散开,什么导致蒸汽从地面水升至空中,雾的形成,空气变厚重的原因,以及为什么在不同时候它会呈现蓝色……""是哪一根肌腱导致眼睛的运动,以至于一只眼睛的运动又带动另一只眼睛的运动?又是那些肌腱导致皱眉。扬起和低垂眉毛,眼睛的眨动。鼻孔的外张。""描述人类的起源,人是怎么会在子宫里的,为什么八个月大的婴儿不能在体外存活。人为什么打喷嚏。为什么打呵欠。什么是癫痫病、痉挛、瘫痪……""描述啄木鸟的舌头……"。他的笔记本上常常习惯性地涂写 dimmi 这个词,意思是**"告诉我",这是达·芬奇询问的声音,他探求一切,研究一切,对世界上的一切问题都要寻求答案。**[3]

伦纳德·史莱因在《艺术与物理学》一书中,提供了大量的材料,介绍达·芬奇在物理学领域的无数发现和发明。任何人读到这些材料都会非常有兴趣,同时又会非常惊讶。下面我们引用书中的一部分材料。伦纳德·史莱因是通过达·芬奇与牛顿的比较来介绍达·芬奇的:

---

[1]《马克思恩格斯选集》第三卷,第445页。
[2] 亨利·托马斯等:《大画家传》,第62页,四川人民出版社,1983。
[3] 查尔斯·尼克尔:《达·芬奇传》,第12、226页,长江文艺出版社,2006。

"牛顿和达·芬奇都有丰富的想象力,从而为他们二人带来了一个接一个的发现、工程奇迹、影响深远的发明创造和大大小小的机关装置。牛顿发明了反射望远镜,达·芬奇则设计了直升飞机;牛顿发现了二项式定理,达·芬奇则造出了降落伞,又提出了潜水艇和坦克的构想。"

"牛顿和达·芬奇都相信纯数学是人类思维的最高形式。"

"牛顿和达·芬奇都使自己那个时代的科学,从所持的基本上属于静态的宇宙观,上升为包括运动在内的观念。他们都在运动这一课题上耗

达·芬奇:《岩间圣母》

费了最多的精力,而他们对人类的最伟大的贡献,也都源于对此课题的强烈兴趣。牛顿想要解释天体运动的雄心,导致了三大运动定律和万有引力定律的发现;从以《昂希艾利之役》这一素描集为代表的著作中可以看出,达·芬奇对人与马的肌肉运动进行了精细研究,从而产生了有史以来最精细的处于运动状态的人与动物的解剖学描述。他当时发表的一部书,就是在今天也堪称是奇蹄生物解剖学的最正确的成果。"

"达·芬奇也曾努力去理解惯性这一概念,而且离关键所在真是近在咫尺。而正是这一关键所在,导致牛顿在两个世纪后得出了运动定律。达·芬奇有这样的话:'没有任何东西可以自己运动起来,运动总是由于别个什么东西造成的。这是唯一的原因。'他又提出了如下的观点:'所有的运动都倾向于保持下去,或者不如这样说:所有被弄得运动起来的物体,只要驱

动它们进入运动状态的作用的影响依然存在，运动就会继续下去。'牛顿的第一运动定律是这样说的：'任何物体在没有作用力施加于它之前，会保持其静止或匀速直线运动状态不变。'比较一下这两条陈述就可以明白，为什么在牛顿的《自然哲学的数学原理》发表之前，惯性原理一直被称为'达·芬奇原理'了。"

"在对光的研究方面，这两位都是先驱者，而且都对光的本性提出了开创性的睿见。达·芬奇意识到产生在视网膜上的像应是倒立的。他也是针孔相机的发明人，这是发明史上的普遍看法。针孔相机的原理同现代摄影术是相同的。""达·芬奇对阴影也极有兴趣，并搞出了本影和半影的几何学细节，今天的天文学家仍在沿用着他的有关结果。对于眼镜，达·芬奇也很有研究，提出了（在15世纪！）隐形眼镜的设想。他还探讨过孔雀毛羽上的华彩及水上油膜虹彩的成因。在历史记载上，达·芬奇是推想光以波的形式在空间和时间中传播的开山鼻祖。他以水波和声波为出发点进行类推，认为'石块投进水中，就会以自己为中心，形成一个圆圈；声音在空气中以圆形传播；同样地，位于光气中的任何物体也会形成一个个圆，并使周围的空间充满无数自己的类似体，如是进行下去，进入各个地方'。"

达·芬奇对光的研究最影响深远的贡献，还不是他的著作，而是他在他的画面上制造出的罕见的光影效果。"就以表现空气会在原处呈现乳白色状这一现象而言，达·芬奇可真是前无古人，后无来者。远山在他画笔下有难以言传的效果；缥缈的光投射在女人的面庞上，会同微笑结合出无法诉诸文字的视感；奔马在他笔下，鬃毛一束束好像要摆动起来；所有这些呈现在光线下的景和物，都成了视觉世界的真实代表，也都带上了一种晕染效果，令人有'此画只应天上有'之感。"

史莱因最后说："牛顿的发明才能已经十分出色了，但达·芬奇还要高出一筹。我认为，达·芬奇在技术革新和科学发明方面的成就大大超出了他的时代，致使他不能得到科学史学上的恰当地位。他的想象力是15世纪的技术水平所无法望其项背的，因此，对他的许多极为卓越的发明和理论，当时连尝试一下都不可能。"

当然，达·芬奇和牛顿有一个最大的不同。达·芬奇是大科学家，又是大画家，还是出色的音乐家。而牛顿是单向发展的科学天才，他"对音乐充耳不闻,视雕塑为'金石玩偶',说诗章是'优美的胡扯'"。[1]

所以,我们在前面说,如果设立诺贝尔艺术奖,如果要找一个人既能获得诺贝尔物理奖,同时又能获得诺贝尔艺术奖,那么这个人就是达·芬奇。

史莱因说:"纵观整个有记载的人类文明史,居然只有一个人能当之无愧地得此双重荣耀,这实在是有些难以理解。只有一个人无可争议地表现出将两方面在最高程度上完全地结合为一体的创造能力,正说明在我们的文化中,存在着艺术和物理、凝思和遐想、左半脑和右半脑、空间和时间、狄俄尼索斯和阿波罗之间的区别是何等地鲜明强烈。不过,虽然只有这一个例子,却也表明填塞这一鸿沟不仅是重要的,也是可能的。达·芬奇能将看与想结合起来,而这一远亲交配式的结合,给人类带来的则是丰富的图像与睿见。"[2]

史莱因后面这句话说得很好。**达·芬奇的伟大成就就表明,填塞左脑与右脑、空间与时间、物理学与艺术之间的鸿沟是重要的,也是有可能的。虽然像达·芬奇这样把大脑两半球的功能同时都发挥到最高点的只有他一个人,但是在自己的人生和创造中使大脑两半球的功能互相沟通、互相补充,从而使自己在科学与艺术这两个领域或其中的一个领域做出辉煌的创造性的成果,这样的人,在中外历史上也并不少见。**恩格斯曾提到的丢勒是一个例子,[3] 德国大诗人歌德是一个例子,[4] 我国东汉的大科学家、大文学家张衡[5] 是一个例子,当代大科学家爱因斯坦也是一个例子。

我国当代大科学家钱学森和当代著名人文学者季羡林在各种场合一再强调,中华民族在21世纪要迎来一个创造力喷涌的伟大时代,我们要大力培养富有原创性的人才。而要培养这样的人才,我们各级学校一定要大力

---

[1] 以上伦纳德·史莱因的言论都引自《艺术与物理学》一书,第74—86页。
[2] 同上书,第513页。
[3] 恩格斯说:"阿尔勃莱希特·丢勒是画家、铜版雕刻家、雕刻家、建筑师,此外还发明了一种筑城学体系。"(《马克思恩格斯选集》第三卷,第445页,人民出版社,1972。)
[4] "这位德国人的天才不仅闪耀在诗歌和散文方面(在这方面,他是公认的大师),而且也闪耀在骨骼学、植物学、地形学、解剖学、光学以及建筑学等方面。在其中某些领域中,歌德的大名将和他在语言学方面创造的不朽业绩一样永垂不朽。""歌德洞察、预见的科学问题在他的时代从来没有被人们所理解。但是,这些预见一旦成为历史,它们本身的价值才水落石出,清晰地显露出其真正的伟大,使曾经蔑视它们的芸芸众生显得渺小。"(特奥多·安德列·库克:《生命的曲线》,第492页,吉林人民出版社,2000。)
[5] 张衡是大科学家,曾两次任太史令,对天文、历算有精深的研究,并先后发明和制作了举世闻名的浑天仪和地动仪。他又是大文学家,所作《西京赋》、《东京赋》(合称二京赋)以及《四愁诗》最为有名。

推进科学、技术与人文、艺术的结合,要推进文理交融。**我们要创建世界一流大学,也必须十分重视科学与艺术的结合**。他们的这种看法,不仅是他们本人一生经验的结晶,而且也是人类历史经验的结晶,十分值得引起我们教育界和全社会的高度重视。

本 章 提 要

物理学领域的一些大师,如彭加勒、爱因斯坦、海森堡、狄拉克、杨振宁等人,他们都肯定"科学美"的存在。在他们看来,"科学美"表现为物理学理论、定律的简洁、对称、和谐、统一之美,也就是说,"科学美"主要是一种数学美、形式美。他们都指出,"科学美"是诉诸理智的,是一种理智美。他们都相信,物理世界的"美"和"真"(物理世界的规律和结构)是统一的,因而他们都强调,科学家对于美的追求,在物理学的研究中有重要的作用。

在科学美的领域存在着几个在理论上需要研究的问题:

第一,自然美、社会美、艺术美是审美意象,它们诉诸人的感性直觉,而"科学美"是用数学形态表现出来物理学的定律和理论架构,它诉诸人的理智。那么,从美的本体来说,科学美和自然美、社会美、艺术美能否统一?有没有可能提出(发明)一种新的理论架构,把科学美与自然美、社会美、艺术美都包含在内?

第二,美感不是认识而是体验,它是超功利、超逻辑的,而科学美是一种数学美、逻辑美,它超功利,但并不超逻辑。那么,科学美的美感的性质和内涵和一般的美感就有重要的差别,是一个有待解决的问题。

第三,很多物理学家都认为从物理学研究的成果中可以观照宇宙的绝对无限的存在,从而获得一种宇宙感。但是,物理学研究的成果是人类理性活动的产物,而宇宙感则是一种超理性的体验,这就产生一个问题,就是人们有没有可能从理性的领域进入超理性的领域的问题,也就是人们有没有可能从逻辑的"真"进入永恒存在的真、从形式美的感受进入宇宙无限整体的美的感受的问题。

很多科学大师都认为追求科学美是科学研究的一种动力,理由主要是:

第一，美的东西必定是真的，因此可以由美引真。第二，在科学研究中要想获得创造性的成果，必须依赖直觉和想象。

人的大脑两半球有分工。但是一个人在自己的人生和创造中如果能使大脑两半球的功能互相沟通、互相补充，那就可能使自己在科学和艺术这两个领域或在其中一个领域作出辉煌的创造性的成果。这是达·芬奇、丢勒、歌德、张衡、爱因斯坦等大科学家、大艺术家给我们留下的启示。

第八章 技术美

这一章我们讨论技术美。广义来说，技术美属于社会美的范围，是社会美的一个特殊的领域，也就是在大工业的时代条件下，各种工业产品以及人的整个生存环境的美。

这一章我们还要讨论"日常生活审美化"的话题。学术界对"日常生活审美化"有多种多样的理解和解释。我们认为，把"日常生活审美化"理解为对大审美经济时代的一种描述，是比较准确的。

一、对技术美的追求是一个历史的过程

所谓技术美，就是在大工业的时代条件下，在产品生产中，把实用的要求和审美的要求统一起来。这在西方历史上，是一个历史发展的过程。

（一）莫里斯：手工艺运动

在手工业时代，技术和审美并没有完全分离。在手工业时代，"每一个想当师傅的人都必须全盘掌握本行手艺。正因为如此，所以中世纪的手工业者对于本行专业和熟练技巧还有一定的兴趣，这种兴趣可以达到某种有限的艺术感"。[1]

但是进入机械化的大工业时代，情况变化了。大机器生产带来了更加精细的分工，提高了劳动生产率，但是产品变得粗糙了，产品的各部分之间也失掉了有机和谐的关系。这种现象引起了当时一些思想家、艺术家的关注。他们认为，机械化大生产降低了产品的设计标准，破坏了延续了几百年的田园牧歌式的情趣。所以他们主张回到传统的手工生产中去。其中最著名的代表就是英国的社会思想家、诗人威廉·莫里斯。1861年，威廉·莫里斯和他的朋友开设了英国第一家在新的思想指导下的美术装饰公司，专门承办美术设计、室内装饰等业务，生产诸如染色玻璃、雕刻家具、刺绣、地毯等实用装饰品。莫里斯亲自设计各种产品。他宣布公司的宗旨

---

[1]《马克思恩格斯选集》第一卷，第58页，人民出版社，1972。

是：通过艺术来改变英国社会的趣味，使英国公众在生活上能享受到一些真正的美观而又实用的产品。但是莫里斯实际上是站在工业革命的对立面，他所追求的理想是过去的手工业时代的古典风格，他企图以中世纪手艺人的朴实和正直来抵抗势不可挡的资产阶级暴发户，以古典时代的既实用又形式美观的手工艺产品来阻挡资本主义工业经济的狂飙。莫里斯恢复和联结起了被巴洛克时代割断了的古典时代的审美设计的传统，并且完全是在无意中为工业化时代技术美学的发展开辟了道路。他既重实用又重审美的思想为后来的设计家所发扬光大。莫里斯成了现代技术美学的不自觉的先驱，虽然他并没有为生产和设计中实用功能与审美如何结合的问题作出详尽系统的理论阐述。

莫里斯等人的手工艺运动代表了工业化时代技术美学发展的第一阶段。他们之所以能有如此大的影响，是因为当时的机器工业制品确实不如古典时代手工制品那样精美、耐用和富有魅力。他们趁此机会，因而掀起了一股复古的浪潮。

这种复古浪潮重重地刺激了机器制品的设计师和制造者们，但他们最初用来克服粗制滥造的武器只是当时十分流行的唯美主义，这导致了维多利亚式设计的产品充斥市面。这种设计追求的是产品表面的绚丽华美，而不注重产品结构的合理。这是巴洛克风格的回光返照。

（二）苏利约：功能主义

把工业时代技术美学推入第二阶段的是保尔·苏利约。在《理性的美》(1904)一书中，他最先指出：美和实用应该吻合，实用物品能够拥有一种"理性的美"，实用物品的外观形式是其功能的明显表现。他说："只有在工业产品、一部机器、一种用具、一件工具里才找得到一件物品与其目的完全而严格地适合的某些例子。"又说："机器是我们艺术的一种奇妙产品，人们始终没有对它的美给予正确的评价。一台机车、一辆汽车、一条轮船，直到飞行器，这是人的天才在发展。在唯美主义者们蔑视的这堆沉重的大块、自然力的明显成就里，与大师的一幅画或一座雕像相比有着同样的思想、智慧、合目的性，一言以蔽之，即真正的艺术。"[1] 苏利约的理论虽然

---

[1] 转引自德尼·于斯曼《工业美学及其在法国的影响》，译文载《技术美学与工业设计》第1辑，第283页，南开大学出版社，1986。

还嫌粗糙，但他能把机器制品与艺术大师的艺术精品相提并论，这种观念不能不说是相当新颖的。苏利约对技术美学的最大贡献是在于他实际创立了功能主义（Functionalism）。他把实用与审美的矛盾关系用内容与形式来描述和说明，并用"功能"一词把二者有机地统一起来。他没有概括出"功能美"的范畴，但他提出的实用与审美相互吻合而产生的实用物品的"理性的美"，实质上就是功能美。他也没有明确提出"形式服从功能"的命题，但他关于外观形式是功能的明显表现的论述实际上阐明了功能主义的这一基本主张。这完全是一种新的眼光，一种着眼于机器的时代和大批量生产的时代的新眼光。

从此，审美设计师的眼光才真正从装饰挪到实用功能上来。在美国20世纪30年代，有许多人宣扬审美设计的功能主义。他们认为，一切机器或产品只要在使用中合乎理想，该产品的设计就是合理的。审美设计的任务就是去寻找、发现产品内在的柏拉图式的"形式"，这形式不是制造的，也不是附加的，而是从产品的功能中必然生发出来的。蒂格认为：无论一件产品多么复杂或关系重大，总是要求有"一个完美的形式"，而这个形式就隐藏在客体自身中，隐藏在客体功能的完善上，设计师在对与功能有关的每个问题的完美解决之中，就能得到它，而一旦得到它，就会获得一种奖赏，即"作为成功的设计的可见的证明——美"。[1] 设计的审美价值就在功能的完善中。

（三）包豪斯

技术美学的功能主义在西方各国都得到了迅速发展。其中影响比较大的还有德国的"包豪斯"。

1919年由格罗庇乌斯等人创立的"包豪斯学校"，以"艺术与技术重新统一"的理想为指导，以崭新的教育方式，强调自由创造的审美设计方针，培养了一大批杰出的设计师。格罗庇乌斯说："新时代要有它自己的表现方式，现代建筑师一定能创造出自己的美学章法。通过精确的、不含糊的形式，清新的对比，各种部件之间的秩序，形体和色彩的匀称与统一来

---

[1] 梅柯：《工业设计在美国的形成》，译文载《技术美学与工业设计》第1辑，第256页，南开大学出版社，1986。

创造自己的美学章法。这是社会的力量与经济所需要的。"[1] 这是在新的大生产的条件下,对于产品的美的一个全面要求。格罗庇乌斯还进一步解释说:"正是在所有这些方面的和谐一致上,才显示出产品的艺术价值;如果仅仅在产品的外观上加以装饰和美化,而不能更好地发挥产品的效能,那么,这种美化就有可能也导致产品的形式上的破坏。"[2] 他进一步强调了新的工业产品的实用价值与审美价值的辩证关系,并且说明了产品的美不仅仅在于外观的美,而且在于它的功能美。设计的主要目标就是要创造技术性能和审美性能最有效结合的工业产品。由格罗庇乌斯亲自设计的包豪斯学校的校舍,就是实用性与审美性完美结合的典范,后来成为建筑史上不朽的名作。现在,我们在市场上经常见到的各种各样的钢管帆布椅子或钢管尼龙椅子,就是由当时还是包豪斯学校学生的马赛尔·布劳耶首先设计出来的。他利用了工业时代给人们带来的新的材料,不受任何传统观念的约束,特别在结构和形式上注意结合人体形态的特点,在制作上又符合现代工业化的生产方式,创造出了一种具有和以往时代迥然不同的、具有新时代风范的美的产品。

(四) 从产品设计到人的整个生存环境的设计

技术美学发展的第三阶段,与 20 世纪强烈的人本主义思潮有联系,其特点是:审美设计不再局限于工业产品的设计,而是把视野扩展到了整个生活世界。在现代化时代,大机器生产的影响渗透到了生活世界的每个角落,审美设计也随着工业产品对生活世界的全面影响而扩大。美国设计师蒂格曾经设想:人类处于一个机器时代的世界中,只有把工业设计的前景扩展到所有的人造环境,才有希望生活在"一个优雅、宜人的美的地方"。[3] 环境不仅是由机器、设备和产品构成的,而且是由人以及人的活动构成的,必须把环境作为一个整体来规划设计。环境污染、生态平衡的破坏,把工业布局和城乡建设的审美设计问题提到了人们面前。人类闲暇时间的增加,把景观的审美设计问题提到了人们面前。广大居民生活水平

---

[1] 转引自《实用美术》第 19 期,第 34 页。
[2] 同上。
[3] 转引自德尼·于斯曼《工业美学及其在法国的影响》,译文载《技术美学与工业设计》第 1 辑,第 256 页。

的提高和审美趣味的多元化，把衣食住行的审美设计问题提到了人们面前。一句话，技术美学所面临的不仅是工业产品的设计，而且是整个人类生存环境的设计。

从对工业产品的审美设计到对人的活动的设计，以及对人的生存环境的设计，这是一个飞跃。

从以上简要的回顾可以看到，随着机械化大工业时代的到来，随着人们对工业产品和生存环境的美的追求，逐渐形成了一门美学的分支学科，即技术美学。技术美学的核心是审美设计（迪扎因）。所以技术美学又称为审美设计学。

迪扎因（design）原意为设计、制图、构想、计划等等。然而，在技术美学中，迪扎因被赋予了极为广泛的含义，远不止设计、筹划的意思。人们把迪扎因看作是一种实践的形态、一种文化的形态。人们利用工业技术手段按照功能和审美的要求设计和生产实物产品。这是技术设计活动，同时又是一种新的审美活动。

审美设计（迪扎因）的目标是使工业产品和人的整个生存环境符合技术美的要求。而技术美的实质，就是功能美。

二、功能美

技术美不同于艺术美，它不能撇开产品的实用功能去追求纯粹的精神享受，它必须把物质与精神、功能与审美有机地统一起来。1964年国际迪扎因讲习班对迪扎因下了一个定义："迪扎因，其目的是确定工业制品形式质量的创造活动。这些质量包括产品的外部特征，但主要是包括结构和功用的相互关系。不论是从消费者的观点，还是从生产者的观点看，这些关系将制品变成一个统一的整体。"[1] 这个定义就说明，审美设计（迪扎因）追求的目标应该是功能与审美（形式）的统一。

在历史上曾出现过把实用功能与审美加以割裂的片面做法。一种是只求功能，不问形式。这是极端的功能主义。有人认为巴黎的蓬皮杜艺术中心的建筑就是这种极端的功能主义设计思想的产物。还有一种是把产品的审美价值完全归结为形式。这同样是把审美和实用功能加以割裂。在他们

---

[1] 转引自鲍列夫《美学》，第30页，中国文联出版公司，1986。

那里，审美成为一种外加的装饰品，与实用功能完全无关。

技术美应该把实用功能与审美有机地统一起来。这种统一，就是功能美。

对功能美的理解和把握，有两个问题十分重要。不搞清楚这两个问题，就不能真正理解和把握功能美。

一是对产品的功能如何认识的问题。技术美学的出发点是人，是人的需求。人不同于动物。人不仅有物质的需求，而且有精神的需求。**产品的功能不仅要适应人的物质需求，而且要适应人的精神需求。适应人的物质需求的是产品的使用价值，适应人的精神需求的是产品的文化价值、审美价值。**例如一件衣服，它的使用价值是保暖，穿起来合身、舒服。但是人们购买衣服时，不仅考虑它的使用价值，还要考虑它好看不好看，它的格调如何，还有它是不是符合时尚，是不是名牌，等等。在当代社会中，后面这方面的考虑所占的比重，往往越来越大。20世纪60年代以来，世界各国经济一个共同的变化就是商品的文化价值、审美价值往往超过它的使用价值。质量完全相同的两双鞋，一双挂上名牌的标志，一双没有这个标志，它们的价格就可以相差十几倍，原因就在它们的符号价值不同。据说，20世纪50年代美国好莱坞的当红明星，必须要有三件东西。一件是貂皮长大衣，这是财富的象征。一件是劳斯莱斯小轿车，这不仅是财富的象征，而且是社会地位的象征；因为劳斯莱斯汽车的拥有者都是贵族、富豪阶层的人士。第三件是家里必须挂有一张印象派画家的画，这是一种时尚，表示这家的主人是有文化品味的人。可以看出，好莱坞当红的明星必须要有的这三件东西，主要不是着眼于它们的使用价值，而是着眼于它们的文化价值、符号价值。所以，我们今天所说的产品的功能，不仅要考虑它的使用价值，而且要越来越多地考虑它的文化价值、审美价值。

和理解功能美有关的另一个重要问题是，功能能否体现为形式美。

前面讲过，过去对于技术美理解的一种片面性就是把审美与功能完全割裂，从而使审美变成一种外加的装饰。这种片面性应该加以摒弃。真正的技术美应该是功能在形式中的体现。正如日本美学家竹内敏雄所说，技术美并不在产品的功能本身，而是在于"功能的合目的性的活动所具有的力的充实与紧张并在与之相适应的感性形式中的呈现"。[1]

经验告诉我们，一些外观形式很顺眼的产品，使用起来也往往很方便，很顺手。这类产品，它们的功能正是依附在合理的形式结构上。这里应区分两个层次：一是内在的形式结构，一是产品的表层外观。可以说，审美设计的任务主要是为产品的功能寻找合适的形式结构。形式主义的错误并不在于看重形式，而只在于让功能服从形式，它把功能和形式的关系搞颠倒了。形式的美应该由功能引出。这不仅包括内在的形式结构，也包括产品的表层外观。我们的祖先在这方面给我们留下了范例。例如，我国新石器时代的彩陶，它们的外观是美的，而这种外观的美正是它们的功能（装水、装食物、蒸煮）决定的。这是功能美。又如，唐代越窑青瓷所做的茶具，形式极美，而这种美就是功能的体现。这种青瓷胎骨较薄，施釉均匀，釉色青翠莹润，像玉，又像冰，衬托了茶色之绿，增加了人们饮茶时的情趣。当时的诗人为它写下了许多赞美的诗句。如孟郊的"蒙茗玉花尽，越瓯荷叶空"；陆龟蒙的"九秋风露越窑开，夺得千峰翠色来"；韩偓的"越瓯犀液发茶香"等。这些诗句抒发了诗人在饮茶时畅快的心情，它不单单是茶水的清香带给人的味觉和嗅觉的快感，而且由于青瓷茶具高雅的色泽，优美的造型，光润的手感使人感到使用的舒适和审美的陶醉。这说明这些越窑茶具形式的美是功能的体现。这就是功能美。这里的功能，不仅是适应物质需求的功能，而且是适应审美需求的功能。

我们再举一个《考工记》上的例子。《考工记》有一章"梓人为笋虡"。"梓人"就是木工，"笋虡"是乐器的支架，其中横梁叫"笋"，直立柱座叫"虡"。在制作时常常要在笋虡上装饰以动物为题材的雕刻。"梓人为笋虡"中所讲的，就是如何根据各种不同乐器所发出声响的不同特点，选择不同的动物形象来装饰"笋虡"，从而更能衬托和表现这种乐器的声响，增加音乐的感染力。乐器架上的装饰物，不是孤立的、无生命的东西，而是与乐器融为一体的、活生生的东西。乐器发出的声响，就像是不同动物发生的吼叫、啼鸣。这样，"笋虡"（乐器支架）的功能就大大加强了，装饰（审美）和实用达到了完美的统一。《考工记》中首先将天下的动物分为五类，即：脂、膏、裸、羽、鳞。前两类动物如猪、牛等适于用来在宗教仪式上

---

[1] 转引自徐恒醇《技术美学》，第156页，上海人民出版社，1989。

新石器时代的彩陶

作祭奠。后三类动物的形象则可以用来作乐器的支架——笋和虡上的装饰物。虎豹等属于裸者,它们体态很大,有力量,而且声音洪亮,不能飞跑。由于它们的这些特点,用来装饰钟虡最适合,敲起钟来,那洪亮的钟声就像是从它们口中发出的吼声。鸟属于羽类,形体轻盈,声音清脆远闻,适宜于用来装饰磬虡。而蛟龙等水物属于鳞属,修长而浑圆,可用它们的形象制作乐器的横梁——笋。《考工记》最后强调,雕刻必须精细认真,要突出这些动物各自的形态特点,使之栩栩如生,这样才能起到装饰效果。《考工记》的"梓人为笋虡"可以说是由功能出发来设计外观形式的一个典范,也就是功能与形式相统一的功能美的典范。

我们举的这几个例子是古代工艺美的例子。但从功能和形式的统一这一点来说,工业化时代的产品的美(技术美)也应该符合这个原则。如人们常用的电脑、手机,它们的外观(造型、色泽、质感)等等的美,都是它们的功能的体现。这里所说的功能,不仅包括实用的功能,而且包括审美的功能,如优雅、豪华、高贵,等等。反过来,**产品外观的缺陷,往往意味着功能的缺陷**。大一点的产品,如汽车、住宅、景区等等也是这样。住宅外观的缺陷,百分之一百意味着它的建筑质量和功能的缺陷。景区外观的设计也与功能密切相关。有一段时间,我们国内有些人在著名风景区内大兴土木,盖了无数粗俗的大饭店,建造空中索道、跳伞塔等各种机械化的设施。这不仅破坏了景区外观的美,同时也破坏了景区的功能,正如建筑学家陈从周所说:"高楼镇山,汽车环居,喇叭彻耳,好鸟惊飞。俯视下界，豆人寸屋，大中见小，渺不足观。以城市之建筑，夺山林之野趣，徒令景色受损，游者扫兴而已。"[1] 这个例子也说明，产品的形式（外观）美与功能是统一的。形式美受到破坏，功能也必然受到破坏。

三、功能美的美感与快感

产品的技术美（功能美）给人的美感，是一种什么性质的美感？这是研究技术美所要回答的一个问题。

我们在前面讲过，美感的一个特性是无功利性，也就是说，审美活动与实用功利是拉开距离的。和这个无功利性相联系，美感的愉悦主要是一种精神的愉悦。美感的愉悦可以包含某些生理快感，如玫瑰花香带来嗅觉的快感，河边的凉风带来皮肤感觉的快感等。但是，第一，这种生理快感不同于占有并消耗某个实在对象所引起的生理快感，第二，这种生理快感在美感中并不占主要地位。美感的这种性质是否适合技术美（功能美）？产品的技术美（功能美）和产品的实用功能是紧密联系在一起的，这和美感的无功利性不是矛盾了吗？

这需要我们对技术美（功能美）做一些分析。这也可以分两点来说。

第一，前面说，产品的功能不仅包括满足物质需求的实用功能，而且包括满足精神需求的审美功能、文化功能，在当代社会中，越是高档的产品，它的审美功能、文化功能所占的比重越大。例如住房、轿车，越是高档的住房和轿车，它的审美功能和文化功能就越是占据主要的位置。就产品功能中的实用功能来说，它给人的是一种生理的快感，如轿车行驶又快又稳，坐在里面很舒适，这些都给人以生理的快感。就产品功能中的审美功能和文化功能来说，它给人的主要是一种美感，当然其中也可能包含有某些精神的快感（如荣耀感）。照这样分析，产品的功能作为实用功能和审美功能、文化功能的统一体，它给人的愉悦是生理快感、美感以及某种精神快感的复合体。越是高档的产品，这个复合体中美感的比重越大。

第二，前面说，产品的功能必然要体现为形式美。越是高档的产品，它的形式美的要求也越高。产品的形式美，尽管是产品功能的体现，但它给人的愉悦，是美感的愉悦，即无功利的美感的愉悦，而不是生理快感。如一座

---

[1] 陈从周：《书带集》，第65页，花城出版社，1982。

高档别墅的外观的美是功能的体现，一部高档手机的外观的美也是功能的体现，但是它给予观者的是一种美感的愉悦，而不是一种生理快感。

把以上两点综合起来，我们可以说，技术美（功能美）给人的愉悦是一种复合体，其中有生理快感，有美感，还有某种精神快感。一般来说，越是高档的产品，美感在这个复合体中所占的比重就越大。因为越是高档的产品，它的形式美的要求就越高。

四、"日常生活审美化"是对大审美经济时代的一种描述

"日常生活审美化"是20世纪80年代西方学术界开始讨论的一个话题。这个话题和技术美有关，所以我们在这里对这个话题做一些简要的讨论和分析。

学术界对"日常生活审美化"有多种多样的理解和解释。很多理解和解释是不准确的。下面我们做一些考察。

1."日常生活审美化"就是用审美眼光（审美态度）看待日常生活。持这种理解的人说，过去人们把日常生活排除在审美领域之外，现在人们用审美眼光来看待日常生活，这就是"日常生活审美化"。

我们认为这种理解和解释是不准确的。第一，在过去，人们并没有把日常生活排除在审美领域之外。我们在第五章讨论过这个问题。荷兰画派的画家、《清明上河图》的作者张择端，他们的审美眼光都是指向老百姓的普通的日常生活，他们面向老百姓的日常生活领域创造出富有情趣的意象世界。第二，用审美眼光看待日常生活，不等于"日常生活审美化"。这是两个概念，就像我们用审美眼光看待自然景物，也不等于"自然界审美化"一样。

所以，对于"日常生活审美化"的这种理解和解释，应该予以排除。

2."日常生活审美化"就是过去一些美学家（如朱光潜）所主张的人生的艺术化、人生的审美化。

我们认为，这种理解和解释也是不准确的。朱光潜等美学家主张的人生的艺术化，是指一个人要树立审美的理想，在自己的一生中要追求审美的人生。我们在第十五章要讨论这个问题。审美的人生与日常生活有关系，但它的人生哲学的深刻内涵是日常生活所难以包含的。所以对于"日常生

活审美化"的这种理解和解释，也应该予以排除。

3. "日常生活审美化"就是指后现代主义艺术家把日常生活中的现成物命名为艺术品，从而消除艺术与生活（艺术与非艺术）的界限的现象。关于后现代主义艺术家消除艺术与非艺术的界限的主张和实践，我们在第六章有过讨论。我们曾指出，否定艺术与非艺术的主张是不能成立的。而且后现代主义艺术的一些流派，他们视野中的所谓"日常生活"，多半是一些破布、破鞋、破汽车、破轮胎、破包装箱、旧海报、旧照片、罐头盒等以及各种丢弃之物。在他们心目中，把这些东西命名为艺术品，也就实现"日常生活"审美化了。我们在前面说过，这些生活中的废品、垃圾是缺乏意义的，把它们等同于"日常生活"是极不妥当的。

所以，对"日常生活审美化"的这种理解和解释，也应该加以排除。

4. "日常生活审美化"就是指当代高科技条件下社会生活的虚拟化。一些学者认为，在当代社会（他们称为后现代社会），仿真式的"拟像"泛滥，一切都成了标记，一切都成了符号，整个社会生活"拟像化"、虚拟化了，因而也就审美化了。

这种理解也是不准确的。第一，在当代社会，整个社会生活并没有也不可能全部虚拟化。一件衣服，它的符号价值（"名牌"）可以高过它的使用价值，但它仍然是一件实在的衣服，而不可能完全虚拟化，不可能成为一件"皇帝的新衣"。社会生活的其他领域也是如此。第二，虚拟化不等于审美化。网络世界、影像世界不等于审美世界（意象世界）。

所以，对于"日常生活审美化"的这种理解和解释，我们认为也应该加以排除。

5. "日常生活审美化"就是指在当代社会中，越来越多的人对于自己的生活环境和生活方式有一种自觉的审美的追求。很多学者指出，随着社会生产力的发展，随着千百万群众的物质生活逐步富裕，人们的精神、文化的需求也不断增长，因而一个大审美经济的时代或称体验经济的时代已经来临或即将来临，这将为整个社会生活带来极大的变化。

按照这种理解和解释，"日常生活审美化"就是对大审美经济时代或体验经济时代的一种描述。我们认为，按照这种理解和解释，对"日常生活审美化"的探讨，在理论上和实践上才是有意义的。

前面说过，从20世纪60年代开始，世界各国的经济出现一个重大变化，即商品的文化价值、审美价值逐渐超过商品的使用价值和交换价值而成为主导价值。人们买一件商品（例如买一件衣服），往往不是着眼于它的使用价值，而是着眼于它的文化价值、审美价值。现在人们花钱，已不完全是购买物质生活必需品，而是越来越多地购买文化艺术，购买精神享受，购买审美体验，甚至花钱购买一种气氛，购买一句话、一个符号（名牌就是符号）。很多年轻人、白领、"小资"，为什么不在办公室喝咖啡，要到星巴克喝咖啡？就是为了追求一种气氛，追求一种体验。在商店买咖啡，每磅1美元，而星巴克的咖啡，一杯就要几美元，可星巴克却越来越火。因为星巴克能满足很多人体验的需求。这就是所谓的"体验经济"。"经济学家认为，迄今为止人类经济发展历程表现为三大经济形态，第一是农业经济形态，第二是工业经济形态，第三是大审美经济形态。所谓大审美经济，就是超越以产品的实用功能和一般服务为重心的传统经济，代之以实用与审美、产品与体验相结合的经济。人们进行消费，不仅仅'买东西'，更希望得到一种美的体验或情感体验。"[1] 这种大审美经济的标志就是体验经济的出现。1999年，美国的派恩二世和吉尔摩二人合写的《体验经济》一书出版。书中说："我们正进入一个经济的新纪元：体验经济已经逐渐成为继服务经济之后的又一个经济发展阶段。""体验经济就是企业以服务为舞台，以商品为道具，以消费者为中心，创造能够使消费者参与、值得消费者回忆的活动。"[2] 2002年，研究大审美经济的学者，美国普林斯顿大学教授卡尼曼获得诺贝尔经济学奖，这表明国际学术界对这一发展趋势的高度重视。很多经济学家认为，在生活水平低下的时候，快乐在很大程度上取决于是否有钱，可是在生活比较富裕后，快乐并不正比例地取决于是否有钱。因此，不能把效用、而要把快乐作为经济发展的根本目的。卡尼曼区分出两种效用：一种是主流经济学定义的效用，另一种是反映快乐和幸福的效用。卡尼曼把后一种效用称为体验效用，并把它作为新经济学的价值基础。最美好的生活应该是使人产生完整的愉快体验的生活。这是经济学200多年来最大的一次价值转向。[3]

---

[1]《关于构建审美经济学的构想——凌继尧先生访谈录》(《东南大学学报》，2006年3月)。
[2] 转引自凌继尧等著《艺术设计十五讲》，第320页，北京大学出版社，2006。
[3] 同上。

这种大审美经济时代或体验经济时代的到来，正反映出越来越多的人在日常生活中追求一种精神享受，追求一种快乐和幸福的体验，追求一种审美气氛。《哈里·波特》第七部于 2007 年 7 月 21 日零时在全球上市销售，成千上万的读者守候在书店门口抢购。美国在 24 小时里就售出了 830 万册，平均每秒钟售出近百册。很多人买回家就关起门来读这部小说，整夜不睡觉，一口气把它读完。为什么这么急？因为如果他们自己没有读完，第二天上班、上学时就会由同学或同事告诉他们书的内容和故事的结局，那样一来，他们的快乐和激动的体验就丧失了。

这样一个大审美经济的时代，这样一个体验经济的时代，审美（体验）的要求将会越来越广泛地渗透到日常生活的各个方面。这就是"日常生活审美化"。"日常生活审美化本质上乃是通过商品消费来产生感性体验的愉悦。""审美化的体验也就是对生活方式及其物品和环境的内在要求，而物质生活的精致性就相应地转化为人对消费品和生活方式本身的主体感官愉悦。""审美体验本身的精神性在这个过程中似乎正在转化为感官的快适和满足，它进一步体现为感官对物品和环境的挑剔，从味觉对饮料、菜肴的要求，到眼光对形象、服饰、环境和高清电视画面的要求，到听觉对立体声、环绕声等视听器材的要求，到触觉对种种日常器具材质和质感的苛刻要求等等，不一而足。体验贯穿到日常生活的各个层面，它构成了审美化的幸福感和满足感的重要指标。"[1] **这种幸福感和满足感是感官的感受，同时它又包含着精神的、文化的内涵，就是我们前面说过的，它是生理快感、美感以及某种精神快感的复合体**。我们应该这样来理解和解释"日常生活审美化"。"日常生活的审美化"不是用审美眼光看待日常生活。"日常生活审美化"不是追求人生的艺术化。"日常生活审美化"不是后现代主义艺术的某些流派抹掉艺术与生活（艺术与非艺术）之间界限的主张和实践。"日常生活审美化"也不是网络、影像等等虚拟世界的泛滥。**"日常生活审美化"是对大审美经济时代的一种描绘。在这样一个大审美经济时代，审美（体验）的要求越来越广泛地渗透到日常生活的各个方面**。

在这样一个大审美经济或体验经济的时代，文化产业（或称创意产业、

---

[1] 周宪：《"后革命时代"的日常生活审美化》，第 66 页，载《北京大学学报（哲学社会科学版）》，2007年第 4 期。

头脑产业、艺术产业等等）必然会越来越受到重视,"技术美"（功能美）也必然会在社会生活中占据越来越重要的地位。

在这里我们看到了人类历史的一种辩证的发展过程。

我们说过，审美活动是人类的一种精神活动，是对于物质生产活动、实用功利活动的超越，也是对个体生命有限存在和有限意义的超越。而技术美学，对技术美的追求，就是要使本来是从物质的、实用功利的活动中超越出来的审美活动，重新回到物质的、实用功利的领域（衣、食、住、行、用）中去。

粗粗一看，这是把审美的、精神的东西降低到实用的、物质的层面，超功利的东西被功利的东西"污染"了。

其实，恰恰相反，这是把实用的东西升华为审美的东西，或者说，是在物质的东西中增添一个精神的层面，在实用功利的东西中增添一个超功利的层面。一座房屋，当它包含有文化内涵和审美内涵时，它就不仅具有遮风雨、御寒冷的实用的功能，而且具有一种精神的氛围，给人一种精神的享受。一杯饮料，本来是为满足身体的需求。可是当你和你的朋友在巴黎塞纳河边的咖啡馆一边喝咖啡，一边讨论刚刚在奥赛博物馆看过的印象派绘画的印象时，那就是一种精神的享受了。

从历史的发展看，审美的因素（属于精神性的东西）最早是从物质的、实用的活动中产生出来的。后来，审美与实用逐渐分离。审美的因素大量地表现在艺术活动之中。艺术中当然也有物质的因素，但那是媒介、载体、手段。艺术给予人的是精神享受而不是物质享受。这可以说是对实用与审美的原初统一的否定。历史发展到了高科技的今天，审美的因素又回到物质、实用的活动之中，审美的东西和实用的东西重新结合起来。这可以说是否定之否定。也许这就是美的历程。**在人类历史上，确有这样的阶段，人们为了物质的东西而丢掉精神的追求，为了实利而丢掉审美。但从长远看，随着物质生活的高度发展、繁荣和富裕，精神的享受、审美的追求在人类生活中的比重将会越来越大。人们将迎来一个大审美经济的时代，即体验经济的时代。这个大审美经济的时代，也就是一个"日常生活审美化"的时代。**

本 章 提 要

技术美是社会美的一个特殊的领域，是在大工业的时代条件下，各种工业产品以及人的整个生存环境的美。技术美要求在产品生产中，把实用的要求和审美的要求统一起来。

在西方历史上，对技术美的追求可以分三个阶段：第一阶段以莫里斯为代表，主张恢复手工业时代那种既实用又美观的古典风格；第二阶段以苏利约以及格罗庇乌斯等人为代表，主张产品的外观形式应该是它的功能的表现；第三阶段受20世纪人本主义思潮的影响，审美设计从工业产品扩展到整个人类的生存环境。

技术美的核心是功能美，即产品的实用功能与审美的有机统一。功能美的追求是对历史上曾出现过的两种片面性的否定，一种是只求功能，不问形式，一种是把产品的审美价值完全归结为外在的形式。这两种片面性都是对实用功能和审美的割裂。

为了正确把握功能美，要注意两个问题：第一，我们说的功能不仅要适应人的物质要求（即产品的使用价值），而且要适应人的精神需求（即产品的文化价值、审美价值）。第二，功能不仅应该体现为产品的内在形式结构，而且也应体现为产品的表层外观。产品外观的缺陷，往往意味着功能的缺陷。

技术美（功能美）给人的愉悦是一种复合体，包括生理快感、美感和某种精神快感。在当代，越是高档的产品，美感在这个复合体中占的比重就越大。

学术界对"日常生活审美化"有多种多样的理解和解释。我们认为，"日常生活审美化"不应理解为人们采用审美眼光看待日常生活，不应理解为追求人生的艺术化，不应理解为后现代主义艺术的某些流派抹掉艺术与生活（艺术与非艺术）之间界限的主张和实践，也不应理解为网络、影像等等虚拟世界的泛滥。"日常生活审美化"是对大审美经济时代的一种描绘。在这样一个大审美经济时代，审美（体验）的要求越来越广泛地渗透到日常生活的各个方面，人们在生活中追求一种愉快的体验。在这样一个大审美经济时代，文化产业越来越受到重视。

第三编 审美范畴

第九章　优美与崇高

本章先对审美形态和审美范畴的内涵作一简要的论述，然后讨论优美和崇高这一对范畴，最后讨论中国美学中的阳刚之美与阴柔之美即壮美与优美这一对范畴。

一、审美形态与审美范畴

我们在第三章谈过，审美活动乃是一种社会文化活动，审美活动不能脱离特定的社会文化环境。因此，不同的社会文化环境会发育出不同的审美文化。不同的审美文化由于社会环境、文化传统、价值取向、最终关切的不同而形成自己的独特的审美形态。我们知道，同一个艺术家创造的一系列意象世界，往往会显示一种相同的色调，相同的风貌，我们称之为"艺术风格"。那么，**审美形态就是在特定的社会文化环境中产生的某一类型审美意象**（往往带有时代特色或在一定时期占主流地位的审美意象）的**"大风格"**（great style）。**而审美范畴则是这种"大风格"（即审美形态）的概括和结晶。**

以西方文化史为例。"优美"就概括了古希腊文化中以神庙和人体雕像为代表的审美意象的大风格，而"崇高"则概括了继承希伯莱文化的西方基督教文化中以哥特式教堂为代表的审美意象的大风格。随着历史的发展，"优美"和"崇高"这两种文化"大风格"依然存在，例如拉斐尔的绘画、莫扎特的音乐可以说是"优美"的典型，而歌德的浮士德则是崇高的典型，但是它们的文化内涵已经和古希腊的神庙、雕像以及中世纪的哥特式教堂不同了。

在西方文化史上，究竟出现了哪些最重要的审美形态和审美范畴？美学家的看法也不完全一致。在古代和中世纪，"美"（"优美"）是中心范畴。后来出现了"崇高"（从朗吉弩斯到博克）。再后来美学家们又陆续提出各种各样新的概念。[1] 他们提出的种种概念，当然都标示了不同审美意象（或意象群）的不同风格，但其中有一些还谈不上是高度概括的"大风格"，

---

[1] 可参看塔塔科维奇的《西方六大美学观念史》（上海译文出版社，2006）一书。该书第五章介绍了西方美学史上美学家们提出的标示美的种类的种种概念。

即谈不上是我们说的审美形态，所以还不能列入审美范畴的范围。我们认为，优美与崇高、悲剧与喜剧、丑与荒诞这几对概念是在西方文化史上涵盖面比较大的审美形态的概括和结晶，也是美学史上绝大多数美学家认同的审美范畴。审美范畴不能随意添置、无限增多，否则审美形态的研究就变成为艺术风格的研究了。

在中国文化史上，艺术风格呈现出极其丰富多彩的状态。司空图的《二十四诗品》列出"雄浑"、"冲淡"、"纤秾"、"疏野"、"清奇"等二十四种"风格"。后来的许多画品中也有这种风格的分类。但这些概念多数还不能称为审美范畴，因为它们还称不上是文化大风格。**在中国文化史上，受儒、道、释三家影响，也发育了若干在历史上影响比较大的审美意象群，形成了独特的审美形态（大风格），从而结晶成独特的审美范畴。例如，"沉郁"概括了以儒家文化为内涵、以杜甫为代表的审美意象的大风格，"飘逸"概括了以道家文化为内涵、以李白为代表的审美意象的大风格，"空灵"则概括了以禅宗文化为内涵、以王维为代表的审美意象的大风格。**[1]

我们在本章以及下面几章中分别对优美与崇高、悲剧与喜剧、丑与荒诞、沉郁与飘逸、空灵等几组审美范畴做一些分析。我们的分析分两方面：一方面是文化分析，即揭示审美形态所蕴涵的历史、哲学等方面的内涵，另一方面是美学分析，即对审美形态的形式和内在结构关系进行分析。

二、优美的文化内涵和审美特征

优美（beauty or grace）这种审美形态，最早是由古代希腊文化所培育出来的。

我们在第三章谈过，希腊是一个半岛，吹着暖和的海风，大海是那样宁静，海水是那么光艳照人。希腊境内没有一样体积巨大的东西。希腊城邦的公民在希腊民主制度下，物质生活很简朴，精神文化生活却很丰富。希腊人既有清醒的理智，又有丰富的情感；既追求自由，又懂得维护城邦的法律。对于希腊人，人与自然，个体与群体，现实与理想，感情与理智，

---

[1] 在20世纪80年代末，我在《现代美学体系》（叶朗主编，北京大学出版社，1989）一书中，曾把"和"与"妙"作为体现儒家精神和道家精神的审美形态加以讨论。可能受这本书的影响，后来一些美学著作也把"和"、"妙"列入审美范畴，有的还加上"意境"等等。现在看来，"和"与"妙"作为儒家和道家追求的审美理想，它们的涵盖面非常宽泛，把它们作为审美形态和审美范畴来讨论是不准确的。

都处于一种和谐融洽的状态，好似阳光融入爱琴海面闪射出美丽的光芒。两千多年后，黑格尔在思辨王国中追寻希腊艺术的奥秘时，曾经说："希腊人的世界观正处在一种中心，从这个中心上美开始显示出它的真正生活和建立它的明朗王国；这种自由生活的中心不只是直接地自然地存在着，而是由精神观照产生出来，由艺术显示出来的。"[1] 内在和谐显现为外在和谐，"美"就产生了，而且在艺术中建立起它光照千秋的纯净王国。[2]

古希腊的美在古希腊神庙和人体雕像中得到了最典型的体现。古希腊神庙不像埃及金字塔那样庞大压抑，也不像基督教教堂那样巍峨神秘，它庄重、明快，呈规整的几何结构，细部变化多端，柱石肃立、挺拔，好比希腊的运动健儿，气概非凡又风度潇洒。希腊人对人体美具有一种纯真的、高尚的美感。人体是希腊人美感的兴奋点，作为人体意象的雕塑也就成为希腊真正的民族艺术了。文克尔曼说："希腊艺术杰作的一般特征是一种高贵的单纯和一种静穆的伟大。既在姿态上，也在表情里。"[3] 米隆的《掷铁饼者》，菲狄亚斯的《雅典娜》，还有刚健的《执矛者》，优美的《赫尔墨斯与小酒神》，令人倾倒的《米洛的维纳斯》和使人叹服的《拉奥孔》，还有1972年在意大利南部海域发现的两座希腊青铜铸像（《里亚切武士像》，公元前5世纪前半叶的作品）。在所有这些雕像那高贵的神情、端庄的面容后面，在那健美的肢体、迷人的曲线下面，在那洋溢着生命力的肌肉中，不都闪耀着静穆的光辉吗？就像爱琴海，尽管海面有时风平浪静，有时狂涛汹涌，而海的深处永远是静寂的。希腊雕像，尽管有的怡然恬静，有的充满激情，而映现的灵魂则是沉静的、和谐的。

古希腊的这种单纯、静穆、和谐的美，就是人们常说的优美。

优美的审美特点，不仅表现于建筑和雕塑，而且也表现于绘画、音乐、诗歌等其他艺术形式。16世纪意大利文艺复兴时期大画家拉斐尔的作品就是典型。

拉斐尔作品的美是恬静、明媚、和谐之美。他的《美丽的女园丁》是最好的代表。在一所花园里，圣母坐着，看护着两个在嬉戏的孩子，这是

---

[1] 黑格尔：《美学》第二卷，第169—170页，商务印书馆，1979。
[2] 我们这里说的"美"是狭义的美，即优美，而不是广义的美（包括崇高、优美、悲剧、喜剧等审美形态）。"优美"的特点是单纯、明媚、绝对的和谐。可参看下一节的分析。
[3] 引自《宗白华美学文学译文选》，第2页，北京大学出版社，1982。

耶稣和施洗者圣约翰（他身上披着毛氅，手里拿着有十字架的杖）。耶稣，站在母亲身旁，脚踏在她的脚上，手放在她的手里，向她微笑。圣约翰，一膝跪着，温柔地望着他。画面上有一种简朴的古牧歌式的气氛，充溢着妩媚与华贵。傅雷在分析这幅画时说，这幅画给人的第一个印象，统辖一切而最持久的印象，"是一种天国仙界中的平和与安静"，"所有的细微之处都有这印象存在，氛围中，风景中，平静的脸容与姿态中，线条中都有"。"全幅画中找不到一条太直的僵硬的线，也没有过于尖锐的角度，都是优美的曲线。""背后

拉斐尔 《美丽的女园丁》

的风景更加增了全部的和谐。几条水平线，几座深绿色的山岗，轻描淡写的；一条平静的河，肥沃的、怡人的田畴，疏朗的树，轻灵苗条的倩影；近景，更散满着鲜花。没有一张树叶在摇动。天上几朵轻盈的白云，映着温和的微光，使一切事物都浴着爱娇的气韵。""在这翁布里亚（佩鲁贾省的古名）的幽静的田野，狂风暴雨是没有的，正如这些人物的灵魂中从没有掀起过狂乱的热情一样。这是缭绕着荷马诗中的奥林匹亚与但丁《神曲》中的天堂的恬静。"[1] 总之，这幅画的全部枝节，"都汇合着使我们的心魂浸在超人的神明的美感中，这是一阕极大的和谐"，[2] "在莫扎特的音乐与拉辛的悲剧中颇有这等情景"。[3]

拉斐尔亲手描绘的最后一幅作品《西斯廷圣母》也是优美的杰作。与

---

[1] 傅雷：《世界美术名作二十讲》，第114—117页，天津社会科学出版社，2006。
[2] 同上书，第119页。
[3] 同上书，第121页。

拉斐尔《西斯廷圣母》

《美丽的女园丁》不同的是,这幅画没有了简朴的牧歌气氛,圣母与小耶稣的唇边都刻着悲哀的皱痕。他们的忧郁是哀念人类的悲苦。傅雷认为,这是因为这时的拉斐尔已有了一切天才作家都会有的淡漠的哀愁。这使《西斯廷圣母》成为艺术史上最动人的作品之一。

傅雷用这样的话来总结他对拉斐尔的评论:"**在拉斐尔的任何画幅之前,必得要在静谧的和谐中去寻求它的美。**"[1] 这种静谧的和谐就是优美。

总之,优美的特点就是完整、单纯、绝对的和谐。正如勃兰兑斯对"希腊式的美"所作的描述:"没有地方是突出的巨大,没有地方引起人鄙俗的感觉,而是在明净清楚的界线里保持着绝对的调和。"[2]

---

[1] 傅雷:《世界美术名作二十讲》,第145页。
[2] 勃兰兑斯:《十九世纪文学主流》,第一卷,第136页,人民文学出版社,1958。

这种完整、单纯、和谐的美，它所引起的美感，就是一种始终如一的愉悦之情。这是因为优美的意象世界总是充溢着一种生命活力，在形式上又十分和谐，单纯，所以，在美感过程中，主体的种种感官和机制和谐运作，既无阻滞，又无冲突，自始至终地贯穿着一种舒畅喜悦的情感基调，这种情感基调是一种较为单一、纯净的体验。整个美感过程，既无大起大落的情感突变，又无强烈摇撼的内心震荡。审美主体在一种怡和、宁静的心态中，全神贯注于审美意象，达到一种忘我的境地。

对于优美感的这种特征，历史上很多美学家都做过程度不同的描述和分析。早在古希腊，毕达哥拉斯学派就注意到美感是对象的和谐、多样统一等形式美所造成的一种特殊感受。斯宾诺莎认为，美感是美的对象作用于主体神经所产生的一种舒适。缪越陀里把美感规定为主体体验到的快适与喜爱之情。博克认为美感以快感为基础，"松弛舒畅是美所特有的效果"。[1] 康德在《论优美感和崇高感》中把优美感和崇高感加以比较。他说："一座顶峰积雪、高耸入云的崇山景象，对于一场狂风暴雨的描写或者是弥尔顿对地狱国土的叙述，都激发人们的欢愉，但又充满着畏惧，相反地，一片鲜花怒放的原野景色，一座溪水蜿蜒、布满着牧群的山谷，……也给人一种愉悦的感受，但那却是欢乐的和微笑的。"他又说："崇高使人感动，优美则使人迷恋。一个经受了充分崇高感的人，他那神态是诚恳的，有时还是刚强可怕的。反之，对于优美之活泼泼的感受，则通过眼中光辉的快乐，通过笑靥的神情并且往往通过高声的欢乐而表现出来。"[2] 李斯托威尔对优美感作了一个综合性的界说："当一种美感经验给我们带来的是纯粹的、无所不在的、没有混杂的喜悦和没有任何冲突、不和谐或痛苦的痕迹时，我们就有权称之为美的经验。"[3]

三、崇高的文化内涵

崇高（sublime）这种审美形态，它的源头是希伯莱文化和西方基督教文化。

---

[1]《西方美学家论美和美感》，第122页，商务印书馆，1980。
[2] 康德：《论优美感和崇高感》，第3页，商务印书馆，2005。
[3] 李斯托威尔：《近代美学史评述》，第228页，上海译文出版社，1980。

希伯莱人（犹太民族）的历史是一部受难的历史。面对无边无际的磨难，无法逃避的死亡，希伯莱人把求生的欲望，幸福的幻想，炽烈的情绪，转化为对万能之主耶和华的信仰。这种宗教信仰，使受难变为赎罪，使死变为复活，使人生变为通向天堂的荆棘丛生的道路。这种宗教信仰，追求对有限人生的精神超越。正是这种超越精神，使希伯莱文化产生出一个完全不同于希腊文化的审美形态：崇高。

黑格尔说："神是宇宙的创造者，这就是崇高本身的最纯粹的表现。"[1] 神是崇高的最纯粹、最原始的形式。在希伯莱人那里，上帝是非肉身化的。他是一切之主，却在一切之外。在《圣经·旧约》中，他经常以声音和光的形式出现于旷野之中。崇高属于上帝，属于上帝的创造。而到了基督教创立后，崇高便肉身化为耶稣基督，肉身化为圣母玛丽亚。于是，崇高第一次有了由人创造的象征符号——耶稣与十字架，圣母与圣婴。崇高成为神圣的献身与救赎。如果说在希伯莱人那里，崇高主要是本体论意义上的，即上帝耶和华乃是一切之主，一切之本体，他的存在是无限的、不可思议的；那么，在基督教那里，崇高又加上了一层道德意义，即耶稣与圣母的奉献与救赎是对于全人类的，因此这种道德的崇高就是人类无法达到的极限。无论是苦难的十字架，还是仁爱的圣母像，都令人联想到人的卑微和有罪。

中世纪后期（12世纪开始）林立于欧洲大地的哥特式教堂，成为崇高的最典型的"感性显现"。与庄重静穆的希腊神庙不同，哥特式教堂显示出一种神秘崇高的气氛。直刺云霄的尖顶，宏伟高耸的拱门，仰天巍立的钟楼，使人灵魂出窍，物我皆忘，直奔向那茫茫无限。幽深的走廊，高俯的穹隆，以及缠绕四周的千奇百怪的装饰，令人目眩神迷。透过彩色玻璃射入的日光像一团团神秘的火焰，与幽幽烛光互相交织，犹如缥缥缈缈的天国幻影。加上风琴、圣歌、钟声，整个一座教堂成为崇高的绝妙写照。追求超越渺小、有罪的自我的灵魂，此刻便觉得与神同在，沐浴神福。

到18世纪至19世纪的浪漫主义时期，"崇高"的文化内涵发生了重大的改变。

欧洲浪漫主义作为一种精神文化现象，有着深刻的社会历史根源和文

---

[1] 黑格尔：《美学》第二卷，第92页，商务印书馆，1979。

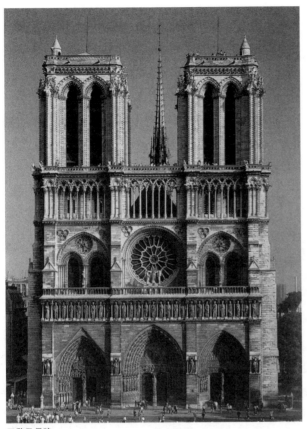
巴黎圣母院

化心理根源。就文化心理根源来说，当文艺复兴把人从神的桎梏下解放出来以后，人的存在、人的价值、人的尊严得到了充分肯定。然而，资本主义拜物教又把人抛进了更为严重的异化之中，解放了的自由精神与禁锢人的社会牢笼的矛盾，必然更强烈地激起精神对现实的超越，激起自由心灵对有限存在的超越，于是浪漫主义便如烈火一般燃遍了整个欧洲。浪漫主义者以对理想的追求，或对自然的向往，表达了他们的精神超越性。人自身第一次成了崇高的主体。**诗和音乐，成为崇高的新的"感性显现"**。音乐在浪漫主义的烈焰中放射出无比辉煌的光芒。贝多芬开浪漫主义音乐的先河，**他把电闪雷鸣的激情，自由奔腾的向往，把超越一切、拥抱自然的宇宙意识化为荡气回肠的音乐织体，化为气贯长虹、摄魂动魄的交响乐，把人的精神王国引向了一个无限灿烂辉煌的崇高境界。**

当崇高从宗教艺术风格演变为浪漫主义艺术风格时，它的内容发生了革命性的变化：**即从主体精神的异化复归为主体精神的自觉**。过去只是在宗教中才能领略到的对无限的追求，不断的超越，现在从非宗教的艺术中也能领略到了。而且，在宗教中，对无限的追求，不断的超越，这种"自由意志"是以向神的皈依这种非主体性的方式存在的，而在浪漫主义艺术中，自由意志自身成了自觉主动的超越者。**追求超越的人对自身的超越，这一精神历程，代替宗教超越中的彼岸（天国、上帝），成为崇高的核心。**歌德的《浮士德》，贝多芬的第三（《英雄》）、第五（《命运》）与第九交响曲，雨果的《悲惨世界》等，都记录了超越者追求超越那崇高而神圣的精神历程。

四、崇高的审美特征

在西方美学史上，最早讨论"崇高"的是朗吉弩斯《论崇高》一书。[1]

在古希腊罗马，早就有人使用"崇高"这个概念，但人们是把"崇高"作为一个修辞学的概念来使用的。朗吉弩斯的贡献在于，他第一次把崇高作为审美概念来使用。

朗吉弩斯认为，"崇高的风格是一颗伟大心灵的回声"，[2]第一要有"庄严伟大的思想"，第二要有"慷慨激昂的热情"。[3] 他认为，人天生就有追求伟大、渴望神圣的愿望。他说："天之生人，不是要我们做卑鄙下流的动物；它带我们到生活中来，到森罗万象的宇宙中来，仿佛引我们去参加盛会，要我们做造化万物的观光者，做追求荣誉的竞赛者，所以它一开始便在我们心灵中植下不可抵抗的热情——对一切伟大的、比我们更神圣的事物的渴望。所以，对于人类的观照和思想所及的范围，整个宇宙也不够宽广，我们的思想往往超过周围的界限。你试环视你四周的生活，看见万物的丰富、雄伟、美丽是多么惊人，你便立刻明白人生的目的究竟何在。"[4] 正因为这样，所以有着崇高风格的文章使人心灵

---

[1]《论崇高》一书长期被湮没，10世纪拜占庭（东罗马帝国）在编撰亚里士多德的《物理学》手稿的附记中首次披露了它。文艺复兴时期，意大利学者罗伯特洛于1554年将此书出版。1674年法国新古典主义者布瓦罗将此书译成法文，从此引起广泛注意。过去一般认为，《论崇高》的作者是古罗马3世纪的哲学家、政治家、修辞学家卡修斯·朗吉弩斯。但在19世纪末德国学者G.凯贝尔经过考证，证明《论崇高》一书的作者并不是这位卡修斯·朗吉弩斯，而是公元1世纪中叶的一位佚名作者。国外一些著作把这位佚名作者假定性地称为伪朗吉弩斯，或简称为朗吉弩斯。（关于《论崇高》的作者的资料可参看凌继尧的《西方美学史》，第99—100页，北京大学出版社，2004。）
[2] 朗吉弩斯：《论崇高》，见《缪灵珠美学译文集》第一卷，第84页，中国人民大学出版社，1998。
[3] 同上书，第83页。
[4] 同上书，第114页。

扬举,"襟怀磊落,慷慨激昂,充满了快乐的自豪感"。[1]

朗吉弩斯对崇高的特点的论述,特别是对崇高引起的美感的描述,对后世美学家产生了深远的影响。

到了近代,陆续有人继续对崇高进行研究。比较早的是英国的伯内特。他没有使用崇高一词,而称之为"伟大的自然对象"。在他看来,"伟大的自然对象"具有"某种庄严肃穆的东西",能带着伟大思想和激情来启发心灵,使我们想到上帝和上帝的伟大,想到无限者所具有的影子和外观。这种伟大压倒心灵,从而把人投入一种"愉快的眩晕和赞叹"之中。[2] 以后爱迪生又提出了宏伟(greatness),他指出宏伟的审美效果使人陷入"一种愉悦的震惊之中","灵魂感受到一种兴奋的静默和赞叹"。[3] 到了博克才第一次把崇高作为与优美对立的审美范畴进行研究。他从外在形式与内在心理情绪两方面,对比了崇高与优美的不同:从对象形式看,崇高的特征是大、凹凸不平、变化突然、朦胧、坚实笨重等等;从主体心理看,崇高以痛苦为基础,令人恐怖,它涉及人的"自我保存"的欲念。他说:"凡能以某种方式适宜于引起苦痛或危险观念的事物,即凡是能以某种令人恐怖,涉及可恐怖的对象的,或类似恐怖那样发挥作用的事物,就是崇高的一个来源。"他还说:"惊惧是崇高的最高度效果,次要的效果是欣羡和崇敬。"[4]

把崇高上升到哲学高度进行深入研究的美学家是康德。康德认为"崇高"对象的特征是无形式,即对象形式无规律、无限制,具体表现为体积和数量无限大(数量的崇高),以及力量的无比强大(力的崇高)。他指出,这种无限的巨大,无穷的威力,超过主体想象力(对表象直观的感性综合能力)所能把握的限度,即对象否定了主体,因而唤起主体的理性观念。最后理性观念战胜对象,即肯定主体。这样,主体就由对对象的恐惧而产生的痛感(否定的)转化为由肯定主体尊严而产生的快感(肯定的),这就是崇高感。他说:"我们称呼这些对象为崇高,因它们提高了我们的精神力量越过平常的尺度,而让我们在内心里发现另一种类抵抗的能力,这赋予

---

[1] 朗吉弩斯:《论崇高》,见《缪灵珠美学译文集》第一卷,第82页。
[2] 伯内特:《神圣大地论》,见比厄斯利《西方美学简史》,第183页,北京大学出版社,2006。
[3] 见比厄斯利《西方美学简史》,第185页,北京大学出版社,2006。
[4] 引自朱光潜《西方美学史》上卷,第237页,人民文学出版社,1979。

我们以勇气来和自然界的全能威力的假象较量一下。"[1] 那么"另一种类抵抗能力"是什么呢？就是主体的超越精神。所以，"对于自然界的崇高的感觉就是对于自己本身的使命的崇敬，而经由某一种暗换赋予了一自然界的对象（把这对于主体里的人类观念的崇高变换为对于客体）"。[2]

康德把人对神的关系，换成人对自然的关系。这显然已经在希伯莱文化中掺进了浮士德精神。正因为如此，康德才说，人对于自然界的崇高的感觉就是对于自己本身的使命的崇高感的某种暗换。康德的崇高观，把天主教中人对神的一种无时无地不在的、永无终止的牺牲，换成人对有着无限空间的自然的永无休止的追求，也就是把永恒实在（全能的神与全能的自然）的崇高变成了主体使命的崇高。

就崇高的意象世界来看，它的"无限"的意蕴总是突破感性的前景，强烈地显示于感性的前景之中。但是，"无限"又不能由有限的感性的前景全部显现，它显现于感性的外层仅仅是局部的、暗示的；所以崇高中有神秘的、未知的以及不可能把握的东西，这样才造成了崇高的深邃境界。而"优美"缺乏崇高的这种深邃感。如古希腊陶立克式的神庙，严格地说，是没有内部空间的，它那一排一排的圆柱组成的庙堂内部，统统向外张示着，单纯而明澈。而哥特式教堂，却通过多色的、半透明的窗户和层层深入的拱门作为其"深度经验"的重要象征之一，让人感受到深邃的境界及一种从内部向无限追求的意志。

崇高的意象世界的核心意蕴是追求无限。对于任何一个崇高的意象世界来说，它本身必定不是"无限"，而是一个有限的意象。它如果要"向无限追求"，达到崇高的境界，就要借助某些"形式语言"。而"空间意识"是崇高的所有"形式语言"必须为之服务的灵魂。哥特式教堂提供了这方面的典范。以巴赫为代表的巴洛克音乐也是典范。巴洛克音乐中的赋格艺术是连绵不绝的宏大"音响建筑"，在流动的时间中展示了宏伟、深远的空间。**这种宏伟深远的空间感，同时也是一种历史感**，说到底，也就是对我们的命运、时间和不可复返的生命的一种内在体验。我们去经验空间，就是去活生生地展延自我，也就是去追求无限，向无限超越。当这些与某种

---

[1]《判断力批判》上卷，第101页，商务印书馆，1985。
[2] 同上书，第97页。

价值系统联系起来时，它们也就有了崇高的道德意义：或者成为精神人格的不断超越与实现；或者成为崇高的人类社会理想的不断超越与实现——空间的无限成为时间的无限，成为命运、历史、生命的无限历程。

五、高尚、圣洁的灵魂美

在优美和崇高之中，有一种特殊的美，即灵魂美，它闪耀着高尚、圣洁的精神的光辉。

在优美的意象世界中，18世纪奥地利音乐天才莫扎特的作品最突出地显示出一种灵魂美。

莫扎特的美是古希腊的美，单纯、明媚、绝对的和谐。莫扎特逝世时不到35岁。他的短暂的一生充满了痛苦，但"他的作品只表现他长时期的耐性和天使般的温柔"，**他的艺术始终保持着笑容，保持着清明平静的面貌，他决不让眼泪把他的艺术沾湿。**"莫扎特的灵魂仿佛根本不知道莫扎特的痛苦；他的永远纯洁、永远平静的心灵的高峰，照临在他的痛苦之上。"[1] 所以泰纳说，莫扎特的美是"完全的美"。法国音乐学家嘉密·贝莱克甚至说："这种美只有在上帝身上才有，只能是上帝本身。只有在上帝身边，在上帝身上，我们才能找到这种美，才会用那种不留余地的爱去爱这种美。"[2] 所以他说莫扎特是真正有资格被称为是超凡入圣的音乐家。

莫扎特的美是永远纯洁、永远平静、永远像天使般温柔的灵魂美，它闪耀着莫扎特圣洁的精神的光辉。

在崇高的意象世界中，也有高尚、圣洁的灵魂美。

英国学者勃拉德莱在《牛津诗学讲义》中曾举出屠格涅夫散文诗中的一个例子。大风把一只未出窝的小麻雀吹落在地下，正好落在一条猎狗的前面。猎狗向小麻雀走去。突然从树上落下一只黑颈项的老麻雀，落在猎狗的口边。它一面哀鸣，一面向猎狗的张着的嘴巴和牙齿冲撞。它要救它的雏鸟，企图用自己的身体来阻挡灾难。它全身震颤着，冲向猎狗的嘴巴。冲了一回又一回，终于倒毙在地，牺牲了它的性命。屠格涅夫说，他看到

---

[1] 嘉密·贝莱克：《莫扎特》，转引自《傅雷家书》，第68—70页，三联书店，1992。
[2] 同上书，第68—70页。

这个场面，一阵虔敬的心情涌上心头。他想到，**爱比死，比死所带来的恐惧还更强有力。因为有爱，只因为有爱，生命才能支撑住，才能进行**。[1]

这是崇高，是精神的崇高。**当然这种精神的崇高是显现于一个情景交融的意象世界，也就是屠格涅夫作为审美主体所照亮的这个崇高的意象世界。**

当这个意象世界呈现出来时，屠格涅夫好像面临一场精神的暴风雨，他感到震撼，震惊，这同人们面临一场真正的暴风雨是一样的。但是这里还是有些区别。人们在面临真正的暴风雨时，会产生一种康德说的"霎时的抗拒"，仿佛自己不能抵挡这样巨大的力量，这时会产生一种不愉快的心情。紧接着，崇高的对象唤起内心的自觉，激起自己的焕发振作和使命感，从而感到一种极大的愉悦。而在屠格涅夫面临的这个场景中，并没有这种"霎时的抗拒"所引起的痛感，而是在震撼的同时使自己的内心充满神圣感。

我们还可以举一个类似的例子。《读者文摘》1991年第11期有一篇短文，题为《母爱，超越生命的爱》。文章描述了一个故事。在作者工作的实验室中，一只实验用的雌性小白鼠腋根部长了肿瘤。肿瘤越长越大。有一天，作者突然发现，这只小白鼠艰难地转过头，死死地咬住自己身上的肿块，猛地一扯，把皮肤拉开一条口子，鲜血直流。小白鼠疼得全身颤抖。接着，小白鼠一口一口地吞食将要夺去它生命的肿块，每咬一口，都伴着身体的痉挛。就这样，一大半肿块被咬下来吞食了。到了第二天，这只小白鼠生下了10只粉红色小鼠仔，这些小鼠仔正在它身边拼命吸吮着乳汁。一天天过去，这10只仔鼠每天没命地吸吮着身患绝症、骨瘦如柴的母鼠的乳汁，渐渐长大了。作者说：

> 我知道，母鼠为什么一直在努力延长自己的生命。但不管怎样，它随时都可能死去。

这一天终于来到了。在生下仔鼠21天后的早晨，小白鼠安然地卧在盒中间，一动不动了，10只仔鼠围满四周。

我突然想起，小白鼠的离乳期是21天。也就是说，从今天起，仔

---

[1] 以上见朱光潜《文艺心理学》，《朱光潜美学文集》第一卷，第233—234页，人民文学出版社，1982。

鼠不需要母鼠的乳汁，可以独立生活了。

　　面对此景，我潸然泪下。[1]

这是一个震撼人心的场面。这也是精神的崇高。屠格涅夫写的那只麻雀因为爱而冲入死亡，冲入死亡的恐怖。而这里的小白鼠则因为母爱而从死神那里夺回 21 天的生命，因为小鼠仔需要 21 天的乳汁。

我们一般都认为动物没有灵魂。但是这两个故事中的麻雀和母鼠都显现出一种灵魂美，闪耀着高尚、圣洁的精神光辉。

在人类社会中当然更有这种崇高的精神美、灵魂美。我们可以从 2008 年 5 月我国四川汶川大地震中举出两个例子。

5 月 13 日 22 时 12 分，救援人员在德阳市东汽中学的废墟中发现一位名叫谭千秋的老师。他双臂张开着趴在课桌上，就像一个"大"字，死死地护着课桌下的四个学生，四个学生都活了，而他的后脑被楼板砸得深凹下去。他用自己的生命从死神手中夺回了四个年轻的生命。这是崇高美、灵魂美，闪耀着高尚的、圣洁的光辉。

5 月 16 日下午 5 时 3 分，救援人员在一堆废墟中发现被垮塌下来的房子压死的一位妇女。她双膝跪着，整个上身向前匍匐着，双手扶着地支撑着身体，有些像古人行跪拜礼，只是身体被压得变形了。救援人员从废墟的空隙伸手进去确认了她已经死亡，于是走向下一个建筑物。这时救援队长忽然喊大家往回跑。他又来到这位妇女的尸体前，费力地用手伸进她的身子底下摸索，高声喊道："有人，有个孩子，还活着！"经过一番努力，人们把废墟清理开，发现在她的身体下躺着她的孩子，包在一个红色带黄花的小被子里，大概有三四个月大，因为母亲的身体庇护着，他毫发未伤，还在安静地睡着。救援队的医生解开被子准备为孩子的身体做些检查，发现有一部手机塞在被子里。医生看了下手机屏幕，发现屏幕上是一条已发的短信："亲爱的宝贝，如果你能活着，一定要记住：我爱你。"手机在救援队员中间传递着，每个看到短信的人都落泪了。这是一个震撼人心的场面。这位伟大的母亲牺牲自己的生命，从死神那里夺回了一个三个月的小生命。这是精神的崇高。这种精神的崇高，既是道德的（道德的崇高），也

---

[1] 魏强：《母爱，超越生命的爱》，载《读者文摘》，1991 年第 11 期。

是审美的（崇高的意象世界）。面对这种精神的崇高，每个人在涌出泪水的同时，灵魂都会得到一次净化和升华。

这位谭老师和这位母亲，显示出崇高的精神美、灵魂美。**这种精神美、灵魂美，本质上是一种爱，是母亲的爱，师长的爱，人类的大爱。这种爱，包含着生命的牺牲与奉献，造就了精神的崇高**。正如屠格涅夫所说："爱比死，比死所带来的恐惧还更强有力。因为有爱，只因为有爱，生命才能支撑住，才能进行。"也正如李斯托威尔所说："**爱是这样的一种冲动，它驱使我们永恒向前，去实现人类高尚的命运；它不断地把真正人性的东西，从我们天性中的那些粗野的世俗的东西中拯救出来；它把我们燃烧着的对于精神上的完满的追求，世世代代地保持下去；同时，它又把我们内心经验深处的那种对于宗教、神圣和艺术的珍贵而又深挚的感情保持下去。的确，就是这样一种奇异的创造性的力量，把人生神圣化、理想化。**"[1]

人们在面对这样一种精神美、灵魂美时，都在受到震撼的同时，在自己的内心中充满一种神圣感。**这种神圣感是一种心灵的净化和升华，也就是超越平庸和渺小，使自己的精神境界提升到一个新的高度**。

六、阳刚之美与阴柔之美

在中国美学中，有一对和崇高与优美相类似的范畴，就是阳刚之美与阴柔之美，或称壮美与优美。

清代桐城派文论家姚鼐曾举了很生动的例子对这两种美的类型进行描述：

> 其得于阳与刚之美者，则其文如霆，如电，如长风之出谷，如崇山峻崖，如决大川，如奔骐骥；其光也；如杲日，如火，如金镠铁；其于人也，如凭高视远，如君而朝万众，如鼓万勇士而战之。其得于阴与柔之美者，则其文如升初日，如清风，如云，如霞，如烟，如幽林曲涧，如沦，如漾，如珠玉之辉，如鸿鹄之鸣而入寥廓；其于人也，

---

[1] 李斯托威尔：《近代美学史评述》，第237—238页，上海译文出版社，1980。

瀏乎其如叹，邈乎其如有思，煦乎其如喜，愀乎其如悲。[1]

朱光潜在《文艺心理学》中专门有一章论述"刚性美与柔性美"。他举了两句六言诗象征这两种美："骏马秋风冀北，杏花春雨江南。"他说，这两句诗每句都只举出三个殊相，然而它们可以象征一切美。你遇到任何美的事物，都可以拿它们做标准来分类。比如说峻崖，悬瀑，狂风，暴雨，沉寂的夜或是无垠的沙漠、垓下哀歌的项羽，或是横槊赋诗的曹操，你可以说这都是"骏马秋风冀北"式的美；比如说清风，皓月，暗香，疏影，青螺似的山光，媚眼似的湖水，葬花的林黛玉，或是"侧帽饮水"的纳兰成德，你可以说这都是"杏花春雨江南"式的美。

这两种美的类型，在中国文学史和中国艺术史上都非常常见。拿词来说，有豪放派与婉约派之分。豪放派的意象世界属于壮美，婉约派的意象世界属于优美。苏轼曾请一个人对他的词和柳永的词发表看法，那人说："柳郎中词，只好十七八女孩儿，执红牙拍板，唱'杨柳岸，晓风残月'。学士词，须关西大汉，执铁板，唱'大江东去'。"[2] 这是对两种美的很好的描绘。胡寅说，苏东坡的词，"一洗绮罗香泽之态，摆脱绸缪宛转之度，使人登高望远，举首高歌，而逸怀浩气，超然乎尘垢之外"。[3] 这段话对于壮美的意象给人的美感也是很好的描绘。

对于壮美和优美这两种审美形态，特别是对壮美和优美引起不同的美感，真正带有一点理论色彩的论述，最早大概是明末清初的魏禧。

魏禧关于壮美和优美的论述见于《魏叔子文集》卷十《文瀫叙》一文。魏禧在文章中说：

> 风水相遭而成文。然其势有强弱，故其遭有轻重，而文有大小。洪波巨浪，山立而汹涌者，遭之重者也。沦涟漪澉，皴襞而密理者，遭之轻者也。重者人惊而快之，发豪士之气，有鞭笞四海之心。轻者人乐而玩之，有遗世自得之慕。要为阴阳自然之动，天地之至文，不可以偏废也。

---

[1] 姚鼐：《复鲁絜非书》，《惜抱轩文集》卷六。
[2] 俞文豹：《吹剑录》。
[3] 胡寅：《题向子諲〈酒边词〉》。

魏禧这段话包含了几层意思：(1) 风水相遭，阴阳交错，产生了"文"（美）。(2) 风水相遭有轻有重，因此"文"（美）也就有两种不同的类型。一种是"洪波巨浪，山立而汹涌者"，就是人们常说的壮美（阳刚之美）。一种是"沦涟漪潋，皱蹙而密理者"，就是人们常说的优美（阴柔之美）。(3) 这两种不同类型的美，引起不同的美感心理：洪波巨浪、山立汹涌之美，"人惊而快之，发豪士之气"；沦涟漪潋、皱蹙密理之美，"人乐而玩之，有遗世自得之慕"。(4) 这两种不同类型的美，都是阴阳自然之动，天地之至文，不可以偏废。在这几层意思中，最值得注意的并不是对于壮美和优美这两种美的类型的区分（因为这个区分早就有了），而是对于这两种类型的美所引起的不同的美感心理的分析。这一点是过去所没有的。

魏禧在文章中还有一段话，对于壮美和优美所引起的不同的美感心理作了进一步的说明：

> 吾尝泛大江，往返十余适。当其解维鼓枻，轻风扬波，细潋微澜，如抽如织，乐而玩之，几忘其有身。及夫天风怒号，帆不得辄下，楫不得暂止，……舟中皆无人色，而吾方倚舷而望，且怖且快，揽其奇险雄莽之状，以自壮其志气。

按照魏禧的分析，人们在欣赏优美时的心理状态是"乐而玩之，几忘其有身"。欣赏者凝神观照，获得审美的愉悦，刹那间忘记了自身的存在。所谓"有遗世自得之慕"就是这个意思。人们在欣赏壮美时的心理状态则是"惊而快之，发豪士之气"。壮美的景象和审美主体之间存在着一种对抗的关系，使审美主体产生惊怖的情绪，但同时又在审美主体内心激起一种摆脱琐细平庸的境界而上升到更广阔更有作为的境界的豪壮之气，因而感到兴奋。所谓"且怖且快，揽其奇险雄莽之状，以自壮其志气"，所谓"惊而快之，发豪士之气，有鞭笞四海之心"，就是这个意思。

中国美学中阳刚之美与阴柔之美这一对范畴，和西方美学中的崇高与优美这一对范畴，是否可以等同起来？从上述魏禧对壮美和优美的美感特点的论述来看，确实与西方美学的崇高与优美十分类似。魏禧说壮美的美感心理是"且怖且快，揽其奇险雄莽之状，以自壮其志气"，是"惊而快之，发豪士之气，有鞭笞四海之心"，优美的美感心理是"乐而玩之，几忘其有身"，这和西方美学中从朗吉弩斯到康德对崇高与优美的美感心理的论述不是十分相像吗？姚鼐所举的壮美的例子，如崇山峻崖，如长风出谷，如决大河，如鼓万勇士而战之，又举优美的例子，如升初日，如清风，如烟，如霞，如幽林曲涧，还有历史上其他许多文论家谈到壮美与优美所举的例子，壮美如飘风震雷，如扬沙走石，如鲸鱼碧海，如巨刃摩天，如荒荒油云，如寥寥长风，优美如秋水芙蕖，如白云初晴，如采采流水，如蓬蓬远春，等等，和西方美学家对崇高与优美的描述，也很相像。所以朱光潜在《文艺心理学》中论述刚性美与柔性美时，基本上是把它们作为和西方美学的崇高与优美相同的范畴来对待的。

但是，严格来说，中国美学中的优美与壮美，和西方美学中的崇高与优美，还是有区别的。区别主要有两点。

第一，它们的文化背景不同。我们前面说，在西方美学中，优美的源头是希腊文化，崇高的源头是希伯莱文化和基督教文化，这决定了它们独特的文化内涵。而在中国美学中，壮美和优美这种美的分类则源于《易传》。《易传》的《系辞传》认为，宇宙万物生存与变化的根本原因，是事物内部两种对立因素的相互作用。这两种对立的因素，就是阴和阳，也就是柔和刚。在《易传》的这个思想的影响下，中国美学把美区分成两大基本类型：阳刚之美与阴柔之美，或者叫壮美与优美。前面提到的姚鼐就谈到这一点。他说："吾尝以谓文章之原，本乎天地。天地之道，阴阳刚柔而已。苟有得乎阴阳刚柔之精，皆可以为文章之美。阴阳刚柔并行而不容偏废，有其一端而绝亡其一，刚者至于偾强而拂戾，柔者至于颓废而暗幽，则必无与于文者矣。"[1] 又说："鼐闻天地之道，阴阳刚柔而已。文者，天地之精英，而阴阳刚柔之发也。惟圣人之言，统二气之会而弗偏，然而《易》、《诗》、《书》、《论语》所载，亦间有可以刚柔分矣。值其时其人，告语之体各有宜也。"[2] 就是说，文章之美是从天地之道来的，天地之道是阴阳刚柔的统一，文章也就分别有阴阳刚柔之美。所以，在中国美学中的优

---

[1] 姚鼐：《海愚诗钞序》，《惜抱轩文集》卷四。
[2] 姚鼐：《复鲁絜非书》，《惜抱轩文集》卷六。

美,并不具有西方美学的优美那种"高贵的单纯"和"静穆的伟大"的文化内涵;中国美学中的壮美,也不具有西方美学中的崇高那种宗教的文化内涵(神是崇高本身"最纯粹的表现")。

第二,由于中国美学的壮美与优美都源于《易传》,而按照《易传》,"一阴一阳之为道",天地之道是阴阳(刚柔)的统一,就是说,阳和阴,刚和柔,不但是对立的,而且是统一的,都是"道"所不可缺少的。在这种思想影响下,中国古典美学中的壮美和优美的关系,就不是互相排斥的,不是相互分裂的,不是互相隔绝的。所以姚鼐说,阳刚之美和阴柔之美可以"偏胜",但却不可以"偏废"。不仅如此,中国美学还要求阳刚之美和阳柔之美互相连接,互相渗透,融合成统一的意象世界。在中国古典美学的系统中,壮美的意象不仅要雄伟、劲健,而且同时要表现出内在的韵味;优美的意象不仅要秀丽、柔婉,而且同时要表现出内在的骨力。中国古典美学论书法时讲究"书要兼备阴阳二气",讲究"力"和"韵"的互相渗透;论画时讲究"寓刚健于婀娜之中,行遒劲于婉媚之内";论词时讲究"壮语要有韵,秀语要有骨",讲究"豪放"和"妩媚"的互相渗透;论小说时讲究"疾雷之余,忽观好月",讲究"山摇地撼之后,忽又柳丝花朵",讲究"龙争虎斗"之后,"忽写燕语莺声,温柔旖旎",讲究要有"笙箫夹鼓,琴瑟间钟"之妙,等等,都反映了中国古典美学的这种观点。中国美学中壮美与优美之间的这种互相渗透和互相融合,在西方美学的崇高与优美的关系中是没有的。

本 章 提 要

不同的社会文化环境会发育出不同的审美文化。不同的审美文化由于社会环境、文化传统、价值取向、最终关切的不同而形成自己的独特的审美形态。审美形态是特定的社会文化环境中产生的某一类型审美意象的"大风格"。审美范畴是这种"大风格"(审美形态)的概括和结晶。在西方文化史上,优美与崇高、悲剧与喜剧、丑与荒诞等几对概念是涵盖面比较大的审美形态的概括和结晶,也是美学史上绝大多数美学家认同的审美范畴。在中国文化史上,受儒、道、释三家影响,也发育了若干在历史上影响比较大的审美意象群,形成了独特的审美形态(大风格),从而结晶成独特的审美范畴。例如,"沉郁"概括了以儒家文化为内涵、以杜甫为代表的审美意象大风格,"飘逸"概括了以道家文化为内涵、以李白为代表的审美意象大风格,"空灵"则概括了以禅宗文化为内涵、以王维为代表的审美意象大风格。

优美是古希腊文化所培育出来的文化形态。古希腊神庙和人体雕像以及文艺复兴时期大画家拉斐尔的作品是优美的典型代表。优美的特点是完整、单纯、绝对的和谐,就是文克尔曼说的"高贵的单纯和静穆的伟大"。优美引起的美感,是一种始终如一的愉悦之情。

崇高是希伯莱文化和西方基督教文化所培育出来的审美形态。神是崇高最纯粹、最原始的形式。哥特式教堂是崇高的典型代表。到了欧洲18世纪至19世纪之交的浪漫主义时期,"崇高"的文化内涵发生了重大的变化,人的超越自我的精神历程,成为崇高的核心。诗和音乐(歌德的《浮士德》,贝多芬的第三、第五、第九交响曲)成了崇高的新的感性显现。康德认为,崇高的对象用在数量上和力量上的无限巨大,激发了主体的超越精神,主体由对对象的恐惧而产生的痛感而转化为由肯定主体尊严而产生的快感,这就是崇高感。

崇高的意象世界的核心意蕴是追求无限,而崇高的"形式语言"的灵魂则是"空间意识",是一种宏伟深远的空间感。这种空间感同时也是一种历史感,是对于命运、时间、生命的内在体验。

在优美和崇高之中,有一种灵魂美,它闪耀着高尚、圣洁的精神的光辉。这种灵魂美的本质是一种大爱,是生命的牺牲与奉献。人们面对这种灵魂美,内心充满一种神圣感,这种神圣感是一种心灵的净化和升华。

中国美学中有一对和崇高与优美十分类似的范畴,即阳刚之美与阴柔之美(壮美与优美)。但是这两对范畴的文化背景不同,哲学内涵不同,所以不能把它们完全等同。

扫一扫,进入第九章习题

单选题

简答题

思考题

填空题

第十章　悲剧与喜剧

本章讨论悲剧与喜剧这对范畴。

"悲剧"这个概念，有广义、狭义之分。我们这里讨论的悲剧，是作为审美范畴之一种的悲剧（广义的悲剧），而不是作为戏剧样式之一种的悲剧（狭义的悲剧）。有人为了区别于作为戏剧样式的悲剧，就把作为审美范畴的悲剧称为"悲"，或"悲剧性"。

朱光潜在《悲剧心理学》中认为现实生活中没有悲剧。他说："现实生活中并没有悲剧，正如辞典里没有诗，采石场里没有雕塑作品一样。"[1]

朱光潜的这个说法并不奇怪，这和他对"美"的看法是一致的。我们在前面说过，朱光潜否定美的客观说，否定"自然美"的概念，认为"自然中无所谓美，在觉自然为美时，自然就已变成表现情趣的意象，就已经是艺术品。"[2] 悲剧也是广义的美的一种，因而悲剧并不是客观的物的属性（不是客观的社会生活的属性），而是审美意象，它离不开审美主体，离不开审美意识。柳宗元说的"美不自美，因人而彰"，对于悲剧同样是适用的。

但是如果我们不把"现实生活中有没有悲剧"这个问题理解为"现实生活在客观上有没有悲剧"，而是理解为"在社会生活领域有没有悲剧"，那么我们应该给予肯定的回答。这就像我们前面讨论"自然美"和"社会美"，我们并不是说自然物本身客观地有美，或社会生活本身客观地有美，而是讨论自然领域和社会生活领域存在的美，它们与艺术美比较起来各有不同的特点，但是它们都是审美意象，这是相同的。自然界没有悲剧，因为悲剧是人的行动造成的。但是我们要承认在社会生活领域是有悲剧的，即便它们还没有被戏剧家写成戏剧。但是社会生活领域的悲剧，同样是审美意象，同样离不开审美主体，同样需要人的意识去发现它，唤醒它，照亮它。

---

[1] 朱光潜：《悲剧心理学》，第243页，人民文学出版社，1983。
[2] 朱光潜：《文艺心理学》，见《朱光潜美学文集》第一卷，第153页，上海文艺出版社，1982。

一、对悲剧的解释：亚里士多德、黑格尔、尼采

在历史上，很多美学家对悲剧进行过研究。其中最有影响的是亚里士多德、黑格尔和尼采。

（一）亚里士多德：悲剧引起怜悯和恐惧而使人得到净化

亚里士多德为悲剧下了一个定义："悲剧是对于一个严肃、完整、有一定长度的行动的模仿；它的媒介是语言，具有各种悦耳之音，分别在剧的各部分使用；模仿方式是借人物的动作来表达，而不是采用叙述法；借引起怜悯和恐惧来使这种情绪得到陶冶。"[1] 他还指出："悲剧的目的不在于模仿人的品质，而在于模仿某个行动。"[2] "情节乃悲剧的基础，有似悲剧的灵魂。"[3] 亚里士多德的这些话，主要是讨论悲剧艺术（作为一种戏剧艺术）的性质，但也必然涉及悲剧作为一种审美形态的性质。主要是两点：第一，悲剧是人的行为造成的；第二，悲剧引起人的"怜悯"和"恐惧"的情绪而使这些情绪得到净化。

亚里士多德认为，悲剧的主角并不是坏人，他之所以陷入厄运，并不是他做了坏事，而是犯了过失，他的行为产生了他自己意想不到的结果。他用古希腊大悲剧家索福克勒斯的作品《俄狄浦斯王》来证明他的这个看法。

《俄狄浦斯王》的故事情节是这样的：俄狄浦斯是忒拜国王拉伊奥斯和王后伊奥卡斯忒所生的儿子。拉伊奥斯从神那里得知，由于他以前的罪恶，他的儿子命中注定要弑父娶母。因此，儿子一出生，他就叫一个牧人把孩子抛弃。这婴儿被无嗣的科林斯国王收为儿子。俄狄浦斯长大成人后，也从神那里得知自己的命运，他为反抗命运，就逃往忒拜。在途中的一个三岔路口，他一时动怒杀死了一个老人。这个老人正巧是他的生父，忒拜国王拉伊奥斯。狮身人面女妖斯芬克斯为害忒拜，俄狄浦斯说破了她的谜底，为忒拜人解除了灾难。他被忒拜人拥戴为王，并娶了前王的寡后，也就是自己的生母伊奥卡斯忒。这部戏开场时，忒拜发生了瘟疫，神说要找出杀害前王的凶手，瘟疫才能停止。俄狄浦斯诚心为忒拜谋福，经过多方查访，结果发现凶

---

[1] 亚里士多德：《诗学》，第19页，人民文学出版社，1962。
[2] 同上书，第21页。
[3] 同上书，第23页。

手就是他自己。那位牧人也承认，婴儿时的俄狄浦斯是王后交给他的。于是真相大白。俄狄浦斯娶母的预言也实现了。在极度悲痛中，王后伊奥卡斯忒悬梁自尽，俄狄浦斯也刺瞎了自己的双眼，请求放逐。[1]

这个悲剧说明命运的可怕和不可抗拒。俄狄浦斯和他的父亲为了逃脱命运的安排而做出一系列选择，正是这一系列选择使他们掉进了命运的"陷阱"。所以，亚里士多德认为，悲剧主角并不是坏人，他们因为自己的过失而遭到灭顶之灾。这是命运的捉弄。所以引起人们的怜悯和恐惧。

（二）黑格尔：两种片面的理想的冲突

黑格尔的悲剧理论是很有名的。黑格尔认为，悲剧所表现的是两种对立的理想或"普遍力量"的冲突和调解。朱光潜在《西方美学史》中对黑格尔的这个思想作了非常清晰的概括："就各自的立场来看，互相冲突的理想既是理想，就都带有理性或伦理上的普遍性，都是正确的，代表这些理想的人物都有理由把它们实现于行动。但是就当时世界情况整体来看，某一理想的实现就要和它的对立理想发生冲突，破坏它或损害它，那个对立理想的实现也会产生同样的效果，所以它们又都是片面的，抽象的，不完全符合理性。这是一种成全某一方面就必牺牲其对立面的两难之境。悲剧的解决就是使代表片面理想的人物遭受痛苦或毁灭。就他个人来看，他的牺牲好像是无辜的；但是就整个世界秩序来看，他的牺牲却是罪有应得，足以伸张'永恒正义'的。他个人虽遭到毁灭，他所代表的理想却不因此而毁灭。所以悲剧的结局虽是一种灾难和痛苦，却仍是一种'调和'或'永恒正义'的胜利。因为这个缘故，悲剧所产生的心理效果不只是亚里士多德所说的'恐惧和怜悯'，而是愉快和振奋。"[2]

黑格尔本人举索福克勒斯的另一部作品《安提戈涅》为例。这部悲剧的女主角安提戈涅的二哥波吕涅克斯因争王位，借外国军队攻打自己的国家忒拜，兵败身亡。忒拜国王克瑞翁下令禁止埋葬波吕涅克斯的尸体，违令者要处死，因为波吕涅克斯焚烧祖先的神殿，吸吮族人的血。安提戈涅不顾禁令，埋葬了哥哥。国王下令处死她，她自杀身亡。她的未婚夫是国

---

[1] 以上对《俄狄浦斯王》故事情节的概括，引自凌继尧《美学十五讲》，第154页，北京大学出版社，2003。
[2] 朱光潜：《西方美学史》下册，第157页，人民文学出版社，1964。

王克瑞翁的儿子，也跟着自杀了。照黑格尔的看法，这个悲剧揭示的就是两种理想的冲突，国王克瑞翁代表国家的安全和法律，安提戈涅代表亲属的爱，从他们各自的立场看，都是合理的，正义的，但从当时的整体情境来看，又是片面的，不正义的，因而互相否定，双方都遭受痛苦或毁灭。"在这种冲突中遭到毁灭或损害的并不是那两种理想本身（王法和亲属的爱此后仍然有效），而是企图片面地实现这些理想的人物。"[1]

（三）尼采：日神精神和酒神精神

尼采写过一本《悲剧的诞生》，这是他的第一部著作，被学者们看作是他的哲学的诞生地。

尼采提出日神精神和酒神精神这两个概念，他用这两个概念来说明悲剧的本质。日神阿波罗是光明之神，象征一种宁静安详的状态，体现为美的外观。梦是生活中的日神状态。造型艺术是典型的日神艺术。酒神狄俄尼索斯象征情绪的激动、亢奋，是一种痛苦与狂喜交织的迷狂。醉是生活中的酒神状态。音乐是纯粹的酒神艺术。"日神和酒神都植根于人的至深本能，前者是个体的人借外观的幻觉自我肯定的冲动，而后者是个体的人自我否定而复归世界本体的冲动。"[2]

尼采认为，悲剧是日神和酒神的结合，但本质上是酒神精神，"酒神因素比之于日神因素，显示为永恒的本原的艺术力量，归根到底，是它呼唤整个现象世界进入人生"。[3]

尼采认为，悲剧给人的美感是一种"形而上的慰藉"："我们在短促的瞬间真的成为原始生灵本身，感觉到它的不可遏止的生存欲望和生存快乐。"[4] 在悲剧中，个体毁灭了，但是它使人们回到了世界生命的本体，因为对于世界生命本体来说，个体的不断产生又不断毁灭正表现它生生不息的充沛的生命力。所以悲剧给人的美感是痛苦与狂喜交融的迷狂状态。对尼采的这个看法，朱光潜概括说："悲剧的主角只是生命的狂澜中一点一滴，他牺牲了性命也不过一点一滴的水归原到无涯的大海。在个体生命的

---

[1] 朱光潜：《西方美学史》下册，第158页。
[2] 周国平：《〈悲剧的诞生〉译序》，见《悲剧的诞生》，第3页，三联书店，1986。
[3] 尼采：《悲剧的诞生》，第107页，三联书店，1986。
[4] 同上书，第71页。

无常中显出永恒生命的不朽，这是悲剧的最大的使命，也就是悲剧使人快意的原因之一。"[1]

二、悲剧的本质

悲剧的本质究竟是什么呢？

在古代希腊，人们是把悲剧和命运联系在一起的。

人是有意识的、有理性的存在，人的一切行为都是有意识的，都出于自己的选择。因此，在一般情况下，人都要承担自己行为的后果。例如，外面下着大雨，你偏偏要跑出去淋雨，因而得病，别人就会说你"自讨苦吃"、"自作自受"。因为这是你自己的选择，你要承担自己的行为的后果。但是在实际生活中，在很多时候，一些灾难性的后果并不是我自己选择的，而是由一种个人不能选择的、个人不能支配的、不可抗拒的力量所决定的。那就是命运。在古希腊人的心目中，命运是不可抗拒的。但是这种由不可抗拒的力量所决定的灾难性的后果，从表面上看，却是由某个个人的行为引起的，所以要由这个人来承担责任。这就产生了悲剧。**并不是生活中的一切灾难和痛苦都构成悲剧，只有那种由个人不能支配的力量（命运）所引起的灾难却要由某个个人来承担责任，这才构成真正的悲剧。**

最典型的就是我们前面提到的索福克勒斯的《俄狄浦斯王》。这是亚里士多德最为推崇的古希腊悲剧。叶秀山曾对这个悲剧所包含的丰富意蕴进行过分析。他的分析很有启发性。我们可以把它概括成以下六点：

第一，俄狄浦斯的遭遇说明命运是不可抗拒的，而且有捉弄人的意味。

第二，《俄狄浦斯王》中的所有的人物都有意识地为避免神谕的预言的实现而做出了相应的选择（行动），然而恰恰是这些选择（行动），使神谕的预言得以实现。神谕的预言似乎是一个圈套和陷阱，正是事先让你知道这个预言而又要逃避它，才使预言得以实现。也就是说，知道预言是预言实现的条件。

第三，把上面的说法再引申一下，就是说，正是人的"知识"，造成了人的"错误"。人们总以为"知识"能使人避免"错误"，从而掌握自己的命运，实际上"知识"并不能使每个人避免"错误"，恰恰相反，"知识"

---

[1] 朱光潜：《文艺心理学》，见《朱光潜美学文集》第一卷，第256页，上海文艺出版社，1982。

是"错误"的条件。这就是希腊人体会到的人生的悲剧。

第四，俄狄浦斯的本意并不想为恶，他的选择（行动）是为了避免为恶，但结果事与愿违，正是他的行动造成"恶"的结果。就俄狄浦斯的本意来说，他本可以不承担责任，但事情的恶果终究是他的行为造成的，他又不能不承担责任。事实上他也承担了责任，作出了自我惩罚。这一方面显示出他的崇高品质，另一方面更显示出命运的残酷。

第五，俄狄浦斯在开始时为了逃脱命运的安排而作出了"选择"（行动），显示了他的"自主"、"自决"的品质。在受到命运的捉弄，铸成大错后，他勇于承担责任，自愿受罚，说明他致死不放弃他的"自主"、"自决"的品质。这是悲剧英雄的感动人、震撼人的地方。

第六，正是从这里产生了亚里士多德所说的悲剧的"恐惧"、"怜悯"和"净化"的效果。"恐惧"在于"命运"不放过任何人，有大智慧、大勇气者更不例外。"怜悯"在于"命运"之不公，或滥施惩罚，或罚不当罪，使好人受罪。"恐惧"和"怜悯"都是在观众中引起的情绪，不是悲剧人物的心态。悲剧英雄并不"怨天尤人"，而是在命运的捉弄面前保持"自主"、"自决"的气概，接受命运的挑战，没有一点怯懦的表现。正是悲剧英雄这种独立自主、保持自身人格尊严和精神自由的品质，给观众以巨大的震撼和激动，使观众的精神境界得到升华。这就是亚里士多德说的"净化"。[1]

《俄狄浦斯王》所包含的这种悲剧的意蕴是十分典型的。它说明，**命运是悲剧意象世界的意蕴的核心。当作为个体的人所不能支配的力量（命运）所造成的灾难却要由他来承担责任，这就构成了悲剧。**

悲剧作为一种审美形态和一种戏剧形式起源于古希腊，并不是偶然的。古代希腊人有着深刻的"命运感"。"他们一方面渴求人的自由和神的正义，另一方面又看见人的苦难，命运的盲目，神的专横和残忍，于是感到困惑不解。既有一套不太明确的理论，又有深刻的怀疑态度，既对超自然力怀有迷信的畏惧，又对人的价值有坚强的意识，既有一点诡辩学者的天性，又有诗人的气质——这种种矛盾构成希腊悲剧的本质。"[2]"希腊悲剧是一种特殊文化背景和特殊民族性格的产品，它不是可有可无的奢侈品，而是

---

[1] 以上见《叶秀山文集·美学卷》，第802—805页，重庆出版社，2000。
[2] 朱光潜：《悲剧心理学》，第232—233页，人民文学出版社，1983。

那个民族的必然产物。"[1]

人类历史是一个不断地由必然王国向自由王国飞跃的过程（这个过程永远不会完结），因而理性不能完全自由地支配命运，人的选择和努力有可能事与愿违，造成灾难——这是悲剧的原因。只要"命运"对于个人、对于社会、对于历史还不是可以自由掌握的，那么，悲剧就会仍然是审美形态的一种。焦虑、恐惧、绝望和死亡就仍然会通过艺术的形式得到表现。而悲剧最积极的审美效果就是使人正视人生的负面，认识人生的严峻，接受"命运"的挑战，随时准备对付在人生的征途中由于冒犯那些已知的和未知的"禁忌"而引起的"复仇女神"的报复。悲剧固然使人恐惧，但在恐惧之中，却使人思考和成熟，使人性变得更完整和更深刻。朱光潜说得好："一个民族必须深刻，才能认识人生悲剧性的一面，又必须坚强，才能忍受。"[2]

由于"命运"是悲剧意象世界的意蕴的核心，所以，悲剧这一审美形态的最佳形式是戏剧、小说和影视艺术。人物对"命运"的抗争所构成的情节冲突（具体化为人物自身性格的悲剧冲突，人物之间性格不同的悲剧冲突，不同利益集团及其代理人之间的利害关系的悲剧冲突，不同价值观念及其捍卫者之间的悲剧冲突，人和自然力量之间的悲剧冲突等等）发展成为悲剧的前景，而潜行于情节之中的"命运"（即必然性——悲剧中的众多偶然性因素正因为同看不见的必然性的联系而显得神秘，悬念与恐惧来源于理性对神秘的必然性的朦胧的预期）则成为背景。必然性的背景通过偶然性的前景显现出来，产生强烈的戏剧冲突，使神秘的"命运"具有了感性认知的形式。

社会生活极其复杂，社会生活中的戏剧冲突也极其复杂多样，因而，悲剧也有多种多样的类型。历史上的哲学家、美学家提出的悲剧理论，由于针对不同类型的悲剧，所以他们的理论的侧重点也有不同。如前面提到的黑格尔关于两种片面的理想的冲突的理论，主要是着眼于不同价值观念及其捍卫者之间的悲剧冲突。又如恩格斯在评论拉萨尔的悲剧《济金根》时所说的"历史的必然要求和这个要求的实际上不可能实现之间的悲剧性

---

[1] 朱光潜：《悲剧心理学》，第233页。
[2] 同上书，第231页。

的冲突",[1] 主要是着眼于不同的阶级力量之间的利害关系的悲剧冲突。这些冲突都构成悲剧的前景。而在前景后面，构成悲剧的本质和核心的则是命运——悲剧主人公所不能支配的必然性。

三、悲剧的美感

悲剧的意蕴是命运所引发的灾难，如亚里士多德所说，它引起观者的恐惧和怜悯的情绪，那么它能不能给予观者以审美的愉悦？也就是说，悲剧能不能引起观者的美感？如果能，悲剧的美感有什么特点？

朱光潜在《悲剧心理学》一书中探讨了这个问题。

朱光潜是从亚里士多德所说的"恐惧"与"怜悯"开始分析的。

怜悯是由别人的痛苦的感觉、情绪或感情唤起的。怜悯当中有主体对于怜悯对象的爱或同情的成分。这种爱或同情，会产生一种愉悦。怜悯还包含有惋惜的感觉。这主要是一种痛感。

悲剧中的同情并不是普通生活中的"同情的眼泪"，或指向某个外在客体的道德的同情，而是一种审美的同情，是"由于突然洞见了命运的力量与人生的虚无而唤起的一种'普遍情感'"。[2]

恐惧是悲剧感中不可缺少的部分。"观赏一部伟大悲剧就好像观看一场大风暴。我们先是感到面对某种压倒一切的力量那种恐惧，然后那令人恐惧的力量却又将我们带到一个新的高度，在那里我们体会到平时在现实生活中很少能体会到的活力。"[3]

在这一点上，悲剧感类似于崇高感。"在崇高感中，这样一种敬畏和惊奇的感觉的根源是崇高事物展示的巨大力量，而在悲剧感中，这种力量呈现为命运。"[4]"悲剧的恐惧不是别的，正是在压倒一切的命运的力量之前，我们那种自觉无力和渺小的感觉。"[5]"这不是在日常现实中某个个人觉得危险迫近时那种恐惧，而是在对一种不可知的力量的审美观照中产生的恐惧，这种不可知的力量以玄妙不可解而又必然不可避免的方式在操纵着人

---

[1] 恩格斯：《致斐·拉萨尔》，见《马克思恩格斯选集》第四卷，第561页，人民出版社，1995。
[2] 朱光潜：《悲剧心理学》，第78页，人民文学出版社，1983。
[3] 同上书，第84页。
[4] 同上书，第89页。
[5] 同上。

类的命运。"[1] 如《俄狄浦斯王》和《被缚的普罗米修斯》都激起我们的一种恐惧，但这种恐惧并不是为了俄狄浦斯和普罗米修斯，因为他们的灾难已是既成事实，也不是为我们自己，因为我们绝少会有类似的遭遇。"在所有这些情形里，都是面对命运女神那冷酷而变化多端的面容时感到的恐惧，正是命运女神造成所有这些'古老而遥远的不幸'。"[2] 这种恐惧可以很强烈，又总是非常模糊，辨不清它的形状。这正是悲剧恐惧的特点。如果恐惧的对象是清晰可辨的，那就不成其为悲剧的恐惧。这种情况和悲剧的怜悯有些相似。"它们都是突然见出命运的玄妙莫测和不可改变以及人的无力和渺小所产生的结果，又都不是针对任何明确可辨的对象或任何特定的个人。"[3]

悲剧的恐惧的这种特点，使得悲剧感区别于一般的崇高感。

悲剧感和崇高感还有一点区别，就是悲剧感中包含有怜悯："无论情节多么可怕的悲剧，其中总隐含着一点柔情，总有一点使我们动心的东西，使我们为结局的灾难感到惋惜的东西。这点东西就构成一般所说悲剧中的'怜悯'。"[4]

悲剧引起观者的怜悯和恐惧的情绪，但它在最后并不会使人感到沮丧压抑，这是因为如我们在上一节所说，悲剧主人公有一种敢于接受命运的挑战，保持自身人格尊严和精神自由的英雄气概。"悲剧的基本成分之一就是能唤起我们的惊奇感和赞美心情的英雄气魄。我们虽然为悲剧人物的不幸遭遇感到惋惜，却又赞美他的力量和坚毅。"[5] 正因为这样，所以"悲剧在征服我们和使我们生畏之后，又会使我们振奋鼓舞。在悲剧观赏之中，随着感到人的渺小之后，会突然有一种自我扩张感，在一阵恐惧之后，会有惊奇和赞叹的感情"。[6]

悲剧的英雄气概，并不是一般社会生活中敢于流血、敢于牺牲的英雄气概，而是在神秘的、不可抗拒的命运的重压之下，依然坚持"自主"、"自决"的人格尊严和精神自由。正如黑格尔所说："**束缚在命运的枷锁上**

---

[1] 朱光潜：《悲剧心理学》，第89—90页。
[2] 同上书，第90页。
[3] 同上。
[4] 同上书，第92页。
[5] 同上书，第83页。
[6] 同上书，第84页。

的人可以丧失他的生命,但是不能丧失他的自由。"[1] 正是这种面对命运女神时所表现出来的英雄气概使人震撼,使人赞美,使人振奋,使人鼓舞。所以并不是一切具有英雄气概的人物都是悲剧人物。

把以上所说简要概括一下。悲剧的美感主要包含三种因素,一是怜悯,二是恐惧,三是振奋。我们要注意,这三种情绪和感情都区别于日常生活中的情绪和感情。怜悯是在看到命运的不公正带给人的痛苦而产生的同情和惋惜;恐惧是对于操纵人们命运的不可知的力量的恐惧;振奋则是悲剧人物在命运的巨石压顶时依然保持自身人格尊严和精神自由的英雄气概所引起的震撼和鼓舞,这是灵魂的净化和升华。

总之,悲剧"始终渗透着深刻的命运感,然而从不畏缩和颓丧;它赞扬艰苦的努力和英勇的反抗。它恰恰在描绘人的渺小无力的同时,表现人的伟大和崇高。悲剧毫无疑问带有悲观和忧郁的色彩,然而它又以深刻的真理、壮丽的诗情和英雄的格调使我们深受鼓舞"。[2]

四、中国的悲剧

在中国古代,无论在社会生活中还是在艺术作品中,同西方一样也存在着悲剧。中国古代悲剧的核心也是命运,是命运的不可抗拒,是人们对命运的恐惧和抗争。当然,与古希腊的悲剧相比较,中国古代悲剧显示的命运的力量和命运感有着不同的历史的、文化的内涵。我们可以举两个例子。

一个是明朝末年的崇祯皇帝和袁崇焕的故事。

袁崇焕任兵部尚书,兼右副都御史,督师蓟辽,兼督登莱天津军务。后来又加太子太保衔。从表面看,崇祯皇帝十分信任他,实际上他的一些行为(这些行为多数是巩固边防的需要,是正当的)已引起崇祯皇帝的猜疑。加之袁崇焕的性格有如他的名字,大火熊熊,我行我素,这种性格与崇祯的高傲、专横、多疑的性格必然会发生冲突,从而为自己埋下杀机。当时袁崇焕守在辽东,清兵不敢进攻,就从西路入犯。皇太极亲自带兵十万,攻陷遵化,从三河、顺义、通州,一直攻到北京城下。袁崇焕闻讯,两天两夜急行军三百余里,赶到广渠门外,与清军激战,清兵终于败退十

---

[1] 黑格尔:《美学》第一卷,第 198 页,人民文学出版社,1958。
[2] 朱光潜:《悲剧心理学》,第 261 页。

余里。袁崇焕这次与清军血战是他带来的九千先头部队,他的大军并未到达。但崇祯一再催袁崇焕与清军决战,认为袁崇焕不肯出战是别有用心。这时皇太极抓了两个明朝小太监,就利用这两个小太监实施反间计。崇祯是个暴躁多疑的人,自然中计,立即将袁崇焕逮捕入狱。当时很多大臣为袁崇焕辨冤,崇祯都不听,最后把袁崇焕凌迟处死,袁崇焕的母亲、妻子、弟弟、小女儿充军三千里。凌迟处死按规定要割一千刀才能把人杀死。这且不说。当时北京的百姓听说袁崇焕卖国通敌,抢着扑到袁崇焕身上咬他的肉,一直咬到内脏,又纷纷出钱买他的肉,一钱银子可买到一片,买到后就往嘴里咬。袁崇焕是一个悲剧人物。"他拼了性命击退来犯的十倍敌军,保卫了皇帝和北京城中百姓的性命。皇帝和北京城的百姓则将他割成了碎块。"[1]

这个故事的另一个人物崇祯皇帝朱由检也是一个悲剧人物。他17岁当上皇帝。这时明朝统治的专制、腐败、残暴已达到极点。崇祯自以为是一个英明、勤奋、有抱负的皇帝,实际上是一个高傲、愚蠢、残忍嗜杀、暴躁多疑的人物。从以下的统计数字可以看出崇祯的性格:"崇祯在位十七年,换了50个大学士(相当于宰相或副宰相),14个兵部尚书(那是指正式的兵部尚书,像袁崇焕这样加兵部尚书衔的不算)。他杀死或逼得自杀的督师或总督,除袁崇焕外还有10人,杀死巡抚11人,逼死一人。14个兵部尚书中,王洽下狱死,张凤翼、梁廷栋服毒死,杨嗣昌自缢死,陈新甲斩首,傅宗龙、张国维革职下狱,王在晋、熊明遇革职查办。"[2] 这样的皇帝,在历史上真是少见。最后,北京城被李自成攻破,他只得先把他的妻女杀死,最后自己在煤山上吊自杀。到这个时候,他居然还说"朕非亡国之君,诸臣皆亡国之臣","皆诸臣误朕也"。

袁崇焕和崇祯的悲剧是他们的性格以及性格冲突的必然结果,而他们的性格又代表着不同的观念和利益。但是笼罩在这一切之上的是那不可抗拒的命运的力量,是各种可知的和不可知的因素集合形成的必然性。可知的因素如把决定千千万万人的生死祸福的大权交在一个人手里的封建专制制度,明朝统治已经达到极端腐败的地步,以及清朝的崛起等等,但还有

---

[1] 金庸:《袁崇焕评传》,载《碧血剑》下册,第813页,三联书店,1994。
[2] 同上书,第818—819页。

许多不可知的因素。这些因素加在一起就是命运。袁崇焕的所作所为可以说是对命运的抗争，崇祯的所作所为也可以说是对命运的抗争，但是最后他们都为命运的巨石压碎了，一个被割了一千刀，一个亲手杀死自己的妻子、女儿，自己则上吊自杀。这两个人的悲剧包含有深刻的历史的、文化的内涵。

再一个例子是曹雪芹所作的《红楼梦》。

学者们都认为《红楼梦》是一部伟大的悲剧，但对于《红楼梦》的悲剧性在哪儿，学者们有不同的看法。

我认为，《红楼梦》的悲剧是"有情之天下"毁灭的悲剧。"有情之天下"是《红楼梦》作者曹雪芹的人生理想。但是这个人生理想在当时的社会条件下必然要被毁灭。在曹雪芹看来，这就是"命运"的力量，"命运"是人无法违抗的。

曹雪芹有一种深刻的命运感，这和中国人的传统意识不一样。王国维曾指出这一点，他说："吾国人之精神，世间的也，乐天的也，故代表其精神之戏曲、小说，无往而不著此乐天之色彩"，"此《红楼梦》之所以大背于吾国人之精神，而其价值亦即存乎此"。又说："《红楼梦》一书与一切喜剧相反，彻头彻尾之悲剧也。"[1]

读《红楼梦》，从一开始，我们就会感到书中的人物被"命运"的乌云笼罩着，十分窒息。书中一次又一次响起命运女神不祥预言的钟声。第五回写贾宝玉梦中游历"太虚幻境"，在"薄命司"中见到"金陵十二钗""正册""副册""又副册"，上面写的大观园中众多女孩的判词，就预言了她们的悲剧的命运。这相当于古希腊悲剧中的"神谕"。接着，警幻仙姑又请贾宝玉观看十二个舞女演唱《红楼梦》十二支，再一次预言了大观园中女孩的悲剧的命运。其中"枉凝眉"是预言贾宝玉、林黛玉二人的爱情悲剧："一个是是阆苑仙葩，一个是美玉无瑕。若说没奇缘，今生偏又遇着他；若说有奇缘，如何心事终虚化？一个枉自嗟呀，一个空劳牵挂。一个是水中月，一个是镜中花。想眼中能有多少泪珠儿，怎经得秋流到冬尽，春流到夏！"他们的爱情悲剧是命运的悲剧。

随着故事的发展，这种命运女神的预言的声音一再响起（如第十八回

---

[1] 王国维：《〈红楼梦〉评论》，见《王国维文集》第一卷，第10页，中国文史出版社，1997。

元妃点的四出戏,第二十二回的灯谜制作),而这些预言也一一实现。贾宝玉被贾政一顿毒打,差一点打死,接着是抄检大观园,大观园的少女也一个一个走向毁灭:金钏投井,晴雯屈死,司棋撞墙,芳官出家,鸳鸯上吊,妙玉遭劫、尤二姐吞金、尤三姐自刎……直到黛玉泪尽而逝。这个"千红一窟(哭)"、"万艳同杯(悲)"的交响曲的音调层层推进,最后形成了排山倒海的气势,震撼人心。**林黛玉的诗句"冷月葬花魂"是这个悲剧的概括。有情之天下被吞噬了。**

《红楼梦》中这些被命运吞噬的少女,她们体现了一种人生理想,就是肯定"情"的价值,争取"情"的解放。这在当时是一种新的观念。所以,《红楼梦》的悲剧是新的观念、新的世界毁灭的悲剧。

《红楼梦》中这些人物都对命运进行抗争。贾宝玉一再砸他的宝玉,并在梦中喊骂说:"什么是金玉姻缘,我偏说是木石姻缘!"黛玉、晴雯、司棋、芳官、鸳鸯、尤二姐、尤三姐……都用自己的生命进行抗争,但最后她们都被命运的巨石压碎了。

这个压碎一切的"命运"是什么?就是当时的社会关系和社会秩序,这种社会关系、社会秩序在当时是普通的、常见的,但它决定每个人的命运,是个人无法抗拒的。王国维特别强调这一点。他指出,《红楼梦》之悲剧,"但由普通之人物、普通之境遇,逼之不得不如是",所以他认为《红楼梦》是"悲剧中之悲剧"。[1] 王国维说得很有道理。但他把这种"由于剧中之人物位置及关系而不得不然"的悲剧,和命运的悲剧分别为两种,是不妥当的。在当时的社会关系和社会秩序下,《红楼梦》中体现新的人生理想的少女一个一个毁灭了,整个"有情之天下"毁灭了。在曹雪芹心目中,这就是命运的悲剧。**书中林黛玉的《葬花吟》,贾宝玉的《芙蓉女儿诔》,是对命运的悲叹,也是对命运的抗议。**《红楼梦》是中国的悲剧。它包含了许多深刻的东西,值得我们研究。

五、喜剧和喜剧的美感

悲剧发源于古代希腊,喜剧(或滑稽)也发源于古代希腊,时间比悲剧略晚一些。

---

[1] 王国维:《〈红楼梦〉评论》,《王国维文集》第一卷,第11、12页,中国文史出版社,1997。

如果说悲剧是和命运的观念联系在一起的话，那么喜剧则是和时间的观念联系在一起的。

巴赫金在研究拉伯雷时，对中世纪狂欢节的笑进行了分析。他认为，欧洲中世纪的狂欢节是以诙谐因素组成的第二种生活，它和时间有着本质的联系。他指出，狂欢式的笑，有以下几个特点："第一，它是全民的，大家都笑，'大众的'笑；第二，它是包罗万象的，它针对一切事物和人（包括狂欢节的参加者），整个世界看起来都是可笑的，都可以从笑的角度，从它可笑的相对性来感受和理解的；第三，即最后，这种笑是双重性的：它既是欢乐的、兴奋的，同时也是讥笑的、冷嘲热讽的，它既否定又肯定，既埋葬又再生。这就是狂欢式的笑。"[1] 巴赫金特别强调，这种笑也针对取笑者本身。人民并不把自己排除在不断生成的世界整体之外。他们也是未完成的，也是生生死死，不断更新的。整个世界处于不断形成的过程中，取笑者本身也包括在这个世界之内。所以，**狂欢节具有宇宙的性质，这是整个世界的一种特殊状态，这是人人参与的世界的再生和更新。狂欢节的笑体现的就是这种宇宙更新的观念。**

巴赫金讨论的对象是中世纪的狂欢节的笑，但对我们理解从古希腊以来的喜剧的文化内涵有深刻的启示。**喜剧体现古人的一种时间感**。整个世界是一个新陈代谢、辞旧迎新的过程，是一个不断更新和再生的过程。旧的死亡了，新的又会产生。旧的东西，丧失了生命力的即将死亡的东西，**总显得滑稽可笑，于是产生了喜剧**。正因为这样，所以马克思说："历史不断前进，经过许多阶段才把陈旧的生活形式送进坟墓。世界历史形式的最后一个阶段就是喜剧。"[2] 又说："黑格尔在某个地方说过，一切伟大的世界历史事变和人物，可以说都出现两次。他忘记补充一点：第一次是作为悲剧出现，第二次是作为笑剧出现。"[3]

喜剧的笑是包罗万象的，它可以针对一切人，是"百无禁忌"的。无论是古希腊的喜剧，还是古代中国的喜剧，都可以针对当时的统治者、大人物。

喜剧作为一个意象世界，它的意蕴的核心是时间感，是宇宙的更新，

---

[1]《巴赫金全集》第六卷，第 14 页，河北教育出版社，1998。
[2]《马克思恩格斯选集》第一卷，第 5 页，人民出版社，1972。
[3] 同上书，第 603 页。

是即将死亡的东西的滑稽可笑。喜剧作为一个意象世界，它的美感体验的特点则可能就是尼古拉·哈特曼所说的使人产生某种"透明错觉"：在观察者面前某种属于深远内层的东西被虚构成为伟大而重要的事物，为的是最后化为某种无意义的东西。这里可以区分为两种类型：(1) 低下卑劣的东西以高尚堂皇的面貌出现，但刚开始呈现于观察者面前时，这种低下卑劣的东西尚处于深远的内层，而显示在耳目之前的是显然被夸张了的高尚堂皇的感性外层。只是到了一定的时候，深远内层的东西浮现于感性外层的东西之中，这种明显的矛盾与反差立刻便构成观察者的"透明错觉"，即感性外层的表象虽然仍然造成一种"错觉"，但此时观察者已经能够洞察这种错觉，使错觉呈某种透明状。感性外层于是化为无意义的东西，对象越是保留甚至夸张这一感性外层的高尚堂皇，它越是显得毫无意义。由于对象并不构成严重的后果，所以它不像悲剧中的恶那样使人恐惧和愤怒，而只是让人鄙夷。(2) 无足轻重的东西以异常严重的面貌出现，但刚开始呈现于观察者面前时，这种无足轻重的本质尚处于深远的内层，而引起观察者焦虑的是显然被夸大了的严重性这一感性外层。只是到了一定的时候，在接连几件事态与观察者的期待相违时，无足轻重、无关紧要这样的深远内层的性质就浮现到感性外层上来了。这样，事实上的无关紧要与表面上的异常严重之间形成的矛盾与反差，使感性外层的严重性化为一种滑稽的东西。第一种类型是讽刺喜剧，第二种类型是生活喜剧。当喜剧中的人和事刚刚出现于观察者面前时，常常是以深不可测、重要无比、甚至危险重重的面貌出现的——不管是真正的丑，还是无伤大雅的小疵，或者是很正常很普通的一件事。它引起了观察者一种类似于对正剧和悲剧那样的期待，但在上了一次或两次当后，便清楚地知道它只是虚假地具有那样的性质，所以说是"透明错觉"——是一种错觉，但这种错觉是透明的，观察者知道这是错觉，却又不敢绝对肯定。只有随着事态的进展，"错觉"才能被消解——而这又是在观察者预料中的，虽然消解的方式以及实际的结局对于观察者仍是突然的、意外的。

  喜剧感的突出特点是轻松愉快的笑，许多美学家都准确地把握了这一点。但对笑的原因却有不同的解释。这些不同的解释可以归纳成两类。一类为"优越感"说，即突然发现喜剧人物不如自己高明，因而审美主体在瞬间产生一种"优越感",由此发出愉快的笑。这种理论由霍布斯首创,后来贝恩、谷鲁斯等人也都主张此说。另一类为康德首创的"紧张的期待突然转化为虚无"的理论。康德说,那原先觉得庞大、严肃、强壮的东西突然化为乌有,原来是渺小、丑陋、孱弱的东西,这时人才发出笑声,而且那个东西装得越大、越强、越一本正经,就越可笑。斯宾塞的"精力过剩说",弗洛伊德的"心理能量节约说"都是这一理论的翻版。这两类理论虽有不同,但有一点是共同的,即认为"在一切引起活泼的撼动人的大笑里必须有某种荒谬背理的东西存在"。[1] 正是这种东西引起了"优越感"或使"紧张的期待突然转化为虚无"。

我们认为,喜剧感(笑)包含了同情感、智慧感和新奇感。当事人的行为的貌似重要无比(它可能关联到他人的某件大事;或者关联到当事人自己的大事)使观众不能绝对肯定不发生严重的结局,所以他心里绷着一根弦,这是喜剧中的同情感;但种种迹象又暗示观众,结局将是无伤大雅的,观众能够意识到这一点,这是喜剧中的智慧感;然而,真正的结局又是完全出乎意料的、突然发生的,这是喜剧中的戏剧性和新奇感,它弛懈了观众绷着的那根弦,满足了观众的某种期待,不过往往不是这种期待的直接满足,而是一种与这种期待有一定出入的满足,因此又引发了他那强烈的新奇感。这些因素合起来,便是喜剧的笑——合同情感、智慧感与新奇感于一体的审美效应。喜剧最终将"透明错觉"化为乌有。这就引发了笑。笑都是突发的、不假思索的。这是喜剧效果的直接性。

当然,比较简单的滑稽行为(例如滑稽动作或者以滑稽动作连缀起来的闹剧),在形态结构上没有这么复杂,它只是因其新奇有趣而引起人一种轻松愉快的笑。这种有意为之的滑稽说明了对生命力的某种程度的自由操纵,它以逸出常规来证明这种自由。如俏皮话说明了人对语言和思维常规的自由操纵;滑稽表演说明了人对生理常态的自由操纵。

我们还要补充两点:第一,喜剧作为一个审美形态,包含了多种因素,有滑稽,还有机智、幽默、反讽、诙谐、误会、夸张等;因此,喜剧的笑也不是单一的,它还可以细分为各种不同的类型,如嘲笑,理智的笑(机智),轻松的笑(幽默),同情的笑(反讽),戏谑的笑(诙谐),等等。第

---

[1] 康德:《判断力批判》上册,第180页,商务印书馆,1985。

二，如果说悲剧感使主体始终处在一种心灵摇撼的紧张、激动和亢奋的状态的话，那么相比之下，喜剧感则使主体处于一种平静的、轻松的精神状态之中。即使在捧腹大笑时，主体也仍然是轻松的，毫无紧张感和压抑感。这是因为"喜剧中的危险不是真正的灾难，而是窘迫和丢脸。喜剧之所以比悲剧'轻快'，原因就在于此"。[1]

本 章 提 要

　　历史上研究悲剧最有影响的是亚里士多德、黑格尔和尼采。亚里士多德认为，悲剧是人的行为造成的。他以希腊悲剧《俄狄浦斯王》为例，说明悲剧的主角并不是坏人，他们因为自己的过失而遭到灭顶之灾。这是命运的捉弄。悲剧引起人的"怜悯"和"恐惧"的情绪，并使这些情绪得到净化。黑格尔认为，悲剧所表现的是两种对立的理想或"普遍力量"的冲突和调解。他以希腊悲剧《安提戈涅》为例，说明悲剧的主角代表的理想是合理的，但从整体情境看却又是片面的。悲剧主角作为个人虽然遭到毁灭，但却显示"永恒正义"的胜利。所以悲剧产生的心理效果是愉快和振奋。尼采认为悲剧是日神精神和酒神精神的结合，但本质上是酒神精神。在悲剧中，个体毁灭了，但个体生命的不断产生又不断毁灭正显出世界永恒生命的不朽，所以悲剧给人的美感是痛苦与狂喜交融的迷狂状态。

　　悲剧是与古希腊人的命运的观念联系在一起的。命运是悲剧意象世界的意蕴的核心。当作为个体的人所不能支配的力量（命运）所造成的灾难却要由某个人来承担责任，这就构成了悲剧。

　　悲剧的美感主要包含三种因素：一是怜悯，就是看到命运的不公正带给人的痛苦而产生的同情和惋惜；二是恐惧，就是对于操纵人们命运的不可知的力量的恐惧；三是振奋，就是悲剧主人公在命运的巨石压顶时依然保持自身人格尊严和精神自由的英雄气概所引起的震撼和鼓舞，这是灵魂的净化和升华。

　　中国和西方一样也存在着悲剧。《红楼梦》作者曹雪芹有一种深刻的命运感。《红楼梦》是一部描绘"有情之天下"毁灭的伟大的悲剧。书中林黛

---

[1] 苏珊·朗格：《情感与形式》，第404页，中国社会科学出版社，1986。

玉的《葬花吟》、贾宝玉的《芙蓉女儿诔》，是对命运的悲叹，也是对命运的抗议。

喜剧体现古人的一种时间感。整个世界是一个不断更新和再生的过程。旧的死亡了，新的又会产生。旧的东西，丧失了生命力的即将死亡的东西，总显得滑稽可笑，于是产生了喜剧。

喜剧美感体验的特点是使人产生一种"透明错觉"，从而使人产生某种同情感、智慧感和新奇感，合在一起，便引发喜剧的笑。

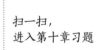

单选题　　简答题　　思考题　　填空题

扫一扫，进入第十一章习题
单选题　　简答题　　思考题　　填空题

第十一章　丑与荒诞

本章讨论丑与荒诞这对范畴，同时对中国美学中的"丑"作一简要的论述。

一、丑在近代受到关注

我们首先要对"丑"的概念做两点分辨。

第一，我们这里讨论的"丑"，作为审美范畴，和优美、崇高等审美范畴一样，它并不是客观物理存在，而是情景融合的意象世界，它有一种"意义的丰满"，是在审美活动中生成的。不把握这一点，很多问题就弄不清楚。

第二，作为审美范畴的"丑"，并不等同于伦理学范畴的"恶"。我们在日常语言中常常把"丑恶"连成一个词，而在实际生活中"丑"与"恶"也常常相连，但这依然是两个概念，它们可以相连，也可以不相连。罗丹的《欧米哀尔》是一个丑的意象，但这位女子并不是恶。

"丑"的概念是老早就有了。亚里士多德就谈到过"丑"。但正如李斯托威尔所说，"丑"作为一种审美形态，"主要是近代精神的一种产物"。[1]"那就是说，在文艺复兴以后，比在文艺复兴以前，我们更经常地发现丑。而在浪漫的现实主义的气氛中，比在和谐的古典的古代气氛中，它更得其所。"[2] 近代以来，由于社会文化和人们审美观念的变化，"丑"越来越多地受到人们的关注，19世纪50年代法国诗人波德莱尔的《恶之花》是这方面最早的也是最有名的代表作。到了西方现代派艺术中，"丑"常常占据主角的地位。与这种情况相对应，美学家对"丑"作为一个审美范畴也越来越重视。[3]

丑作为审美意象（广义的美），它的审美价值在哪里？最常见的说法有

---

[1] 李斯托威尔：《近代美学史评述》，第233页，上海译文出版社，1980。
[2] 同上。
[3] 可参看鲍桑葵《美学史》，商务印书馆，1985。

两种：一种是把丑作为美的对照和衬托，也就是说，因为有了丑，所以美的更美了；一种是生活丑转化为艺术美，也就是"美丽地描写"生活中丑的东西，丑就变成美了。但是，这两种说法都不很妥当。第一种说法并没有肯定丑作为一种审美形态本身的审美价值。第二种说法同样没有肯定丑作为一种审美形态本身的审美价值；而且实际上生活中的丑在艺术中并不一定转化为美（狭义的美，即优美），例如，罗丹的《欧米哀尔》，那位年老色衰的妓女被罗丹做成雕像后依旧是丑的。

我们认为，"丑"的审美价值，可以从以下两个方面来看。近代以来，艺术家们越来越关注"丑"，也是由于社会文化和审美观念的变化，艺术家们从这两个方面进一步看到了"丑"的审美价值。

第一，从19世纪开始，无论是浪漫主义的艺术家还是现实主义的艺术家，他们都发现，现实生活中不仅有引起优美和崇高的体验的东西，而且也有引起丑的体验的东西。罗丹雕塑的欧米哀尔在年轻时非常美，但后来年老色衰，成了一个干瘪丑陋的"老妓"。雨果说："万物中的一切并非都是合乎人情的美。""丑就在美的旁边，畸形靠着优美，丑怪藏在崇高的背后，美与恶并存，光明与黑暗相共。"[1] 实际生活中不仅有美的、健康的、光明的东西，同时也有丑的、病态的、阴暗的东西，"丑"的审美价值就在于可以显现"生活的本来面目"。[2] 所以很多艺术家在他们的作品中描绘"丑"，照亮"丑"。波德莱尔的《恶之花》中有许多"丑"的意象，巴尔扎克的《人间喜剧》中也有许多"丑"的意象。美术领域也是这样。当年莱辛说"绘画拒绝表现丑"，而现在很多画家并不拒绝表现丑。凡·高的《吃土豆的人》就是一个著名的例子。凡·高把整个画面涂成一种沾着灰土的、未剥皮的新鲜土豆的颜色。画面上有肮脏的亚麻桌布和熏黑的墙，那盏吊灯挂在粗陋的檩梁上，女儿把土豆递给父亲，母亲在倒黑咖啡，儿子把杯举向嘴边，他们的脸上露出对事物永恒秩序的听天由命的神情。[3] 这幅画的意象世界是"丑"，当时的评论家说这幅画是"非凡的丑陋"、"庄

---
[1] 雨果：《〈克伦威尔〉序》，见《十九世纪西方美学名著选》（英法美卷），第373页，复旦大学出版社，1990。
[2] "文学所以叫做艺术，就因为它按照生活的本来面目描写生活。"（契诃夫）见《契诃夫论文学》第35页，人民文学出版社，1958。
[3] 这是欧文·斯通在《梵高传》（《渴望生活》）中的描绘。参看《梵高传》第320—321页，北京出版社，1983。

凡·高 《吃土豆的人》

严的丑陋",但正如凡·高自己所说,这是"一幅真正的农民画","是从农民生活的深处发掘出来的"。[1] 欧文·斯通在《梵高传》中说:"他终于捕捉到那正在消逝的事物中存在着的具有永恒意义的东西。在他的笔下,布拉邦特的农民从此获得了不朽的生命。"[2]

第二,19世纪以来,艺术家们越来越重视观察和显现各种人物的个性特征,而丑常常最能显现一个人的个性特征。李斯托威尔说:"这种丑的对象,经常表现出奇特、怪异、缺陷和任性,这些都是个性的明确无讹的标志;经常表现出生理上的畸形、道德上的败坏、精神上的怪癖,这些都是使得一个人判然不同于另一个人的地方。总之,丑所表现出来的不是理想的种类典型,而是特征。"[3] 也就是说,丑的价值,不在于表现某种类型的共性,而是表现了一个人不同于另一个人的个性特征。罗丹也说过同样的话:"自然中认为丑的,往往要比那认为美的更显露出它的性格。"[4] 李斯托威尔举

---

[1] 刘治贵编著:《阅读凡·高》,第24页,四川美术出版社,2006。
[2] 《梵高传》,第321页。
[3] 李斯托威尔:《近代美学史评述》,第233页,上海译文出版社,1980。
[4] 《罗丹艺术论》,第23页,人民美术出版社,1987。

出雨果《巴黎圣母院》中的驼背，陀思妥耶夫斯基《卡拉马佐夫兄弟》中的癫痫病人斯美尔狄科夫和《罪与罚》中的斯维德利加依洛夫，以及伦勃朗的那些骄横的或憔悴的人物肖像为例。在绘画作品中，席里柯的《有赌博狂的女人》也是一个很好的例子。画中那个女人的一双眼睛，表明这个女人的精神已崩溃，生命的油灯也已经耗尽了。这是表现个性特征的丑。

"丑"作为审美意象，除了内容或题材方面的特点之外，还有

席里柯《有赌博狂的女人》

形式上的特点。优美在形式上的最大特点是和谐，丑在形式上的最大特点就是不和谐。在音乐中，"是无论在连续音或谐音里面，无论在和音或旋律里面，都使用不协调的或嘈杂的音程"。[1] 在绘画中，是"把既不是十分相近又不是距离很远的色调，并列在一起，硬使它们调和起来"。[2] 艺术家这样做，有的是"为了描写人格中的冲突和不和谐，有的是为了给静止的生活赋予活力"，有的是"为了表现生活的丰富多彩"。[3]

丑感是广义的美感（审美经验、审美感受）的一种。历史上很多美学家认为丑感主要是一种痛感。例如施莱格尔对丑下的定义（这是丑的最早的定义）是"恶的令人不愉快的表现"。[4] 谷鲁斯也说，丑感就是高级感官感到不快。但是，仅仅不快还不足以囊括丑感的全部。丑感不像美感（优美感）那样是一种单一纯粹的感觉，而是一种包含多种内容的复合体验。李斯托威尔说丑感是"一种混合的感情，一种带有苦味的愉快，一

---

[1] 李斯托威尔：《近代美学史评述》，第234页，上海译文出版社，1980。
[2] 同上书，第234页。
[3] 同上。
[4] 转引自鲍桑葵《美学史》，第390页，商务印书馆，1985。

种肯定染上了痛苦色彩的快乐"。[1] 这是一种比较好的概括。既有"快乐"又是带有"苦味"的，这正是丑感与美感（优美感）的不同，也是丑感与对丑的伦理态度的不同。

但是丑感中这种愉快是怎么引起的呢？这里可能有多种因素。主要是我们所说的丑，并不是一种外在于人的实体存在，而是一种审美意象，是情景的融合，它必然包含有审美主体的意识、情趣。丑的存在显示了历史和人生的苦难的或阴暗的一面，这使人震动，同时又使人感受到历史和人生的复杂性和深度。这会给人一种精神上的满足感。这种满足感融进"丑"的意象，因而给人一种愉悦。至于丑的艺术在形式上的不和谐，也是由于表现心灵的冲突和人生的复杂性，给人一种满足感，从而带来一种愉悦。还有一种情况，有的艺术作品，它们的题材或内容是丑，而以美的形式表现出来。这种作品，由于它的形式的美使我们看到了艺术家的创造力（画家的色彩、构图、笔法的技巧，演员的演技，小说家的语言形式美和白描人化的工夫，等等），而使我们感到愉悦。波德莱尔说："丑恶经过艺术的表现化而为美，带有韵律和节奏的痛苦使精神充满了一种平静的快乐。"[2] 但这种愉悦是艺术形式美引起的，已经不属于丑本身引起的愉悦。

优美感与丑感是审美体验的两种对立类型，从优美感向丑感的拓展，表现了一个人的审美感受能力的发展和完善。如果一个人只能鉴赏优美而没有能力鉴赏丑，那么这个人的审美感受能力就是残缺不全的，这正是亚里士多德所说的"脆弱的"观众。这种人的审美视野太狭窄，他看不到感性世界的丰富多彩的面貌，因而也领悟不到历史和人生的深一层的意蕴。

但是，**在历史和人生中，光明面终究是主要的，因而丑在人的审美活动中不应该占有过大的比重。**李斯托威尔认为记住这一点是很重要的。"如果我们记住了这一点，我们的舞台上就会减少一些冷酷的嘲讽，我们的音乐中就会减少一些不和音，我们的诗歌和小说就不会那么热衷于人生中肮脏的、残酷的、令人厌恶的东西。那么多的当代艺术，就是因为对丑的病态追求而被糟蹋了。"[3]

---

[1] 李斯托威尔：《近代美学史评述》，第233页，上海译文出版社，1980年。
[2] 《论泰奥菲尔·戈蒂耶》，《波德莱尔美学论文选》，第85页，人民文学出版社，1987。
[3] 李斯托威尔：《近代美学史评述》，第234页。

二、中国美学中的丑

在中国文化中，丑作为一种独立的审美形态，似乎比西方要早，丑所包含的文化内涵和西方也不一样。刚才说，在西方，"丑"主要是近代精神的产物，而在中国，"丑"在古典艺术中就有自己的位置，受到很多人的重视。

在中国，"丑"成为审美意象（广义的美），纳入审美活动，大概有四种情况。

第一种情况，"丑"由于显示宇宙的生命力而生成意象（即成为美），从而具有一种"意义的丰满"。这开始于庄子。

《庄子·知北游》有一段话：

> 人之生，气之聚也。聚则为生，散则为死。若死生为徒，吾又何患？故万物一也，是其所美者为神奇，其所恶者为臭腐。臭腐复化为神奇，神奇复化为臭腐。故曰：通天下一气耳。圣人故贵一。

庄子这段话是说，万物都是气，美的东西、神奇的东西是气，丑的东西、臭腐的东西也是气。就气来说，美和丑、神奇和臭腐并没有差别，所以它们可以互相转化，臭腐可以转化为神奇，神奇可以转化为臭腐。

庄子在这里提出了一个关于"美"和"丑"的本质的命题："美"和"丑"的本质都是"气"。"美"和"丑"所以能够互相转化，不仅在于人们的好恶不同，更根本的是在于"美"和"丑"在本质上是相同的，它们的本质都是"气"。[1]

庄子的这个命题，是"丑"这个概念进入审美领域、成为审美范畴的开端。**它冲破了人们在日常生活当中把外形的"美"、"丑"与人（以及自然物）的生命状态直接等同起来的观点，提出了一个新的观念，即外形的"丑"同样可以有一种充满活力的生命感**。这就使"丑"的概念超越了日常生活用语中的"美"、"丑"的对立，成为一个审美的概念。

庄子的这个命题，影响很大。在中国美学史上，人们对于外形的"美"和"丑"的对立，并不看得那么严重，并不看得那么绝对。人们认

---

[1] 这里讨论的"美"，都是狭义的"美"，即优美。

苏州瑞云峰

为，无论是自然物还是艺术作品，最重要的，并不在于外形是"美"还是"丑"，而在于要有"生意"，要表现宇宙的生命力。这种"生意"，这种宇宙的生命力，就是"一气运化"。一个人，一个自然物，一件艺术作品，只要有生意，只要它充分表现了宇宙"一气运化"的生命力，那么丑的东西也可以得到人们的欣赏和喜爱，丑也可以成为美（生成审美意象），甚至越丑越美。清代画家郑板桥说：

> 米元章论石，曰瘦，曰绉，曰漏，曰透，可谓尽石之妙矣。东坡又曰：石文而丑。一"丑"字则石之千态万状，皆从此出。米元章但知好之为好，而不知陋劣之中有至好也。东坡胸次，其造化之炉冶乎！燮画此石，丑石也，丑而雄，丑而秀。[1]

清代美学家刘熙载也说：

> 怪石以丑为美，丑到极处，便是美到极处。一"丑"字中丘壑未易尽言。[2]

怪石所以"以丑为美"，所以"陋劣之中有至好"，所以"丑到极处，便是美到极处"，就在于它是"一块元气"团结而成，[3] 在于它表现了宇宙一气运化的生命力。

---

[1] 郑板桥集：《题画》，《郑板桥集》，第163页，上海古籍出版社，1979。
[2] 《艺概·书概》。
[3] 郑板桥："一块元气结而石成。"（《郑板桥集》，第163页。）

这个意义上的"丑",实际上是对日常生活用语中"美"(优美)"丑"对立的一种超越。

第二种情况,"丑"由于显示内在精神的崇高和力量而生成意象(即成为美),从而具有一种"意义的丰满"。这也是开始于庄子。庄子在人物美的领域中为"丑"争得了一个空间。在他的影响下,在人物美的领域中,形成了一个"丑"的意象系列。

在《庄子》的《人间世》和《德充符》两篇中写了一大批残缺、畸形、外貌丑陋的人。这些人,有的是驼背,有的双腿是弯曲的,有的被砍掉了脚,有的脖子上长着盆瓮那样大的瘤子,有的缺嘴唇,有的相貌奇丑,总之都是一些奇形怪状、极其丑陋的人。可是这些人却受到当时人的喜爱和尊敬。

庄子的这些描绘,从审美的角度看,就是为了说明,人的外形的整齐、匀称、美观并不是重要的,重要的是人的内在的"德",内在的精神面貌。这就是所谓"德有所长而形有所忘"。[1] 再进一步说,人的外貌的奇丑,反而可以更有力地表现人的内在精神的崇高和力量。这就是庄子这些描绘的美学的启示。

在这种启示之下,在美学史上形成了一种和孔子"文质彬彬"的主张很不相同的审美观。这种审美观在中国艺术史上影响很大。闻一多指出:"文中之支离疏,画中的达摩,是中国艺术里最有特色的两个产品。正如达摩是画中有诗,文中也常有一种'清丑入图画,视之如古铜古玉'(龚自珍《书金铃》)的人物,都代表中国艺术中极高古、极纯粹的境界;而文学中这种境界的开创者,则推庄子。"[2]

贯休的罗汉图(局部)

贯休的罗汉图(局部)

刘松年的罗汉图(局部)

陈洪绶的罗汉图(局部)

---

[1]《庄子·德充符》。
[2] 闻一多:《古典新义·庄子》,见《闻一多全集》第二册,第289页,三联书店,1982。

傅山五言诗草书

宗白华也认为:"庄子文章里所写的那些奇特人物大概就是后来唐、宋画家画罗汉时心目中的范本。"[1]

庄子的启示扩大了人们的审美的视野,使人们注意从生活中去发现那些外貌丑陋而具有内在精神力量的人,从而使得中国古典艺术的画廊中,增添了整整一个系列的清丑奇特的审美意象。这个意象系列,用闻一多的话来说:"代表中国艺术中极高古、极纯粹的境界",有很高的审美价值。[2]

第三种情况,"丑"由于在审美活动中融进了艺术家对人世的悲愤体验而生成意象(即成为美),从而具有一种"意义的丰满"。这大概从唐代开始出现。韩愈就常常用艰涩难读的诗句描绘灰暗、怪异、恐怖的事物,所以刘熙载说:"昌黎诗往往以丑为美。"[3] 杜甫诗中也常常描绘丑的事物和景象,并且常常使用"丑"、"老丑"一类的字眼。书法家中追求丑怪的人就更多。清初的傅山甚至直接喊出"宁丑毋媚"的口号。在这些艺术家看来,艺术中的"丑"不仅不低于"美",而且比"美"更能表现人生的艰难,更能表现自己胸中的勃然不可磨灭之气。

――――――――
[1] 宗白华:《美学的散步》,《艺境》,第235页,北京大学出版社,1987。
[2] 以上关于中国美学中"丑"的论述,主要引自叶朗《中国美学史大纲》,第126、130页,上海人民出版社,1999。
[3] 《艺概·诗概》。

第四种情况，"丑"由于发掘和显现实际生活中某些人的丑恶的人性而生成意象（即成为美），从而具有一种"意义的丰满"。这大概在明代的小说中开始出现，《金瓶梅》是一个典型的例子。在《金瓶梅》中，"丑"占据了小说中主人公和大多数人物的位置。清代评论家张竹坡做了这样的概括：

> 西门庆是混帐恶人，吴月娘是奸险好人，玉楼是乖人，金莲不是人，瓶儿是痴人，春梅是狂人，敬济是浮浪小人，娇儿是死人，雪娥是蠢人，……若王六儿与林太太等，直与李桂姐辈一流，总是不得叫做人，而伯爵、希大辈，皆是没良心的人，兼之蔡太师、蔡状元、宋御使，皆是枉为人也。[1]

这是以一大批恶人、狂人、不是人的人为中心的意象世界。这就是"丑"。《金瓶梅》打破了那种把人性看作单一的、绝对的抽象物的观念，它通过发掘和解剖人性的丑恶，来照亮当时整个社会的腐朽、混乱和黑暗。从审美观上说，这种情况的"丑"的意蕴已不同于前面所说的几种情况的"丑"的意蕴，而有些接近于西方近代以来的"丑"的意蕴。

三、荒诞的文化内涵[2]

荒诞是西方近代以来文化环境的产物，它的意蕴主要也是西方现代文化的意蕴。

德国社会学家马克斯·韦伯认为近代史的主要过程，是不断地把人类生活理性化地组织起来，结果是资本主义的崛起。资本主义可以说是完全按照希腊文化的理性要求和启蒙学者的憧憬发展起来的。合理的生产秩序，造成了前所未有的物质繁荣，却使人的生活完全外在化，不再有深刻的内心世界。人们追逐一切可以追逐的东西，却使心灵成了沙漠。在充分合理化的庞大的社会组织系统中，每个人只是一个"零件"，一个可以随时代替的零件，社会并非一定需要他；从社会的角度看，他的存在不是唯一的、不可代替和不可重复的。本来，人类的理想是通过理性地组织起一

---

[1] 张竹坡：《金瓶梅读法》，见《皋鹤堂批评第一奇书金瓶梅》。
[2] 这一节和下面两节的论述，主要引自叶朗主编《现代美学体系》，第227—229页，北京大学出版社，1999。

个合理的社会，使它成为每一个人的"家"。现在，理性满足了前者，组织了一个合乎理性的社会，却把每一个个体抛了出来，使他成了真正无家可归的局外人。个人同社会疏离，同他人疏离，最后，同他自己也疏离了，因为作为社会存在的他，不过是一个影子。而这一切都是人类过去崇拜过的理性的回赠。于是，对理性的普遍怀疑便滋生出来了。

作为西方人精神生活的另一根支柱——宗教，在近代也没落了。它不再是人类生活独一无二的中心与统治者。科学与理性的入侵，引起了信仰的丧失，它不仅改变了宗教生活的面貌，更深刻的是，它穿透了人类心灵生活的最深处。人失去精神的支柱，成为精神上无家可归的流浪汉。

理性失落了，信仰失落了，人失落了，西方现代文化与西方古典文化断裂了，这种断裂使西方现代文化层从西方古典文化层，特别是从晚期浪漫主义蜕变出一个新的审美形态：荒诞（absurd）——人的存在失去了意义。

荒诞最突出的品格就是反叛。由于生活变得空虚和无意义，于是激起两种方式的反叛：一是返回自然，拒绝这个社会，在艺术上表现为对中世纪的怀念；一是返回自我，深入内心，结果发现所谓伟大灿烂的文明不过是同动物一样的原欲——"力必多"的产物，人的真正的自我不是理性，而是处在黑暗之中的深层无意识冲动。前一种反叛嘲笑现实的荒诞和无意义，后一种反叛则嘲笑人类理性的虚伪，嘲笑这种理性所创造的优雅的文化与优美的艺术以及崇高的精神追求，觉得它们整个儿显得滑稽可笑。于是荒诞出现了。它粗暴地践踏美，鄙夷崇高，摧毁一切传统。在达利的画中，美妙绝伦的维纳斯的身体被装上空空洞洞的抽屉。在波德莱尔的诗中，神圣的天堂等同于黑暗的地狱。在萨特笔下，崇高的上帝就是万恶的魔鬼。荒诞有如撒旦，把整个现代西方文坛搞得面目全非。20世纪70年代以来，在西方艺术中，荒诞又以讽刺和幽默的形式出现，其最重要的题材就是对古典作品的"亵渎"。例如给蒙娜·丽莎画上胡子，给裸体的维纳斯穿上比基尼游泳衣，让拾穗的农妇们拾垃圾，把古典音乐"流行"化，将高雅的芭蕾动作加以夸饰……这种"亵渎"和"嘲弄"已经蔚成风气，无孔不入，甚至影响到严肃的艺术表演。

埃斯林说："这个时代的每种文化类型都找到了它的独特的艺术表现形式，但是最真实地代表我们自己时代的贡献的，看来还是荒诞派戏剧所反映的观念。"[1] 这种观念就是"对于荒谬的一种荒谬关系"。当代德国哲学家施太格缪勒指出，**人在现代社会里"受到威胁的不只是人的一个方面或对世界的一定关系，而是人的整个存在连同他对世界的全部关系都从根本上成为可疑的了，人失去了一切支撑点，一切理性的知识和信仰都崩溃了，所熟悉的亲近之物也移向缥缈的远方，留下的只是陷于绝对的孤独和绝望之中的自我。"**[2]"我们在其中生活的世界是完全不可理解的、荒谬的。"[3]从这个意义上，我们才能认识荒诞派作家尤奈斯库给"荒诞"下的定义不仅只是荒诞派戏剧的定义，[4]而且是整个现代派艺术的定义。尤奈斯库说：**"荒诞是指缺乏意义，……和宗教的、形而上学的、先验论的根源隔绝之后，人就不知所措，他的一切行为就变得没有意义，荒诞而无用。"**[5]

四、荒诞的审美特点

"荒诞"在形态上的最显著标志是平面化、平板化以及价值削平。

首先，西方现代派艺术不再在理性意义上把实体看作是可以个别地或整体地透彻了解的存在大系列。完整的、立体的、独立存在的个体被取消，存在着的只是面——或者是立体被挤压成的面，或者是拆解后再拼凑的面，或者是毫不相关东拉西扯到一起的面。总之，单面的存在，单向度的存在——它们要不就稠密得毫无秩序，要不就空虚得毫无实质——就是我们在西方现代派艺术中看到的。这种平面化，首先是从立体主义绘画开始的。古希腊人花了很长时间才把一个一个独立存在的圆雕从浮雕壁中解放出来，而西方人在绘画上进入三度空间是在14世纪。西方现代派艺术家把他们祖先的上千年努力毁于一旦。远的和近的，那一面的和这一面的，过去的和现在的，都被取消它们的时空距离而夷平在一个面上。绘画中这类例子俯拾皆是。即使在小说这种最不容易压平的艺术形式中，乔伊斯的《尤里西斯》和福克纳的《喧嚣与愤怒》，以其惊人的技巧也把时空压平压瘪了。

---

[1] 伍蠡甫主编：《现代西方文论选》，第357页，上海译文出版社，1983。
[2] 施太格缪勒：《现代西方哲学主潮》上卷，第182页，商务印书馆，1986。
[3] 同上。
[4] 这里要注意区分一下"荒诞"和荒诞派戏剧。"荒诞"是一种审美形态，而荒诞派戏剧只是"荒诞"这种审美形态的一种具体表现。同样，也要注意区分一下"怪诞"（grotesque）和荒诞（absurd）。"怪诞"是一种艺术表现方式，"荒诞"包含"怪诞"。
[5] 伍蠡甫主编：《现代西方文论选》，第358页。

其次，由于时空深度的取消，秩序不复存在，造成了无高潮、无中心的出现。这在西方现代派艺术的绘画与文学中大量存在。在传统型艺术中，音乐有主题，这主题呈示、展开，成为一曲音乐的中心，并在展开中形成高潮。绘画有主题，一般位于图画的中央区域或附近，图中的外围空间或背景附属于这个主题。戏剧有头、腰、尾的情节结构，由某一时间开始，发展到一高潮，然后进入结尾。在古典理性看来，所谓整体，所谓完整性，就是空间上有中心、时间上有高潮的秩序结构，只有这样才是合乎理性的，可以理解的。然而乔伊斯的《尤里西斯》全书的发展永远是水平式的，绝不逐渐升到任何危局，也没有传统高潮的影子。在西方现代派艺术家看来，这正是我们真实生命的形式：平板，稠密，不可理解。正如福克纳《喧嚣与愤怒》的引言："'生命'是一个故事，由白痴道来，充满喧嚣与愤怒，毫无意义。"生活与生命都没有目的，当然也就没有方向；没有方向的时间正如没有指针却仍在滴嗒响个不停的时钟一样，声音喧嚣不停，每一响都一样，不再有意义——稠密而空洞。无高潮，时间不再是矢量；无中心，空间不再有秩序，这样的生命存在真是一个无聊的平板。

最后，是价值削平。在荒诞艺术中，平板上的一切都是等值的，或者说，平板上的一切都是无价值的，因为荒诞艺术绝对地否定任何价值。正因为如此，"题材"在西方现代派艺术中没有多大意义甚至没有意义。高雅与鄙陋，神圣与平凡，美丽与丑恶，完好与残破，都是一样的——极其贵重的画框中间可以仅仅是一条抹布。

如果说，优美是前景与背景的和谐，崇高是背景压倒前景，滑稽是前景掩盖背景，那么，在这几种审美形态中，前景与背景，感性外观与内涵意蕴，内容与形式，总的来说还处在一种比较切近的关联之中。然而，在荒诞这种形态中，前景赤裸裸地呈现在人们面前，而背景或内涵则退到深远处，两者之间距离很远。正因为这样，人们对于荒诞，往往不能在直观中直接把握它的意蕴（深层背景），而要借助理性思索。这里，只消把莎士比亚的戏剧同贝克特的戏剧比较一下，就可以明显地感受到荒诞的这种特点。正如有的美学家所指出的，荒诞背离了传统的"直接的艺术陈述"，而采用暗示(Implication)。所以寓言就成了荒诞的主要表现手段。

以上是从狭义上（严格意义上）对"荒诞"做的分析。我们还应注意到荒诞意识对其他形态艺术的渗透和影响，荒诞形态自身也是发展着的。

五、荒诞感

现在我们来讨论荒诞感。有人认为，早在古希腊的喜剧、但丁的《神曲》以及荷兰画家博赫那里就已出现了荒诞。然而正如我们前面所说，荒诞作为一种文化大风格的审美形态，是现代资本主义社会的产物。因此，对于荒诞感的描述和分析，也只有在西方现当代美学中才能找到。

德国学者凯塞尔认为，**荒诞是一个被疏离了的世界，荒诞感就是在这个世界中体验到的一种不安全感和不可信任感，从而产生一种生存的恐惧。**虽然荒诞中亦有滑稽的成分，但这种生存的恐惧使荒诞感成为一种痛苦而压抑的笑。我们前面引过荒诞派剧作家尤奈斯库对荒诞下的定义："荒诞是指缺乏意义……和宗教的、形而上学的、先验论的根源隔绝之后，人就不知所措，他的一切行为都变得没有意义，荒诞而无用。"[1] 存在主义哲学家加缪也曾对荒诞感做过分析。他说："一旦失去幻想与光明，人就会觉得自己是陌路人。他就成为无所依托的流放者，因为他被剥夺了对失去的家乡的记忆，而且丧失了对未来世界的希望。这种人与他的生活之间的分离，演员与舞台之间的分离，真正构成荒诞感。"[2] 英国评论家埃斯林则认为，荒诞感展现了"人类在荒诞的处境中所感到的抽象的心理苦闷"。[3] 这些论述都从不同的角度接触到荒诞感的两个基本特征，一个是人与世界的疏远和分离，一个是由此而造成的心理苦闷。各种荒诞艺术所引发的感受都具有这种特征。例如我们在蒙克的《呼号》中感受到一种丧失了家园的陌路人凄凉而恐惧的心境；在达利《内战的先兆》中，体验到一种失去理智的疯狂；在贝克特的《等待戈多》里，领悟到人与希望乃至人与自身的严重分离。这都属于荒诞感。**这种荒诞感的实质就是人在面临虚无深渊时所产生的焦虑、恐惧和失望。**

在美感的各种类型中，荒诞感是比较复杂的一种类型，很难简单地用快感和痛感这两极来描述。前面说过，崇高感是"惊而快之，发豪士之

---

[1] 伍蠡甫主编：《现代西方文论选》，第357—358页，上海译文出版社，1983。
[2] 加缪：《西西弗的神话》，第6页，三联书店，1987。
[3] 伍蠡甫主编：《现代西方文论选》，第357—358页。

蒙克《呼号》

气",由痛感转化成快感,荒诞感则可以概括为含有痛感色彩的焦虑[1]。美是形式和谐统一,崇高是深度空间的形式,而荒诞则可以说是反形式,在这一点上它同丑接近。所以,荒诞的对象也在很大程度上对审美主体的知觉和想象造成障碍和冲突。例如,达利的《内战的先兆》,奇异怪诞的形象构成使我们一下子很难把握和理解它;贝克特的《等待戈多》中两人无穷无尽地等待那神秘的戈多;尤奈斯库《阿多迪或脱身术》中,无数蘑菇在屋里滋长,一个患"几何级数"增长症的尸体无限膨胀,把房客挤了出去。这些作品都使主体产生一种压抑感。如果说崇高感是生命力瞬间受阻并因而强烈喷发,那么在荒诞感中,生命力则始终受到压抑却又不知往哪里倾注,因此引起焦虑。在崇高感中,主体经由矛盾冲突转向统一,自我实现了超越,产生一种胜利感;而在荒诞感中,主体则不断地忍受与世界分离的折磨,寻找不到精神的栖息之地,因此伴随着一种不安与苦闷。在崇高感中,主体的心灵处于强烈的摇撼和振荡之中,而在荒诞感中,主体的心灵相对来说最平稳、最冷静,没有那种情感的大起大落。这主要是因为荒诞常常以寓言为表现手段,它的意蕴藏得很深。人们不能从它的感性外层直观地把握它的意蕴,而必须借助于理性的思考。所以荒诞感更多的是一

---

[1] "焦虑"是一个心理学术语,通常指对未知事物感到恐惧的情绪状态。

种理智感,而不是一种激情。人们可以从头至尾十分冷静地观看一场荒诞派的戏剧演出。有时也会产生笑,但那是理智的笑。

我们可以看到,在某种程度上,荒诞感已经显示出一种脱离美感(当下直接的感兴)的倾向,因为在荒诞感里面渗进了理性的思考,它已不完全是王夫之说的"现量"了。

本 章 提 要

在西方,"丑"主要是近代精神的产物。丑的审美价值主要有两个方面:一是丑可以显现生活的本来面目,因为实际生活中不仅有美的、健康的、光明的东西,同时也有丑的、病态的、阴暗的东西;二是丑常常最能显现一个人的个性特征,例如奇特、怪异、缺陷、任性,以及生理上的畸形、道德上的败坏、精神上的怪癖,等等。这两点就是"丑"的审美价值之所在,也是"丑"在近代越来越受到关注的原因。

"丑"在形式上的最大特点是不和谐。

丑感是广义的美感的一种。"丑"使人感受到历史和人生的复杂性和深度,这给人一种精神上的满足感,从而使人得到一种带有苦味的愉快。

在中国,"丑"在古典艺术中就有自己的位置。在中国美学中,"丑"成为审美意象,大概有四种情况:一是显示宇宙"一气运化"的生命力,这实际上是对日常生活用语中"美"(优美)、"丑"对立的一种超越;二是显示内在精神的崇高和力量,从而在人物美的画廊中增添了整整一个系列的清丑奇特的意象;三是融进艺术家的悲愤的体验;四是发掘人性的丑恶而显现实际生活的真实面貌。最后这种情况的"丑"的意蕴有些接近于西方近代以来的"丑"的意蕴。

在西方现代社会,由于理性和信仰的双重失落,人的存在失去意义,因而产生了"荒诞"这种审美形态。"荒诞"就是人的一切行为变得没有意义。"荒诞"在形态上最显著的标志是平面化、平板化以及价值削平。

荒诞感是由于人与世界的疏离而体验到的一种不安全感和不可信任感,从而产生一种极度的焦虑、恐惧、失望和苦闷。荒诞感里面已经渗进了理性的思考,所以在某种程度上显示出脱离美感(当下直接的感兴)的倾向。

第十二章　沉郁与飘逸

前面第九章讲过，在中国文化史上，受儒、道、释三家的影响，发育了若干在历史上影响比较大的审美意象群，形成了独特的审美形态（大风格），从而结晶成独特的审美范畴。其中，"沉郁"体现了以儒家文化为内涵、以杜甫为代表的审美意象的大风格，"飘逸"体现了以道家文化为内涵、以李白为代表的审美意象的大风格，"空灵"则体现了以禅宗文化为内涵、以王维为代表的审美意象的大风格。

我们在这一章讨论"沉郁"与"飘逸"这一对范畴，在下一章再对"空灵"进行讨论。

一、沉郁的文化内涵

"沉郁"的文化内涵，就是儒家的"仁"，也就是对人世沧桑的深刻体验和对人生疾苦的深厚同情。

最典型的代表就是杜甫。杜甫自己说过"沉郁顿挫"是他的诗的特色。[1] 历来很多评论家也都用"沉郁"来概括杜诗的风格。影响最大的是宋代严羽的一段话。严羽说："子美不能为太白之飘逸，太白不能为子美之沉郁。太白《梦游天姥吟留别》、《远别离》等，子美不能道；子美《北征》、《兵车行》、《垂老别》等，太白不能作。"[2]

严羽提到的《北征》、《兵车行》以及"三吏"、"三别"都是"沉郁"的代表作。如《兵车行》一开头就描写战争使老百姓妻离子散："车辚辚，马萧萧，行人弓箭各在腰。爷娘妻子走相送，尘埃不见咸阳桥。牵衣顿足拦道哭，哭声直上干云霄。"结尾对无数士兵在战争中丧失生命发出悲叹："君不见，青海头，古来白骨无人收。新鬼烦冤旧鬼哭，天阴雨湿声啾啾！""三吏"、"三别"也是写战争带给人民的灾难。《新婚别》是写"暮婚晨告别"的一夜夫妻，《垂老别》是写老翁被征去打仗，与老妻惜别，

---

[1] 杜甫:《进雕赋表》。
[2] 严羽:《沧浪诗话·诗评》。

《无家别》是写还乡后无家可归，重又被征去打仗的士兵。如《新安吏》中的诗句：

> 肥男有母送，瘦男独伶俜。
> 白水暮东流，青山犹哭声。

傅庚生解读说："'有母送'描述出母子生离死别之恨，'独伶俜'的又是茫茫然地无堪告语。青山脚下，白水东流，水流呜咽，和人们的哭声搅成一片。用一个'犹'字象征出伤别的声容，用一个'暮'字烘托出悲凄的背景。沉郁之深来自诗人同情之广。"[1] 又如《新婚别》中的诗句：

> 仰视百鸟飞，大小必双翔；
> 人事多错迕，与君永相望。

傅庚生解读说："倘若不是对天下人民有休戚与共的诚款，怎么可能写得如此的沉至？'与君永相望'，情兼怨恕，表现出松柏为心；'大小必双'四个字愈旋愈深，几于一字一泪了。"[2]

从杜甫的诗可以看出，'沉郁'的内涵就是儒家的"仁"。有的学者认为，从一个角度看，儒家哲学可以称之为情感哲学，而儒家的情感哲学用一个字来概括，那就是"仁"。"在儒家哲学看来，只有仁才是人之所以为人的存在本质"，"只有仁才是人的意义和价值之所在"。[3] "仁是一种普遍的人类同情、人间关怀之情，是一种人类之爱，即孔子所说的'泛爱众'、'爱人'。"[4] "仁的本来意义是爱，这是人类最本真最可贵也是最伟大的情感"，"首先是爱人，而爱人又从爱亲开始"，"其次是爱物，爱生命之物，进而爱整个自然界"。[5] 这种人类之爱，这种人类同情、人间关爱之情，渗透在杜甫的全部作品之中，凝结为一种独特的审美形态，就是沉郁。很多人看到了这一点。唐代诗人李益说："沉郁自中肠。"[6] 就是说，沉郁出

---

[1] 傅庚生：《文学鉴赏论丛》，第4页，陕西人民出版社，1981。
[2] 同上书，第5页。
[3] 蒙培元：《情感与理性》，第310页，中国社会科学出版社，2002。
[4] 同上书，第316—317页。
[5] 同上书，第311页。
[6] 李益：《城西竹园送裴佶王达》。

自诗人的真挚的性情。清代袁枚评杜诗说:"人必先有芬芳悱恻之怀,而后有沉郁顿挫之作。"[1] 就是说,**"沉郁"的内涵就是人类的同情心,人间的关爱之情**。用杜甫自己的话来说,就是**"穷年忧黎元,叹息肠内热"**。[2]

　　这种沉郁的审美形态,当然不仅见于杜诗。我们从唐诗、宋词中可以发现很多这种"沉郁"的意象世界。清代文学评论家陈廷焯在《白雨斋词话》中说:"唐五代词,不可及处正在沉郁。""宋词不尽沉郁","然其佳处,亦未有不沉郁者"。他认为,这类沉郁的词,"写怨夫思妇之怀,寓孽子孤臣之感","凡交情之冷淡,身世之飘零,皆可于一草一木发之。而发之又必若隐若现,欲露不露,反复缠绵,终不许一语道破","匪独体格之高,亦见性情之厚"。他称赞温庭筠的《菩萨蛮》,说:"如'懒起画蛾眉,弄妆梳洗迟',无限伤心,溢于言表。又'春梦正关情,镜中蝉鬓轻',凄凉哀怨,真有欲言难言之苦。"[3] 他称赞周邦彦的《菩萨蛮》,说:"上半阕云:'何处望归舟,夕阳江上楼。'思慕之极,故哀怨之深。下半阕云:'深院卷帘看,应怜江上寒。'哀怨之深,亦忠爱之至。"[4] 他又称赞辛弃疾《贺新郎》说:"沉郁苍凉,跳跃动荡,古今无此笔力。"[5] 他认为,唐宋词中这些"沉郁顿挫"的作品,其内涵就是"忠爱之忱",所以尽管哀怨郁愤,而都能出之以温厚和平。

二、沉郁的审美特征

　　沉郁的审美意象,有两个特点。一个特点是带有哀怨郁愤的情感体验。由于这种哀怨郁愤是由对人和天地万物的同情、关切、爱所引起的,又由于这种哀怨郁愤极其深切浓厚,因而这种情感体验能够升华成为温厚和平

---

[1] 袁枚:《随园诗话》卷十四。
[2] 杜甫:《自京赴奉先咏怀五百字》。
[3] 陈廷焯:《白雨斋词话》卷一。温庭筠《菩萨蛮》之一:"小山重叠金明灭,鬓云欲度香腮雪。懒起画蛾眉,弄妆梳洗迟。照花前后镜,花面交相映。新帖绣罗襦,双双金鹧鸪。"之三:"杏花含露团香雪,绿杨陌上多离别。灯在月胧明,觉来闻晓莺。玉钩褰翠幕。妆浅旧眉薄。春梦正关情,镜中蝉鬓轻。"
[4] 陈廷焯:《白雨斋词话》卷一。周邦彦《菩萨蛮》:"银河宛转三千曲,浴凫飞鹭澄波绿。何处望归舟?夕阳江上楼。天憎梅浪发,故下封枝雪。深院卷帘看,应怜江上寒。"
[5] 陈廷焯:《白雨斋词话》卷一。辛弃疾《贺新郎》:"绿树听鹈鴂,更那堪、鹧鸪声住,杜鹃声切。啼到春归无寻处,苦恨芳菲都歇。算未抵人间离别。马上琵琶关塞黑,更长门翠辇辞金阙。看燕燕,送归妾。将军百战声名裂,向河梁、回头万里,故人长绝。易水萧萧西风冷,满座衣冠似雪。正壮士悲歌未彻。啼鸟还知如许恨,料不啼清泪长啼血。谁伴我,醉明月?"

的醇美的意象。所以沉郁之美，又是一种"醇美"。沉郁的再一个特点是往往带有一种人生的悲凉感，一种历史的苍茫感。这是由于作者对人生有丰富的经历和深刻的体验，不仅对当下的遭际有一种深刻的感受，而且由此对整个人世沧桑有一种哲理性的感受。

杜甫诗的沉郁，一个特色是有很浓厚的哀怨郁愤的情感体验，所谓"沉郁者自然酸悲"。[1]这是杜甫的个人命运和国家动乱、人民苦难结合在一起，从而引发的体验和感受，如宋人李纲所说："子美之诗凡千四百四十余篇，其忠义气节，羁旅艰难，悲愤无聊，一寓于此。"[2]又如明人江盈科所说："兵戈乱离，饥寒老病，皆其实历，而所阅苦楚，都于诗中写出。"[3]这种哀怨郁愤，是读杜诗的最突出的感受，就像韩愈《题杜子美坟》一诗所说，"怨声千古寄西风，寒骨一夜沉秋水"[4]。

这种哀怨郁愤的意象和风格是中国文学史的一个重要传统。陈廷焯说："不根柢风骚，乌能沉郁？十三国变风，二十五篇楚词，忠厚之至，亦沉郁之至，词之源也。"[5]陈廷焯的意思是说，"沉郁"的意象和风格，可以追溯到《诗经》和楚辞。这话是有道理的。《诗经》中，哀怨的诗篇数量很多。如有名的《采薇》："昔我往矣，杨柳依依。今我来思，雨雪霏霏。行道迟迟，载渴载饥。我心伤悲，莫知我哀。"这是哀怨沉郁之词。所以孔子说，诗"可以怨"。屈原也是如此。屈原的《离骚》等作品，充满了哀怨郁愤的情思。[6]所以朱熹说屈原的词"愤懑而极悲哀"，"读之使人太息流涕而不能已"。[7]《诗经》、楚辞之后，汉魏时代的很多诗歌都显现哀怨沉郁的意象和风格。最突出的是《古诗十九首》，如："白杨多悲风，萧萧愁杀人。思还故里闾，欲归道无因。""孟冬寒气至，北风何惨栗。愁多知夜长，仰观众星列。""出户独彷徨，愁思当告谁。引领还入房，泪下

---

[1] 李贽：《读律肤说》。
[2] 李纲：《校定杜工部集序》。见仇兆鳌《杜诗详注》附编。中华书局，1979。
[3] 江盈科：《雪涛诗评》。
[4] 韩愈：《题杜子美坟》。
[5] 陈廷焯：《白雨斋词话》卷一。
[6] 如："情沉抑而不达兮，又蔽而莫之白。心郁邑余侘傺兮，又莫察余之中情。"(《九章·惜诵》)"忳郁邑余侘傺兮，吾独穷困乎此时也。""曾歔欷余郁邑兮，哀朕时之不当。"(《离骚》)"惨郁郁而不通兮，蹇侘傺而含戚。"(《九章·哀郢》)"心郁郁之忧思兮，独永叹乎增伤。"(《九章·抽思》)"愁郁郁之无快兮，居戚戚而不可解。"(《九章·悲回风》)
[7] 朱熹：《楚辞集注》。

涕沾衣。""浩浩阴阳移,年命如朝露。人生忽如寄,寿无金石固。"这些诗,都确如钟嵘所说:"文温以丽,意悲而远,惊心动魄,可谓几乎一字千金。"[1] 这就是沉郁。汉魏诗歌的沉郁不限于《古诗十九首》。钟嵘就说李陵诗"文多凄怆,怨者之流",又说曹植诗"情兼雅怨",又说左思诗"文典以怨"。[2] 清代方东树在《昭昧詹言》中也说曹操《苦寒行》"沉郁顿挫",又说曹植《赠白马王彪》"沉郁顿挫,淋漓悲壮"。[3]

杜甫诗继承了《诗经》、屈骚、汉魏诗歌这种哀怨郁愤的传统。"郁郁苦不展,羽翮困低昂。"[4] "万里悲秋常作客,百年多病独登台。"[5] 这是杜甫诗的哀怨郁愤的基调。由于这种哀怨郁愤的情感体验是出自内心深厚的同情感和人间关爱之情,同时又由于这种哀怨郁愤的情感体验极其深切浓厚,所以这种沉郁的意象和风格就形成为一种"醇美"。"醇美"是温厚和平,"哀而不伤"。杜甫的《春望》:"国破山河在,城春草木深。感时花溅泪,恨别鸟惊心。烽火连三月,家书抵万金。白头搔更短,浑欲不胜簪。"从怀念家人到忧国忧民,纯净、温厚、平和,这是"醇美"的典型。

唐人绝句多有醇美的意象。如元稹的《行宫》:

寥落古行宫,宫花寂寞红。
白头宫女在,闲坐说玄宗。

又如刘禹锡的《春词》:

新妆宜面下朱楼,深锁春光一院愁。
行到中庭数落花,蜻蜓飞上玉搔头。

无限的感慨,无限的惆怅,这是醇美,是沉郁之美。

人生的悲凉感和历史的苍茫感也是沉郁之美的一个特点。钟嵘《诗品》说曹操诗"率多悲凉之句",[6] 方东树说曹操《苦寒行》"苍凉悲壮"、"沉

---

[1] 钟嵘:《诗品》卷上。
[2] 同上。
[3] 方东树:《昭昧詹言》卷二。
[4] 杜甫:《壮游》。
[5] 杜甫:《登高》。
[6] 钟嵘:《诗品》卷下。

郁顿挫"，[1] 这些评语都见到了"沉郁"的意象世界中包含有一种人生、历史的悲凉感。方东树认为杜甫诗的沉郁也有这种苍凉感。他说："一气喷薄，真味盎然，沉郁顿挫，苍凉悲壮，随意下笔而皆具元气，读之而无不感动心脾者，杜公也。"[2] 杜甫的诗，如写诸葛亮的《蜀相》："丞相祠堂何处寻，锦官城外柏森森。映阶碧草自春色，隔叶黄鹂空好音。三顾频烦天下计，两朝开济老臣心。出师未捷身先死，长使英雄泪满襟！"纪昀评论说："前四句疏疏洒洒，后四句忽变沉郁，魄力极大。"[3] 这个沉郁的意象世界，就有一种人生和历史的悲凉感。其他如写王昭君的《咏怀古迹》："群山万壑赴荆门，生长明妃尚有村。一去紫台连朔漠，独留青冢向黄昏。"也有一种人生和历史的苍凉感。唐宋词中那些带有沉郁风格的作品，也常常有一种人生和历史的苍茫感。如无名氏的《菩萨蛮》、《忆秦娥》，被人誉为"百代词曲之祖"：

> 平林漠漠烟如织，寒山一带伤心碧。暝色入高楼，有人楼上愁。玉阶空伫立，宿鸟归飞急。何处是归程，长亭更短亭。（《菩萨蛮》）
> 箫声咽，秦娥梦断秦楼月。秦楼月，年年柳色，灞陵伤别。乐游原上清秋节，咸阳古道音尘绝。音尘绝，西风残照，汉家陵阙。（《忆秦娥》）

这两首词，《菩萨蛮》写客愁，《忆秦娥》写离愁，但是在客愁和离愁中弥漫着一种人生的悲凉感和历史的苍茫感。"暝色入高楼"，"宿鸟归飞急"，"何处是归程，长亭更短亭"，以及西风残照的咸阳古道、汉家陵阙，都使人感到一种人生和历史的苍凉，感到一种莫名的惆怅。曹操是不可一世的大英雄，但他写的诗如"譬如朝露，去日苦多"、"绕树三匝，何枝可依"等都充满了人生的悲凉感。**他对于人的有限性和人失去精神家园的孤独有深刻的体验。这说明沉郁的美感需要有一种审美的"穿透力"和"洞察力"。**[4] 这是沉郁美感的一个特点。

鲁迅的风格也是沉郁的风格。他的小说也充满了一种人生的悲凉感。

---

[1] 方东树：《昭昧詹言》卷二。
[2] 方东树：《昭昧詹言》卷八。
[3] 纪昀：《瀛奎律髓汇评》中册，第1233页，上海古籍出版社，1986。
[4] 用"穿透力"和"洞察力"来评论曹操的诗，见于叶秀山《美的哲学》，第204页，人民出版社，1991。

如《孔乙己》写孔乙己最后一次出现后就再没有出现：

> 到了年关，掌柜取下粉板说，"孔乙己还欠十九个钱呢！"到第二年的端午，又说，"孔乙己还欠十九个钱呢！"到中秋可是没有说，再到年关也没有看见他。

在平淡的叙述中带给读者一种透骨的悲凉感。又如《明天》写寡居的单四嫂子在埋葬了三岁的宝儿之后：

> ……她越想越奇，又感到一件异样的事：——这屋子忽然太静了。
> 她站起身，点上灯火，屋子越显得静。她昏昏的走去关上门，回来坐在床沿上，纺车静静的立在地上。她定一定神，四面一看，更觉得坐立不得，屋子不但太静，而且也太大了，东西也太空了。太大的屋子四面包围着她，太空的东西四面压着她，叫她喘气不得。
> 她现在知道他的宝儿确乎死了；不愿意见这屋子，吹熄了灯，躺着。她一面哭，一面想：想那时候，自己纺着棉纱，宝儿坐在身边吃茴香豆，瞪着一双小黑眼睛想了一刻，便说，"妈！爹卖馄饨，我大了也卖馄饨，卖许多许多钱，——我都给你。"那时候，真是连纺出的棉纱，也仿佛寸寸都有意思，寸寸都活着。……

前面用"太静"、"太大"、"太空"写出单四嫂子切身之痛，后面叠用两个"寸寸"则在无限的伤心中写出了人生的悲凉感。

《明天》的结束处是"以景结情"：

> 单四嫂子早睡着了，老拱们也走了，咸亨也关上门了。这时的鲁镇，便完全落在寂静里。只有那暗夜为想变成明天，却仍在这寂静里奔波；另有几条狗，也躲在暗地里呜呜的叫。

不管单四嫂子心上如何空虚，时间的车轮依然"辗着人们的不幸与死亡前进"。[1] 一切归于寂静。这种深沉凝重的结尾给读者心口压上一个铅块。这就是沉郁。

---

[1] 傅庚生：《文学鉴赏论丛》，第104页，陕西人民出版社，1981。

杜甫的诗和鲁迅的小说、散文，是沉郁这种审美形态的最典型的代表。它们的特点是：**一种哀怨郁愤的情感体验，极端深沉厚重，达到醇美的境界，同时弥漫着一种人生、历史的悲凉感和苍茫感。如果不是有至深的仁心，如果不是对人生有至深的爱，如果对于人生和历史没有至深的体验，是不可能达到这种境界的。**

三、飘逸的文化内涵

"飘逸"的文化内涵是道家的"游"。

道家的"游"有两个内容：一是精神的自由超脱。《庄子》开篇即名"逍遥游"，"乘天地之正，而御六气之辩，以游无穷"，"乘云气，御飞龙，而游乎四海之外"。《在宥》篇又写了"鸿蒙"对"游"的议论："浮游，不知所求；猖狂，不知所往。游者鞅掌，以观无妄。"[1] 这些话说明，"游"就是人的精神从一切实用利害和逻辑因果关系的束缚中超脱出来。《庄子》书中用许多寓言、故事来说明这一点。"游"的又一个内容是人与大自然的生命融为一体。"道"是宇宙的本体和生命，人达到体道的境界，就是"德"。所以《庄子》说"乘道德而浮游"，[2] 又说："夫明白于天地之德者，此之谓大宗大本，与天和者也。所以均调天下，与人和者也。与人和者谓之人乐，与天和者谓之天乐"。[3] "游"，就是追求"与天和"，也就是后来司空图《二十四诗品》中说的"饮之太和"。

"游"的这两个内容是互相联系的。人要达到"游"的精神境界，首先必须自由超脱，而这种自由超脱，又必须和"道"融浑为一，即和大自然的生命融为一体。

道家的"游"的精神境界，表现为一种特殊的生活形态，就是"逸"。先秦就有"逸民"。庄子"以天下为沉浊"，"上与造物者游，而下与外死生无终始者为友"，[4] 就是对于"逸"的生活态度的一个说明。庄子的精神就是超脱浊世的"逸"的精神。所以有学者说庄子的哲学就是"逸"的哲学。后世崇尚庄子哲学的人莫不追求"逸"的生活形态和精神境界。魏晋时代，

---

[1]《庄子·逍遥游》。"鞅掌"，作不修饰解。"无妄"，即自然无为。
[2]《庄子·山木》。
[3]《庄子·天道》。
[4]《庄子·天下》。

庄学大兴，所以人们都"嗤笑徇务之志，崇盛忘机之谈"，就是要超脱世俗的事务，追求"逸"的人生（"清逸"、"超逸"、"高逸"、"飘逸"）。这种"逸"的生活态度和精神境界，渗透到审美活动中，就出现了"逸"的艺术。在唐代李白的身上，凝结成了一种体现道家"游"的文化内涵的审美意象大风格，就是"飘逸"。

读李白的诗，可以强烈地感受到一种自由超脱的精神。"大鹏一日同风起，扶摇直上九万里。假令风歇时下来，犹能簸却沧溟水。"[1]"长风破浪会有时，直挂云帆济沧海。"[2] 这都是挣脱一切束缚的自由超脱的意象世界，也就是庄子的逍遥无羁的"游"的境界。同时，人们从李白诗中又可以强烈地感受到一种与大自然的生命融为一体的情趣。李白自己说："吾将囊括大块，浩然与溟涬同科。"[3] 他的诗，如"众鸟高飞尽，孤云独去闲，相看两不厌，只有敬亭山"；[4]"扪天摘匏瓜，恍惚不忆归。举手弄清浅，误攀织女机"；[5]"西上太白峰，夕阳穷登攀。太白与我语，为我开天关。愿乘泠风去，直出浮云间。举手可近月，前行若无山。一别武功去，何时更复还"；[6] 都是与大自然的生命融为一体的意象世界，也就是王羲之所说的"群籁虽参差，适我无非新"的境界。李白最有名的诗篇之一《梦游天姥吟留别》，用丰富的想象力写出了一个缥缈奇幻、色彩缤纷的梦幻的神仙世界，"我欲因之梦吴越，一夜飞度镜湖月。湖月照我影，送我至剡溪。""半壁见海日，空中闻天鸡。千岩万转路不定，迷花倚石忽已暝。""洞天石扉，訇然中开。青冥浩荡不见底，日月照耀金银台。霓为衣兮风为马，云之君兮纷纷而来下。虎鼓瑟兮鸾回车，仙之人兮列如麻。"[7] 这是一个自由的精神世界，又是一个人与大自然生命融为一体的世界，总之是一个体现道家的"游"的文化内涵的意象世界。

---

[1] 李白：《上李邕》。
[2] 李白：《行路难》。
[3] 李白：《日出入行》。
[4] 李白：《敬亭山独坐》。
[5] 李白：《游泰山》。
[6] 李白：《登太白峰》。
[7] 李白：《梦游天姥吟留别》。

四、飘逸的审美特点

"飘逸"作为一种审美形态，它给人一种特殊的美感，就是庄子所说的"天乐"的美感。

这种"天乐"的美感，庄子曾作了许多描绘。分析起来，大概有三个特点。

一是雄浑阔大、惊心动魄的美感。这种"阔大"，不是一般视觉空间的大，而是超越时空、无所不包的大，就是庄子说的"日月照而四时行，若昼夜之有经，云行而雨施"[1]的天地之大美。庄子在《齐物论》中描绘过这种"天籁"之美："夫大块噫气，其名为风。是唯无作，作则万窍怒呺。而独不闻之翏翏乎？山陵之畏佳，大木百围之窍穴，似鼻，似口，似耳，似枅，似圈，似臼，似洼者，似污者；激者，謞者，叱者，吸者，叫者，譹者，宎者，咬者。前者唱于而随者唱喁。泠风而小和，飘风则大和，厉风济则众窍为虚。而独不见之调调之刁刁乎？"[2] 这是何等惊心动魄的交响乐！庄子在《天运》篇又描绘了《咸池》之乐。宗白华说：庄子爱逍遥游，"他要游于无穷，寓于无境。他的意境是广漠无边的大空间。在这大空间里作逍遥游是空间和时间的合一。而能够传达这个境界的正是他所描写的，在洞庭之野所展开的咸池之乐"。[3] 庄子说，"咸池之乐"就是"天乐"："奏之以阴阳之和，烛之以日月之明"，"四时迭起，万物循生"，"其声能短能长，能柔能刚；变化齐一，不主故常"，"其卒无尾，其始无首"，"其声挥绰，其名高明"。[4] 从庄子的这些描绘可以看到，"天乐"乃是一种"充满天地，苞裹六极"[5]的雄浑阔大、惊心动魄的交响乐。李白的"飘逸"使人感受到的就是这种雄浑阔大、惊心动魄的交响乐的美感。借用司空图《二十四诗品》中的一些话来描绘，就是"荒荒油云，寥寥长风"、"具备万物，横绝太空"、"行神如空，行气如虹。巫峡千寻，走云连风"、"天风浪

---

[1]《庄子·天道》。
[2]《庄子·齐物论》。"大块"，大地。"畏佳"，高而不平。"枅"，柱上方孔。"圈"，圆窍。"洼"，深窍。"污"，浅窍。"激"，水湍激声。"謞"，若箭去之声。"譹"，若嚎哭声。"宎"，风吹到深谷的声音。"泠风"，小风。"厉风"，大风。"济"，止。"之调调之刁刁"，"调调"为树枝大动，"刁刁"为树叶微动。"刁刁"一作"刀刀"（参见陈鼓应《庄子今注今译》）。
[3] 宗白华：《中国古代的音乐寓言与音乐思想》，见《艺境》，第314页，北京大学出版社，1987。
[4]《庄子·天运》。"挥绰"，悠扬越发。"名"，节奏。
[5]《庄子·天运》。

浪，海水苍苍。真力弥满，万象在旁"、"前招三辰，后引凤凰。晓策六鳌，濯足扶桑"。李白在《代寿山答孟少府移文书》中自称"逸人"。"逸"在何处？就是"将欲倚剑天外，挂弓扶桑，浮四海，横八荒，出宇宙之寥廓，登云天之渺茫"。[1] 这样的"逸人"，才能奏出像《蜀道难》和《梦游天姥吟留别》这样雄浑阔大的交响乐，不仅有宏大的空间，宏伟的气势，排山倒海，一泻千里，而且神幻瑰丽，天地间一切奇险、荒怪的情景无所不包，令人惊心动魄。如《蜀道难》：

> 噫吁嚱，危乎高哉！蜀道之难，难于上青天！蚕丛及鱼凫，开国何茫然。尔来四万八千岁，不与秦塞通人烟。西当太白有鸟道，可以横绝峨眉巅。地崩山摧壮士死，然后天梯石栈相钩连。上有六龙回日之高标，下有冲波逆折之回川。黄鹤之飞尚不得过，猿猱欲度愁攀援。青泥何盘盘，百步九折萦岩峦。扪参历井仰胁息，以手抚膺坐长叹。问君西游何时还？畏途巉岩不可攀。但见悲鸟号古木，雄飞雌从绕林间。又闻子规啼夜月，愁空山。蜀道之难，难于上青天，使人听此凋朱颜！连峰去天不盈尺，枯松倒挂倚绝壁。飞湍瀑流争喧豗，砯崖转石万壑雷。其险也如此，嗟尔远道之人，胡为乎来哉！剑阁峥嵘而崔嵬，一夫当关，万夫莫开。所守或匪亲，化为狼与豺。朝避猛虎，夕避长蛇，磨牙吮血，杀人如麻。锦城虽云乐，不如早还家。蜀道之难，难于上青天，侧身西望长咨嗟！

这是一曲雄浑阔大的交响乐。没有神幻瑰丽、奇险荒怪的情景，就不能构成这样惊心动魄的交响乐。所以张碧说李白："天与俱高，青且无际，鲲触巨海，澜涛怒翻。"[2] 杜甫说李白："笔落惊风雨，诗成泣鬼神。"[3]

二是意气风发的美感。庄子的"游"，是不受任何束缚的。所以"天乐"的美感，又是一种意气风发、放达不羁、逸兴飞扬的美感。这在李白身上表现得也是最明显。李白有诗："蓬莱文章建安骨，中间小谢又清发。俱怀逸兴壮思飞，欲上青天揽明月。"[4] 这就是飘逸。"别君去兮何时还，

---

[1] 李白：《代寿山答孟少府移文书》。
[2] 见《唐诗纪事》。
[3] 杜甫：《寄李十二白二十韵》。
[4] 李白：《宣州谢朓楼饯别校书叔云》。

且放白鹿青崖间，须行即骑访名山。安能摧眉折腰事权贵，使我不得开心颜。"[1] 这也是飘逸。最典型的是《将进酒》：

> 君不见黄河之水天上来，奔流到海不复回！君不见高堂明镜悲白发，朝如青丝暮成雪！人生得意须尽欢，莫使金樽空对月。天生我材必有用，千金散尽还复来。烹羊宰牛且为乐，会须一饮三百杯。岑夫子，丹丘生，将进酒，君莫停。与君歌一曲，请君为我倾耳听。钟鼓馔玉不足贵，但愿长醉不复醒。古来圣贤皆寂寞，惟有饮者留其名。陈王昔时宴平乐，斗酒十千恣欢谑。主人何为言少钱，径须沽取对君酌。五花马，千金裘，呼儿将出换美酒，与尔同销万古愁。

这首诗给人的就是意气风发、放达不羁、逸兴飞扬的美感。所以殷璠称李白为"纵逸"。[2]

三是清新自然的美感。庄子的"游"是"天地与我并生，而万物与我为一"[3] 的境界，也就是人与大自然融而为一的境界，这种境界，也就是庄子所说的"物化"的境界。所以庄子崇尚自然、素朴，所谓"素朴而天下莫能与之争美"。[4] "天乐"的美感，是天真素朴、清新自然的美感。李白的"飘逸"，就是这种美感。李白说："清水出芙蓉，天然去雕饰。"[5] 又说："圣代复元古，垂衣贵清真。"[6] 又说："右军本清真，潇洒出风尘。"[7] 又说："一曲斐然子，雕虫丧天真。"[8] 李白的诗天真素朴、清新自然，没有丝毫的雕琢。这在李白写的绝句和乐府诗中表现得最突出。如："床前明月光，疑是地上霜。举头望明月，低头思故乡。"[9] "玉阶生白露，夜久侵罗袜。却下水晶帘，玲珑望秋月。"[10] 这些诗都给人清水出芙蓉的美感。所

---

[1] 殷璠：《河岳英灵集》。
[2] 同上。
[3] 《庄子·齐物论》。
[4] 《庄子·天道》。
[5] 李白：《经乱离后天恩流夜郎忆旧游书怀赠江夏韦太守良宰》。
[6] 李白：《古风五十九首》之一。
[7] 李白：《王右军》。
[8] 李白：《古风五十九首》之三十五。
[9] 李白：《静夜思》。
[10] 李白：《玉阶怨》。

以任华称李白为"俊逸"。[1] 杜甫说:"白也诗无敌,飘然思不群。清新庾开府,俊逸鲍参军。"[2]

这是"飘逸"这种审美形态的一个重要的特点。

在唐代,"飘逸"作为一种审美形态,不仅存在于诗歌领域,而且存在于书法、绘画等领域。当然,在不同的艺术领域,"飘逸"的审美特点会有某些差异。

在书法领域,张旭的草书可以纳入"飘逸"的范畴。张旭是草圣,放达不羁,被称为"张颠"。杜甫描绘他:"张旭三杯草圣传,脱帽露顶王公前,挥毫落纸如云烟。"[3] 李颀描绘他:"张公性嗜酒,豁达无所营。""左手持蟹螯,右手执丹经。瞪目视霄汉,不知醉与醒。""露顶据胡床,长叫三五声。兴来洒素壁,挥笔如流星。"[4] 皎然描绘他:"阆风游云千万朵,惊龙蹴踏飞欲堕。更睹邓林花落朝,狂风乱搅何飘飘。有时凝然笔空握,情在寥天独飞鹤。有时取势气更高,忆得春江千里涛。"[5] 这些诗都着重描绘了张旭狂放不羁的性格以及张旭草书的意气风发、惊风飘日之美。

在绘画领域,最体现"飘逸"品格的大概要数敦煌莫高窟的飞天。"初、盛唐的飞天,是青春和健美的化身。她们面容饱满而气度洒脱,形貌映丽而气势流走,婉转的舞姿纯熟优美,让人仿佛觉得他们轻柔健康的躯体内奔流着血液的潜流,一举一动都显得那么充满活力,风度不凡。""无论是张臂俯卧作平衡的回旋,还是随着气流任意飘荡;是双手胸前合十,还是侧体婆娑起舞;是冉冉升空,还是徐徐降落,都那么婀娜多姿。加上众多的飘带随着风势翻卷飞扬,宛如无数被拽动着的彩虹映在蓝天,从而把飞天最为动人的一瞬间恰到好处地表现出来。"[6] 飞天的意象世界,充分显示了"飘逸"的一个侧面,即清水出芙蓉、风流潇洒之美。

---

[1] 任华:《杂言寄李白》。
[2] 杜甫:《春日忆李白》。
[3] 杜甫:《饮中八仙歌》。
[4] 李颀:《赠张旭》。
[5] 皎然:《张伯高草书歌》。
[6] 杜道明:《盛世风韵》,第99页,河南人民出版社,2000。

本 章 提 要

沉郁的文化内涵是儒家的"仁",也就是对人世沧桑深刻的体验和对人生疾苦的深厚的同情。最典型的代表是杜甫。在杜甫的全部作品之中,渗透着儒家的"仁",即一种普遍的人类同情、人间关爱之情,一种人类之爱。这就是沉郁。中国现代伟大作家鲁迅的风格也是沉郁。

沉郁的审美特征主要有两点,一是带有哀怨郁愤的情感体验,极端深沉厚重,达到醇美的境界,二是弥漫着一种人生、历史的悲凉感和苍茫感。

飘逸的文化内涵是道家的"游",也就是精神的自由超脱,以及人与大自然的生命融为一体。最典型的代表是李白。李白的全部作品都体现了道家的"游"的精神,即呈现一个自由的精神世界,同时又是一个人与大自然生命融为一体的世界。

飘逸的美感有三个特点:一是雄浑阔大、惊心动魄的美感,二是意气风发的美感,三是清新自然的美感。

扫一扫,
进入第十二章习题

简答题

思考题

填空题

第十三章　空灵

这一章我们讨论作为审美形态的"空灵"。

一、空灵的文化内涵

我们前面说的"沉郁"，蕴涵的是儒家的"仁"的文化内涵；"飘逸"，蕴涵的是道家的"游"的文化内涵；现在说的"空灵"，蕴涵的是禅宗的"悟"的文化内涵。

禅宗讲"悟"或"妙悟"。禅宗的"悟"，并不是领悟一般的知识，而是对于宇宙本体的体验、领悟。所以是一种形而上的"悟"。[1] 但是，禅宗这种形而上的"悟"并不脱离、摒弃生活世界。禅宗主张在普通的、日常的、富有生命的感性现象中，特别是在大自然的景象中，去领悟那永恒的空寂的本体。这就是禅宗的悟。一旦有了这种领悟和体验，就会得到一种喜悦。这种禅悟和禅悦，形成一种特殊的审美形态，就是空灵。

《五灯会元》记载了天柱崇惠禅师和门徒的对话。门徒问："如何是禅人当下境界？"禅师回答："万古长空，一朝风月。"这是很有名的两句话。"万古长空"，象征着天地的悠悠和万化的静寂，这是本体的静，本体的空。"一朝风月"，则显出宇宙的生机，大化的流行，这是现实世界的动。禅宗就是要人们从宇宙的生机去悟那本体的静，从现实世界的"有"去悟那本体的"空"。所以禅宗并不主张抛弃现世生活，并不否定宇宙的生机。因为只有通过"一朝风月"，才能悟到"万古长空"。反过来，领悟到"万古长空"，才能真正珍惜和享受"一朝风月"的美。这就是禅宗的超越，不离此

---

[1]"悟"，本来是觉醒的意思。《说文解字》："悟，觉也，从心，吾声。"《玉篇》："悟，觉悟也。"佛教传入中国后，"悟"成了一个佛教的术语，被赋予了新的含义。据季羡林介绍，在梵文和巴利文中有三个动词与汉文中"悟"字相当，其中最重要的一个动词，意思是"醒"、"觉"、"悟"，另外两个动词的意思是"知道"。佛祖的汉语"佛陀"，在梵文和巴利文中的意思就是"已经觉悟了的人"、"觉者"、"悟者"。可见这个"悟"字的重要性。在佛教中，"悟"有两个层次，小乘佛教要悟到的是"无我"，这是低层次的悟；大乘佛教要悟到的是"空"，这是高层次的悟。无论是小乘或大乘，无论悟到的是"无我"或"空"，这悟到的东西都是根本性的东西，是宇宙的本体，也就是中国人讲的"道"。必须悟到这形而上的本体，才叫"悟"或"妙悟"。所以，严格意义上的"悟"或"妙悟"是以形而上的本体为对象的。（参看季羡林《中国禅宗丛书》代序，载黄河涛《禅与中国艺术精神的嬗变》，商务印书馆国际有限公司，1994。）

岸，又超越此岸。这种超越，形成了一种诗意，形成了一种特殊的审美形态，就是"空灵"。"空"是空寂的本体，"灵"是活跃的生命。宗白华说："禅是动中的极静，也是静中的极动，寂而常照，照而常寂，动静不二，直探生命的本原。"[1]

我们可以举两个例子。

《五灯会元》载秀州德诚禅师的偈语：

千尺丝纶直下垂，一波才动万波随。
夜静水寒鱼不食，满船空载月明归。

这四句偈语是一首诗。寂静、寒冷的夜晚，千尺钓丝，在水面上荡起波纹，向四面散开。这是动，但传达出的则是永恒的静。"满船空载月明归"，一片光明，照亮永恒的空寂的世界。这就是"空灵"，用宗白华的话说，"寂而常照，照而常寂，动静不二，直探生命的本原"。

日本17世纪的大诗人松尾芭蕉一首有名的俳句：

古池塘，
青蛙跳入波荡响

朱良志解读说："诗人笔下的池子，是亘古如斯的静静古池，青蛙的一跃，打破了千年的宁静。这一跃，就是一个顿悟，一个此在此顷的顿悟。在短暂的片刻，撕破世俗的时间之网，进入绝对的无时间的永恒中。这一跃中的惊悟，是活泼的，在涟漪的荡漾中，将现在的鲜活揉入到过去的幽深中去了。那布满青苔的古池，就是万古之长空，那清新的蛙跃声，就是一朝之风月。"[2] 这就是"禅意"、"禅境"，而这也就是"空灵"。

从以上两个例子可以看出，禅宗的"悟"就是一种瞬间永恒的形而上的体验。瞬间就是当下，就是"一朝风月"的活泼的生命。而"悟"就是从这"一朝风月"中体验"万古长空"的永恒。"一朝风月"是当下，"一朝风月"又是永恒。当下和永恒融为一体，"一朝风月"和"万古长空"融为一体。

---

[1] 宗白华：《艺境》，第156页，北京大学出版社，1987。
[2] 朱良志：《中国美学十五讲》，第196—197页，北京大学出版社，2006。

这种"空灵"的审美形态，在王维的诗中得到了最充分的体现。殷璠说，王维的诗："在泉为珠，着壁成绘，一句一字，皆出常境。"[1] 出于常境，是一种什么境呢？就是禅境，就是清代王渔洋说的"字字入禅"。王维的诗极富禅味。读过《红楼梦》的人都记得《红楼梦》里有一段林黛玉指导香菱学诗的故事。林黛玉要香菱去读四个人的诗，一个是陶渊明，另三个是唐代诗人：李白、杜甫、王维。这四个人代表了三种性格：杜甫代表了儒家的性格，陶渊明、李白代表了道家的性格，而王维则代表了禅宗的性格。下面我们看王维的几首诗，这些诗都非常有名。

第一首《鹿柴》：

> 空山不见人，但闻人语响。
> 返景入深林，复照青苔上。

这一首写的是空山密林中傍晚时分的瞬间感受。"空山不见人"，这是"空"。这时传来了人声。有人声而不见人，似有还无，更显出"空"。只有落日余晖，照在苔藓之上。但这个景色也是暂时的，它将消失在永恒的空寂之中。诗人从"色"悟到了"空"，从"有"悟到了"无"。

第二首《辛夷坞》：

> 木末芙蓉花，山中发红萼。
> 涧户寂无人，纷纷开且落。

这一首写一个无人的境界。在空寂的山中，只有猩红色的木兰花在自开自落。木兰花是"色"，是"有"，而整个世界是"空"，是"无"。

第三首《鸟鸣涧》：

> 人闲桂花落，夜静春山空。
> 月出惊山鸟，时鸣山涧中。

这一首也是写一个静夜山空的境界。桂花飘落，着地无声。这个世界实在太静了，月亮出来，竟然使山中的鸟儿受惊，发出鸣叫声。鸟的叫声，更

---

[1] 殷璠：《河岳英灵集》。

显得这广大的夜空有一种无边的空寂。这真是从"一朝风月"体验到了"万古长空"。

第四首《竹里馆》：

> 独坐幽篁里，弹琴复长啸。
> 深林人不知，明月来相照。

这一首是写寂寞之境。一个人孤独地坐在竹林里，四周空无一人。琴声和长啸是生命的活动，但是回答只有天上的明月。内心的孤独引向宇宙的空寂。

第五首《木兰柴》：

> 秋山敛余照，飞鸟逐前侣。
> 彩翠时分明，夕岚无处所。

这一首是写黄昏的景象。飞鸟在夕阳的余晖中互相追逐，色彩艳丽的秋叶在刹那间分外鲜丽，转眼就模糊了。山间的雾气也随生随灭。这是一个彩色的有生命的世界，但它指向空寂。

王维的这几首诗，都呈现出一个色彩明丽而又幽深清远的意象世界，而在这个意象世界中，又传达了诗人对于无限和永恒的本体的体验。这是"寂而常照，照而常寂"，这就是"空灵"。

很多学者都指出，王维特别喜欢创造介乎"色空有无之际"[1]的意象世界，留下了许多佳句。如："白云回望合，青霭入看无。"[2] 这是"有"变成"无"，似"有"实"无"。"山路元无雨，空翠湿人衣。"[3] 这是"无"变成"有"，而"有"仍然归为"空"、"无"。"江流天地外，山色有无中。"[4] 这是"色"在"有"、"无"之中。这些诗句都写出若"有"若"无"、空濛一片的意象世界。这就是"空灵"。

在唐代诗人中，创造"空灵"的意象世界的不仅是王维。常建、韦应物、柳宗元等人的一些为人传诵的诗句也属于"空灵"的范畴。

---

[1]"色空有无之际"一语引自王维《荐福寺光师房花药诗序》(《王右丞集》卷十九)。
[2] 王维:《终南山》。
[3] 王维:《山中》。
[4] 王维:《汉江临眺》。

如常建的《题破山寺后禅院》：

> 清晨入古寺，初日照高林。
> 曲径通幽处，禅房花木深。
> 山光悦鸟性，潭影空人心。
> 万籁此俱寂，但闻钟磬音。

在初日映照之下，古寺、曲径、花木、山光、飞鸟、深潭，还有时时传来的钟磬声，一切都那么清净、明媚、生机盎然，同时又是那么静谧、幽深，最后心与境都归于空寂。这是一个在瞬间感受永恒的美的世界。

宋代诗人中最有空灵意趣的是苏轼。苏轼说："欲令诗语妙，无厌空且静。静故了群动，空故纳万境。"[1] 苏轼喜欢创造"空"、"静"的意象。他的"空"、"静"并非一无所有，而是在"空"、"静"之中包纳万境，是一个充满生命的丰富多彩的美丽的世界。我们看苏轼的《记承天寺夜游》：

> 元丰六年十月十二日夜，解衣欲睡，月色入户，欣然起行。念无与乐者，遂至承天寺寻张怀明。亦未寝，相与步行于中庭。庭下如积水空明，水中藻荇交横，盖竹柏影也。何夜无月，何处无竹柏，但少闲人如吾二人耳。[2]

这是一个清幽静谧、空灵澄澈的意象世界。诗人在一片空静的氛围中，体验人生的意趣。[3]

在宋元画家的作品中也常有"空灵"的意象世界。很多画家喜欢画"潇湘八景"（山市晴岚、远浦归帆、平沙落雁、潇湘夜雨、烟寺晚钟、渔村夕照、江天暮雪、洞庭秋月），其中很多是"空灵"的作品。元四家特别是倪云林的山水画，可以说是"空灵"在绘画领域的典型。

---

[1] 苏轼：《送参寥师》。
[2]《东坡志林》，《苏轼文集》卷二十七。
[3] 西方一些哲学家、科学家面对宇宙的空寂感到惊骇和惶惑。哲学家帕斯卡尔说："无限空间中的永恒静寂把我吓坏了。"美国物理学家阿·热说："宇宙在我们眼里的形象就是一种各处点缀着一些星系和巨大宽阔的空无。……我们怎么在量上测量这一令人惊骇和几乎不令人相信的空无呢？宇宙是多么空寂呢？"（阿·热：《可怕的对称——现代物理学中美的探索》，第 257 页，湖南科学技术出版社，1999。）

二、空灵的静趣

"空灵"作为审美形态，它最大的特点是静。"空灵"是静之美，或者说，是一种"静趣"。前面引过宗白华的话，"禅是动中的极静，也是静中的极动"，"动静不二，直探生命的本源"。在这种动与静的融合中，本体是静。

"空灵"的静，并不是没有生命活动，而是因为它摆脱了俗世的纷扰和喧嚣，所以"静"。"空灵"的"静"中有色彩，有生命，但这是一个无边的空寂世界中的色彩和生命，而且正是这种色彩和生命更显出世界的本体的静。

"空灵"的诗，往往是一个无人的境界。如韦应物的《滁州西涧》：

> 独怜幽草涧边生，上有黄鹂深树鸣。
> 春潮带雨晚来急，野渡无人舟自横。

这是一个幽草黄鹂、色彩缤纷的世界，是一个无人的境界。又如李华的《春行寄兴》：

> 宜阳城下草萋萋，涧水东流复向西。
> 芳树无人花自落，春山一路鸟空啼。

这是一个春山啼鸟、水流花落的世界，也是一个无人的境界。

有的"空灵"的诗中也有人，但这个人是一种行无所事、任运自然、"无心"、"无念"的人。如柳宗元《题寒江钓雪图》：

> 千山鸟飞绝，万径人踪灭。
> 孤舟蓑笠翁，独钓寒江雪。

在冰天雪地的世界中，没有鸟飞，没有人来人往，但是有一只孤舟，有一个老翁在那儿垂钓。从表面看，有人的活动，但他是行无所事，他摆脱了俗世的喧嚣烦杂。南宗画家马远的《寒江垂钓图》画的就是类似的意象世界。再如唐代僧人灵一的《溪行纪事》：

马远 《寒江独钓图》

> 近夜山更碧，入林溪转清。
> 不知伏牛路，潭洞何纵横。
> 曲岸烟已合，平湖月未生。
> 孤舟屡失道，但听秋泉声。

溪清山碧，暮烟空濛，泉声噪耳，一片空寂。这里也有人的活动，但任运自然，任意东西，所以"孤舟屡失道，但听秋泉声"。

静，所以清。水静则清，山静则清，神静则清。清就是透明、澄澈。所以人们常把"空灵"和"澄澈"联在一起。前面引过的王维的诗，"人闲桂花落，夜静春山空"，"深林人不知，明月来相照"，就是空灵澄澈的世界。苏轼的《记承天寺夜游》，也是一个空灵澄澈的世界。又如宋代词人张孝祥的《念奴娇》：

> 洞庭青草，近中秋，更无一点风色。玉界琼田三万顷，著我扁舟一叶。素月分辉，银河共影，表里俱澄澈。怡然心会，妙处难与君说。应念岭海经年，孤光自照，肝胆皆冰雪。短发萧骚襟袖冷，稳泛沧浪空阔。尽挹西江，细斟北斗，万象为宾客。扣舷独啸，不知今夕何夕。

这是一个静谧的世界，也是一个空灵澄澈的世界。再如诗僧静安的《寒江钓雪图》：

> 垂钓板桥东，雪压蓑衣冷。
> 江寒水不流，鱼嚼梅花影。

冰天雪地，一片静谧。但是梅花开放了，鱼儿在花影周围游动。"鱼嚼梅花影"，这是一个如幻如真的世界，是一个空灵澄澈的世界。

静，又所以幽。静极则幽，幽则深，幽则远。幽使整个世界带上冷色调，幽又使整个世界带上某种神秘的色彩。我们前面引过的王维的诗，"木末芙蓉花，山中发红萼。涧户寂无人，纷纷开且落"，就是幽静的世界。还有常建的诗，"清晨入古寺，初日照高林。曲径通幽处，禅房花木深"，也是幽静的世界。

"空灵"的这种静谧的意象世界，这种幽深清远的意象世界，体现了"禅宗"的人生哲学和生活情趣。禅宗主张在现实生活中随时随地得到超脱。所以禅宗强调"平常心是道"。"平常心"就是"无念"、"无心"。"无念"、"无心"不是心中一切念头都没有，而是不执着于念，也就是不为外物所累，保持人的清静心。一个人一旦开悟，他就会明白最自然、最平常的生活，就是最正常的生活，就是佛性的显现。有人问大珠慧海禅师："和尚修道，还用功否？"回答说："用功。"问："如何用功？"答："饥来吃饭，困来即眠。"那么这和平常人有何不同呢？回答说："不同。"问："何故不同？"回答说："他吃饭时不肯吃饭，百种须索；睡时不肯睡，千般计较。所以不同也。"[1] 一个人悟道之后，还是照样吃饭睡觉，但是毫不执着沾滞。这叫任运自然。禅宗这种思想，在古代一部分知识分子中演化成了一种人生哲学，一种生活态度和生活情趣。**他们摆脱了禁欲苦行的艰难和沉重，他们也摆脱了向外寻觅的焦灼和惶惑，而是在对生活世界的当下体验中，静观花开花落、大化流行，得到一种平静、恬淡的愉悦。**

我们可以举王维的一首诗来说明这个道理。这首诗的题目是《终南别业》：

---

[1] 普济：《五灯会元》上册，第157页，中华书局，1984。

盛懋 《秋江待渡图》

> 中岁颇好道，晚家南山陲。
> 兴来每独往，胜事空自知。
> 行到水穷处，坐看云起时。
> 偶然值林叟，谈笑无还期。

这首诗用自在安闲的笔调表达作者游览山水时随意而行的心情，以及他与大自然、与他人的亲切交流。"行到水穷处"，一般人可能很扫兴，而王维则并不介意，任运自然。天上有云，就坐下来看云。我们可以把王维的这种态度和魏晋时期的阮籍作一比较。王维说他自己"兴来每独往"，阮籍也常常"率意独驾，不由径路"，也是自由自在的样子。但是"车辙所穷，辄恸哭而返"——阮籍寄情山水，但他并未摆脱世事的牵挂，他没有做到"无念"，一遇行路不通，便触发他"世路维艰"的感慨，不由恸哭而返。王维则不同。他行到水穷处，并不恸哭，因为水有尽头，这是一种很自然的事，正好天上有云来了，他就坐下来看云。这就是心中无所滞碍，一任自然。坐久了，该回家就起身回家。偶尔碰到林中老汉，谈得兴起，什么时候回家就说不定了。这从禅宗的角度看，就是"无念"，"行无所事"，随缘任运，听其自然。阮籍内心充满了出世与入世的矛盾，所以他很痛苦，而在王维的内心，出世与入世是和谐的，所以他的内心有一种解脱感和自由感，宁静，安详。正如百丈怀海的一首诗："放出沩山水牯牛，无人坚执鼻绳头。绿杨芳草春风岸，高卧横眠得自由。"这就是一种人生哲学，一种生活态度和生活情趣。所以苏轼说："但胸中廓然无一物，即天壤之内，山川草木虫鱼之类，皆是供吾家乐事也。"[1] 又说："此心安处是吾乡。"[2] 正是这种人生哲学、生活态度，形成了"空灵"的静趣。

"空灵"的这种静趣，是"沉郁"、"飘逸"等审美形态所不具有的。

三、空灵的美感是一种形而上的愉悦

"空灵"这种幽静、空寂的意象世界，为什么能给人一种诗意的感受，为什么能给人一种审美的愉悦？

---

[1] 苏轼:《与子明》。
[2] 苏轼:《定风波》。

这就是我们前面提到的，"空灵"体现了禅宗的一种人生智慧。人的生命都是有限的，而宇宙是无限的。人想要追求无限和永恒，但那是不可能实现的。所以引来了古今多少悲叹。"青青陵上柏，磊磊磵中石。人生天地间，忽如远行客。""四顾何茫茫，东风摇百草。所遇无故物，焉得不速老？""浩浩阴阳移，年命如朝露。人生忽如寄，寿无金石固。"[1]这是人生的忧伤。**禅宗启示人们一种新的觉悟，就是超越有限和无限、瞬间和永恒的对立，把永恒引到当下、瞬间，要人们从当下、瞬间去体验永恒。**所以"空灵"的意象世界都有一个无限清幽空寂的空间氛围。这个清幽空寂的氛围不是使人悲观、绝望、厌世，而是要人们关注当下，珍惜瞬间，在当下、瞬间体验永恒，因为当下、瞬间就是永恒。"空灵"的那种清幽空寂的氛围就是提醒人们要从永恒的本体来观照当下。

苏轼的《前赤壁赋》里有两句话就体现了禅宗的这种思想。

苏轼和他的朋友在月明之夜，泛舟于赤壁之下。"白露横江，水光接天。纵一苇之所如，凌万顷之茫然。"他的朋友吹起洞箫，"其声呜呜然，如怨如慕，如泣如诉"。这位朋友想起当年曹操破荆州，下江陵，舳舻千里，旌旗蔽空，酾酒临江，横槊赋诗，真是一世之雄，但是今天曹操又在哪里呢？所以他悲叹人生的短暂和有限："寄蜉蝣于天地，渺沧海之一粟。哀吾生之须臾，羡长江之无穷。"苏轼劝他不必这样，对他说："盖将自其变者而观之，则天地曾不能以一瞬；自其不变者而观之，则物与我皆无尽也。而又何羡乎？"苏轼这两句话说的就是禅宗的思想，这"变者"就是"色"，这不变者就是"空"了。苏轼的意思是：色即是空，瞬间即是永恒，你又何必悲叹呢！

明代大戏剧家汤显祖有一句诗："春到空门也著花。"佛教主张一切皆"空"。但是到了春天，佛寺门前依旧开了漫山遍野的花，怎么"空"得了呢？在汤显祖看来，"色"是真实的，他用"色"否定了"空"。这也是我们一般普通人的观念。印度佛教的观念正相反，它是用"空"否定"色"，所以要"出世"。而禅宗并不否定"色"，它是由"色"悟"空"，"色"即是"空"，"空"即是"色"。很多禅师的确是这样开悟的。他们听到一声莺

---

[1]《古诗十九首》之三，之十一，之十三。

叫，听到一声蛙叫，或者看到桃花开了，而悟到了那永恒的本体。所以禅宗由佛教的"出世"回过头来又主张"入世"，他们追求"入世"与"出世"的和谐。苏轼说："空故纳万境。"正是当下这个充满了生命的丰富多彩的美丽的世界，体现了"万古长空"，体现永恒的本体。所以苏轼最后对他的朋友说："唯江上之清风，与山间之明月，耳得之而为声，目遇之而成色，取之无禁，用之不竭，是造物之无尽藏也，而吾与子之所共适。"就是说，珍惜和享受眼前的清风明月吧，这就是永恒。

这就是禅宗的人生智慧。这种人生智慧使人们以一种平静、恬淡的心态，享受眼前的花开花落之美，从中体验到宇宙的永恒，并从而得到一种形而上的愉悦。

现在我们回到这一章的开头。**"空灵"的美感就是使人们在"万古长空"的氛围中欣赏、体验眼前"一朝风月"之美。永恒就在当下。这时人们的心境不再是焦灼，也不再是忧伤，而是平静、恬淡，有一种解脱感和自由感，"行到水穷处，坐看云起时"，了悟生命的意义，获得一种形而上的愉悦。**

本 章 提 要

"空灵"的文化内涵是禅宗的"悟"。禅宗的"悟"是一种瞬间永恒的形而上的体验，就是要从当下的富有生命的感性世界，去领悟那永恒的空寂的本体。最典型的代表是王维。王维的很多诗都在色彩明丽而又幽深清远的意象世界中，传达出诗人对于无限和永恒的本体的体验。

"空灵"作为审美形态的最大特色是静，"空灵"是一种"静趣"。它体现了"禅宗"的生活态度和生活情趣，就是在对生活世界的当下体验中，静观花开花落、大化流行，得到一种自由感和解脱感，得到一种平静、恬淡的愉悦。

"空灵"的美感在于使人超越有限和无限、瞬间和永恒的对立，把永恒引到当下、瞬间，以一种平静、恬淡的心态，从当下这个充满生命的丰富多彩的美丽的世界，体验宇宙的永恒。所以"空灵"的美感是一种形而上的愉悦。

| 扫一扫，
进入第十三章习题 |
简答题 |
思考题 |
填空题 |

| 扫一扫，
进入第十四章习题 |
简答题 |
思考题 |
填空题 |

第四编 审美人生

第十四章　美育

在本书的最后两章中，我们讨论审美与人生的关系，也就是回答"人为什么需要审美活动"的问题。这个问题和"什么是审美活动"的问题是美学的两个最核心的问题。我们从两个层面来讨论这个问题，这一章是从审美教育的层面来讨论审美与人生的关系问题，说明审美活动对于人的精神自由和人性的完满是绝对必需的。下一章则是从人生境界的层面来讨论审美与人生的关系问题。

一、美育的人文内涵

无论在西方还是在中国，美育都很早就受到人们的高度重视。在西方，古希腊的毕达哥拉斯学派和柏拉图、亚里士多德都十分重视美育。到了 18 世纪末，席勒第一次明确提出了"美育"的概念。他的《审美教育书简》是西方美学史上讨论美育的一本最重要的著作。在中国，孔子是最早提倡美育的思想家。到了 20 世纪初，蔡元培在北京大学和全国范围内大力提倡美育，产生了巨大的影响。

对于美育的性质，学者们有不同的看法。主要有以下几种看法：(1) 美育是情感教育；(2) 美育是趣味教育；(3) 美育是感性教育；(4) 美育是艺术教育；(5) 美育是美学理论和美学知识的教育；(6) 美育是德育的一部分。

在这些看法中，第六种看法在理论上是不正确的，我们在后面将会讨论这个问题。其他五种看法都有一定的合理性，但都没有抓住根本。

照我们的看法，**美育属于人文教育，它的目标是发展完满的人性**。

在这个问题上，席勒的《审美教育书简》一书在历史上的影响最大。

席勒的《审美教育书简》是 1793—1794 年写给丹麦亲王奥克斯登堡的克里斯谦公爵的信。席勒在这部著作中提出了许多重要的命题，至今仍然可以给我们许多理论上的启发。

席勒认为，在每个人身上都具有两种自然要求或冲动，一种是"感性冲动"，一种是"形式冲动"，又叫"理性冲动"。"感性冲动"要求使理性形式获得感性内容，使人成为一种物质存在；"理性冲动"要求使感性内容获得理性形式，要求使千变万化的现象见出和谐和法则。人身上的这两个方面、两种冲动，在经验世界中常常是对立的，必须通过文化教养，才可能得到充分发展，并且使二者统一起来，这时，"人就会兼有最幸福的存在和最高度的独立自由"。[1]

席勒认为，在古希腊时代，人的这两个方面是统一的，"他们既有丰富的形式，同时又有丰富的内容，既善于哲学思考，又长于形象创造，既温柔又刚毅，他们把想象的青春性和理性的成年性结合在一个完美的人性里"。[2] 但是到了近代社会，严密的分工制和等级差别使得人身上的这两个方面分裂开来了，"人性的内在联系也就被割裂开来了，一种致命的冲突就使得本来处在和谐状态的人的各种力量互相矛盾了"。[3] 他说：

> [近代社会]是一种精巧的钟表机械，其中由无数众多的但是都无生命的部分组成一种机械生活的整体。政治与宗教、法律与道德习俗都分裂开来了；欣赏和劳动脱节，手段与目的脱节，努力与报酬脱节。永远束缚在整体中一个孤零零的断片上，人也就把自己变成一个断片了；耳朵里所听到的永远是由他推动的机器轮盘的那种单调无味的嘈杂声音，人就无法发展他的生存的和谐；他不是把人性印刻到他的自然上去，而是变成他的职业和专门知识的一种标志。[4]

这样，每个人身上的和谐被破坏了，整个社会的和谐也就被破坏了。席勒认为，这是近代社会面临的一个重大危机。

为了解决这一社会危机，席勒提出他的方案，就是要大力推行美育，使人从"感性的人"变成"审美的人"。

前面说过，席勒认为在人身上存在着两种冲动：感性冲动与理性冲动。这两种冲动都使人受到一种强迫（压力）。感性冲动使人受到自然要求的压

---

[1] 席勒：《审美教育书简》，第十三封信。这里采用朱光潜《西方美学史》中的译文。
[2] 席勒：《审美教育书简》，第28页。北京大学出版社，1985。
[3] 席勒：《审美教育书简》，第六封信。这里采用朱光潜《西方美学史》中的译文。
[4] 席勒：《审美教育书简》，第六封信。

力，理性冲动使人受到理性要求的压力。在这两种冲动面前，人都是不自由的。于是席勒又提出第三种冲动，即游戏冲动。席勒认为，这第三种冲动即游戏冲动可以消除这两个方面的压力，"使人在物质方面和精神方面都回复自由"。[1] 那么什么是游戏冲动呢？照席勒的界定，游戏冲动就是审美冲动。他说：

> 用一个普遍的概念来说明，感性冲动的对象就是最广义的生活；这个概念指全部物质存在以及凡是呈现于感官的东西。形式冲动的对象，也用一个普通的概念来说明，就是同时用本义与引申义的形象；这个概念包括事物的一切形式方面的性质以及它对人类各种思考功能的关系。游戏冲动的对象，还是用一个普遍的概念来说明，可以叫做活的形象；这个概念指现象的一切审美的性质，总之，指最广义的美。[2]

照席勒的这个说法，游戏冲动的对象就是美（广义的美），而美就是"活的形象"。所以席勒又把游戏冲动称之为"审美的创造形象的冲动"。这活的形象是生活与形象的统一，感性与理性的统一，物质与精神的统一。席勒说的"活的形象"，其实就是我们所说的审美意象。席勒认为，这种审美的创造形象的冲动，建立起一个欢乐的游戏和形象显现的王国，"在这个王国里它使人类摆脱关系网的一切束缚，把人从一切物质的和精神的强迫中解放出来"，[3] 从而**能对纯粹的形象显现进行无所为而为的自由的欣赏。**

正因为这样，所以只有游戏冲动（审美冲动）才能实现人格的完整、人性的完满，只有游戏冲动才能使人摆脱功利的、逻辑的"关系网"的束缚而成为自由的人。

席勒说：

> 只有当人充分是人的时候，他才游戏；只有当人游戏的时候，他才完全是人。[4]

---

[1] 席勒：《审美教育书简》，第十四封信。这里采用朱光潜《西方美学史》中的译文。
[2] 席勒：《审美教育书简》，第十五封信。这里采用朱光潜《西方美学史》中的译文。
[3] 席勒：《审美教育书简》，第二十七封信。这里采用朱光潜《西方美学史》中的译文。
[4] 席勒：《审美教育书简》，第十五封信。这里采用朱光潜《西方美学史》中的译文。

对于席勒的这个有名的命题，我们也可以换一种说法，那就是：只有当人充分是人的时候，他才审美；只有当人审美的时候，他才完全是人。

席勒这个命题的内涵就是：**审美对于人的精神自由来说，审美对于人的人性的完满来说，都是绝对必需的。没有审美活动，人就不能实现精神的自由，人也不能获得人性的完满，人就不是真正意义上的人。**

以上就是席勒《审美教育书简》的核心思想。[1]

席勒从人文教育的角度，从寻求人的精神自由和人性的完满的角度来讨论美和美育的问题，这对我们认识美育的性质有很大的启示。

我们今天对美育的性质，可以比席勒有更进一步的认识和更全面的论述。

人不同于动物。**人不仅有物质的需求，而且有精神的需求。这是人性的完满性。**不满足人的精神需求，人性就不是完满的，人就不是完满意义即真正意义上的人。**精神的需求也是多方面的，其中一个重要方面就是人要真正感受到自己活在这个世界上是有意思的，有味道的。这就是蔡元培说的人在保持生存之外还要"享受人生"。**[2]这个享受不是物质享受，而是精神享受，是精神的满足，精神的愉悦。审美活动给予人的正是这种精神享受。由于审美活动的核心是审美意象（广义的美，即席勒说的"活的形象"）的生成，所以审美活动可以使人摆脱实用功利的和理性逻辑的束缚，获得一种精神的自由。审美活动又可以使人超越个体生命的有限存在和有限意义，获得一种精神的解放。**这种自由和解放使人得到一种欢乐，一种享受，因为它使人回到万物一体的精神家园，从而感到自己是一个真正的人。**这就是庄子说的"游"，席勒说的"游戏"。审美活动使人性的完满得以实现，所以席勒说："只有当人充分是人的时候，他才游戏；只有当人游戏的时候，他才完全是人。"审美教育就是引导人们去追求人性的完满。这就是美育的最根本的性质。

---

[1] 席勒《审美教育书简》中还有两个观点我们在这里没有介绍。一个观点是人从"感性的人"变为"审美的人"之后，还要变为"理性的人"。也就是说，"审美的人"是一个中间状态，人格培养的目标是"理性的人"。"感性的人"是自然状态，只能承受自然的力量，"审美的人"是审美状态，摆脱了自然的力量，"理性的人"是道德状态，可以支配自然的力量。这个人的发展的三阶段说在理论上是有问题的，我们在这里暂不讨论。还有一个观点，是人可以通过审美自由达到社会政治的自由。这一观点在理论上也是有问题的。审美自由是精神世界的自由，它与社会政治的自由是不同领域的概念。费希特曾就这一点批评过席勒。可参阅朱光潜《西方美学史》下卷，第108页，人民文学出版社，1964。

[2] 蔡元培：《与时代画报记者谈话》，见《蔡元培美学文选》，第215页，北京大学出版社，1983。

我们经常说，美育是为了追求人的全面发展。这样说当然是对的。但是这里说的"全面发展"，不是知识论意义上的，不是指知识的全面发展。美育当然可以使人获得更多的知识，特别是可以使人在科学的、技术的知识之外更多地获得人文的、艺术的知识，但这不是美育的根本目的。**美育的根本目的是使人去追求人性的完满，也就是学会体验人生，使自己感受到一个有意味的、有情趣的人生，对人生产生无限的爱恋、无限的喜悦，从而使自己的精神境界得到升华。从这个意义上来理解"人的全面发展"，才符合美育的根本性质。**

在这里我们要引用一百年前（1907）鲁迅说过的一段话：

> 顾犹有不可忽者，为当防社会入于偏，日趋而之一极，精神渐失，则破灭亦随之。盖使举世惟知识之崇，人生必大归于枯寂，如是既久，则美上之感情漓，明敏之思想失，所谓科学，亦同趣于无有矣。故人群所当希冀要求者，不惟牛顿已也，亦希诗人如莎士比亚；不惟波义耳，亦希画师如拉斐尔；既有康德，亦必有乐人如贝多芬；既有达尔文，亦必有文人如卡莱尔。凡此者，皆所以致人性于全，不使之偏倚，因以见今日之文明者也。[1]

鲁迅在这段话中强调，人类社会需要审美活动，需要有莎士比亚、拉斐尔、贝多芬，这是为了"致人性于全，不使之偏倚"。他认为，如果没有审美活动，人类社会陷入片面性，人的精神需求得不到满足，人就不是完全意义上的人，"人生必大归于枯寂"，人活得就没有意思了。鲁迅的话，对于美育的本质是一个很好的说明。

现在我们再回过头来看我们在前面提到的对于美育的各种界定。

"美育是情感教育"。这种说法起源于康德的知、情、意三分说。审美活动当然与情感密切相关，但审美活动并不能归结为情感活动。中国美学所讲的"兴"（美感），就不仅仅是指情感活动，而是指人的精神在整体上的感发。所以这种说法不全面。更重要的是，这种说法没有揭示出美育的人文内涵。

---

[1] 鲁迅：《科学史教篇》，见《鲁迅全集》第一卷，第35页，人民文学出版社，1981。引文中的人名都改为现在通行的译法。

"美育是趣味教育"。这种说法也不全面。我们在下一节将会讲到，趣味教育是美育的一项内容，但不是全部内容。还有，和上面的说法一样，这种说法也没有揭示出美育的人文内涵。

"美育是感性教育"。审美活动是一种感性活动，但审美活动又超越感性，它是人的一种自由的精神活动，是人的一种以意象世界为对象的人生体验活动。席勒已经说明了这一点。所以这种说法也是不全面的。它所以不全面，根源在于对审美活动缺乏深刻的理解。

"美育是艺术教育"。艺术是审美活动的重要领域，所以美育与艺术教育有很大部分是可以重合的，艺术教育也往往可以成为美育的主体。但美育并不限于艺术教育，因为在当今的美育中，自然美、社会美作为审美活动的领域越来越受到重视，自然生态、民俗风情等都已成为美育的重要内容。所以把美育和艺术教育等同起来是不妥当的。还有一点，就是"艺术教育"这个概念有时是指专业的艺术教育，它有大量的专业方面的特点和要求，把美育和这种专业的艺术教育等同起来就更不妥当了。当然，即便是专业的艺术教育，在强调专业的、技能的要求的同时，也应该强调人文的内涵。我们看到有的自称搞艺术教育的人根本不讲人文内涵，甚至排斥人文内涵，这种人所搞的"艺术教育"，不但不是美育，也不是真正的艺术教育。

"美育是美学理论和美学知识的教育"。美育当然包括知识教育（包括美学知识、艺术知识），美学理论也必然会渗透在整个美育过程之中，但美育在本质上不是理论和知识的教育，不是概念的逻辑体系的教育，而是引导受教育者在感性的、情感的活动中体验人生的意趣，提升人生境界的教育。如果把美育界定为美学理论和美学知识的教育，有可能对美育的实施产生消极的影响，即在美育的实施方式上过于看重课堂上知识的传授，而忽视组织受教育者直接参与审美体验（读诗、看小说、弹琴、画画、参加音乐节、戏剧节、参观美术馆、博物馆、看戏、听音乐会、游山玩水、参加民俗考察，等等）。这样做，受教育者的知识可能增加了，但在追求人性的完满和人生的审美化方面却可能没有太大的进展，那将会是失败的美育。

"美育是德育的一部分"。这种看法在理论上是不正确的。我们在后面还会谈到。

从以上的考察我们可以看到，为了正确地把握美育的性质，前提是要在理论上正确地把握审美活动的性质。如果对审美活动缺乏正确的把握，那么对美育的性质就不可能有正确的把握。

二、美育的功能

美育的功能是与美育的性质联系在一起的。

美育可以从多方面提高人的文化素质和文化品格，但最主要的，是以下三个方面：

（一）培育审美心胸

审美心胸，西方美学称为审美态度。这是审美主体进入审美活动的前提。我们在第二章已有比较详细的论述。

审美态度是人对待世界的一种特殊方式，它不同于科学认识的态度和实用伦理的态度。平时我们都习惯用一种概念的眼光或者用实用的眼光看世界。比如我看到一种桌子，我头脑里就出现"桌子"的概念，"这是一张桌子"，我抽出"桌子"的共性，至于桌子的特殊形状，桌子的颜色，等等，一般都忽略不计了。再有就是这张桌子的用途，是办公用的，还是吃饭用的。又比如一条大街，如果我在这个城市生活久了，我也是用概念的眼光和实用的眼光看这条大街，这里有一家书店，隔壁是一家超市，再隔壁是一家药店，等等。但是在一位旅游者眼中，这条大街就不一样了，每座建筑的色彩、形状、年代，店铺五颜六色的招牌，路上行人的花花绿绿的服装打扮，一切都那么新鲜。卡西尔说："在日常经验中，我们根据因果关系或决定关系的范畴来联结诸现象。根据我们所感兴趣的是事物的理论上的原因还是实践上的效果，而把它们或是看作原因或是看作手段。这样，我们就习以为常地视而不见事物的直接外观。"[1] 在概念化和功利化的眼光中，世界永远是那么黯淡，千篇一律，缺乏生气。但是一旦你有了一个审美的态度、审美的心胸，那么在你面前，感性世界就永远是新鲜的，五彩缤纷，富有诗意，就是王羲之所说的："群籁虽参差，适我无非新。"审美态度造成审美主体与生活对象的"审美距离"。"审美距离"不是说审美主体与生活对象疏远了，而

---

[1] 卡西尔：《人论》，第216页，上海译文出版社，1985。

是使你放弃了从求知和实用的立场去接近生活对象，这样反而使你亲近了生活对象，于是世间一切都变得新鲜、有味道了。美国盲聋女作家、教育家海伦·凯勒（我们在第二章曾提到她）写道，有一次她的一位朋友在树林中长时间散步回来，她问这位朋友观察到了什么，这位朋友回答说："没有什么特别的东西。"这使海伦十分惊讶："**怎么可能在树林里走了一个小时却看不见值得注意的东西？**"海伦说，她自己的眼睛是看不见的，但是她仅仅靠了触觉就感受到世界上有那么多激动人心的美，从而得到那么多的快乐，那么眼睛看得见的人，靠了视觉，能感受到多么多的美啊。所以她说："如果我是大学的校长，我要设定一门'如何使用你的眼睛'的必修课。教课的教授要努力向学生指出，他们怎样才能够把从他们面前经过而不被注意的东西真正看到，从而给他们的生活增加欢乐。他会努力唤醒他们呆滞休眠的官能。"[1] 海伦要开设的这门课，就是一门美育的课。为了说明她的观点，海伦写了一篇题为《给我三天光明》的文章。文章设想给她三天时间，这三天她可以用眼睛看见东西，那么她会怎样度过这三天？她最想看见的什么？她回答说，"在第一天，我会想看见那些以他们的仁爱、温柔和陪伴使我的生命有价值的人"。很多人的眼睛很懒惰，有的结婚多年的丈夫说不出自己妻子的眼睛的颜色。但她不会这样。因为过去她只能通过她的手指尖"看见"一张脸的轮廓。她懂得"看"的珍贵。她要把所有亲爱的朋友叫到身边来，长时间地凝视他们的脸，在心中印上他们内心美的外在证明。她也要让眼光停留在一个婴儿的脸上，捕捉住那热切的、天真无邪的美。她还要看看家里简单的小东西，例如脚下小地毯的色彩，墙上的画。她还要到树林中长时间地漫步，使自己的眼睛陶醉在自然世界的美之中，"竭力在几个小时内领悟不断在有视力的人眼前展开的无限壮丽风光"。[2] 最后，她还祈求看到一次辉煌绚丽的日落。第二天，她要一早就起来，观看"黑夜变成白昼这个令人激动的奇迹"。她说："我将怀着敬畏观看太阳用来唤醒沉睡的地球的、用光构成的万千宏伟景象。"[3] 这一整天她要去博物馆，去纽约的自然博物馆和大都会艺术博物馆，去看米开朗琪罗和罗丹的雕塑，去看拉斐尔、达·芬奇、伦勃朗、柯罗的油画，去探视这些伟大艺术品表现的人类的心灵。这

---

[1] 海伦·凯勒：《我的人生故事》，第152—153页，北京大学出版社，2005。
[2] 同上书，第156页。
[3] 同上书，第157页。

一天的晚上,她会到剧院或电影院,去看哈姆雷特迷人的形象,去欣赏演出的色彩、魅力和动作的奇迹。第三天,她要再一次迎接黎明,获得新的喜悦。她相信,"**对于那些眼睛看得见的人,每一个黎明必定永远都揭示出新的美**。"[1] 这一天时间,她要用来观看老百姓的日常生活。她会站在纽约的热闹的街口,"只是看人",看行人脸上的微笑,看川流不息的色彩的万花筒。晚上她到剧院去看一场喜剧,领会人类精神中的喜剧色彩。"给我三天光明",对于海伦·凯勒这样的盲人来说,只是一个梦想。海伦写这个梦想,是为了给千千万万有视力的人一个指点:"像明天就要失明那样去利用你的眼睛。"[2] 海伦说,**如果你真的面临即将失明的命运,那么你的眼睛肯定会看到你从来没有看见过的东西**。"你会以从来没有过的方式使用你的眼睛。你看见的每一样东西都会变得珍贵。你的眼睛会接触和拥抱每一样进入你的视线的物体。这个时候,你终于真正看见了,**一个新的美丽的世界就会在你面前展开**。"[3] 不仅对于眼睛是这样,对于其他感觉器官也是这样。总之,"最大限度地利用每一个感官,享受世界通过大自然赋予你的几种接触方式揭示给你的快乐和美的方方面面",[4] 这就是这位伟大盲人教育家海伦·凯勒给我们的劝告和建议。海伦的劝告和建议,就是要我们培育自己的审美的心胸和审美的眼光。培育审美的心胸和审美的眼光,这是美育的功能。

(二) 培养审美能力

审美能力,就是审美感兴能力,审美直觉能力。也就是对无限丰富的感性世界和它的丰富意蕴的感受能力。在瞬间的审美直觉中,情景融合,生成审美意象,伴随着就是审美的愉悦。这就是刘勰说的:"情往似赠,兴来如答。"就在这种审美意象的欣赏中,在这种审美的愉悦中,我们体验人生的意味和情趣。陶渊明诗"此中有真意,欲辨已忘言","真意"就是人生的意味,人生的情趣。

审美活动与科学研究不一样。科学研究是要去发现客观事物的本质和规律。科学研究的结果是得到一种知识,或者一个知识体系。例如进行物

---

[1] 海伦·凯勒:《我的人生故事》,第162页。
[2] 同上书,第165页。
[3] 同上。
[4] 同上书,第166页。

理学研究就是要掌握物理世界的规律，建立一个物理学的知识体系。而审美活动是对感性世界、感性人生的一种体验，体验人生的意味和情趣。所以审美能力说到底是体验人生的能力。这种能力是包含审美直觉、审美想象、审美领悟等多方面因素的综合能力。**它需要一个人的整体的文化教养作为基础，需要通过直接参与审美活动（包括艺术活动）的实践来培育，而且和一个人的人生经历有着十分内在的联系。从这个意义上说，美育不应该孤立起来进行，不仅要十分重视受教育者直接参与审美活动、艺术活动的实践，而且应该和提高一个人整体的文化教养结合在一起来进行。同时，在美育的实施过程中，要十分关注一个人的人生经历对他的心灵的深刻的影响。**

(三) 培养审美趣味

我们在第三章中谈过，审美趣味是一个人的审美偏爱、审美标准、审美理想的总和。审美趣味集中体现一个人的审美观（审美价值标准）。审美趣味和审美能力有联系，但不能把二者等同起来。

审美偏爱是个体审美心理的指向性，也就是对某类审美客体或某种形态、风格、题材等优先注意的心理倾向。审美偏爱的健康发展，表现为兴趣的专一性与兴趣的可塑性之间的一种张力平衡关系。这就是说，审美偏爱有其相对固定的中心，但又不是偏狭刻板的，而是有一个弹性的兴趣范围，并常常处在一种变化发展的动态过程中。审美标准是个体在审美活动中形成的审美判断的尺度，是个体对审美客体好坏品级理解的某种参照物。审美标准的形成，受到审美偏爱的影响，但更重要的是和主体的文化艺术修养以及主体的审美活动的经验有关，也和主体在艺术史、艺术鉴赏、文化背景等多方面的知识有关。随着个体审美偏爱和审美标准的形成，个体的审美理想也逐渐形成。审美理想是个体的一种理性概念，是个体在审美活动中的追求和期待。它不仅影响着审美标准和审美偏爱，更主要的是它指导和激励主体在审美活动中奔向人性的完善。

审美趣味不仅决定一个人的审美指向，而且深刻地影响着每个人每一次审美体验中意象世界的生成。因为意象世界（美）是情感世界的辐射，是情景的融合，是"一瞬间发现自己的命运的意义的经验"。

总之，审美趣味作为审美偏爱、审美标准、审美理想的总和，它制约着一个人的审美行为，决定着一个人的审美指向，并深刻地影响着一个人每一次审美体验中意象世界（美）的生成。而一个人在各个方面的审美趣味，作为一个整体，就形成为一种审美格调，或称为审美品味。审美格调或审美品味是一个人的审美趣味的整体表现。

我们在第三章中讲过，一个人的审美趣味和审美格调是在审美活动中逐渐形成和发展的，它要受到这个人的家庭出身、阶级地位、文化教养、社会职业、生活方式、人生经历等多方面的影响，因此它带有稳定性。但是这并不是说一个人的趣味和格调永远不能改变。生活环境变了，一个人的趣味和格调就有可能发生变化。教育也可以使一个人的趣味和格调发生变化。

我们还讲过，趣味和格调有健康与病态、高雅与低俗、纯正与恶劣的区别。美育的任务是培养受教育者的健康的、高雅的、纯正的趣味，使他们远离病态的、低俗的、恶劣的趣味，归根到底，是引导他们走向审美的人生，使他们的人生境界得到升华。

以上三个方面：审美心胸（审美态度）、审美能力（感兴能力）、审美趣味，综合起来，就构成了个体的审美发展[1]的主要内容。这是美育的主要功能。美育的功能主要就是培养一个人的审美心胸、审美能力、审美趣味，促进个体的审美发展。

三、美育在教育体系中的地位和作用

现代教育的目标是培养全面发展的人。为了实现这一目标，美育是不可缺少的。蔡元培在 1912 年就任中华民国临时政府教育总长时发表《对于教育方针的意见》一文，其中就提出要把美育列入教育方针。蔡元培提出这一主张，是基于他对美育在教育体系中的地位和作用的深刻的认识。蔡元培的这一主张，在我们今天已经得到实现。[2]

---

[1]"审美发展"是西方学者在 20 世纪 50 年代以来提出的一个与"认知发展"、"道德发展"相对应的概念。西方学者对"审美发展"有不同的解释，有的把它界定为"审美知觉敏感性"的发展，有的界定为"情感认识力"的发展，有的界定为"对世界的欣赏力的发展"。（参看叶朗主编《现代美学体系》，第 354 页，北京大学出版社，1988。）我们则认为个体的"审美发展"主要包括审美态度、审美能力、审美趣味这三个方面的内容。

[2] 1999 年 3 月 5 日，在九届全国人大第二次会议上，朱镕基总理在《政府工作报告》中有这么一段话："要大力推进素质教育，使学生在的德、智、体、美等方面全面发展。"这个提法，说明国家已把美育正式列入我们的教育方针。

下面我们从三个方面对美育在教育体系中的地位和作用做简要的说明。说明了美育在教育体系中的地位和作用，同时也就说明了今天国家为什么要把美育正式列入我们的教育方针。

(一) **德育不能包括美育**

过去在一些著作中和一些人的观念中，有一个看法，就是把美育看作是德育的一部分，或把美育看作是实施德育的手段（工具）。按照这种看法，美育在教育体系中是依附于德育的，本身没有独立的价值。

对美育的这种看法是不妥当的。美育和德育当然是有密切联系的，它们互相配合，互相补充，互相渗透，但是并不能互相代替。无论就性质来说或是就社会功用来说，美育和德育都是有区别的：

1. 就性质来说，德育和美育都作用于人的精神，都引导青少年去追求人生的意义和价值，也就是都属于人文教育，但二者有区别：德育是规范性教育（行为规范），在规范性教育中使人获得自觉的道德意识，美育是熏陶、感发（中国古人所说的"兴"、"兴发"、"感兴"），**使人在物我同一的体验中超越"自我"的有限性，从而在精神上进到自由境界。这种自由境界通过德育是不能达到的。这是美育和德育的最大区别。这也是德育不能包括美育的最根本的原因。**

还有一点，德育主要是作用于人的意识的、理性的层面（思想的层面，理智的层面），作用于中国人所说的"良知"（人作为社会存在而具有的理性、道德），而美育主要作用于人的感性的、情感的层面，包括无意识的层面，就是我们常说的"潜移默化"，它影响人的情感、趣味、气质、性格、胸襟，等等。对于人的精神的这种更深的层面，德育的作用是有限的，有时是无能为力的。

2. 就社会功用来说，德育主要着眼于调整和规范社会中人与人的关系，它要建立和维护一套社会伦理、社会秩序、社会规范，避免在社会中出现人与人关系的失序、失范、失礼。美育主要着眼于保持人（个体）本身的精神的平衡、和谐与自由。美育使人通过审美活动而获得一种精神的自由，避免感性与理性的分裂。美育使人的情感具有文明的内容，使人的理性与人的感性生命沟通，从而使人的感性和理性协调发展，塑造一种健全的人格和完满的人性。这就是席勒所特别强调的。席勒说:"一切其他形式的意向都会分裂人,因为它们不是完全建立在人本质中的感性部分之上,就是完全建立在人本质中的精神部分之上,唯独美的意象使人成为整体,因为两种天性为此必须和谐一致。"[1] 这一点在现代社会中越来越显得重要。在现代社会中,物质的、技术的、功利的追求占据了统治的地位,竞争日趋激烈,精神压力不断增大,这很容易使人的内心生活失去平衡,产生各种心理障碍和精神疾病。要缓解这种状况,除了道德教育之外,更多地要靠美育。美育也涉及人与人的关系,但美育是通过维护每个人的精神的和谐,来维护人际关系的和谐。这就是荀子说过的,"乐"的作用是使人的血气平和,从而达到家庭、社会的和谐与安定。[2] 这也就是席勒说的:"只有美才能赋予人合群的性格,只有审美趣味才能把和谐带入社会,因为它在个体身上建立起和谐。"[3] 这一点在现代社会中也越来越重要。现代社会中对于社会安定的影响,除了政治方面、经济方面的因素之外,社会心理、社会情绪方面的因素越来越显得突出。所以在现代社会中美育对于维护社会安定有重要的作用。

德育和美育的区分和联系,中国古代思想家是讲得很清楚的。德育是"礼"的教育,它的内容是"序",也就是维护社会秩序、社会规范;美育是"乐"的教育,它的内容是"和",也就是调和性情,使人的精神保持和谐悦乐的状态,生动活泼,充满活力和创造力,进一步达到人际关系的和谐以及人与整个大自然的和谐("大乐与天地同和")。德育与美育互相补充,互相配合,也就是"礼乐相济"。但是不能相互代替,不能只有"礼"而没有"乐",也不能只有"乐"而没有"礼"。

(二) 加强美育是培育创新人才的需要

创新是民族进步的灵魂,我们要建设创新型的国家,必须大力培养创新人才。培养创新人才是素质教育的重要目标。

就实现这个目标来说,美育有着自己独特的、智育所不可代替的功能:

---

[1] 席勒:《审美教育书简》,第152页,北京大学出版社,1985。
[2] "乐行而志清,礼修而行成,耳目聪明,血气和平,移风易俗,天下皆宁,美善相乐。""乐在宗庙之中,君臣上下听之,则莫不和敬;闺门之内,父子兄弟听之,则莫不和亲;乡里族长之中,长幼同听之,则莫不和顺。"(《荀子·乐论》)。
[3] 席勒:《审美教育书简》,第152页,北京大学出版社,1985。

1. 美育可以激发和强化人的创造冲动，培养和发展人的审美直觉和想象力。我们在第二章讲过，美感的一个重要特点是创造性。无论从动力、过程还是结果来看，审美活动都趋向于新形式、新意蕴的发现与创造。审美活动的核心就是创造一个意象世界，这是不可重复的"这一个"，具有唯一性和一次性。这正是"创造"的本质。所以审美活动能激发和强化人的创造的冲动，培养和发展人的审美直觉能力和想象力。许多大科学家都谈到，科学研究中新的发现不是靠逻辑推论，而是靠一种直觉和想象力。我们在第七章引过爱因斯坦的话，这里不再重复。这种直觉和想象力的培养，不能靠智育，而要靠美育。因为智育一般都是在理智的、逻辑的框架内进行的（和大脑左半球的功能相联系），而美育则培养想象力和直观洞察力（和大脑右半球的功能相联系）。

2. 由于自然界本身一方面是有规律、有秩序的，另一方面又具有简洁、对称、和谐等形式美的特征，所以在科学发明活动中，科学家常常因为追求美的形式而走向真理。这就是我们在第七章谈过的"由美引真"、"美先于真"。我们引过很多大科学家的话。他们的话都说明在科学研究中美感对于发现新的规律、创建新的理论有着重要的作用。这种美感要靠美育来培养。

3. 一个人要成就一番大事业、大学问，除了要有创造性之外，还要有一个宽阔、平和的胸襟。这也有赖于美育。唐代大思想家柳宗元和清代大思想家王夫之都说过，**一个人如果心烦气乱，心胸偏狭，眼光短浅，那么他必定不能做出大的学问，也必定不能成就大的事业**。而美育可以使人获得宽快、悦适的心胸和广阔的眼界，从而成为一个充满勃勃生机、明事理、有作为的人。[1] 我们在第二章讲过，审美是超越功利的，就是说它没有直接的功利性。但是中国古代思想家认为，审美活动可以拓宽你的胸襟，使你具有远大的眼光和平和的心境，而这对于一个人成就大事业有非常重要的作用。这种看法，得到了现代心理学的印证。

（三）加强美育是 21 世纪经济发展的迫切要求

20 世纪最后二三十年，世界各国的经济发展出现了许多新的特点和新

---

[1] 柳宗元有一篇文章就讨论这个问题。他在那篇文章中说："邑之有观游，或者以为非政，是大不然。夫气烦则虑乱，视壅则志滞。君子必有游息之物，高明之具，使之清宁平夷，恒若有馀，然后理达而事成。"（《零陵三亭记》）

的趋势。这些新的特点和新趋势，要求我们的生产部门、流通部门、管理部门的工作人员以及各级政府官员，不仅要有经济的头脑和技术的眼光，而且要有文化的头脑和美学的眼光。加强美育已经成了21世纪经济发展的迫切要求：

1. 20世纪60年代以来，随着社会经济的发展，商品的文化价值、审美价值逐渐超过使用价值和交换价值而成为主导价值。因此，改进商品的设计，增加商品的文化意蕴，提高商品的审美趣味和格调，就成了经济发展的大问题。我国一些地区的城市建筑、旅游景观，以及服装、家具等各种日用品，最使人困扰的问题往往是设计的问题，即设计的低水平、低格调。而这又和设计人员、管理人员的文化修养有关。我国一些产品和发达国家产品相比较缺乏竞争力，一个极重要的原因也是设计的问题。生产部门、流通部门、管理部门的工作人员和政府官员的文化修养和美学修养，已经或即将成为制约我国经济发展的一个瓶颈。

2. 国内外很多学者认为，21世纪世界上最大的产业或者说最有发展前途的产业有两个，一个是信息产业（或者说以信息产业为代表的高科技产业），一个是文化产业。现在已有越来越多的人看到了这一点。我国有极其丰富的文化资源，发展文化产业有广阔的前途。文化产业已经成为世界各发达国家的重要的支柱产业，文化产业也必然要成为21世纪我国的支柱产业。为了适应21世纪产业发展的这种新的形势，在学校教育和干部教育中加强美育不仅是十分必要的，而且是极其紧迫的。

以上我们从三个方面简要地说明了美育在教育体系中的地位和作用，同时也就简要地说明了今天国家为什么要把美育正式地列入教育方针。总起来说，"为了把我们的后代培养成为胸襟广阔、精神和谐、人格健全的新人，为了从文化的层面激发我们整个民族的智慧和原创性，为了使我们的民族在新的世纪中能为人类贡献一大批像杨振宁、李政道、钱学森、贝聿铭这样的大师，为了在高科技和数字化的条件下保持物质生活、精神生活的平衡以及社会的长期安定，为了推动我国经济的持续增长，并使这种增长获得丰富的文化内涵，我们有必要把美育正式地、明确地列入教育方针。这样做，从一方面说，是对于蔡元培以来的重视美育的优良传统（这个传统可以一直追溯到孔子）的继承和发扬，从另一方面说,则是对于 21 世纪的时代呼唤的一种积极的回应"。[1]

四、美育应渗透在社会生活的各个方面,并且伴随人的一生

(一) 美育应渗透在学校教育和社会生活的各个方面

前面讲,美育的目标和功能不仅仅是增加受教育者的知识(美学知识和艺术知识),更重要的是引导受教育者去追求人性的完满,引导受教育者去体验人生的意味和情趣,所以实施美育不等于开一门美育的课,或开几门艺术欣赏的课。美育应该贯穿在学校的全部教育之中。学校教育的各个环节,包括课堂教学,课外活动,以及整个校园文化,都应该贯穿美育。课堂教学,不仅限于艺术类的课程,而且语文、历史、地理、数学、物理、生物、化学、体育等课程也都应该贯穿美育。

对于一所学校(无论是大、中、小学)来说,营造一种浓厚的文化氛围和艺术氛围是极其重要的。拿一所大学来说,如果有一座小剧院和一座美术馆或博物馆,学生能经常欣赏昆曲《牡丹亭》、芭蕾舞《天鹅湖》、贝多芬的交响曲等人类艺术经典,以及看到中外艺术大师的书法、绘画、雕塑作品的展览,能经常听到国内外大学者和艺术大师主讲的各种学术讲座、艺术讲座,同时,校园里还经常有学生自己组织举办的音乐节、戏剧节、诗歌节,那么,在这种浓厚的文化气氛和艺术气氛中熏陶出来的学生就不一样了,他必定更有活力和创造力,充满勃勃生机,他必定更有情趣,更热爱人生,具有更开阔的胸襟和眼界,他必定具有更健康的人格和更高远的精神境界。

美育也不能局限于学校的范围,它应该渗透在社会生活的各个方面。全社会都要注重美育,特别是要注重营造一个优良的、健康的社会文化环境。

在过去,对学生的思想、人格影响最大的是学校的教师和家长,现在学校教师和家长对学生的影响力在逐渐减弱。学生下了课,走出校门,会受到整个社会文化环境的影响。社会文化环境,过去大家比较重视的有美术馆、博物馆、文化宫、剧院、音乐厅、名胜古迹、公园、城市雕塑、城市景观、茶馆、咖啡馆,等等。随着高科技的发展,又出现了许多新的文化形式和艺术活动形式,如:电影、电视、卡拉OK、DVD、VCD,近几年又出现了网

---

[1] 叶朗:《把美育正式列入教育方针是时代的要求》,《北京大学学报(哲学社会科学版)》,1999 年第 2 期。

络文化和手机文化。整个社会文化环境的构成越来越复杂多样。

　　大众传播媒介对青少年和广大群众在精神方面的影响极大，它们传播怎样的价值观念，传播怎样的趣味和格调，确实关系到广大青少年的健康成长。特别是电视，它的观众面很宽。中央电视台的一个节目的收视率如果达到2%（那还不算是高的收视率），它的观众就有几千万人，有的节目如春节文艺晚会有几亿人在看，影响是非常大的。有的家庭家里的电视整天开着，大人在看，小孩也在看。所以电视节目的文化内涵，它的人文导向、价值导向，它的趣味、格调，对我们下一代的健康成长影响非常大。还有广告（包括电视广告、室外广告）的影响也很大。现在的广告铺天盖地，强迫你看。但是有些广告格调低俗，趣味恶劣，对观众产生很不好的影响。大众传媒的人文内涵，大众传媒的趣味和格调，是社会文化环境的重要构成部分，应该引起文化界、教育界以及整个舆论界的高度重视，大众媒体的工作人员应该对自己肩负的伦理责任有一种高度的自觉。电视文化、广告文化、网络文化、手机文化都应该传播健康的趣味和格调，都应该引导人们去追求一种更有意义和更有价值的人生。

（二）美育应该伴随人的一生

　　以上是从空间上讲，美育不应该只局限于讲一门课，也不应该只局限在学校范围之内，它应该是整个社会的。另一方面，从时间上讲，美育也不应该只局限在学校这一段，它应该伴随人的一生。

　　人的一生可以分成五个阶段。在不同的阶段中，人的生活内容和生活环境有不同的特点，人的生理状况和心理状况也有不同的特点，所以美育的内容和方式也应该有所不同。这是美育实施的阶段性原则。

　　第一个阶段是胎儿的美育。

　　胎儿的美育在很大程度上是孕妇的美育。现代医学证明，孕妇的精神状态对腹中胎儿有极大的影响。如果孕妇的精神状态是和谐的，快乐的，健康的，充满幸福感的，那么生下的孩子的身心也会是健康的。反过来，如果孕妇的精神状态是紧张的，焦虑的，悲苦的，消沉的，那么生下的孩子也往往有可能发生精神障碍。所以，孕妇的美育最重要的是要使孕妇保持轻松、愉快、健康的心理状态。[1]

美育除了通过孕妇的精神状态来影响胎儿之外,有没有可能直接对胎儿的精神发生影响?这在学术界是一个有争论的问题。一些人认为胎儿的美育(即美育直接影响胎儿的精神)是不可能的,而另一些人则认为是可能的,特别有一些著名的音乐家,他们用亲身的经历来证明这种可能性。如加拿大安大略省汉密尔顿乐团指挥博利顿·布罗特说,他初次登台就可以不看乐谱指挥,大提琴的旋律不断地浮现在脑海里。后来才知道,这支曲子就是他还在母亲腹内时他母亲经常演奏的曲子。钢琴家阿瑟·鲁宾斯坦、小提琴家耶胡迪·梅纽因也说过自己的类似经历。[2] 照他们的看法,胎儿对节奏和旋律不仅有反应,而且有记忆。母亲的歌声,美妙的音乐,可以给胎儿以和谐的感觉和情绪上的安宁感,甚至可以对胎儿出生以后音乐才能的充分发展产生重要的影响。

第二个阶段是学龄前儿童的美育。

学龄前儿童的美育的主要方式是游戏、童话、音乐、舞蹈、绘画、书法、手工、戏剧(木偶剧、童话剧)等等。

幼儿在生活中必须依赖父母,他没有自己独立自主的世界。但在游戏中,幼儿有了独立性和自主性。幼儿在游戏中创造一个属于他自己的独特的意象世界,并得到一种十分纯粹的美感享受。幼儿通过游戏培养自己的审美心胸(审美态度),发展自己的想象力和创造力。幼儿在游戏中得到了精神的自由,并且证实自己的存在。

童话也是幼儿美育的主要方式。像白雪公主和七个小矮人、米老鼠和唐老鸭、孙悟空和猪八戒这样一些童话故事,**使幼儿具有一颗美好的、善良的、感恩的、爱的心灵,懂得珍惜美好的事物,懂得帮助他人,懂得爱父母、爱他人、爱天地万物。**

---

[1] 蔡元培曾经谈到这个问题。他提出建立公立胎教院的设想。公立胎教院是给孕妇住的,要建在风景秀丽的郊区,避免城市中混浊的空气和吵闹的环境。要有庭园、广场,可以散步,可以进行轻便的运动。园中要种花木,花木中散布羽毛美丽的动物,但要避免用绳索系猴、用笼子装鸟的习惯。要有泉水,但要避免激流。池中要养美观活泼的鱼。室内的壁纸、地毯要选恬静的颜色、疏秀的花纹。陈列的绘画、雕塑,要选优美的,不要选粗犷、猥亵、悲惨、怪诞的作品。要有健全体格的裸体雕像和裸体画。要避免过度刺激的色彩。音乐、文学,也要选乐观的、平和的,避免太过刺激的,或卑靡的。总之,要使孕妇完全生活在平和、活泼的空气里,使之保持轻松、愉快、平和的精神状态,这样就不会把不好的影响传到胎儿。(蔡元培:《美育实施的方法》,载《蔡元培美学文选》,第154—155页,北京大学出版社,1983。)
[2] 参见托马斯·伯尼《神秘的胎儿生活》,第8—9页,知识出版社,1985。

第三个阶段是青少年的美育。

一个人的青少年阶段主要是上学。所以青少年的美育主要是学校的美育。学校的美育（无论是大、中、小学），应该和德育、智育、体育互相协调，互相渗透，取得同步发展。学校的美育也不能局限于课堂教育，而应该尽量开拓多种渠道，运用多种方式，例如组织学生艺术社团，艺术家讲座，艺术工作坊（陶艺、剪纸等等），组织学生听音乐会，观看戏剧、舞蹈演出，参观美术馆、博物馆，组织学生作为志愿者到美术馆、博物馆、体育馆、国家公园充当义务工作人员，举办学生艺术节和学生书法、绘画作品展览，等等。

青少年的美育，要注意以下四点：

第一，青少年时期是生长、发育的时期，**所以青少年的美育一定要注意使他们自由、活泼地生长，充满欢乐，蓬勃向上。**王阳明说："今教童子，必使其趋向鼓舞，中心喜悦，则其自进不能已。""如草木之始萌芽，舒畅之则条达，摧挠之则衰痿。"[1] 这是非常有道理的。

第二，青少年时期是一个人的人生观、价值观形成的时期，**所以青少年的美育要注重审美趣味、审美格调、审美理想的教育。**在大学阶段，还要适当地加强理论方面的教育（包括美学理论教育以及艺术史的教育）。

马克思热爱艺术经典

弗·梅林

正如马克思自己的主要著作反映着整个时代一样，他所爱好的文学家都是伟大的世界诗人，他们的作品也都反映着整个的时代，如埃斯库罗斯、荷马、但丁、莎士比亚、塞万提斯和歌德。据拉法格说，马克思每年要把埃斯库罗斯的原著读一遍。他始终是古希腊作家的忠实的读者，而他恨不得把当时那些教唆工人去反对古典文化的卑鄙小人挥鞭赶出学术的殿堂。[2]

第三，在青少年阶段，要加强艺术经典的教育。**艺术经典引导青少年**

---

[1] 王阳明：《传习录》中，《王阳明全集》，第87—88页，上海古籍出版社，1992。
[2] 弗·梅林：《马克思传》，第622页，人民出版社，1965。

去寻找人生的意义，去追求更高、更深、更远的东西。流行艺术不可能起到这种作用。

> **艺术经典塑造审美品味**
>
> 安德烈·塔可夫斯基
>
> 在我孩提的时代，母亲第一次建议我阅读《战争与和平》，而且于往后数年中，她常常援引书中章节片段，向我指出托尔斯泰文章的精巧和细致。《战争与和平》于是成为我的一种艺术学派、品味和艺术深度的标准。从此以后，我再也没办法阅读垃圾，它们给我以强烈的嫌恶感。[1]

第四，在青少年阶段，**要注意有计划地组织学生更多地接受人类文化遗产的教育**。人类文化遗产包括三个方面：人类自然遗产，如黄山、泰山、西湖，等等；人类物质文化遗产，如故宫、长城、颐和园，等等；人类口头的、非物质的文化遗产，如昆曲、京剧、古琴、马头琴、丝竹、剪纸、木版年画、木偶戏、皮影戏，等等。人类文化遗产，包括上述三个方面，都是美育的最好的场所，最好的教材。因为它们积累了人类几千年文化的精华（自然遗产也包含有丰富的文化内涵），它们是培育美好、善良、高尚的灵魂的最好的养料。在这方面，我们过去注意得不够，有大量的工作需要我们去做。

剪纸《生命树》

---

[1] 引自安德烈·塔可夫斯基《雕刻时光》，第55页，人民文学出版社，2003。安德烈·塔可夫斯基(1932—1986)是俄罗斯当代电影艺术大师，主要电影作品有《伊凡的童年》《索拉里斯》《镜子》《乡愁》《奉献》等。

昆曲《牡丹亭》

青少年的美育主要是学校教育，但不限于学校教育。社会文化环境对于青少年的成长有极大的影响，前面已经讲过。

第四个阶段是成年人的美育。

一个人走出学校，走上工作岗位，结婚，生孩子，就成了成年人。成年人要承担家庭的责任和社会的责任，要为实现自己的理想、抱负而奋斗。所以成年是人生进取、奋斗的阶段，功利心成为成年人生活的轴心。成年又是人生的一个忙忙碌碌的阶段，很少有空闲时间。加以现代社会竞争很激烈，使成年人的生活更为紧张。在这种情况下，成年人的美育就显得更为紧迫。因为功利心和竞争心把人禁锢在一个狭小的生活空间，而且常常使人处于焦虑和失望之中。美国一位名叫斯蒂芬·C.佩珀的学者在《艺术欣赏的原则》一书中讲了一个故事。有一位企业家一生劳碌，晚年在妻子的建议下，外出旅游一圈。回到公司后，人问他有何感想，他回答说："旅游最大的好处是让人倍觉办公室的可爱。"世界本来是无限的大，但对于这位企业家来说，世界就只有办公室这么小的一块地方。这就是中国古人说的"画地为牢"，自己把自己关在牢笼之中，失去生活的乐趣，失去生命的活力。美国另外两位学者在《艺术：让人成为人》一书中讲了一个类似的故事。美国一个小镇上一家五金店的经理也是一生忙忙碌碌。他想不通为什么他的一生从来没有开心过。他夫人曾希望他退休之后和自己一起去旅行,去参观艺术展览馆,去听听交响乐,但他没有这么做。他只是每天早晨都去钓鱼。但他从来不曾抬头看一看太阳升上海湾的那一刻,不曾看看微风吹起的涟漪,或者一群小鸭子排成一排跟在它们妈妈的后面静静地游弋,还有那些鱼儿身上反射出的光的色彩。他感兴趣的只是那些鱼是否可以成为他桌上的菜肴。在他临死的时候,他躺在床上低声说,他为自己一生中错过的那些机会感到难过。他儿子以为他指的是他夫人为他们两个人所梦想的那种生活,谁知他用几乎听不到的声音说:"没开上几家连锁店!"这是他的遗恨。这本书的作者说,这是"一个没有时间给美的人"。这也许就是对那位五金店经理为什么自己一生从来没有开心过的问题的答案吧。[1]

"事业"与"生活"并不是等同的概念。"生活"的含义和范围要比"事业"大得多。成年人应该提醒自己,一个人如果失去审美的层面,那么,自己的人生就不是完美的人生。我们在下一章还要进一步讨论这个问题。

第五个阶段是老年人的美育。

老年并非是人生中的消极的、灰色的阶段,正相反,按照福柯的看法,老年是人生的高潮阶段,是人生嘉年华表演的最美好的时刻。在他看来,**"年老时期的生命体变得比任何时候都更为完整无缺和成熟圆满,因为童年、少年、青年和壮年的生命力都在年老时融合成一体,造成人的生命力空前未有的旺盛状态**。只要在一生中的各个阶段都坚持以审美生存的态度待己处事,就不会在晚年时期感到孤独、遗憾或悔恨,而是相反,会产生一种令人自豪和满足的心境,继续充满信心地实现自身的审美实践"。[2]

福柯十分赞同后期斯多葛学派塞内加的看法。塞内加认为,年老是人的生命的"黄金时代"。"所谓年老,实际上就是能够自由地掌握自身的快乐的人们;他们终于对自己感到充分的满足,不需要期待其他不属于他们自己的快乐。换句话说,年老就是对自己的愉悦感到满意,自得其乐,别无他求。这是人生最丰满,也是最快乐的时光。"[3] 塞内加认为人生最重要

---

[1] 以上五金店经理的故事见理查德·加纳罗、特尔玛·阿特休勒:《艺术:让人成为人》,第11—12页,北京大学出版社,2007。
[2] 高宣扬:《福柯的生存美学》,第532页,中国人民大学出版社,2005。
[3] 同上书,第449页。

的是求得精神的安宁，而人只有到了年老，才能真正得到安宁。罗素也说，**人生就像一条河，只有到了老年才能平静地流入大海**。年老是人生最幸福、最快乐、最充满内容、最有意义的阶段。

按照塞内加、福柯的这种看法，一个人进入老年阶段，不仅不是意味着从生活中退出，相反还可以使自己的审美实践进入一个新的境界。李商隐有两句诗："夕阳无限好，只是近黄昏。"有位艺术家把它改了两个字："夕阳无限好，妙在近黄昏。"

老年人的审美实践仍然可以有极为丰富的形式，例如，种花、养鸟、画画、练书法、弹琴、下棋、读诗、听音乐、看戏、看小说，到公园散步，打太极拳，以及到国内外著名景区旅游，身体好的可以登一登黄山、泰山，看一看敦煌石窟、云冈石窟、龙门石窟的雕塑，还可以到巴黎卢浮宫去看一看维纳斯雕像和达·芬奇的《蒙娜·丽莎》，等等。老年人参与这些活动，不同于年轻人的地方，在于老年人的审美实践包含了他的人生经历的各个阶段的丰富内涵，从而显示出精神的丰盈、充实和安宁。这就是黄昏之"妙"。

老年人还要面临一个如何对待疾病和死亡的问题。这也是摆在老年人的人文教育、审美教育面前的一个重要问题。冯友兰曾讨论过这个问题。冯友兰说，死是人生的否定，但死又是人生中的一件大事。因为一个人的死是他一生中的最后一件事，就像一出戏的最后一幕。**这最后一幕怎么演出，对一出戏可以是非常重要的**。冯友兰指出，精神境界不同的人，对待死的态度是不同的。在自然境界中的人，不知怕死，因为他不知死之可怕。在功利境界中的人，一切行为，都是"为我"，死是"我"存在的断灭，所以在功利境界中的人，最是怕死。《晏子春秋》和《韩诗外传》记载："齐景公游于牛山，北临其国城而流涕曰：'奈何去此堂堂之国而死乎。'"这就是怕死。秦皇汉武是盖世英雄，但他们晚年，也像齐景公这样怕死。因为他们的境界，都是功利境界。在道德境界中的人，不注意死后，只注意生前，他要使自己一生的行事，都充分表现道德价值，要使自己的一生，自始至终，如一完美的艺术品，无一败笔。所以对于他，只要活着，就要兢兢业业，尽职尽能，做自己应该做的事，直到死，方可休息。[1] 达·芬奇在临死前说："一个充分利用了的白天带来酣睡，一个充分利用了的一生带

---

[1] 以上见冯友兰《新原人》，《三松堂全集》第四卷，河南人民出版社，2000。

来休息。"[1] 这就是所谓"鞠躬尽瘁，死而后已"，这也就是所谓"存，吾顺事；没，吾宁也"。而在天地境界的人，觉悟到个体的生灭是宇宙大化的一部分，所以他"与造化为一"，大化无始无终，自己也就无始无终。所以他在精神上可以超越死生。[2] 冯友兰关于人生境界的等级的区分，我们在下一章还要谈到。在这里引用他的看法，主要是说明精神境界不同的人，对待死的态度是不同的，而人文教育、审美教育可以提升人的精神境界，所以人文教育、审美教育可以帮助人在一种比较高的境界中来对待死亡。

一个人只要自己的一生是对社会有贡献的一生，是有意义、有价值的一生，是充满情趣的一生，是爱的一生，那么，当死亡降临时，他就感到自己对社会的义务已经终了，可以休息了，或者感到自己即将回归自然，"与造化为一"，所以他就会保持平静、达观和洒脱。那样，**他人生的最后一幕，也会弥漫着诗意**。法国大作家司汤达死后，他的墓碑上刻着他自己写的三句话：**"活过，写过，爱过。"**这短短三句话完美地概括了他的一生，充满诗意。我国明代大哲学家王阳明临终时，学生问他有什么遗言，他回答说：**"此心光明，亦复何言！"**王阳明在面对死亡时这种光明的心境，使他的死亡弥漫着一种诗意。英格兰白金汉郡一位约翰·查尔斯·古德斯密先生的墓志铭写道："不要站在我的坟头哭泣，我没有入睡，也不在这里。／我是风，吹拂着四面八方，／我是雪，闪耀着钻石般的光芒。／我是阳光，抚摸着成熟的庄园，／我是细雨，洒落在柔和的秋天。／在早晨，我是那轻巧盘旋的鸟儿，／默默地陪伴你匆忙起身。／在夜晚，我又是那温柔闪烁的星星。／所以，不要站在我的坟头哭泣，／我不在这里，我并没有离去。／在世的人儿哪，请留心听我的言语，／我仍用生命陪伴着你，守望着你的路途。"[3] 这位先生的墓志铭的意思是说，"我"没有入睡，"我"没有离去，"我"只是回归自然，"我"的生命依然天天陪伴着你，守望着你的路途。这就是中国古人所说的"纵浪大化中"的人生境界，也就是冯友兰先生说的天地境界。这使得这位古德斯密先生的死亡也弥漫着一种诗意。

以上我们说了人生的五个阶段，也就是美育的五个阶段。

总之，**人的一生，从胎儿一直到老年，都应该伴随着美育，理由就在**

---

[1] 亨利·托马斯等：《大画家传》，第62页，四川人民出版社，1983。
[2] 冯友兰：《新原人》，《三松堂全集》第四卷。
[3] 李嘉编译：《生命的留言簿》，第3页，百花文艺出版社，2005。

于美育的目标和功能不仅仅是使受教育者增加知识，而是要引导受教育者追求人性的完满，追求一个有意味、有情趣的完美的人生。

五、美育在当今世界的紧迫性

美育在当今世界还具有一种紧迫性。

在当今世界存在的众多问题中，有三个问题十分突出，一个是人的物质生活与精神生活的失衡，一个是人的内心生活的失衡，一个是人与自然的关系的失衡。

首先，是人的物质生活与精神生活的失衡。

在世界的各个地区，似乎都有一个共同的倾向：重物质，轻精神；重经济，轻文化。发达国家已经实现了经济的现代化，人们的物质生活比较富裕，但是人们的精神生活却似乎越来越空虚。与此相联系的社会问题，如吸毒、犯罪、艾滋病、环境污染等问题日益严重。发展中国家把现代化作为自己的目标，正在致力于科技振兴和经济振兴，人们重视技术、经济、贸易、利润、金钱，而不重视文化、道德、审美，不重视人的精神生活。总之，无论是发达国家或是发展中国家，都面临着一种危机和隐患：物质的、技术的、功利的追求在社会生活中占据了压倒一切的统治的地位，而精神的生活和精神的追求则被忽视、被冷淡、被挤压、被驱赶。这样发展下去，人就有可能成为一位西方思想家所说的"单面人"，成为没有精神生活和情感生活的单纯的技术性的动物和功利性的动物。因此，从物质的、技术的、功利的统治下拯救精神，就成了时代的要求，时代的呼声。

我们中国的情况也是这样。中国是发展中国家，举国上下，正在戮力同心，为经济的振兴和国家的现代化而奋斗。但在实现现代化的过程中，也出现了重物质而轻精神、重经济而轻文化的现象。在社会生活的某些领域，价值评价颠倒，价值观念混乱。在青少年中和干部、群众中，人文教育十分薄弱，由此产生了许多社会弊病。有的青少年不知道怎么做人，也不知道人生的意义和价值在什么地方。这是十分危险的倾向。

其次，是人的内心生活的失衡。

自20世纪以来，科学技术的进步，给人类带来巨大的财富和利益，同时也给人类带来深刻的危机和隐患。一切都符号化、程序化了。人的全面发展受到肢解和扼制，个体和谐人格的发育成长受到严重的挑战。席勒当年觉察到的"感性冲动"与"理性冲动"的冲突，在当代要比以往任何一个时代都更为尖锐。与此同时，当代社会的生存竞争日趋激烈，人们一心追逐功利，功利性成为多数人生活的轴心。在功利心、事业心的支配下，每个人的生活极度紧张，同时又异常单调、乏味，人们整天忙忙碌碌，很少有空闲的时间，更没有"闲心"与"闲情"，生活失去了任何的诗意。这种生活使得人的内心生活失去平衡，很多人的内心充满了灾难感、恐怖感、梦魇感。卡夫卡的小说对此有深刻的揭示。他的小说《变形记》描写一位公司推销员在生活的重压下变成了一个大甲虫，他的小说《地洞》则对于"我"内心的危机四伏的体验作了淋漓尽致的刻画。

最后，是人与自然的关系的失衡。

人为了追求自己的功利目标和物质享受，利用高科技无限度地向自然榨取，不顾一切，不计后果。这种做法，一方面和当今世界流行的价值观念有关，另一方面可能和西方文化的传统精神有关。西方传统观念认为，人是万物的尺度，人是自然界的主人，人有权支配、控制、利用自然万物。结果是随着人类征服自然，进而不断破坏自然，自然界固有的节奏开始混乱。自然资源大量浪费。许多珍稀动物被滥捕滥杀而濒于灭绝的境地。大片森林被滥砍滥伐而变成沙漠。海水污染，气候反常。自然景观和生态平衡受到严重破坏。人与自然的分裂越来越严重，已经发展到有可能从根本上危及人类生存的地步。

以上我们对当今人类社会面临的危机作了简要的论述。面对这样一种情势，人文教育包括审美教育的重要性和紧迫性就显得十分突出。我们不能说单靠人文教育、审美教育就可以解决人类社会面临的危机。解决人类社会面临的危机，是一个极其复杂的需要经济、政治、文化以及社会生活的各个方面共同配合的巨大的系统工程，但是人文教育包括审美教育在其中有不可替代的作用。我们前面说，美育是人文教育，它引导受教育者追求人性的完满，追求精神的自由、精神的享受，因而在各级学校及全社会普遍实施美育，对于重建人的物质生活和精神生活的平衡，对于重建人的内心生活的平衡，对于重建人与自然的关系的平衡，都会有重要的意义。

本 章 提 要

美育属于人文教育，它的根本目的是发展完满的人性，使人超越"自我"的有限存在和有限意义，获得一种精神的解放和自由，回到人的精神家园。

美育的功能主要有以下三个方面：第一，培育审美心胸和审美眼光；第二，培养审美感兴能力；第三，培养健康的、高雅的、纯正的审美趣味。

美育和德育有紧密的联系，但是不能互相代替。德育不能包括美育。最根本的区别在于美育可以使人通过审美活动而超越"自我"的有限性，在精神上进到自由境界，这是依靠德育所不能达到的。

美育可以激发和强化人的创造冲动，培养和发展人的审美直觉和想象力，所以美育对于培育创新人才有着自己独特的、智育所不可替代的功能。

美育可以使人具有一种宽阔、平和的胸襟，这对于一个人成就大事业、大学问有非常重要的作用。

随着社会经济的发展，商品的文化价值、审美价值逐渐成为主导价值，文化产业成为最有前途的产业之一，因而加强美育成了21世纪经济发展的迫切要求。

实施美育不能理解为仅仅开设一门或几门美育或艺术类的课。美育应渗透在学校教育的各个环节和社会生活的各个方面。对于一所学校来说，应该注重营造浓厚的文化氛围和艺术氛围。对于整个社会来说，应该注重营造优良的、健康的社会文化环境。特别是大众传媒，应该重视自己的人文内涵，应该传播健康的趣味和格调，引导受众去追求一种更有意义和更有价值的人生。

实施美育不能局限于学校教育的阶段。因为美育的目标和功能不仅仅是使受教育者增加知识，而是要引导受教育者追求人性的完满，追求一个有意味、有情趣的人生，所以美育应该伴随人的一生。其中青少年阶段的美育要注意以下四点：第一，要注意使他们自由、活泼地生长，充满欢乐，蓬勃向上；第二，要注重审美趣味、审美格调、审美理想的教育；第三，要加强艺术经典的教育；第四，要组织学生更多地接受人类文化遗产的教育。

第十五章　人生境界

本章是全书的最后一章，我们在这一章中讨论人生境界的涵义以及在追求审美人生的过程中提升人生境界的问题。我们将说明，审美活动可以从多方面提高人的文化素质和文化品格，但**审美活动对人生的意义最终归结起来是提升人的人生境界。**

一、什么是人生境界

我们经常听人说：这个人境界高，那个人境界低。这个"境界"就是指一个人的人生境界。

"境界"这个概念有好几种不同的涵义。最早"境界"是疆域的意思。后来佛教传入中国，佛经中有"境界"的概念，那是指心之所对、所知，接近西方哲学所说的"对象"。到了中国文化环境中，人们使用"境界"这个概念，一般有三种不同的涵义。第一种，是指学问、事业的阶段、品位。如王国维所说："古今之成大事业、大学问者，必经过三种之境界。'昨夜西风凋碧树，独上高楼，望尽天涯路。'此第一境也。'衣带渐宽终不悔，为伊消得人憔悴。'此第二境也。'众里寻他千百度，蓦然回首，那人却在灯火阑珊处。'此第三境也。"[1] 第二种，是指审美对象，也就是我们所说的审美意象。王国维在《人间词话》中用的"境界"的概念，多数是在这种意义上使用的。如我们在本书中引用过的："夫境界之呈于吾心而见于外物者，皆须臾之物。惟诗人能以此须臾之物，镌诸不朽之文字，使读者自得之。"[2] 这里的"境界"，就是指审美意象。[3] 第三种，是指人的精神境界、心灵境界，也就是我们说的人生境界。我们在这里用的就是这一涵义。当然，在这个意义上使用的"境界"的概念，可以同时包含第一种的涵义即品位的涵义。

---

[1] 王国维：《人间词话》，《王国维文集》第一卷，第147页，中国文史出版社，1997。
[2] 同上书，第173页。
[3] 王国维《人间词话》中的"意境"的概念，在多数情况下也是指审美意象。我们在第六章中曾提到过。

人生境界的问题，是中国传统哲学十分重视的一个问题。冯友兰认为，人生境界的学说是中国传统哲学中最有价值的内容。

冯友兰在他的很多著作中，特别是在他的《新原人》（1943）一书中，对人生境界的问题进行过详细的讨论。

冯友兰说，从表面上看，世界上的人是共有一个世界，但是实际上，每个人的世界并不相同，因为世界对每个人的意义并不相同。

人和动物不同。人对于宇宙人生，可以有所了解，同时人在做某一件事时，可以自觉到自己在做某一件事。这是人和动物不同的地方，就是人的生活是一种有觉解的生活。这里的解（了解），是一种活动，而觉（自觉）则是一种心理状态。

宇宙间的事物，本来是没有意义的，但有了人的觉解，就有意义了。在这个意义上可以说，人的觉解照亮了宇宙。宇宙间如果没有人，没有觉解，则整个宇宙就是在"无明"中。所以朱熹引一个人的诗说：**"天不生仲尼，万古长如夜。"**这句诗中的孔子可作为人的代表，意思就是说，没有人的宇宙，只是一个混沌。

就每个人来说，他对宇宙人生的觉解不同，所以宇宙人生对于他的意义也就不同。这种宇宙人生的不同意义，也就构成了每个人的不同的境界。

不同的人可以做相同的事，但是根据他们不同程度的理解和自觉，这件事对于他们可以有不同的意义。冯友兰举例说，二人同游一名山。其一是地质学家，他在此山中，看见的是某种地质构造。其一是历史学家，他在此山中，看见的是某些历史遗迹。因此，同此一山，对这二人的意义是不同的。有许多事物，有些人视同瑰宝，有些人视同粪土。事物虽同是此事物，但它对于每人的意义，则可有不同。就存在说，每个人所见的世界以及其间的事物，是共同的，但就意义来说，则随每个人的觉解的程度的不同，而世界以及其间的事物，对于每个人的意义也不相同。所以说，每个人有自己的世界。也就是说，每个人有自己的境界。世界上没有两个人的境界是完全相同的。[1]

冯友兰关于人生境界的论述，对我们很有启发。但他的论述也有不足。

---

[1] 以上冯友兰有关境界的论述见《新原人》，《三松堂文集》第四卷，第471—477、496—509页，河南人民出版社，2000。

不足主要有两点。第一，冯友兰认为一个人的觉解（了解和自觉）决定这个人的人生境界。这样，他就把人生境界完全归于理性的层面。但人生境界是一个人的精神世界的整体，它不仅有理性的层面，还有感性的、情感的层面和超理性的层面。第二，他似乎过于强调境界问题是一个思想领域的问题，因而不太重视一个人的人生境界和他的生活世界的紧密联系。他常常说，两个人做同样的事，可以有不同的境界。差别就在于觉解的不同。他忽略了一点，即境界对一个人的生活实践有指引的作用，所以不同境界的人固然可以做同样的事，但在更多的情况下，是不同境界的人做不同的事，即便做同样的事，也会有不同的做法。不同境界的人，必然趣味不同，言行举止、爱好追求、生活方式等等也必然不同。一个小孩落水了，甲袖手旁观，乙跳下水去抢救，这是境界不同。面对一项工作任务，甲呕心沥血，乙敷衍了事，这也是境界不同。四川汶川发生大地震，学校的房屋倒塌，一位教师全身趴在桌子上面，牺牲自己的生命来保护桌子下面的四位学生，而另一位教师则抛下学生自己首先往外逃跑，这更是境界的不同。

张世英在《哲学导论》（2002）、《天人之际》（1995）等著作中也用较大的篇幅讨论人生境界的问题。

张世英用王阳明所说的"人心一点灵明"来说明人生境界。

张世英说，人与动物不同，就在于人有这点"灵明"，正是这点"灵明"照亮了人生活于其中的世界，于是世界有了意义。**"境界"就是一个人的"灵明"所照亮的有意义的世界。动物没有自己的世界。**

张世英的这个说法，和我们在前面介绍的冯友兰的说法是很相似的。

但是张世英对于"境界"的论述，也有一些与冯友兰不同的地方，还有一些是冯友兰没有谈到的地方。至少有以下三点：

第一，冯友兰说的"境界"，关键是"觉解"，即一个人对于宇宙人生的觉悟和了解。一个人的"觉解"，就是宇宙人生对于他具有的意义，这种"觉解"就构成了他的精神境界。所以冯友兰说的精神境界完全是理性层面的东西。张世英说的"境界"，并不限于主观的"觉解"。他认为，每个人的境界都是由天地万物的无穷关联形成的，这无穷的关联包括自然的（遗传因素，生长的地理环境）、历史的（时代）、文化的（文化背景）、教育的（所受教育）等等因素，一直到每个人的具体环境和具体遭遇。这些关联是每个人形成自己境界的客观因素。当然，这些客观因素都融进了主观的精神世界。所以他说："境界乃是个人在一定的历史时代条件下、一定的文化背景下、一定的社会体制下、以至在某些个人的具体遭遇下所长期沉积、铸造起来的一种生活心态和生活方式，也可以说，境界是无穷的客观关联的内在化。这种内在化的东西又指引着一个人的各种社会行为的选择，包括其爱好的风格。一个人的行为选择是自由的——自我决定的，但又是受他生活心态和生活模式即境界所指引的。"[1] 从张世英的论述可以看出，他理解的境界是人的精神世界的整体，并不限于理性的层面。同时，他比较重视人的精神境界与"生活世界"的联系。当然，人的精神世界与"生活世界"虽有联系，但并不是一个概念，应该加以区别。

第二，张世英认为，从时间的角度看，"境界"是个交叉点，是人活动于其中的"时间性场地"（"时域"），是一个由过去与未来构成的现实的现在，或者说，是一个融过去、现在与未来为一的整体。这就是每个人所拥有的自己的世界。"一个人的过去，包括他个人的经历、思想、感情、欲望、爱好以至他的环境、出身等等，都积淀在他的这种'现在'之中，构成他现在的境界，从而也可以说构成他现在的整个这样一个人；他的未来，或者说得确切一点，他对未来的种种向往、筹划、志向、志趣、盘算等等，通俗地说，也就是，他对未来想些什么，也都构成他现在的整个这样一个人。从这个方面看，未来已在现在中'先在'。"[2] 所以，"每个人当前的境界就像'枪尖'一样，它是过去与未来的交叉点和集中点，它放射着一个人的过去与未来。一个诗人，他过去的修养和学养，他对远大未来的憧憬，都决定着他现在的诗意境界；一个过去一向只有低级趣味，对未来只知锱铢必较的人，他当前的境界也必然是低级的"。[3]

第三，张世英认为，境界对一个人的生活有一种指引、导向的作用。境界可以说是浓缩一个人的过去、现在与未来三者而成的一种心理导向，一种"思路"或"路子"。"人生就是人的生活、人的实践，人生所首先面对的就是人所生活于其中、实践于其中的生活世界。但人在这个生活世界中怎样生活、怎样实践，这就要看他的那点'灵明'怎样来照亮这个世界，

---

[1] 张世英：《哲学导论》，第84页，北京大学出版社，2002。
[2] 同上书，第79—80页。
[3] 同上。

也就是说，要看他有什么样的境界。"[1] 境界指引每个人的生活和实践。"一个只有低级境界的人必然过着低级趣味的生活，一个有着诗意境界的人则过着诗意的生活。"[2]

当然，境界的这种指引作用往往是不自觉的、无意识的。"有某种境界的人，几乎必然有某一种的言行举止，而他自己并不清楚地意识到他处于何种境界之中，但有识之士会闻其声而想见其为人，即是说，能从其言行中判断他有什么样的境界。甚至一个人的服装也往往能显露出他的境界，显露出他所内在化的各种客观的社会历史结构和意义。"[3] "社会历史是一个无情的大舞台，它让具有各种境界的角色在意识不到自己的境界的情况下充分自由地进行各种自具特色的表演活动，相互角逐，相互评判。"[4]

张世英关于"境界"的论述，可以看作是对于冯友兰的论述的某种补充。

把冯友兰的论述和张世英的论述加以融合，可以得出对于境界的比较全面的看法。

境界（人生境界、精神境界）是一个人的人生态度，它包括冯友兰说的觉解（对宇宙人生的了解和对自己行为的一种自觉），也包括张世英说的感情、欲望、志趣、爱好、向往、追求等等，是浓缩一个人的过去、现在、未来而形成的精神世界的整体。

一个人的境界作为他的精神世界是主观的，但这种主观精神世界的形成有客观因素，如一个人的时代环境、家庭出身、文化背景、接受的教育、人生经历等等，总起来说就是一个人的生活世界。境界是一个人的生活世界（无穷的客观关联）的内在化。

境界是一种导向。**一个人的境界对于他的生活和实践有一种指引的作用。一个人有什么样的境界，就意味着他会过什么样的生活**。境界指引着一个人的各种社会行为的选择，包括他爱好的风格。如张世英所说，一个只有低级境界的人必然过着低级趣味的生活，一个有着诗意境界的人则过着诗意的生活。

每个人的境界不同，宇宙人生对于每个人的意义和价值也就不同。从

---

[1] 张世英：《哲学导论》，第79—80页。
[2] 同上。
[3] 同上书，第84页。
[4] 同上。

表面看，大家共有一个世界，实际上，每个人的世界是不同的，每个人的人生是不同的，因为每个人的人生的意义和价值是不同的。所以我们可以说，**一个人的境界就是一个人的人生的意义和价值**。

一个人的精神境界，表现为他的内在的心理状态，中国古人称之为**"胸襟"、"胸次"、"怀抱"、"胸怀"**。当代法国社会学家布尔迪厄称之为**"生存心态"**（Habitus）。一个人的精神境界，表现为他的外在的言谈笑貌、举止态度，以至于表现为他的生活方式，中国古人称之为**"气象"、"格局"**。布尔迪厄则称之为**"生活风格"**（Le style de la vie）。

"胸襟"、"气象"、"格局"，作为人的精神世界，好像是"虚"的，是看不见、摸不着的，实际上它是一种客观存在，是别人能够感觉到的。北宋文学家黄庭坚称赞周敦颐（北宋理学家）"胸中洒落，如光风霁月"。[1] 程颢的学生说程颢与人接触"浑是一团和气"。[2] 程颐说程颢给他的印象："视其色，其接物也，如春阳之温；听其言，其入人也，如时雨之润"。[3] 冯友兰说，他在北大当学生时，第一次到校长办公室去见蔡元培，一进去，就感觉到蔡先生有一种"光风霁月"的气象，而且满屋子都是这种气象。[4] 这些话都说明，一个人的"气象"，别的人是可以感觉到的。

对于古代的人，我们今天不可能和他面对面的接触，但还是可以从他们遗留下来的语言文字中，感觉到他们的气象。司马迁说："余读孔氏书，想见其为人。"[5] 二程说："仲尼，天地也。颜子，和风庆云也。孟子，泰山岩岩之气象也。观其言皆可以见之矣。"[6] 二程并没有见过孔子、颜子、孟子，但他们从孔子、颜子、孟子留下的著作中可以见到他们的气象。[7] 程颐还说，要想学习圣人，必须"熟玩"圣人的气

---

[1] 朱熹：《周敦颐事状》，《周敦颐集》，第91页。
[2] 《程氏外书》卷十二引《上蔡语录》。
[3] 程颐：《明道先生行状》，《程氏文集》卷十一。
[4] 冯友兰：《三松堂自序》，《三松堂全集》第一卷，第271页，河南人民出版社，2000。
[5] 司马迁：《史记·孔子世家》。
[6] 《程氏遗书》卷五。原书未注明此话为二程中何人所说。
[7] 由这一点，冯友兰对今人画古人画像的"像""不像"的问题发表了一番很精彩的议论。他说：拿孔子来说，孔子已经死了将近三千年了，现在谁也没有见过孔子，孔子也没有留下照片，那么你画的孔子怎样算像，怎样算不像？这么说来，今天画孔子就没有一个像不像的问题了，就可以随便画了？不。今天画孔子仍然有一个像不像的问题，不能随便乱画。因为孔子用他的思想和言论已经在后人心目中塑造了一个孔子的形象。这就是作孔子画像的画家必须凭借的依据。（见冯友兰：《论形象》，《三松堂全集》第十四卷，第334—335页，河南人民出版社，2000。）

象。[1]

以上是从消极方面说，一个人的精神境界，别的人是可以感觉到的。从积极方面说，一个人的精神境界如果达到一种高度，那就有可能影响到周围的人，产生一种"春风化雨"的作用。冯友兰在回忆蔡元培的文章中说："蔡先生的教育有两大端，一个是春风化雨，一个是兼容并包。依我的经验，兼容并包并不算难，春风化雨可真是太难了。春风化雨是从教育者本人的精神境界发出来的作用。没有那种精神境界，就不能发生那种作用，有了那种境界，就不能不发生那种作用，这是一点也不能矫揉造作，弄虚作假的。也有人矫揉造作，自以为装得很像，其实，他越矫揉造作，人们就越看出他在弄虚作假。他越自以为很像，人们就越看着很不像。"[2]

当代西方思想家如福柯、布尔迪厄等人都十分强调人的"生存心态"、"生活风格"、"文化品味"的意义，这说明，在当代西方哲学家和美学家那里，人生境界的问题也越来越受到高度的重视。

二、人生境界的品位

在中国很多古代思想家看来，一个人的一生，最重要的是要追求一种高品位的人生境界。

冯友兰把人生境界分为四个品位：自然境界，功利境界，道德境界，天地境界。不同境界的人，世界和人生对于他们的意义是不一样的。

最低的境界是自然境界。处在这种境界中的人，只是按习惯做事，他并不清楚他做的事的意义。他也可能做成一些大事业，但他在做这种大事业时也依然是"莫知其然而然"。比这高一层的是功利境界。处在这种境界中的人，他的一切行为都是为了他自己的"利"。对于这一点，他是自觉的。他可以积极奋斗，也可以做有利于他人的事，甚至可以牺牲自己，但目的都是为了自己的"利"。如秦皇汉武，他们做了许多功在天下、利在万世的事，他们是盖世英雄，但他们的目的都是为了自己的"利"，所以他们的境界是功利境界。比这再高一层的是道德境界。处在这种境界中的人，他的一切行为都是为了行"义"。所谓行"义"，是求社会的利。因为

---

[1]《二程遗书》卷十五。
[2] 冯友兰：《我们所认识的蔡孑民先生》，《三松堂全集》第十四卷，第218页，河南人民出版社，2000。

他已有一种觉解,即人是社会的一部分,只有在社会中,个人才能实现自己,发展自己。功利境界的人,是求个人的利,道德境界的人,是求社会的利。功利境界的人,他的行为是以"占有"为目的,道德境界的人,他的行为是以"贡献"为目的。功利境界的人,他的行为的目的是"取",即便有时是"予",他的目的也还是"取";道德境界中的人,他的行为的目的是"予",即便有时是"取",他的目的也还是"予"。最高一层是天地境界。处在这个境界中的人,他的一切行为的目的是"事天"。因为他的有一种最高的觉解,即人不但是社会的一部分,而且是宇宙的一部分,因此人不但对社会应有贡献,而且对宇宙也应有贡献。这是"知天"。"知天"所以能"事天"。"知天"所以能"乐天"、"同天"。"乐天"是他的所见、所行对他都有新的意义,所以有一种乐。这是一种最高的精神愉悦。"同天"是自同于宇宙大全,消解了"我"与"非我"的分别,进入儒家所谓"万物皆备于我"、道家所谓"与物冥"的境界。

这四种境界,就高低的品位或等级说,是一种辩证的发展。自然境界,需要的觉解最少,可以说是一个混沌。功利境界和道德境界依次需要更多的觉解。天地境界,需要最多的觉解。天地境界,又似乎是一个混沌。但这种混沌,并不是不了解,而是大了解。这是觉解的发展。同时,这也是"我"的发展。在自然境界中,人不知有"我"。在功利境界中,人有"我"。在道德境界中,人无"我"。这里的有"我",是指有"私";无"我",是指无"私"。在天地境界中,人亦无"我"。这是大无"我"。但是这种无"我",却因为真正了解"我"在社会和宇宙中的地位,因而充分发展了"真我",所以在道德境界和天地境界中的人,才可以说真正的有"我"。[1]

冯友兰认为,因境界有高低,所以不同的境界,在宇宙间有不同的地位,具有不同境界的人,在宇宙间也有不同的地位。

冯友兰认为,从表面上看,世界对任何人都是一样的,但实际上每个人所享受的世界的大小是不一样的。境界高的人,他实际享受的世界比较大;境界低的人,他实际享受的世界比较小。因为一个人所能实际享受的世界,必定是他所能感觉和了解的世界。颐和园的玉兰花,从表面上看,

---

[1] 以上见冯友兰《新原人》,见《三松堂全集》第四卷,第 496—509 页,河南人民出版社,2000。

是任何人都能享受的世界，实际上很多人并不能享受。这并不是说这些人买不起颐和园的门票，而是说玉兰花对这些人没有意义。某地有位富豪得了癌症在家休养。一天他太太陪他到公园散步。这时一阵清风吹来，他感到十分爽快。他感叹道："怎么我过去就没有这种享受呢？"就是说，这时他省悟到，在他过去的生活中，清风明月不是他能够实际享受的世界。这也不是钱的问题。他是富豪，当然有钱，再说清风明月也不用花钱买。问题是清风明月对他没有意义。这是他的境界决定的。

冯友兰对人生境界所作的区分，是大的分类。实际上，人生境界可以作出更细的区分。就拿冯友兰说的功利境界来说，处在这个境界中的人，情况也是千差万别，可以分出不同的等级和品位。同样，同是处在道德境界中的人，还可以作出更细的区分。同时，就某一个人来说，这种人生境界的区分也不是绝对的。也就是说，一个人的人生境界，可以既有功利境界的成分，也有道德境界的成分，而不一定是纯粹的功利境界，或纯粹的道德境界。

冯友兰所说的最高的人生境界即天地境界，是消解了"我"与"非我"的分别的境界，是"天人合一"、"万物一体"的境界，因而也就是一种超越了"自我"的有限性的审美境界。

中国古代很多思想家都表述了这种思想。

最早谈到这一点的是孔子。据《论语》记载，孔子有一次和几位学生在一起，他要学生们谈谈各自的志向。子路、冉有希望有机会治理一个国家，公孙赤希望做一名礼仪官。曾点说：我的追求和他们三位讲的不一样。孔子说：那有什么关系，不过各人谈谈自己的志向罢了。于是曾点就说出了自己的志向："莫春者，春服既成，冠者五六人，童子六七人，浴乎沂，风乎舞雩，咏而归。"意思是说，在暮春时节，穿着春天的服装，和五六位成年人、六七位少年，在沂水边游泳，在舞雩台（古代祭天祈雨的地方）上吹吹风，然后唱着歌回家。孔子听了，"喟然叹曰：'吾与点也。'[1]"就是说，我还是比较赞同曾点的追求啊！这是很有名的一场对话。孔子这四位学生所谈的不同的志向，反映出他们不同的人生境界。孔子的话表明，尽管他十分重视一个人要为社会作贡献，但是在他心目中，一个人应该追

---

[1]《论语·先进》。

求的最高的精神境界，是一种人与人融合、人与天（自然）融合的境界，是一种审美的境界，也就是冯友兰说的天地境界。

在魏晋时期，郭象也谈到这个问题。

郭象哲学十分重视心灵境界的问题。郭象认为，最高的心灵境界乃是一种"玄冥之境"。"玄冥之境"的特点是"玄同彼我"、"与物冥合"——"取消物我、内外的区别和界限，取消主观与客观的界限，实现二者的合一。所谓'玄同'，就是完全的、直接的同一，没有什么中间环节或中介，不是经过某种对象认识，然后取得统一，而是存在意义上的合一或同一。"[1]

在一般情况下，"由于存在者把自己与世界隔离，从自己的欲望出发，运用自己的知性去认识世界，这样反而受到了蒙蔽"，"不能实现'与物冥合'的心灵境界"[2]。如果存在者敞开心胸，摆脱知性与欲望的纠缠，使存在本身呈现出来，这就是"自得"。"自得"的意义就是"无心"。[3] "无心者与物冥而未尝有对于天下也。"[4] 与天下无对，就是不与天地万物相对而立，就是超越主客二分，不以自己为主体，以万物为对象。[5]

这种"与物冥合"的境界，是一种自我超越，也是一种自我实现。所谓自我超越，就是克服主客二分，实现与天下无对的"玄冥之境"，即"玄同彼我，泯然与天下为一"的本体境界。所谓自我实现，就是清除遮蔽，使"真性"完全而毫无遮蔽地呈现出来，自我与真我完全合一，实现了自己的本性存在。[6]

冯友兰认为，郭象提出"玄冥之境"，是追求一种超越感和解放感。一个人作为一个感性个体的存在，总是有局限的。如果不能突破这种局限，那就好像被人吊在空中，就是郭象所说的"悬"。这样的人只有低级趣味，就是郭象所说的"鄙"。一个人如果做到无我、无私，就能超越个体存在的局限，从个体存在的种种限制和束缚中解放出来，获得一种新的精神状态，那就叫做"洒落"。冯友兰认为，魏晋玄学家所阐发的超越感、解放感，构

---

[1] 蒙培元：《心灵超越与境界》，第266页，人民出版社，1998。
[2] 同上。
[3] 同上书，第267页。
[4] 郭象：《庄子·齐物论注》。
[5] 蒙培元：《心灵超越与境界》，第268页。
[6] 同上书，第269页。

成了一代人的精神面貌，就是所谓晋人风流。[1]

从我们今天的眼光看，郭象说的"玄同彼我"、"与物冥合"，就是要超越主客二分，要从个体生命的感性存在的局限中解放出来。这就是审美活动（美和美感）的本质。所以，郭象所追求的精神境界，实质是一种审美境界。

在魏晋玄学之后，对人生境界问题谈得比较多的是宋明理学的思想家。

宋明理学的宗师周敦颐提出一个"寻孔颜乐处"的问题，后来成为宋明理学的重大课题。

所谓"孔颜乐处"，是指《论语》所记孔子的两段话：

> 饭疏食饮水，曲肱而枕之，乐亦在其中矣。不义而富且贵，于我如浮云。[2]

> 一箪食，一瓢饮，在陋巷，人不堪其忧，回也不改其乐。贤哉回也。[3]

这两段话意思是说，一个人在贫穷的环境中也可以有快乐幸福的体验。孔子不是说，贫穷本身就是一种幸福快乐。孔子和颜回所乐的并不是贫穷本身，他们只是在贫穷的环境中仍"不改其乐"。他们所乐的是什么呢？这就是一个问题。所以周敦颐要程颢、程颐兄弟"寻孔颜乐处，所乐何事"。[4] 孔颜乐处并不是贫穷本身，而是他们具有一种精神境界，这种精神境界是超功利、超道德的，正是这种精神境界带给他们一种"乐"，这是高级的精神享受。

我们在前面第四章曾提到，周敦颐喜欢"绿满窗前草不除"。周敦颐从窗前青草体验到天地有一种"生意"，这种"生意"是"我"与万物所共有的。这种体验给他一种"乐"。程颢说："某自再见周茂叔后，吟风弄月以归，有'吾与点也'之意"[5]。程颢得到了人与自然界融为一体的体验，

---

[1] 以上冯友兰的论述，见冯友兰《中国哲学史新编》第四册，第205—207页，人民出版社，1986。
[2] 《论语·述而》。
[3] 《论语·雍也》。
[4] 程颢说："昔受学于周茂叔，每令寻颜子仲尼乐处，所乐何事。"（《程氏遗书》二上，《二程集》，第16页，中华书局，1981。）
[5] 《河南程氏遗书》卷三。

这种体验带给他一种快乐，一种精神享受。他又有诗描述自己的"乐"："万物静观皆自得，四时佳兴与人同。""云淡风轻近午天，望花随柳过前川。"他体验到人与人的和谐，人与大自然的和谐，"浑然与物同体"。这是一种"仁者"的胸怀。有了这种胸怀，对于世俗的富贵贫贱，对于一切个人的得失，都不会介意了。由此而生出的"乐"，就是"孔颜乐处"的境界。他们所乐的就是这种精神境界。这种境界，就是郭象说的"洒落"的境界。所以黄庭坚赞扬周敦颐："胸中洒落，如光风霁月。"

宋明理学的思想家们都强调，**一个学者，不仅要注重增加自己的学问，更重要的还要注重拓宽自己的胸襟，涵养自己的气象，提升自己的人生境界。**

从中国古代哲学家关于人生境界的论述，我们可以看到，在很多古代哲学家的心目中，最高的人生境界是一种"天人合一"、"万物一体"的境界，也就是一种审美境界。孔子的"吾与点也"的境界，追求"天人合一"，是一种审美的境界。郭象的"玄同彼我"、"与物冥合"的境界，如冯友兰所说是追求一种"超越感"和"解放感"，也是一种审美的境界。宋明理学家讨论的"孔颜乐处"的境界，"浑然与物同体"，也是一种审美的境界。

在现当代西方哲学家中，也有越来越多的人认为最高品位或等级的人生境界乃是审美境界。法国哲学家福柯是最突出的一位。在福柯看来，**审美活动是人的最高超越活动，它在不断的创造中把人的生存引向人的本性所追求的精神自由的境界。**这是别的活动不能做到的。

三、人生境界体现于人生的各个层面

（一）人生的三个层面

一个人的人生可以分为三个层面。

第一个层面，是一个人的日常生活的层面，就是我们平常说的柴米油盐、衣食住行、送往迎来、婚丧嫁娶等等"俗务"。这种个人的日常生活一般是以家庭为单位的。人生的这个俗务的层面常常显得有些乏味。柴米油盐常常显得乏味。送往迎来有时也很乏味。但这是人生不可缺少的层面。过去说有人可以"不食人间烟火"，其实"不食人间烟火"是不可能的，即便是漂流到孤岛的鲁滨逊，或是藏在深山古寺里的和尚，也不能"不食人间烟火"。

第二个层面，是工作的层面，事业的层面。社会中的每一个人，为了维持自己和家庭的生活，必须有一份工作，有一个职业。职业有各种各样，过去大的分类是工、农、商、学、兵，现在可以分成几十种、几百种。一个人要有工作，要有职业，用一种比较消极的说法是为了"赚钱养家糊口"；用一种积极的说法就是人的一辈子应该做一番事业，要对社会有所贡献。所以工作的层面从积极的意义上说也就是事业的层面，这是人生的一个核心的层面。

第三个层面是审美的层面，诗意的层面。前两个层面是功利的层面，这个层面是超功利的层面。人的一生当然要做一番事业，但是人生还应该有点诗意。人生不等于事业。除了事业之外，人生还应该有审美这个层面。现代社会的一个特点是工作压力大，竞争十分激烈，每个人每天都很忙碌，所以审美的层面往往被排挤掉了。我们经常听到这一类对话："最近颐和园的玉兰花开了，你去看了吗？""哪有时间？没有这个闲工夫！"人们往往把审美活动看成是没有意义的。我们在本书中已一再说过，这种看法是不对的。审美活动尽管没有直接的功利性，但它是人生所必需的。没有审美活动，人就不是真正意义上的人，这样的人生是有缺憾的。我们不能说审美的层面是人生的唯一的层面或人生的最重要的层面，但是它是人生不可缺少的一个层面。

人生的这三个层面应该有一个恰当的安排，有一种恰当的比例。

一个人不能把个人生活的"俗务"的层面搞得太膨胀，把事业也挤掉了，把审美也挤掉了，整天想着柴米油盐，整天和朋友在一起吃吃喝喝。这种人就是俗话说的"太俗气了"。

一个人也不能把工作的、事业的层面搞得太膨胀了，整天忙忙碌碌，生活毫无诗意。这样的人生也不是完美的人生。

当然，一个人也不能使审美的层面过于膨胀，把生活、事业的层面都挤掉。清朝末年、民国初期的没落贵族的子弟中就有这种状况。他们整日提着鸟笼子逛大街，听戏，斗蟋蟀，直到把祖上留下的家产全部败光。这种人连自己都不能养活，只能消费别人的劳动创造出来的财富，当然是不可取的。

人生的这三个层面，可以互相渗透、互相转化。如我们在第五章讲过，日常生活的衣、食、住、行，在一定条件下可以具有审美的意味。事业的层面，在一定条件下也可以升华为审美的层面。很多大科学家，在他们的科学研究中感受到宇宙的崇高，从而得到一种审美的愉悦。这就是事业的层面升华到了审美的层面。反过来，我们在前面讲过，审美活动可以拓宽人的胸襟，因而也可以有助于一个人的事业的成功，在这个意义上，也可以说审美的层面转化成了事业的层面。

(二) 人生的三个层面都体现一个人的人生境界

一个人的人生境界在人生的三个层面中都必然会得到体现。

一个人的日常生活，衣、食、住、行，包括一些生活细节，都能反映他的精神境界，反映他的生存心态、生活风格和文化品位。我们在第三章曾提到巴尔扎克在《风雅生活论》中引用的两句谚语，一句是："一个人的灵魂，看他持手杖的姿势，便可以知晓。"一句是："请你讲话，走路、吃饭、穿衣，然后我就可以告诉你，你是什么人。"这些谚语都是说，一个人的精神境界必然会从他日常生活的一举一动中表现出来。

一个人的工作和事业，当然最能反映他的人生境界，最能反映他的胸襟和气象。我们可以举冯友兰的几段话来说明这一点。

冯友兰在九十多岁的高龄时，依然在写他的《中国哲学史新编》。他对学生说，他现在眼睛不行了，想要翻书找新材料已经不可能了，但他还是要写书，他可以在已经掌握的材料中发现新问题，产生新理解。他说："我好像一条老黄牛，懒洋洋地卧在那里，把已经吃进胃里的草料，再吐出来，细嚼烂咽，不仅津津有味，而且其味无穷，其乐也无穷，古人所谓'乐道'，大概就是这个意思吧。"冯友兰这里说的"乐道"，就是精神的追求，精神的愉悦，精神的享受，这是一种人生境界的体现。他又说："人类的文明好似一笼真火，古往今来对于人类文明有所贡献的人，都是呕出心肝，用自己的心血脑汁为燃料，才把这真火一代一代传下去。他为什么要呕出心肝？就是情不自禁，欲罢不能。这就像一条蚕，它既生而为蚕，就没有别的办法，只有吐丝，'春蚕到死丝方尽'，它也是欲罢不能。"冯友兰说的"欲罢不能"，就是对人类文明的一种献身精神，就是对个体生命有限存在和有限意义的一种超越，就是对人生意义和人生价值的不懈追求。这是一种人生境界的体现。

一个人的人生的审美的层面当然也体现一个人的人生境界。

我们在第五章提到的明末清初文学家张岱的《西湖七月半》就是一个很好的例子。在七月半的西湖边上，同样都在欣赏月亮，但是他们欣赏的方式和趣味显示出完全不同的精神境界。

《红楼梦》里也有两个很好的例子。

一个例子是大观园诗会上薛宝钗和林黛玉二人所写的两首诗。一首是咏白海棠。[1] 先看薛宝钗的诗："珍重芳姿昼掩门，自携手瓮灌苔盆。胭脂洗出秋阶影，冰雪招来露砌魂。淡极始知花更艳，愁多焉得玉无痕。欲偿白帝凭清洁，不语婷婷日又昏。"再看林黛玉的诗："半卷湘帘半掩门，碾冰为土玉为盆。偷来梨蕊三分白，借得梅花一缕魂。月窟仙人缝缟袂，秋闺怨女拭啼痕。娇羞默默同谁诉，倦倚西风夜已昏。"另一首是柳絮词。[2] 薛宝钗写的是《临江仙》："白玉堂前春解舞，东风卷得均匀。蜂围蝶阵乱纷纷：几曾随逝水？岂必委芳尘？万缕千丝终不改，任它随聚随分，韶华休笑本无根：好风凭借力，送我上青云。"林黛玉写的是《唐多令》："粉堕百花州，香残燕子楼。一团团、逐对成球。飘泊亦如人命薄，空缱绻，说风流。草木也知愁，韶华竟白头。叹今生、谁舍谁收？嫁与东风春不管，凭尔去，忍淹留！"对照一下这两个人的诗词，薛宝钗的"淡极始知花更艳"、"好风凭借力，送我上青云"，写出了薛宝钗的趣味、格调和人生追求，林黛玉的"倦倚西风夜已昏"、"叹今生、谁舍谁收"，写出了林黛玉悲苦、飘零的人生感叹，两个人的诗映照出两种不同的性格和命运，体现出两种不同的人生境界。

再一个例子是贾宝玉到冯紫英家喝酒。[3] 在座的还有薛蟠、唱小旦的蒋玉菡、妓女云儿。在酒席上行酒令，大家各唱一支曲子。宝玉唱的是："滴不尽相思血泪抛红豆，开不完春柳春花满画楼，睡不稳纱窗风雨黄昏后，忘不了新愁与旧愁。咽不下玉粒金莼噎满喉，照不见菱花镜里形容瘦。展不开的眉头，捱不明的更漏。呀，恰便似遮不住的青山隐隐，流不断的

---

[1]《红楼梦》第三十七回。
[2]《红楼梦》第七十回。
[3]《红楼梦》第二十八回。

绿水悠悠。"冯紫英也是一位贵族子弟，他唱的是："你是个可人，你是个多情，你是个刁钻古怪鬼精灵，你是个神仙也不灵，我说的话儿你全不信，只叫你去背地里细打听，才知道我疼你不疼！"薛蟠被人称为"呆霸王"，不过略识几字，虽是皇商，却什么都不管，终日只是斗鸡走马、聚赌嫖娼。他唱的只有两句："一个蚊子哼哼哼，两个苍蝇嗡嗡嗡。"蒋玉菡唱的是："可喜你天生成百媚娇，恰便似活神仙离碧霄。度青春，年正小；配鸾凤，真也着。呀！看天河正高，听谯楼鼓敲，剔银灯同入鸳帏悄。"从这四个人唱的曲子，可以非常清楚地看到他们的感情、欲望、志趣、爱好、向往、追求的不同，也就是人生境界的不同。一个人的人生境界是一个人生活世界的内在化，这四个人的人生境界的不同，也就反映出这四个人的生活世界的不同。

四、追求审美的人生

一个人有什么样的人生境界，就有什么样的人生态度和人生追求，或者说，就有什么样的"生存心态"和"生活风格"（用布尔迪厄的概念）。一个有着最高人生境界即审美境界（冯友兰称之为天地境界）的人，必然追求审美的人生。反过来，如果一个人在自己的生活实践中能够有意识地追求审美的人生，那么他同时也就在向着最高的层面提升自己的人生境界。

朱光潜在《谈美》一书中提倡人生的艺术化。人生的艺术化，就是追求审美的人生。

什么是审美的人生？

在我们看来，**审美的人生就是诗意的人生，创造的人生，爱的人生。**

（一）诗意的人生

什么是诗意的人生？或者换一个说法，什么是海德格尔说的"诗意地栖居"？

诗意的人生就是回到人的生活世界。

我们在第一章说过，生活世界乃是人的最基本的经验世界，是最本原的世界。在这个世界中，人与万物之间并无间隔，而是融为一体的。这个生活世界就是中国美学说的"真"、"自然"。

在这样的世界中,人生是充满诗意的。这就是人的精神家园。

但是在世俗生活中,我们习惯于用主客二分的眼光看待世界,世界上的一切事物对于我们都是认识的对象和利用的对象。人与人之间,人与万物之间,就有了间隔。人被局限在"自我"的有限的天地之中,有如关进了一个牢笼,用陶渊明的话来说,就是落入了"樊笼"、"尘网",用日本哲学家阿部正雄的话来说,就是"这一从根本上割裂主体与客体的自我,永远摇荡在万丈深渊里,找不到立足之处"。

德国哲学家马丁·布伯把人生区分为两种,"我—你"人生和"我—它"人生。"我—它"人生又称为"被使用的世界"(the world to be used),就是把世界的一切都作为我认识、利用的对象,都是满足我的利益、需要、欲求的工具。这样,我把一切存在者都纳入时空的框架和因果联系之中,一切存在者都是与我分离的对象。这就是"间接性"。而"我—你"人生则超越主客二分,所以又称为"相遇的世界"(the world to be met)。"相遇"就是与人的灵魂深处直接见面。比如一棵树,"我凝神观照树,进入物我不分之关系中"[1]。与我相遇的不是树的属性和本质,不是树的物理运动、化学变化等等,而是不可分割的树本身。这是无限的"你","万有皆栖居于他的灿烂光华中"[2]。没有任何概念体系、目的欲求阻隔在"我"与"你"之间。这是关系的"直接性"。这是现在。"**当人沉湎于他所经验所利用的物之时,他其实生活在过去里。在他的时间中没有现时。除了对象,他一无所有,而对象滞留于已逝时光。**"[3]"现在"不是转瞬即逝、一掠而过的时辰,它是当下,是常驻,而"对象"则是静止、中断、僵死、凝固,是现时的丧失。"**本真的存在伫立在现时中,对象的存在蜷缩在过去里。**"[4]"我—你"的人生是超越主客二分的人生,是诗意的人生,是当下的人生,是把握"现在"的人生,而"我—它"的人生则是主客分离的把一切作为对象的人生,是黑格尔说的散文化的人生,是生活在过去里的人生,是丧失"现在"的人生。**对于这样的人,一切都是过去式的。**所以张

---

[1] 马丁·布伯:《我与你》,第22页,三联书店,1986。
[2] 同上书,第23页。
[3] 同上书,第28页。
[4] 同上。

世英说,**这样的人"只能生活在过眼烟云之中"**。[1]

诗意的人生就是跳出"自我",跳出主客二分的限隔,用审美的眼光和审美的心胸看待世界,照亮万物一体的生活世界,体验它的无限意味和情趣,从而享受"现在",回到人的精神家园。

我们有时会听到有人说:"人活得真没有意思。"感到自己活得没有意思,当然可能有种种原因。但是在很多情况下是由于功利的眼光和逻辑的眼光遮蔽了这个有意味、有情趣的世界,从而丧失了"现在"。审美活动去掉了这种遮蔽,照亮了这个本来的世界(王夫之所说"显现真实"),于是世间的一切都变得那么有情味,有灵性,与你息息相通,充满了不可言说的诗意。就像海伦·凯勒,她虽然是位盲人,但她能感受世界的美,感受人生的美。她能享受"现在"。她的人生是诗意的人生。

马斯洛在谈到"自我实现的人"时说,自我实现的人有一个特点就是更有情趣,更能感受世界之美,他们能从生活中得到更多的东西。他们带着敬畏、兴奋、好奇甚至狂喜体验人生。"对于自我实现者,每一次日落都像第一次看见那样美妙,每一朵花都温馨馥郁,令人喜爱不已,甚至在他见过许多花以后也是这样。他们见到的第一千个婴儿,就像他见到的第一个一样,是一种令人惊叹的产物。""这个人可能已经第十次摆渡过河,但当他第十一次渡河时,仍然有一种强烈的感受,一种对于美的反应以及兴奋油然而生,就像他第一次渡河一样。"[2]

这就是中国古人说的"乐生",这也就是蔡元培说的"享受人生"。一个人能够"乐生","享受人生",那么对于他来说,他就把握了"现在",世界一切事物的意义和价值就不一样了。他的人生就成了诗意的人生。

(二) 创造的人生

所谓创造的人生,就是一个人的生命力和创造力高度发挥,甚至发挥到了极致。这样的人生就充满了意义和价值。中国古人说"生生不息",生生不息,就是生而又生,创造再创造。生生不息就是创造的人生。

一个人的人生,最重要的就是生命和创造。创造的人生,才是有意义

---

[1] 张世英:《哲学导论》,第256页,北京大学出版社,2002。
[2] 马斯洛:《自我实现的人》,第26页,三联书店,1987。

和有价值的人生,才是五彩缤纷的人生。创造的人生,才是审美的人生。因为人在审美活动中总是充满着生命的活力和创造的追求。反过来,缺乏创造的人生,则是缺乏意义和价值的人生,是灰色的人生,是暗淡的人生,是索然无味的人生。

我们可以举两个例子来说明什么是创造的人生。

一个例子是朱光潜的例子。

朱光潜在"文化大革命"中被当作"反动学术权威"受到批斗。但是"文化大革命"结束后不到三年,朱光潜就连续翻译、整理出版了黑格尔《美学》两大卷(文化大革命前已出版了一卷),还有歌德的《谈话录》和莱辛的《拉奥孔》,加起来120万字,这时朱光潜已是八十岁的高龄了。这是何等惊人的生命力和创造力!这种生命力和创造力是和他的人生境界联系在一起的。有两幅画可以作为朱光潜的生命力、创造力和人生境界的写照。朱光潜曾把自己八十岁以后写的论文集在一起,取名《拾穗集》。这个名字来源于我们提到过的米勒的名画"拾穗者",这张画画的是三位乡下妇人在夕阳微霭中弯着腰在田里拾起收割后落下的麦穗。这个夕阳微霭中弯腰拾穗的形象,确实很能体现朱光潜的人生境界:为了对中华民族的文化和人类的文明做出尽可能多的贡献,从不停止自己辛勤的劳作和创造。还有一幅是丰子恺的画。画面上是一棵极大的树,被拦腰砍断,但从树的四周抽出很

丰子恺 《大树被斩伐》

多的枝条，枝条上萌发出嫩芽。树旁站有一位小姑娘，正把这棵大树指给她的小弟弟看。画的右上方题了一首诗："大树被斩伐，生机并不息，春来怒抽条，气象何蓬勃！"丰子恺这幅画和这首诗不正是朱光潜的生命力、创造力和人生境界的极好写照吗？

再一个俄国（前苏联）昆虫学家柳比歇夫的例子。

俄国作家格拉宁有一本写真人真事的传记小说《奇特的一生》，就是讲这位柳比歇夫的故事。这位昆虫学家最叫人吃惊的是他有超出常人一倍甚至几倍的生命力和创造力。他一生发表了70来部学术著作。他写了一万二千五百张打印稿的论文和专著，内容涉及昆虫学、科学史、农业、遗传学、植物保护、进化论、哲学、无神论等等学科。他在20世纪30年代跑遍了俄罗斯的欧洲部分，实地研究果树害虫、玉米害虫、黄鼠……。他用业余时间研究地蚤的分类，收集了35箱地蚤标本，共1.3万只，其中五千只公地蚤做了器官切片。这是多么大的工作量！不仅如此。他学术兴趣之广泛，也令人吃惊。他研究古希腊罗马史、英国政治史，研究宗教，研究康德的哲学。他的研究达到了专业的程度。研究古希腊罗马史的专家找他讨论古希腊罗马史中的学术问题。外交部的官员也找他请教英国政治史的某些问题。他在一篇题为《多数和单数》的文章中，提出了关于其他星球上的生命的问题，发展理论的问题，天体生物学的问题，控制进化过程的规律的问题。柳比歇夫学术研究的领域这么广博，取得这么多的成果，并不表明他的物质生活条件十分优越。他一样要经历战争时代的苦难和政治运动的折磨。他一样要"花很多时间去跑商店，去排队买煤油和其他东西"。他也有应酬。照他自己的记录，1969年一年，他"收到419封信（其中98封来自国外），共写283封信，发出69件印刷品"。他的有些书信简直写成了专题论文和学术论文。普通的应酬在他那里变成了带有创造性的学术活动。在柳比歇夫的人生中，也没有忽略审美的层面。他和朋友讨论但丁的《神曲》，他写过关于果戈里、陀思妥耶夫斯基的论文，他在晚上经常去听音乐会。柳比歇夫超越了平常人认为无法超越的极限，使自己的生命力和创造力发挥到了惊人的地步。他享受生活的乐趣也比平常人多得多。

朱光潜和柳比歇夫的例子十分典型。他们的人生是创造的人生，是五彩缤纷的人生。他们一生所做的事情要比普通人多得多。威廉·詹姆斯曾说过，普通人只用了他们全部潜力的极小部分，"与我们应该成为的人相比，我们只苏醒了一半"[1]。马斯洛说："我们绝大多数人都一定有可能比现实中的自己更伟大，我们都有未被利用或发展不充分的潜力。我们许多人的确回避了我们自身暗示给我们的天职，或者说召唤、命运、使命、人生的任务等。"[2] 格拉宁也说，"**大多数人，从来不想尝试超越自己可能性的局限，很多人是以低于自己一倍的效率在生活**"。而朱光潜和柳比歇夫都是在他们最高的极限上生活着。他们就是马斯洛所说的"自我实现的人"。马斯洛说，"**创造性**"与"**自我实现**"是同义词，"**创造性**"与"**充分的人性**"也是同义词。[3] 自我实现就是"充分利用和开发天资、能力、潜能等等"，"这样的人几乎竭尽所能，使自己趋于完美"，"他们是一些已经走到、或者正在走向自己力所能及高度的人"。[4]

这样的人从不停止自己的创造，直至他们生命的最后一天。19世纪法国大画家雷诺阿一生沉醉于女性的人体美之中。到了晚年，在经过两个星期的支气管肺炎的折磨后，他从病床上起来，坐在画架前，打算画一幅瓶花。"请递支铅笔给我。"他对陪伴他的人说。陪伴他的人走到隔壁房间取铅笔。回来时，艺术家已经气绝。[5] 比雷诺阿大约早半个世纪的法国大画家柯罗，是一位风景画家。他晚年健康严重衰退。他对一位朋友说："我看到了以前没有看到的东西，新的颜色，新的天空，新的视野……啊，我若能把这些无边无际视野画给你看，该多好呀！"三个星期后，他向新的视野走去。临终前他说："不由自主地，我继续希望……我衷心希望天堂里亦有绘画。"[6]

(三) 爱的人生

一个人的人生充满诗意和创造，那么一定会给他带来无限的喜悦，使他热爱人生，为人生如此美好而感恩，并因此而提升自己的人生境界。诗意的人生和创造的人生必然带来爱的人生。

---

[1] 转引自弗兰克·戈布尔《第三思潮：马斯洛心理学》，第58页，上海译文出版社，1987。
[2] 马斯洛：《自我实现的人》，第143页。
[3] 弗兰克·戈布尔：《第三思潮：马斯洛心理学》，第28页。
[4] 马斯洛：《自我实现的人》，第4页
[5] 亨利·托马斯等：《大画家传》，第282页，四川人民出版社，1983。
[6] 同上书，第216页。

审美活动使人感受到人生的美好，根本原因在于它使人超越主客二分的限隔，而沐浴在万物一体的阳光之下。这必然使人产生爱的心情。用马丁·布伯的话来说："爱伫立在'我'与'你'之间。"[1] **美（万物一体的体验）产生爱**。我国宋明理学家认为，天地万物一体，都属于一个大生命世界，所以人们从对天地万物的"生意"的观赏中可以得到一种快乐，同时产生一种对于天地万物的爱。日本画家东山魁夷也说："花开花落，方显出生命的灿烂光华，爱花赏花，更说明人对花木的无限珍惜。地球上瞬息即逝的事物，一旦有缘相遇，定会在人们的心里激起无限的喜悦。这不只限于樱花，即使路旁一棵无名小草，不是同样如此吗？"[2] 这就是说，天地间瞬间即逝的事物，与人相遇而相融，在人心目之中生成审美意象，从而显示生命的灿烂光华，那就必定会激起人们心中无限的喜悦，激起人们对人生的爱。

这种对人生的爱必然和感恩的心情结合在一起。因为在万物一体的境界中，人必然深刻地感受到作为无限整体的存在对个人生存的支持，没有它，人不可能实现自我，人生也就失去意义。感受到这一点，人必然产生感恩的心情。马斯洛说过，高峰体验（审美体验是高峰体验的一种）会带来一种感恩的心情。这有如信徒对于上帝的感恩之情，这也有如普通人对于命运、对于自然、对于人类、对于过去、对于父母、对于世界、对于曾有助于他获得奇迹的所有一切的感激之情。这种感恩之情常常表现为一种拥抱一切的胸怀，表现为对于每个人和万事万物的爱，它促使人产生一种"世界何等美好"的感悟，导致一种为这个世界行善的冲动，一种回报的渴望，一种崇高的责任感。[3]

艺术的美也激起人们对人生的爱。俄国作家康·帕乌斯托夫斯基说，他不止一次参观过德累斯顿美术馆，那里有拉斐尔的《西斯廷圣母》和许多古代大师的作品，每次都看得热泪盈眶。"究竟是什么使人热泪盈眶？是洋溢在画面上的精神的完美和天才的威力，它激励我们追求自身思想的纯洁、刚强和高尚。""在欣赏美的时候，我们自会感到诚惶诚恐，那是我们内心净化的先兆。**仿佛那雨，那风，那鲜花盛开的大地的呼吸，及其清新的气**

---

[1] 马丁·布伯：《我与你》，第30页。
[2] 东山魁夷：《一片树叶》，见《东山魁夷散文选》，第256页，百花文艺出版社，1989。
[3] 参看本书第二章。

息全都潜入了我们感恩的心灵，并且永远占领了它们。"他又说，他走进艾尔米塔什博物馆，"第一次感到了做人的幸福，并且懂得了人怎样才能日臻伟大和完美"。他说，他在那里的雕塑厅一坐就是半天，他"越是长久地望着那些无名的古希腊雕塑家雕塑的人像或者卡诺瓦雕塑的那些露出一丝微笑的妇女，就越是清楚地懂得，所有这些雕塑**都是对人们自身高尚情操的召唤，都是人类无比纯洁的朝霞的先兆**"，"无怪海涅每次去到卢浮宫，都会接连几个小时坐在米洛的维纳斯像旁悄悄哭泣"。[1] 帕乌斯托夫斯基的这些话也是说，审美活动使人感到人生的美好，产生感恩的心情，从而激励自己追求高尚、纯洁的精神境界。

爱的人生当然也包括男女之间的爱情。有了男女的爱情，人生就变得如此美好。马斯洛说，爱情（情爱和性爱）作为一种审美体验使人惊喜、钦慕、敬畏，并且产生一种类似伟大音乐所激起的感恩的心情。[2]

这些思想家和艺术家的话告诉我们：审美的人生是爱的人生，是感恩的人生，是激励自己追求高尚情操和完美精神境界的人生。

总之，追求审美的人生，就是追求诗意的人生，追求创造的人生，追求爱的人生。人们在追求审美人生的过程中，同时就在不断拓宽自己的胸襟、涵养自己的气象，不断提升自己的人生境界，不断提升人生的意义和价值，最后达到最高的人生境界即审美的人生境界。**这种人生境界，就是孔子的"吾与点也"的境界。这种人生境界，就是陶渊明追求的从"尘网"、"樊笼"中挣脱出来返回"自然"的境界。这种人生境界，也就是宋明理学家所说的光风霁月般的洒落的境界。在这种最高的人生境界当中，真、善、美得到了统一。在这种最高的人生境界当中，人的心灵超越了个体生命的有限存在和有限意义，得到一种自由和解放。在这种最高的人生境界当中，人回到了自己的精神家园，从而确证自己的存在。**

本 章 提 要

人生境界就是一个人的人生的意义和价值。它是一个人的人生态度，

---

[1] 康·帕乌斯托夫斯基：《发现世界的艺术》，译文载《世界散文精品文库（俄罗斯卷）》，第216、218页，中国社会科学出版社，1993。
[2] 马斯洛：《自我实现的人》，第106页，三联书店，1987.

包括这个人对宇宙人生的了解和对自己行为的一种自觉，包括这个人的感情、欲望、志趣、爱好、向往、追求等等，是浓缩一个人的过去、现在、未来而形成的精神世界的整体。

人生境界对于一个人的生活和实践有一种指引的作用。一个人有什么样的境界，就意味着他会过什么样的生活。

一个人的人生境界，表现为他的内在心理状态，中国古人称之为"胸襟"、"胸次"，当代法国社会学家布尔迪厄称之为"生存心态"；一个人的人生境界，表现为他的言谈笑貌、举止态度、生活方式，中国古人称之为"气象"、"格局"，布尔迪厄则称为"生活风格"。

冯友兰把人生境界分为四个品位：自然境界，功利境界，道德境界，天地境界。具有不同境界的人，在宇宙间有不同的地位。

冯友兰说的最高的人生境界即天地境界，是消解了"我"与"非我"的分别的境界，是"天人合一"、"万物一体"的境界，因而也就是超越"自我"的有限性的审美境界。这种境界，也就是孔子说的"吾与点也"的境界，郭象说的"玄同彼我"、"与物冥合"的境界，宋明理学家说的"浑然与万物同体"的境界。

一个人的人生可分为三个层面：日常生活的（俗务的）层面，工作的（事业的）层面，审美的（诗意的）层面。一个人的人生境界在这三个层面中都必然会得到体现。

一个有着审美的人生境界的人，必然追求审美的人生。反过来，一个人在自己的生活实践中能够有意识地追求审美的人生，那么他同时也就在向着最高的层面提升自己的人生境界。

审美的人生就是诗意的人生，创造的人生，爱的人生。诗意的人生（"诗意地栖居"），就是跳出"自我"，跳出主客二分的限隔，用审美的眼光和审美的心胸看待世界，照亮万物一体的生活世界，体验它的无限意味和情趣，从而享受"现在"，回到人类的精神家园。创造的人生，就是一个人的生命力和创造力高度发挥，从而使自己的人生充满意义和价值，显得五彩缤纷。一个人的人生充满诗意和创造，一定会给他带来无限的喜悦，使他热爱人生，有一种拥抱一切的胸怀和对每个人以及万事万物的爱。这是爱的人生。爱的人生是感恩的人生。

主要参考书目

朱光潜：《文艺心理学》
朱光潜：《谈美》
　　　　（以上两书收入《朱光潜美学文集》第一卷，上海文艺出版社，1982。又收入《朱光潜全集》第一卷、第二卷，安徽教育出版社，1987。）
宗白华：《美学散步》，上海人民出版社，1981。
　　　　（这本书是宗白华的论文集。宗白华另有两本论文集：《艺境》，北京大学出版社，1987；《美学与意境》，人民出版社，1987。这三本论文集所收论文大致相同，读者找到其中一本即可。）
张世英：《哲学导论》，北京大学出版社，2002。

朱光潜：《西方美学史》（上下册），人民文学出版社，1963、1964。
凌继尧：《西方美学史》，北京大学出版社，2004。

叶　朗：《中国美学史大纲》，上海人民出版社，1985。
朱良志：《中国美学十五讲》，北京大学出版社，2006。

扫一扫，
进入第十五章习题

单选题

简答题

思考题

填空题

重要人名索引

A

○ 奥古斯丁（Augustins, 350—430） 2、65、207
中世纪基督教神学的主要代表人物。著有《上帝之城》、《忏悔录》等。

B

○ 巴赫金（Mikhail Mikhailovich Bakhtin, 1895—1975） 18、19、223、224、227、228、231、353
苏联文学理论家、批评家。著有《艺术与责任》、《陀思妥耶夫斯基的创作问题》等，提出"复调小说"理论。

○ 鲍姆加通（Baumgarten, 1714—1762） 1、2、8、28
德国美学家，第一次提出"美学（Aesthetica）"作为美学学科的名称。著有《关于诗的哲学沉思录》、《美学》（未完成）等。

○ 鲍桑葵（Bernard Bosanquet, 1848—1923） 2、358、361
英国哲学家、美学家，新黑格尔主义的主要代表之一。著有《知识与实在》、《美学史》等。

○ 毕达哥拉斯（Pythagoras, 约前 580—前 500） 2、30、32、33、65、283、285、286、325、402
古希腊哲学家。提出"美是和谐"、"美在对称和比例"等美学命题。

○ 比厄斯利（Monroe C. Beardsley, 1915—1985） 2、329
美国当代分析美学家。著有《美学——批评哲学中的问题》、《意图谬误》、《西方美学简史》等。

○ 博克（Burke, 1729—1797） 32、320、325、329
英国哲学家、美学家。著有《关于崇高与美的观念的根源的哲学探讨》等。

○ 柏拉图（Plato, 前 427—前 347） 2、7、28、30—33、42、65、67、75、77、81—83、92、113、133、151、226、227、231、233、286、306、402
古希腊哲学家，古希腊美学的奠基者。

○ 布洛（Edwatd Bullough, 1880—1934） 6、19、100、101、103、147
瑞士心理学家、美学家，1912年在《作为艺术因素与审美原则的"心理距离"说》一文中提出"审美心理距离"说。

C

○ 蔡仪（1906—1992） 10、35、37、39、40
中国现代美学家，文艺理论家，湖南攸县人。著有《新美学》、《蔡仪美学论文选》等。

○ 蔡元培（1868—1940） 5、6、28、136、264、402、405、412、416、419、434、435、446
中国现代社会活动家、教育家，浙江绍兴人，1916年任北京大学校长。大力提倡美育，在现代中国产生深远影响。

○ 车尔尼雪夫斯基（Николай Гаврилович Чернышевский, 1828—1889） 12、149、171、180-182、184、185、188、189、190
俄国革命民主主义思想家。提出"美是生活"的论点。著有《艺术与现实的审美关系》等。

D

○ 达·芬奇（Leonardo da Vinci, 1452—1519） 129、186、198、233、262、297-303、409、424
意大利文艺复兴时期的大艺术家与大科学家。

○ 丹托（Arthur C. Danto, 1924—　）　275、277-280、282
美国分析哲学家、美学家。著有《普通物品的转化》、《艺术终结之后》、《美的滥用》等。
○ 德里达（Jacques Derrida, 1930—2004）　18
法国当代哲学家，解构主义的代表人物。著有《文字语言学》、《声音与现象》等。
○ 杜夫海纳（Mikel Dufrenne, 1910—1995）　2、15、62、63、68、82、97、232、252
法国现象学美学家。著有《审美经验现象学》等。
○ 杜尚（Marcel Duchamp, 1887—1968）　235、243、244、278
美国达达主义艺术家。

F

○ 费舍尔（Friedrich Theodor Vischer, 1807—1887）　1、178
19世纪德国美学家，著有六卷本《美学》等。
○ 冯友兰（1895—1990）　18、81、138、274、275、424、425、430、431、433-440、442、444、452
中国现代哲学家、哲学史家，河南唐河人。著有《中国哲学史》、《贞元六书》等。
○ 丰子恺（1898—1975）　9、10、12、102、447、448
中国现代画家、音乐家、美育思想家，浙江崇德人。
○ 福柯（Michel Foucault, 1926—1984）　2、19、118、205、423、424、435、440、441
法国当代哲学家。著有《词与物》、《知识考古学》、《性经验史》等。
○ 傅雷（1908—1966）　12、150、161、256、262、323、324
中国现代文学翻译家、音乐家、美育思想家，上海市南汇县人。
○ 弗雷泽（James George Frazer, 1854—1941）　19
英格兰社会人类学家，神话学和比较宗教学的先驱。著有《金枝》等。
○ 弗洛伊德（Sigmund Freud, 1856—1939）　6、19、128-132、355
奥地利心理学家，精神分析心理学的创始者。著有《梦的解析》、《精神分析引论》等。

G

○ 歌德（Johann Wolfgang von Goethe, 1749—1832）　9、145、226、227、231、301、303、320、328、339、420、447
德国大诗人。
○ 格罗塞（Ernst Grosse, 1862—1927）　19、48
德国艺术史家。著有《艺术的起源》。
○ 格罗庇乌斯（Walter Gropius, 1883—1969）　306、307、318
德国建筑家。1919年设立包豪斯学校并出任校长。
○ 谷鲁斯（Karl Groos, 1861—1946）　111、112、355、361
德国美学家和心理学家，"内模仿说"理论的提出者。

H

○ 哈贝马斯（Jurgen Habermas, 1929—　）　86
德国哲学家，法兰克福学派第二代的代表人物。著有《理论与实践》、《文化与批判》等。
○ 海德格尔（Martin Heidegger, 1889—1976）　3、11、14、15、19、33、34、60、72、75-79、81、82、85、86、93、96、97、238、253、444
德国哲学家，存在主义哲学的创始者和主要代表人物之一。著有《存在与时间》、《林中路》等。
○ 黑格尔（Georg Wilhelm Friedrich Hegel, 1770—1831）　1、2、7、8、17、27、32、80、92、114、138、139、143、179、180、182、188、189、205、218、219、252、254、275-277、279-282、322、326、341-343、346、348、353、356、445、447
德国古典唯心主义哲学集大成者。著有《精神现象学》、《逻辑学》、《哲学全书》、《美学》等。
○ 胡塞尔（Husserl, 1859—1938）　2、67、68、71、75、76、83、76、90、92、93、96
德国哲学家，20世纪现象学学派创始人。
○ 慧能（636—713）　5、52、53、269
中国佛教南宗禅创始人。他的思想保存在由他弟子整理的《坛经》中。

J

○ 伽达默尔（Hans-Georg Gadamer, 1900—2002） 2、19、22、23、89—91、93
德国哲学家，解释学的代表人物之一。著有《真理与方法》等。

○ 金圣叹（1608—1661） 5、46、105、114、144、213、254、263
明清时期文学批评家，名人瑞，长洲人。将古文评点的方法用于《水浒传》、《西游记》等书的美学阐释。

K

○ 卡西尔（Enst Cassirer, 1874—1945） 19、45、97、106、140、144、252、408
德国新康德主义哲学家、美学家，符号论美学的代表人物。著有《符号形式的哲学》、《人论》等。

○ 康德（Immanuel Kant, 1724—1804） 1、2、5、8、9、16、52、65、68、75、77、83、96、137、143、145、273、281、325、329、330、332、337、339、355、406、448
18世纪德国古典哲学的奠基者。著有《纯粹理性批判》、《判断力批判》、《实践理性批判》等。

○ 克莱夫·贝尔（Clive Bell, 1881—1964） 234
英国美学家。在《艺术》一书中，提出"有意味的形式"的理论。

○ 科林伍德（Robin George Collingwood, 1889—1943） 232、234
英国新黑格尔主义哲学家、历史学家和美学家。著有《艺术原理》。

○ 克罗齐（Benedelto Croce, 1866—1952） 1、2、6—8、19、139、178、234
意大利新黑格尔主义哲学家、美学家、历史学家。著有《历史学的理论与实际》、《美学原理》等。

○ 孔子（前551—前479） 3—5、28、164、179、197、240、271、365、375、377、402、416、430、434、437、439、440、451、452
中国春秋末期大思想家、大教育家，儒家学派的创始人。名丘，字仲尼，鲁国人。

L

○ 朗吉弩斯（Longinus） 320、328、329、337
公元1世纪中叶的佚名作者，其《论崇高》首次在美学领域对"崇高"范畴进行研究。

○ 老子 3—5、28、103、104、267—269
中国先秦时代的哲学家，道家学派创始人，《老子》一书据传为其所作。

○ 立普斯（Theodor Lipps, 1851—1914） 6、19、109—112
德国美学家，"移情说"的主要代表人物。著有两卷本《美学》。

○ 李渔（1611—1680） 5、107
中国清代著名戏曲家、园林建筑家，浙江兰溪人。著有《闲情偶寄》等。

○ 李斯托威尔（EarlofListowel, 生卒年不详） 69、82、325、334、358、360—362
英国现代美学史家，著作有《近代美学史评述》。

○ 李贽（1527—1602） 104
中国明代哲学家，字宏甫，号卓吾。提出"童心"说。著有《焚书》、《续焚书》、《藏书》、《续藏书》等。

○ 梁启超（1873—1929） 5、6、28、45、153—155
中国近代思想家、政治家，广东南海人。著有《饮冰室合集》。

○ 列夫·托尔斯泰（Лев Николаевич Толстой, 1828—1910） 80、234
俄国19世纪伟大作家，著有《战争与和平》、《安娜 卡列尼娜》、《复活》等。

○ 列维-布留尔（Lucien Lvy-Bruhl, 1857—1939） 19
法国哲学家、人类学家。著有《原始思维》等。

○ 刘熙载（1813—1881） 265、364、366
中国清代学者、文学家，江苏兴化人。著有《艺概》。

○ 刘勰（约465—522） 55、106—108、112、141、160、236、237、410
中国南朝梁代文学理论家，字彦和，东莞莒人。著有《文心雕龙》。

○ 柳宗元（773—819） 5、43、44、51、54、59、72、82、197、264、274、340、391、393、415
中国唐代文学家、哲学家，字子厚，河东解县人。著有《柳宗元集》。

- 鲁迅（1881—1936） 70、256、379、381、387、406
  中国现代大文学家、大思想家。著作编为《鲁迅全集》。
- 罗兰·巴特（Roland Barthes, 1915—1980） 19
  法国文学批评家、理论家和社会学家，结构主义的代表人物和后结构主义的创始者之一。主要作品有《叙事作品的结构分析》、《S/Z》、《符号学原理》等。

M

- 马斯洛（Abraham Maslow, 1908—1970） 19、120、122、123、131、132、145、147、273、446、449、450、451
  美国人本主义心理学家。著有《动机论》、《自我实现的人》等。

N

- 尼采（Friedrich Wilhelm Nietzsche, 1844—1900） 2、6、75、77、112、226、227、231、273、281、341、343、356
  十九世纪德国哲学家。著有《悲剧的诞生》、《查拉图斯特拉如是说》等。

P

- 普列汉诺夫（Георгий Валентинович Плеханов, 1856—1918） 19、155、156、185
  俄国马克思主义哲学家、文艺理论家、美学家。著有《没有地址的信》、《艺术与社会生活》等。
- 普洛丁（Plotinus, 204—270） 2、65、80、132
  中世纪新柏拉图主义哲学的创立者。著有《九章集》。

Q

- 乔治·迪基（George Dickie, 1926— ） 235
  当代美国哲学家与美学家，著有《什么是艺术？——一种习俗论的分析》等。

R

- 荣格（Carl Gustav Jung, 1875—1961） 6、128—131
  瑞士精神分析心理学家，提出"集体无意识"理论。著有《无意识心理学》、《原型和集体无意识》等。

S

- 萨特（Jean-Paul Sartre, 1905—1980） 33、34、44、64、72、368
  法国哲学家，存在主义的代表人物。著有《存在与虚无》。
- 桑塔亚那（George Santayana, 1863—1952） 252、253
  美国哲学家、美学家。著有《美感》。
- 石涛（1642—约1718） 5、18、57、181
  中国明末清初大画家、画论家。又称道济、大涤子等。著有《画语录》。
- 叔本华（Arthur Schopenhauer, 1788—1860） 2、5、6、101
  德国哲学家与美学家。著有《作为意志和表象的世界》等
- 司空图（837—908） 76、83、321、381、383
  中国唐代诗人、诗论家，字表圣。著有《二十四诗品》，但近年学术界对《二十四诗品》是否为他所作有争议。
- 苏格拉底（Socrates, 前469—前399） 30、31、80
  希腊哲学家。其思想主要保存在柏拉图《对话集》和克塞诺封《苏格拉底言行录》中。

T

- 泰纳（Aippolyte Adolphe Taine, 1828—1893） 150—153、156、157、159、185、218、219、331
  法国哲学家、历史学家、美学家。著有《艺术哲学》等。
- 塔塔科维奇（Wladyslaw Tatarkiewicz, 1886—1980） 5、65、320
  波兰美学家，著有《美学史》（三卷）和《西方六大美学观念史》。

○ 托马斯·阿奎那（Thomas Aquinas，1226—1274） 2、65、132、207
中世纪末期神学家，经院哲学体系的完成者。主要著作有《反异教大全》和《神学大全》。

W

○ 王夫之（1619—1692） 5、14、26、43、55、59、62、67、70、73、74、76–78、81、83、90–93、95–98、130、138–140、146、180、235–237、243、245、251、253、261、262、266、267、276、279–281、290、292、373、415、446
中国明清之际的大思想家、哲学家，字而农，号姜斋。著有《船山遗书》。
○ 王国维（1877—1927） 3、5、6、28、56、69–72、82、181、203、264、267、274、351、352、429
中国近代思想家、美学家，字静安，号观堂，浙江海宁人。著有《海宁王静安先生遗书》。
○ 王阳明（1472—1528） 43、72、85、97、420、425、430
中国明代哲学家。浙江余姚人。
○ 维柯（Giambattista Vico，1668—1744） 1、2、7
意大利哲学家。著有《君士坦丁法学》和《新科学》。
○ 维特根斯坦（Ludwig Wittgenstein，1889—1951） 18、19
英国哲学家、数理逻辑学家，分析哲学的创始人之一。代表作为《逻辑哲学论》、《哲学研究》等。
○ 魏禧（1624—1680） 335、336
中国清初文学家，江西宁都人。著有《魏叔子文集》二十二卷等。
○ 文克尔曼（Winckelmann，1717—1768） 150、322、339
德国艺术史家和文艺理论家，著有《古代艺术史》一书。

X

○ 席勒（Friedrich Schiller，1759—1805） 2、44、45、137、292、402–405、407、414、427
德国诗人、剧作家和美学家，主要美学著作有《美育书简》和《论素朴的诗与感伤的诗》。
○ 谢赫（生卒年不详） 18、268
中国南朝画家。所著《古画品录》中首次提出"六法"。
○ 谢林（Schelling，1775—1854） 1、2、139
德国哲学家。著有《先验唯心论体系》和《艺术哲学》等。
○ 休谟（David Hume，1711—1776） 33、67
18世纪英国经验派哲学家。著有《人性论》、《人类理解研究》等。

Y

○ 亚里士多德（Aristotle，前384—前322） 2、18、22、32、65、80、108、170、233、283、328、341、342、344、345、347、356、358、362、403
古希腊哲学家。著有《形而上学》、《尼各马可伦理学》、《政治学》、《诗学》等。
○ 严羽（约1189—1264） 374
中国南宋诗论家。著有《沧浪诗话》。
○ 姚鼐（1732—1815） 334、337、338
中国清代桐城派文学家，字姬传，安徽桐城人。著有《惜抱轩文集》等。
○ 叶燮（1627—1703） 5、18、139、140、174、180、184
中国清代文学家、美学家，字星期，号已畦，江苏吴江人。著有《原诗》。
○ 叶昼（生卒年不详） 233
中国明代文学批评家。托名李卓吾点评《水浒传》及《三国志》。
○ 茵加登（Roman Ingarden，1893—1970） 2
波兰哲学家、美学家。著有《文学的艺术作品》、《对文学的艺术作品的认识》等。
○ 尤奈斯库（Eugène Ionesco，1909—1994） 369、371、372
法国荒诞派剧作家。著有《犀牛》等。
○ 袁宏道（1568—1610） 104
中国明代文学家，字中郎。湖北公安人。著有《袁中郎集》等。

Z

○ 郑燮（郑板桥）(1693—1765)　38、39、56、66、87、141、170、171、181、182、289、198、217、237、248、249、251、253、364
中国清代文学家、画家，字板桥，江苏兴化人。为"扬州八怪"之一。

○ 朱光潜（1897—1986）　2、6-10、19、28、31、35、37-42、45、46、55-57、82、93、98、99、101、102、106-114、139、141、179、188、189、191、290、313、329、332、335、337、340、342、343、346、347、404、405、444、447-449
中国现代美学家，安徽桐城人。著有《谈美》、《西方美学史》、《诗论》等；其译著有黑格尔《美学》、维柯《新科学》等，合编为《朱光潜全集》二十卷。

○ 庄子（约前369—前286）　3-5、15、79、103、104、138、180、232、269、363、365、366、381-385、405
中国战国时期哲学家，道家主要代表人物，名周，宋国人。

○ 宗白华（1897—1986）　6、8、9、24-26、28、54、55、57、58、77、81-83、94、96、138、145、146、181、189、191-193、210、366、383、389、393、
中国现代美学家，江苏常熟人。著有论文集《美学散步》(或名《艺境》、《美学与意境》)。